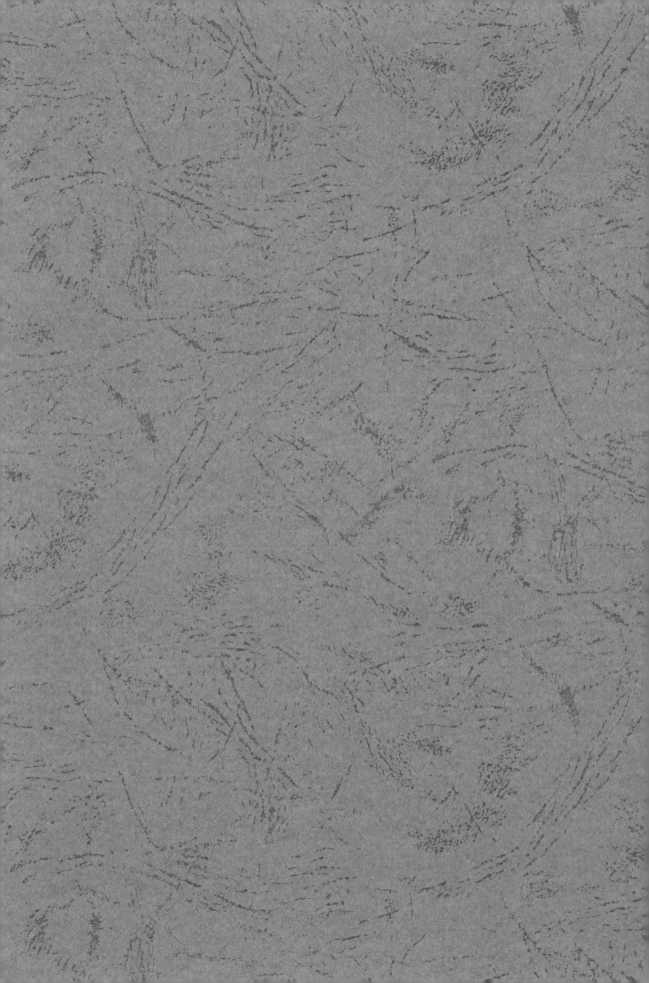

黄河流域水沙变化情势分析与评价

姚文艺　　徐建华　　冉大川　等著

黄河水利出版社

·郑州·

内 容 提 要

本书通过大量野外调研查勘、实测资料分析、数学模型模拟等方法,在以往有关黄河水沙变化研究成果基础上,对黄河中游干流主要断面和主要入黄支流 1997~2006 年水沙的时空变化特点、暴雨洪水泥沙关系变化规律、水沙变化成因等进行了系统研究,并分析了上中游大型灌区引水、水库调节和矿藏开采等典型人类活动对黄河径流泥沙的影响程度,核实了水利水土保持措施量等基础数据,探讨了水沙变化评价理论与方法,阐明了 1997~2006 年人类活动对黄河水沙过程的影响程度和未来 30 a 黄河水沙变化情势,并对未来 50 a 黄河水沙变化情势进行了展望,为黄河治理开发与管理的决策提供科学依据。

本书可供水利、水土保持、水资源、地理、泥沙、环境、农业等领域的科技工作者、大专院校师生和流域管理者阅读参考。

图书在版编目(CIP)数据

黄河流域水沙变化情势分析与评价/姚文艺等著. —郑州:黄河水利出版社,2011.11
ISBN 978 - 7 - 5509 - 0141 - 4

Ⅰ.①黄… Ⅱ.①姚… Ⅲ.①黄河流域 - 含沙水流 - 变化 - 研究 Ⅳ.①TV152

中国版本图书馆 CIP 数据核字(2011)第 234103 号

组稿编辑:王路平 电话:0371 - 66022212 E-mail:hhslwlp@ 126. com

出 版 社:黄河水利出版社
　　　　　地址:河南省郑州市顺河路黄委会综合楼 14 层　　邮政编码:450003
发行单位:黄河水利出版社
　　　　　发行部电话:0371 - 66026940 、66020550 、66028024 、66022620(传真)
　　　　　E-mail:hhslcbs@ 126. com
承印单位:河南省瑞光印务股份有限公司
开本:787 mm ×1 092 mm　1/16
印张:20. 75
字数:480 千字　　　　　　　　　　　　印数:1—1 000
版次:2011 年 11 月第 1 版　　　　　　　印次:2011 年 11 月第 1 次印刷

定价:90. 00 元

前　言

　　水少沙多、水沙关系不协调是黄河水沙条件的基本特征,由此所引起的河床淤积抬高、河势游荡不定及库容淤积致使水库兴利指标降低等诸多问题是黄河治理开发的难点。水沙条件不仅影响冲积性河道的冲淤发展趋势,更为重要的是,关系到防洪、水沙资源利用、水库运用等流域治理开发与管理的各个方面。

　　自20世纪80年代以来,黄河水沙条件发生了明显变化,并引起一系列新的问题,如河道萎缩、"二级悬河"加剧、断流频繁发生等。黄河流域水沙条件的变化引起了多方的关注。水利部曾于1987年专门设立黄河水沙变化研究基金,对黄河水沙变化这一主题开展专项资助研究。与此同时,国家自然科学基金、"八五"国家重点科技攻关计划、黄河水利委员会(以下简称黄委)黄河流域水土保持科研基金等也设立专题研究黄河水沙变化问题。另外,在黄河流域治理开发与管理的一些规划、设计项目中,也对黄河水沙变化的某些方面进行了研究。1996年水利部黄河水沙变化研究基金会又启动了第二期项目,对1996年以前的水沙变化进行了系统评价。在该期研究的汇总阶段,对各家成果进行了系统的比较、分析,较完整地提出了一套1950年以来黄河上中游"不同区域、不同历史时段的水沙变化、水利水土保持综合治理措施减水减沙作用"等关键技术特征值,并对黄河水沙变化特性取得了重要认识。这些成果在黄河治理开发与管理中起到了重要作用,在大型水利工程设计、运用方式制定及其他重大黄河治理活动中得到了广泛引用。

　　20世纪90年代后期以来,由于黄河流域降水总体上呈持续偏枯之势,退耕还林还草、淤地坝建设等水土保持治理力度逐渐加大,煤矿开采、交通设施建设等人类活动显著加剧,加之黄河河源区生态环境遭到一定程度破坏等,诸多因素对黄河水沙带来了新的显著影响。据资料分析,2000~2006年与1970~1999年相比,黄河上中游地区降水量减少2.8%~9.8%,天然径流量减少13.4%~24.7%,实测径流量减少得更多,减幅达19.0%~44.7%;实测输沙量也出现锐减,如黄河中游龙门、华县、河津、洑头四站的输沙量约为多年平均值的1/3。近年来黄河水沙出现的新变化再次成为人们关注的热点。如果不清楚近年来黄河水沙变化的程度和原因,就难以科学制定新形势下黄河治理开发与管理的决策和方案。因此,迫切需要对黄河近期水沙发生的新变化进行跟踪分析,对近年水沙变化的原因进行系统的研究,这是黄河治理开发与管理中迫切需要解决的重大课题。对此,国家给予了高度重视,2006年科技部在"十一五"国家科技支撑计划重点项目"黄河健康修复关键技术研究"(2006BAB06B)中专门列出"黄河流域水沙变化情势评价研究"课题(2006BAB06B01),并于2007年启动开展了关于近期黄河水沙变化的专项研究。

本书是在对"黄河流域水沙变化情势评价研究"成果系统总结的基础上,经过补充和提炼而成的。本书的研究宗旨是在 1950 ~ 1996 年黄河水沙变化研究成果的基础上,通过对黄河流域主要产水产沙区来水来沙变化的原因剖析,阐明 1997 ~ 2006 年人类活动对黄河水沙过程的影响程度和未来 30 a 黄河水沙变化情势,并对未来 50 a 水沙变化情势进行展望。根据研究目标,设置 6 项研究内容,包括"黄河中游水沙变化特点及成因分析"、"人类活动对入黄径流影响程度分析"、"人类活动对洪水泥沙的影响分析"、"人类活动对产流产沙影响的评价方法研究"、"基于 GIS 的多沙粗沙区典型支流水土流失数学模型"和"黄河流域水沙变化趋势分析",从而系统分析黄河水沙变化特点,剖析人类活动对黄河 1997 ~ 2006 年水沙变化的影响程度,探讨水利水土保持(简称水利水保)措施对暴雨洪水泥沙的作用,预测未来黄河水沙变化的情势,为黄河治理开发与管理的决策提供科学依据。

为便于同水利部黄河水沙变化研究基金项目等以往的研究成果衔接和比较,本书采用的水利水保措施减水减沙效益计算方法及指标选取方法与水利部黄河水沙变化研究基金第二期项目一致。同时,仍以 1970 年作为水土保持治理发挥效益的水沙系列年分界点。研究中对水沙系列变化分界点的确定问题也作了探讨,但暂未应用其成果。另外需要说明的是,目前,对水利水保措施"减水减沙效益"的提法还有不同看法,但为便于同水利部黄河水沙变化研究基金第二期项目研究成果衔接,本书仍采用此提法表述水利水保措施对水沙变化的影响效应。

黄委黄河水利科学研究院、黄委水文局作为课题的承担单位,组织了黄委黄河上中游管理局、北京师范大学、河南大学、西北大学和中国水利水电科学研究院等单位的有关科研人员联合攻关,自 2007 年历时 2 a 多,对近期黄河水沙变化与成因以及未来变化趋势进行了研究。全体研究人员通过共同努力,充分发挥多学科交叉、多单位协作的优势,取得了系统的科学研究成果,基本上达到了认识变化程度、弄清变化原因、预测展望变化趋势的预期目标。

通过研究,系统核查了 1997 ~ 2006 年黄河中游水土保持措施基础资料;总结了黄河流域水沙变化特点,分析了变化规律,包括径流量、输沙量、洪水、泥沙级配和降雨径流关系等;从气候、生态变化等方面的相互作用,剖析了河源区水量变化原因及产流机制的变化;提出了气候、人类活动对入黄径流量和泥沙量变化的影响程度;基本搞清了干流水库调节和主要灌区引水对干流水沙量、洪水过程的影响;初步分析了暴雨洪水对水利水保措施的响应关系;探索了基于 GIS 技术的人类活动对产流产沙影响的识别评价方法;利用多种方法预测分析了黄河流域水沙变化趋势等,为黄河治理开发与管理决策提供了新的科学依据和丰富的资料。黄河水沙变化影响因素众多,并且黄河水沙变化与这些因素之间往往呈现为非线性的响应关系。因此,还有很多问题需要继续研究和探讨,尤其是在全球气候变化的背景下,随着人类活动的不断增强以及生态环境的变迁,黄河水沙还会出现一些新情况、新变化,黄河水沙变化研究将是一个长久的课题。

本项研究紧密结合黄河治理开发与管理的重大科技需求,其部分研究成果已经在近期开展的黄河流域综合治理规划修编等工作中得到参考应用。研究成果将对黄河水沙调控技术研究、黄河泥沙空间配置模式研究、黄河中游地区淤地坝建设、黄河流域生态修复和封禁治理措施实施、黄河中游多沙粗沙区粗泥沙控制技术研究等具有直接的技术支撑作用,具有很大的推广价值。另外,提出的水沙系列突变点判别方法、人类活动对产流产沙影响的评价方法,建立的分布式水土流失评价预测模型,对 SWAT 模型产流机制的改进以及坡面径流输沙规律研究等成果,对于丰富水沙变化研究领域的科学内容和促进其理论发展必将起到积极的作用,对促进水利科技进步具有积极意义。

本项研究得到了项目首席专家、黄委副总工程师刘晓燕教授级高级工程师的大力支持和指导,并得到了咨询专家陈效国、黄自强、翟家瑞、邓盛明、洪尚池、熊贵枢、李世滢、张胜利、戴明英、曾茂林等教授的指导;另外,陈志恺、庞进武、薛松贵、汪习军、李景宗等专家对本项研究也提出了指导性意见和建议,其他还有不少专家都给予了帮助,在此一并致以衷心的感谢! 参加研究的人员达 200 余人,该成果是全体研究人员的心血结晶,主要完成人包括:姚文艺、徐建华、冉大川、张晓华、王富贵、张学成、时明立、李勉、史学建、王玲、陈江南、王玲玲、蒋晓辉、申震洲、李晓宇、左仲国、张会敏、喻权刚、尚红霞、郑艳爽、刘汉虎、黄福贵、吴永红、高亚军、杨二、秦奋、杨勤科、王金花、徐宗学、李锐、韩志刚、赵海滨、林银平、李雪梅、畅俊杰、何兴照、张敏、彭红、马安利、杨向辉、李智慧、王志勇、杨春霞、谷晓伟、肖培青、王云璋、程磊、罗睿、侯素珍、汤立群、陈界仁、王乃芹、付新峰、管新建、鲍宏喆、金双彦、李焯、张胜利、戴明英、罗玉丽、胡亚伟、郭玉涛、马红斌、左卫广、高际萍、勾兆莉、王卫红、梁剑辉、曹炜、鲁承阳、潘启民、毕慈芬、曾茂林、崔培、任立新、王昌高、何宏谋、邢昱、杨涛、刘咏梅、赵芳芳、米艳娇、刘兆飞、孙维营、杨吉山、谢红霞、蔡大应、宋根鑫、何丽、王兵、武晓林、董雪娜、曹惠提、邱淑会、严国民、王略、孙赞盈、杨汉颖、张娟、李萍、赵帮元、马宁、卜艳丽、侯爱中、李文红、刘平乐、田捷、邵璇、李莉、黄静等。

由于研究时间有限,加之黄河水沙变化问题的复杂性,有不少问题还有待于进一步深入研究。例如,人类活动对产流产沙影响的评价方法、减水减沙效益计算理论与方法、水土流失评价预测模型、人类活动对洪水泥沙的影响,以及水土保持生态建设对产流机制的影响等都是前沿性的科学问题,需要继续攻关研究。

作 者
2010 年 5 月

目　录

第 1 章

绪 论

1.1 研究目的与意义

黄河是一条多泥沙河流,其河床冲淤演变对流域来水来沙有着高阶的非线性响应关系。一定的水沙量及其过程是维系黄河健康的基本物质条件,也是首要的动力因子。随着流域水利建设的不断发展和水土保持工作的深入开展、水资源开发利用程度的持续提高以及水文气象的变化,黄河水沙情势不断改变,特别是自 20 世纪 80 年代中期以来,水沙数量明显减少,水沙关系也发生很大调整,并由此给黄河治理和水资源开发利用带来一系列新问题。例如,径流量的大幅度减少和水沙关系更为不协调,引起黄河下游河槽严重萎缩、悬河和"二级悬河"加剧、排洪输沙能力降低等[1],不仅极大地威胁到防洪安全,而且严重制约了黄河下游及相关区域经济社会的可持续发展,为黄河治理带来极大压力。

河流健康状况主要取决于气候和下垫面因素的变化。不同的气候和下垫面条件,将在河流水系中形成不同的水沙条件(包括流量、水沙关系、含沙量、水位等)和河床边界条件,进而深刻地影响河流的河型、河性和断面形态等河流特征和以河流为依托的生态系统,即气候、下垫面对河流健康的影响最终体现于河流水沙过程和水沙约束条件的变化。因此,要实现人类与黄河的和谐相处,必须研究解决的问题是:在流域人类活动干预下,黄河流域水沙到底发生了什么变化,变化程度有多大,水沙关系有什么调整,变化原因是什么,变化的趋势如何等。这些都是实现人类与黄河和谐相处的关键性控制指标。

为进一步开发黄河水利资源,建立和完善黄河水沙调控工程体系和防洪工程体系,在黄河干流需要陆续兴建一些大型水利工程。在工程的规划、可行性研究和设计等阶段,均必须对当前及未来的来水来沙条件进行分析,为这些工程的规划、设计提供相关参数,确定出相应于一定设计系列下的水量、沙量和一定设计标准下的洪水径流量等重要指标,以确定工程规模、制定工程运行方式等。为解决黄河下游河道萎缩问题,黄委从 2002 年已开始通过调水调沙等措施对进入下游河道的水沙进行调控,并取得了一定成效。水沙调控多项指标的确定是建立在对未来水沙变化情势分析基础之上的,例如黄河下游河槽到底至少应满足排泄多大平滩流量,每年调控进入下游河道的径流量、泥沙量至少应有多少,未来水沙条件能否满足黄河健康的要求等,这些都是急需回答的问题。可以说,水沙变化情势是进行黄河治理规划和确定治理方案的重要依据。离开了黄河水沙变化条件分析,治黄诸多重大决策将成为无本之木、无源之水。

为研究黄河的水沙变化问题,水利部曾于1987年成立了"水利部黄河水沙变化研究基金会",先后分两期对1996年以前的黄河水沙变化情况进行了研究。与此同时,国家自然科学基金、"八五"国家重点科技攻关计划、黄委黄河流域水土保持科研基金等也设立专门项目对20世纪90年代中期以前的黄河水沙变化问题开展研究。近年来,随着黄河流域经济社会的快速发展和水土保持生态建设的大力推进,人类活动不断加剧,加之在全球气候变化的背景下,流域下垫面和降雨等水文要素进一步发生变化,从而引起黄河流域水沙发生新的变化。但由于对近期的黄河水沙变化特点和原因以及黄河水沙变化情势未开展系统研究,一些问题还不清楚。例如,近年来黄土高原水土保持生态建设的减沙效果如何,水利水保措施在近十年的减沙量是否仍为3亿t,黄河中游水利水保措施对洪水泥沙的影响程度如何,黄土高原水土保持综合治理措施的减沙潜力有多大等。如果不能准确把握这些问题,不了解黄河水沙变化的原因所在,也就不能判断黄河水沙的变化趋势,从而就难以科学地制定黄河流域水土保持治理方案。黄河流域近期水沙变化程度和原因以及未来的变化趋势,已为多方所关注。为满足新时期黄河治理开发与管理的决策需求,为实现修复黄河健康的重大实践需求,必须对近年来黄河流域在日趋强烈的人类活动作用下水沙变化的新情况、新趋势进行分析,并预测出今后相当长一个时期内水沙变化的情势,这是治黄的迫切需求。

开展黄河流域水沙变化趋势研究也是我国水利科技发展的重要内容之一。水利部制定的《水利科技发展规划(2001~2015年)》把水资源演变规律的变化作为未来15 a水利科技发展方向与优先领域之一。水利科技发展战略研究课题组提出的《水利科技发展战略研究报告》将变化环境下的黄河水沙变化趋势研究作为一项战略重点与重大课题。《国家中长期科技发展规划纲要(2006~2020年)》也把水资源优化配置与综合开发利用列为优先主题,并指出要重点研究长江、黄河等重大江河综合治理及南水北调等跨流域重大水利工程治理开发的关键技术等,这些问题的研究均涉及水沙变化情势预测分析等内容。由此可见,开展黄河流域水沙变化情势研究也是我国水利科技发展的重大需求。

基于黄河治理开发与管理重大决策和我国水利科技发展对黄河流域水沙变化情势研究的迫切需求,国家给予了高度重视,2006年科技部在"十一五"国家科技支撑计划重点项目"黄河健康修复关键技术研究"(2006BAB06B)中专门列出"黄河流域水沙变化情势评价研究"课题(2006BAB06B01),对近期黄河水沙变化进行专项研究。

本项研究以黄河健康修复这一重大命题作为出发点,量化说明人类活动对现状水沙过程的影响程度,分析近期水沙变化原因,评价黄土高原水土保持措施减水减沙效益,预测未来黄河水沙变化情势,为黄河治理开发与管理提供科技支撑作为攻关目的。

流域产流产沙是在降水动力输入激发下,流域下垫面系统对其作出响应的结果。从水文学意义上说,气候—降水—下垫面—产流产沙构成了流域的水文系统。降水是气候的复杂响应函数,气候的小幅波动可引起降水的显著变化,而作为降水的承受体,流域下垫面又是由地质地貌、被覆、人类建筑物等多因素构成的水文边界复杂系统。因此,流域产水产沙具有非线性、不确定性的特征,是一个具有关系、状态、特性的能量转化过程和物质输移过程,这一过程显然与降雨、下垫面之间有着复杂的响应关系。因而,对流域水沙变化成因的研究需要应用复杂性科学的理论和方法,确定黄河流域水文系统各要素之间相互作用和影响的定性定量关系,进行气候—降水、降水—下垫面、产流—产沙、水沙输移等多层次综合集成,建立评判预测模型。由此,不仅可以为黄河治理开发与管理提供水沙变化指示参数和预测工具,而且将使基于水文学的复杂性科学研究获得更为丰富的内容。人类活动对流域水文系统在一定程度上是可以起到明显扰动作用的。例如,人类活动不仅可以直接改变流域地表水循环过程,而且诸如开矿等地下活动还可以对地下水循环过程产生影响[2],甚至大范围的植被建设可以使局地气候发生某种程度的改变。实际上,人类活动对流域水文系统,包括地下水文地质系统的干扰是人为作用对这些系统过程的再调控,其调控程度又不可能是无限的,具有一定的限度和阈值。然而目前关于人类活动对流域产水产沙影响的评价方法并未得到很好解决,尤其是关于人类活动对地下水循环影响的定性定量评估更是缺乏理论探讨和方法研究。而黄河健康修复指标的确定,尤其是黄土高原水土流失治理目标的制定,都需要建立在评价人类活动对产水产沙的影响作用及其程度基础之上。因此,研究人类活动对流域水文系统的干扰作用和评价方法,分析黄土高原水土保持综合治理措施的减沙作用,可以直接为黄河健康修复、开展黄土高原水土流失治理等治黄生产实践提供重要的科学参数和方法。同时,可望在人类活动对流域水文系统调控作用及其评价方面得到理论和方法上的创新与提高。利用复杂性科学方法,基于系统观点和调控理论,从流域复杂非线性水文过程角度出发,根据气候—降水—下垫面—产流产沙等复杂的多层次多系统响应关系,以认识黄河流域水沙变化情势为出发点,剖析黄河流域水沙变化原因,识别人类活动对径流泥沙过程的影响作用及程度,评估黄土高原水土保持治理作用,建立黄河水沙变化评价方法和预测模型,预测未来黄河水沙变化趋势,对于实现黄河健康修复目标,保障黄河流域经济社会可持续发展有着极大意义,并且可使我国在以人类活动对流域水文系统干扰程度识别的评价预测为内容的复杂性科学研究领域居于国际领先行列。

1.2 研究现状

关于黄河水沙变化研究的课题较多,从研究项目类型来说,主要有专项基金研究、其他相关专题研究两大类。

1.2.1 专项基金研究

专项基金研究项目主要有水利部黄河水沙变化研究基金第一期、第二期项目(分别简称水沙变化基金1、水沙变化基金2)[3,4],黄委黄河流域水土保持科研基金第一期、第二期和第三期课题(分别简称黄委水保基金一期、黄委水保基金二期和黄委水保基金三期)[5-7],国家自然科学基金重大项目"黄河流域环境演变与水沙运行规律研究"(简称自然科学基金)[8-10],"八五"国家重点科技攻关计划项目"黄河中游多沙粗沙区治理研究"(简称"八五"国家攻关)[11,12],"九五"国家重点科技攻关计划项目"黄河中下游水资源开发利用及河道减淤清淤关键技术研究"等。这些项目的主要特点是开展规模大,研究历时长,参加单位和人员多,研究范围广,包括了黄河流域各区域和干流、支流的降雨与水沙变化特征,水土保持措施的减水减沙作用,水库调节的影响,主要冲积性河道的反馈调整等,涉及流域水沙变化的各个方面,研究的内容主要集中于对黄河上中游水土保持措施减水减沙作用的计算与分析。可以说,这些项目对1996年以前黄河水沙变化的研究是较为系统和深入的。其中,"九五"国家重点科技攻关计划项目子专题"小浪底水库初期运用入库水沙预测研究"在分析20世纪90年代黄河水沙变化特点的基础上,研究了黄河水沙的变化趋势,预测了小浪底水库运用初期15 a可能出现的水沙条件,并推荐了入库水沙系列。

水利部黄河水沙变化研究基金第一期、第二期项目对黄河水沙变化的研究更为系统和全面。如第一期项目列设了58个研究专题,直接参加研究的人员达150余人,取得的成果主要包括:进一步研究了黄河流域水沙特性,重点分析了黄河上中游主要支流泥沙来源、水沙变化及其发生原因和发展趋势等,认识了流域水沙时空分布的特点;对平原区河道和控制性水库产生的影响作了初步估计;研究了水沙变化的机理,逐步建立了分析计算方法,包括"水文法"、"水保法"等。第二期项目除继续深化研究1970~1989年黄河水沙变化情况外,重点研究了1990~1996年的黄河水沙变化情况,对1970~1996年黄河上中游水利水保措施减水减沙作用进行了较为深入细致的成因分析,提出了新的认识。例如,以20世纪50~60年代作为计算的基准期,确定出1970~1996年龙门、河津、张家山、洑头和咸阳等5站控制区域水利水保措施年均减沙量为3.075亿t;分析了河道萎缩、主槽淤积的主要原因;首次提出了黄河中游水利水保工程对洪水的定性分析成果;通过建立黄河中游小区水土保持坡面措施减洪指标体系→降雨量同频率对应→"以洪算沙"模型,初步解决了由小区坡面措施减洪指标体系推求流域坡面措施减洪指标体系的尺度转换问题,该尺度转换研究的突破点为"一体系"和"一模型",即"坡面措施减洪指标体系"和"以洪算沙统计模型"[13];改进了传统的"成因分析法"(或称"水保法");提出了计算流域产流产沙的分布式模型等。由黄河水利出版社出版的《黄河水沙变化研究》第一卷、第二卷就是对水利部黄河水沙变化研究基金第一期、第二期项目研究成果的系统总结[3,4]。但是,该阶段对黄河上游水土保持措施的减水减沙作用缺少研究;对暴雨洪水泥沙变化研究相对不够深入;计算方法也有待进一步改进和提高,其精度距生产的要求尚有一定距离;对预报今后黄河水沙变化的发展趋势也未给出较为可信的数据等。

"定性上存在共识,定量上存在差异"是上述专项基金研究课题的共同点。个别研究成果的定量数据差异还比较大(见表1-1),给治黄生产实践的应用带来了较大困难。由表1-1可以看出,对于同一区域,不同研究项目利用同样方法计算同一时段的减沙量可以相差数倍。例如,对于黄河中游河口镇—龙门区间(简称河龙区间),由水利部黄河水沙变化研究基金项目利用"水保法"计算的20世纪80年代平均减沙量为3.45亿t/a,而由"八五"国家重点科技攻关计划项目计算的相应时段的减沙量则为1.662亿t/a,前者是后者的2倍多。这两个项目计算相同时段的泾河、北洛河、渭河和汾河的减沙量相差更甚,前者为1.483亿~2.386亿t/a,而后者仅为0.461亿t/a,前者比后者大2.2~4.2倍。

表 1-1　黄河上中游减沙计算成果比较　　　　　　　　　　（单位:亿 t/a）

区段	年代(20世纪)	水沙变化基金				黄委水保基金		自然科学基金		"八五"国家攻关	
		水文法	水保法1	水保法2	总报告	水文法	水保法	水文法	水保法	水文法	水保法
河口镇以上	50				1.534						
	60				0.998						
	70				1.246			0.46	0.613	0.46	0.46
	80				0.695			0.46	0.59	0.46	0.46
河龙区间1	50				0.140						0.028
	60				0.776		1.299				0.477
	70	2.363	2.338	1.916	1.916	2.08	2.135	2.594	1.579	2.339	2.354
	80	3.842	3.662	3.239	3.239	1.449	1.635	3.198	1.342	2.601	1.662
河龙区间2	70	2.259	2.313	2.369							
	80	3.962	2.199	2.201							
	90	3.163	2.738	2.941							
泾洛渭汾1	50				0.327						0.062
	60				1.052						0.620
	70	1.436	1.754	1.723	1.436	1.461	1.574	0.727	1.085	0.699	1.472
	80	2.127	1.483	2.386	2.127	1.032	0.884	1.140	0.405	0.329	0.461
	1969 年以前				0.904						
泾洛渭汾2	70				1.696						
	80				1.566						
	90				1.540						
河潼区间	50				0.467						0.648
	60				1.828						1.097
	70	3.799	4.092	3.639	3.352	3.541	3.712	3.321	2.664	3.366	3.426
	80	6.019	5.145	5.625	3.366	2.481	2.520	4.337	1.747	2.808	2.123
龙华河湫	50				2.000						0.648
	60				2.828						1.557
	70				4.598	4.001	4.17	3.781	3.556	3.826	3.886
	80				7.061	2.940	2.98	4.797	2.397	3.268	2.583

注:河龙区间 1、泾洛渭汾 1 为"水沙变化基金 1"研究成果;河龙区间 2、泾洛渭汾 2 为"水沙变化基金 2"研究成果。泾洛渭汾指泾河、北洛河、渭河和汾河四条支流,河潼区间指河口镇—潼关区间,龙华河湫指龙门、华县、河津、湫头四站。表中数据来自文献[3-5]及文献[14];水保法 1 为"水沙变化基金 1"各课题计算结果,水保法 2 为"水沙变化基金 2"中"黄河流域水土保持减沙作用"(高博文等)课题计算结果[3]。

即使同一个项目,利用不同方法计算的减沙量相差也很明显。例如,对于20世纪80年代河龙区间,国家自然科学基金项目利用"水文法"、"水保法"计算的减沙量分别为3.198亿t/a和1.342亿t/a,后者较前者小近60%。之所以出现如此大的差异,影响因素很多,其中,就"水保法"而言,对措施量的统计来源或统计方法、减水减沙指标的选择等有所不同就是主要因素之一。由表1-2、表1-3可以看出,所列4个项目在确定措施量时,其方法有按完成面积的,有按统计面积的,也有取实有面积或保存面积的;减水减沙指标的确定方法更是不一,有调查分析的,有按小区推算的,也有取其他相关研究成果的,而且,有取用减洪指标的,也有取用减水指标的,等等;选用减水减沙指标时,有考虑降水条件的,有不考虑降水条件的,也有取用单一年平均值;另外,就水沙变化基金研究项目而言,第一期与第二期的一些支流的研究范围也不一样。例如,第二期项目对渭河研究的范围为除泾河张家山以上外的流域,包括石川河、清峪河等支流,面积合计为63 282 km²,而第一期项目分析的范围为咸阳以上流域,面积只有46 827 km²。因此,这也是引起计算结果不一致,难以对比分析的原因之一。因而,方法的不统一,必然造成所确定的减水减沙指标不同,计算结果的差异也就不可避免了。不少研究者对这些差异分别从基础数据、计算方法、时段选择、样本确定等方面都先后作过一些分析,对于取得统一认识起到了一定的参考作用[14-26]。至于对这些方法不统一所引起计算结果差异的定量评价则是一件非常复杂和困难的事,有待今后继续研究。

1.2.2 其他相关专题研究

黄委及其所属有关单位也曾设立了一些专项对黄河水沙变化问题进行研究,如治黄专项"黄河水沙变化及趋势分析",治黄基金项目"黄河水沙变化及其对河道冲淤、洪水演进的影响"、"80年代黄河水沙特性与河道冲淤演变",黄委黄河上中游管理局"八五"重点课题"黄河中游河口镇至龙门区间水土保持措施减洪减沙效益研究",黄河防汛科技项目"人类活动和气候变化对黄河中游水资源的影响",黄委黄河流域第二次水资源规划工作中水资源评价部分等。这些项目开展规模相对较小,主要是针对流域某一区域和水沙条件中某些问题进行研究的,但研究较为深入。此外,在一些专题会议上,对黄河水沙变化的某些方面也开展了一些研究和讨论,如2004年12月中国水利学会、黄河研究会联合举办的"黄河源区径流及生态变化研讨会"等[27]。总之,可以将这类研究分为两种:一种是比较宏观,要求高度概括黄河水沙基本特点和发展趋势,但研究深度有限;另一种是侧重于生产需要,局限性较大,对成因揭示不够。

综上所述,通过近年的研究,现在基本搞清了20世纪50年代以后黄河水沙变化的历史过程;分析了干流、区间和各主要支流水沙变化特点及其成因,其中对1950~1996年黄河水沙变化原因有了基本认识;宏观预测了未来黄河水沙变化趋势。但黄河河情在不断变化,新问题在不断出现,需要对进入21世纪以来黄河水沙变化的新特点进行跟踪研究,需要对1997~2006年黄河水沙变化原因进行量化分析,从而系统分析黄河水沙变化特点,剖析人类活动对黄河1997~2006年水沙变化的影响程度,探讨水利水保措施对暴雨洪水泥沙的作用,预测未来黄河水沙变化的情势,为黄河治理开发与管理的决策提供科学依据。

表 1-2　"水沙变化基金 1"确定的减水减沙指标

流域	研究者	措施量及处理方法		减水减沙指标分级及其方法					
		措施量类别	折减系数	指标来源	指标值	百分数	天然模数	分类单元	质量分级
三川河	王广任等	完成面积	√	减水指标参考山西省水保所资料	减水指标√	√		流域	
蔚汾河	王广任等	完成面积	√	减水指标参考山西省水保所资料	减水指标√	√		流域	
岚漪河	王广任等	完成面积	√	减水指标参考山西省水保所资料	减水指标√	√		流域	
湫水河	王广任等	完成面积		研究提出	√			不同部位	
汾河	王广任等	实有面积		由减水减沙效益计算成果和相应措施面积推算					
皇甫川	焦恩泽	统计面积		采用陕北地区的平均指标	√			流域	
孤山川	焦恩泽	统计面积		由实际调查数据确定	√			流域	
秃尾河	焦恩泽	统计面积		采用陕北地区的平均指标	√			流域	
窟野河	焦恩泽等	统计面积		采用陕北地区的平均指标	√			流域	
无定河	惠养瑜等	实有面积	√	根据小区试验结果，合理性分析后确定	√	√	√	类型区	√
延河	惠养瑜等	统计面积	√	根据小区试验结果，合理性分析后确定	√	√	√	类型区	√
浑河	姜乃森等	完成面积	√	根据山西省各项水保措施的减水减沙指标，结合当地实际情况确定	√			流域	
偏关河	姜乃森等	完成面积		根据山西省各项水保措施的减水减沙指标，结合当地实际情况确定	√			流域	

续表 1-2

流域	研究者	措施量及处理方法		减水减沙指标分级及其方法					
		措施量类别	折减系数	指标来源	指标值	百分数	天然模数	分类单元	质量分级
朱家川	姜乃森等	完成面积		根据山西省各项水保措施的减水减沙指标，结合当地实际情况确定	√			流域	
县川河	曹文洪等	保存面积		根据山西省各项水保措施的减水减沙指标，结合当地实际情况确定	√			流域	
渭 河	唐先海等	统计面积	√	流域拦泥保土定额	√	小区√		流域	
泾 河	唐先海等	统计面积	√	根据南小河沟侵蚀模数、保土率和减系数，结合流域情况而定；并提出流域定额、蓄水率	蓄水指标√	√	√	流域	
北洛河	陈景梁等	统计面积	√	减水指标据水保站资料，延河指标和本流域实际资料；拦沙率为试验小区资料		√	√	类型区	
祖厉河	谢王亭等	统计面积		确定净面积指标；小区推大区兼容系数，对折减后指标加以扩大；同时考虑坡面综合治理对减轻沟蚀的影响而确定；引入	√			流域	
湟 水	时明立等	统计面积		根据《青海省东部黄土高原水土保持规划》提供的资料及指标确定	√			流域	
洮 河	方学敏	统计面积		根据黄河流域水土保持减水减沙效益计算方法中甘肃省指标，并结合当地资料确定		√	√	流域	
清水河	左仲国	统计面积		当地调查数据	√			流域	

注："√"表示有表头所列的该项内容，下同。

表 1-3 其他项目减水减沙指标的确定情况

项目	流域	措施量及处理方法		减水减沙指标及其方法							
		措施量类别	折减系数	指标来源	指标值	百分数	天然模数	分类单元	质量分级	降水条件	
	窟野河、浑河、偏关河、朱家川、岚漪河、蔚汾河、湫水河、清凉寺沟、三川河、屈产河、昕水河、清水河	实有面积		减洪减沙定额	√			类型区			
		实有面积		参照小区观测资料,结合流域水保措施质量确定		√	√	流域		丰平枯	
	皇甫川、孤山川、秃尾河、佳芦河	统计面积		由减水减沙效益曲线查得		√	√	流域			
	无定河、清涧河、延河、仕望川	统计面积		直接给出减洪减沙百分数,并参考措施质量和不同降水条件		√	√	流域	√	√	
黄委水保基金一期	北洛河	统计面积	√	参照小区水保观测资料,结合流域水保措施质量确定		√	√	流域		丰平枯	
	泾河	实有面积		参照小区观测资料,结合流域水保措施质量确定		√	√	流域		丰平枯	
	渭河	实有面积		根据天然水文站资料,结合流域水保措施质量确定		√	√	流域		丰平枯	
	汾河	实有面积		参照小区观测资料,结合流域水保措施质量确定		√	√	流域		丰平枯	

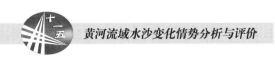

续表 1-3

项目	流域	措施量类别	折减系数	指标来源	指标值	百分数	天然模数	分类单元	质量分级	降水条件
"八五"国家攻关	三川河	保存面积		参照小区观测资料，结合流域水保措施质量确定		√	√	流域	1~3级	
	皇甫川	保存面积		由减水减沙效益成果和相应措施面积推算		√				
	窟野河	保存面积		由减水减沙效益成果和相应措施面积推算						
	无定河	统计面积		考虑了措施面积、质量和降雨水平等影响，对小区效益指标进行修正		√	分年代取	丘陵区	√	
水沙变化基金2	河龙区间21条支流			减水指标经过了点面、时段、地区差异的修正后得到面坡面措施减洪指标	√					
	皇甫川	保存面积	√	大面积水土保持参数指标		√		流域		丰平枯
	无定河	实有面积	√	根据小区确定；对其进行合理性分析后最终确定		√	√	流域		频率
	汾河	实有面积	√	山西省水保所试验资料		√	√	流域		频率
	泾河	保存面积	√	减水指标经过了点面、时段、地区差异的修正后得到流域坡面措施减洪指标	√	√		流域分区		频率
	北洛河	保存面积	√	减水指标经过了点面、时段、地区差异的修正后得到流域坡面措施减洪指标	√	√		类型区		频率
	渭河	保存面积	√	减水指标经过了点面、时段、地区差异的修正后得到流域坡面措施减洪指标	√	√		小区		频率

1.3 研究内容和预期目标

1.3.1 研究内容

根据 1950~2006 年实测资料,分析黄河干流主要断面和主要支流入黄断面水沙的时空变化特点;选择黄河主要产水区、干流大型水库、宁蒙灌区和关中灌区,剖析人类活动对入黄径流的影响;研究中小流域尺度上的水土流失关键影响因子的选择、处理和因子参数的提取方法,分析植被覆盖度、坡度和沟壑长度等下垫面因子与其流域产沙的关系;以集成创新与自主创新相结合的理念,研究 GIS 与产流产沙模型的结合方法,进而提出多沙粗沙区典型支流水土流失数学模型,为科学评价人类活动对入黄泥沙量的影响程度提供工具;分析淤地坝、梯田等典型水土保持措施的拦沙和减蚀作用,搞清人类活动对入黄泥沙的影响,并进而分析淤地坝等拦沙工程对入黄泥沙级配的影响;明晰人类活动对产沙和输沙的影响程度,预测在规划治理措施配置方案和多年平均降水情况下未来一定时期可能的入黄泥沙量;以典型支流为研究对象,分析次暴雨的时空分布规律、不同暴雨条件的产沙产洪关系、流域下垫面状况对暴雨产洪产沙能力的影响、水利水保工程对暴雨洪水泥沙的作用,为评价人类活动对入黄洪水泥沙的影响提供科学依据;充分利用以往研究成果,阐明 1997~2006 年人类活动对黄河水沙量及其时空分布的影响程度,预测未来 30 a 黄河水沙情势,并对远期 50 a 水沙变化情势进行展望。

本项研究共设置 6 个专题:
专题 1:黄河中游水沙变化特点及成因分析;
专题 2:人类活动对入黄径流影响程度分析;
专题 3:人类活动对洪水泥沙的影响分析;
专题 4:人类活动对产流产沙影响的评价方法研究;
专题 5:基于 GIS 的多沙粗沙区典型支流水土流失数学模型;
专题 6:黄河流域水沙变化趋势分析。

1.3.2 预期目标

在 1950~1996 年黄河水沙变化研究成果的基础上,通过对黄河流域主要产水产沙区来水来沙变化的原因剖析,阐明 1997~2006 年人类活动对黄河水沙过程的影响程度和未来 30 a 黄河水沙变化情势,并对未来 50 a 水沙变化情势进行展望。

1.4 技术路线

1.4.1 研究总体思路

以"有限目标、突出重点、有所为有所不为"作为基本原则,紧紧围绕黄河水沙变化的主题,从基本规律和成因分析入手,搞清影响水沙变化到底有哪些具体因素;先由支流再到流域面上,对不同区域水沙变化进行详细剖析,取得黄河水沙变化的总体认识;微观层面研究与宏观层面分析相结合,从微观上了解成因,在宏观上把握近期水沙变化情况、各时期变化差异和远期的变化趋势;以地貌学、水动力学、侵蚀动力学和泥沙运动力学的理论为指导,以黄土高原多沙粗沙区具有完整坡面侵蚀产沙和沟道输水输沙系统的典型流域为研究对象,以地理信息系统为平台,利用"3S"技术及最新的管理系统,在吸收现有成功建模理念和成果精华基础上,确立拟建模型的总体框架,构建基于 GIS 的黄土高原水土流失数学模型。

基于继承与发展相结合的指导思想,在以往研究成果的基础上,对近期水沙变化量及其成因进行分析,力求从应用基础和关键参数上都能取得新的认识和成果;把握清晰的研究目标,搞清水利水保措施减少的入黄泥沙量和径流量,预测未来 30 a 黄河水沙变化情势。

1.4.2 研究方法

(1)主要采用"水文法"、"水保法"两种分析方法评价近期黄河水沙变化量,分析不同影响因素的作用程度,并以典型支流人类活动对入黄径流泥沙影响的评价方法作为深化补充。

(2)利用"水文法"在分析流域综合治理对水量的影响时,不但要考虑水利水保措施在不同时间尺度下的减水作用,如年、月等,而且要考虑其对洪水的影响。由于"水文法"是以基准期所建立的降雨产流产沙模型推求治理期的天然产水量、产沙量,并据此与实测来水来沙量作比较而分析水利水保措施减水减沙作用的,因此基准期水沙资料的代表性很重要,在建模前应对基准期水沙资料的一致性、是否反映总体的统计情况等代表性问题进行分析研究。当然,在有些流域,可能缺乏无人类活动干扰下(即流域水土流失治理前)的水沙观测资料系列,即无基准期资料系列。此时,只有以治理初期人类活动干扰相对少的时期为基准期。但是,在此基准期内水利水保措施已经影响到流域的产水产沙,为此,应恢复水利水保措施的影响,然后建立模型推算治理期的水沙量,由此推算的水沙量也即天然产水产沙量。

(3)利用"水保法"进行计算时,重点内容之一是调查、核实黄河中游水土保持生态工程建设措施数量。水土保持生态工程建设措施的资料核查采用典型调查、遥感技术、统计分析等综合方法。减水减沙效益计算充分利用黄河中游地区比较丰富的水土保持径流泥沙小区观测资料,宏观着眼,微观着手,宏观与微观相结合,注重对特殊事件的剖析和一般规律性的总结,补充完善水土保持措施减水减沙指标体系,计算水土保持生态工程建设措施的减水减沙作用。

"水文法"和"水保法"的计算原理是完全不同的。"水文法"是基于水文学的基本原理,通过对降雨—产流机制和产流—产沙规律的模拟,进而对流域下垫面发生变化前后的水文过程、变化程度进行评价。"水文法"的评价精度主要取决于对降雨—产流机制和产流—产沙规律的认识及模拟空间尺度的大小。"水保法"是基于线性统计学的原理,将径流泥沙观测小区的试验结果推至流域空间尺度上,并将各类措施的作用线性累计,进而评价水沙变化程度。"水保法"的评价精度主要取决于措施作用的尺度转换和评价尺度空间的大小。因而,从理论上说,评价的空间尺度越小,"水文法"与"水保法"的计算差异可能越小。在应用"水文法"、"水保法"时应尽量考虑空间尺度的效应问题。

(4)结合对人类活动正、负面影响的定性研究,以及通过建立土壤抗蚀性指标与产水产沙的关系,利用"3S"技术,评价典型支流人类活动对入黄径流泥沙的影响。

(5)构建黄河一级支流孤山川流域水土流失经验模型,并在黄土高原丘陵沟壑区第一副区选择代表性小流域探讨分布式机理模型,为水土流失预测提供有效工具。

(6)利用天然径流系列重建方法、"水保法"和数学模型预测方法,以黄河中游地区为重点,综合分析预测未来黄河流域水沙变化趋势。

1.4.3 技术路线

(1)采用抽样调查和查勘的方法,对水利水保措施尤其是水保措施保存面积进行核实和修正。对于研究区域水保措施保存面积的确定,如果有遥感资料(高分辨率卫星影像资料),采用遥感资料修正,无遥感资料时采用抽样调查或典型调查的方法进行修正。

(2)以实测资料和核查的水土保持生态工程建设措施资料为基础,利用"水文法"和"水保法"计算水利水保措施减水减沙效益。利用"水文法"建立降雨径流和水沙的内在关系,分析降雨变化对水沙变化的影响,进而推算人类活动对水沙变化的影响;利用"水保法"剖析不同类型人类活动对水沙变化的影响程度,从而分析黄河中游水沙变化程度和变化原因。

(3)通过分析致洪暴雨的时空分布规律和流域下垫面状况对流域暴雨洪水的影响,建立暴雨洪水泥沙关系,分析水利水保措施对暴雨洪水泥沙的影响程度。

(4)采用淤地坝坝地取样和流域出口断面实测水文资料分析相结合的方法,重点分析河龙区间粗泥沙集中来源区支流在大规模实施淤地坝建设后洪水泥沙的粒径变化规律,确定水土保持措施减沙的粒径组成和粗泥沙减少量占总减沙量的比例,开展水土保持措施对减少粗泥沙作用的分析。

(5)选择典型流域,利用1:5万数码航摄数据或 TM 影像作为主要遥感信息元,根据流域地形图建立数字高程模型,提取相关地理信息;选择与下垫面抗蚀能力密切相关的坡度(主要指 >25°)、沟壑密度、土地利用类型、地表组成物质、水土保持措施类型和数量,以及水土保持措施分布等指示因子来体现土壤抗蚀能力;建立下垫面抗蚀能力指示因子与产沙量的关系,分析流域产沙对人类活动因子的响应程度,评价典型支流人类活动对入黄泥沙的影响。

(6)以黄河中游地区为重点,通过对典型支流的现场查勘和调查,利用水文地质学的理论,结合产汇流模型数值模拟,研究煤矿开采等典型人类活动对地表水、地下水循环的影响。对比分析开矿等重大活动前后河川基流变化情况,结合地下水循环变化特点和成因分析,了解河川基流变化机理,分析开矿等人类活动对流域产汇流的影响,为分析河川径流变化提供依据。

(7)以地理信息系统为平台,建立流域的数字高程模型(DEM)。依据主导因子分析等手段,并根据现有观测资料情况,基于应用的目的,分析坡面及流域的侵蚀产沙主导因子,利用统计方法建立经验模型,根据实测资料进行模型参数率定和模型验证,预估流域产流产沙量,拟建立孤山川流域的产流产沙经验数学模型。

采用超渗产流模式,分析坡面、沟道、流域侵蚀特性,构建单元水动力学运动波模型和土壤侵蚀模型,然后考虑汇流输沙关系,建立分布式小流域产流产沙机理模型。模型计算所需要的因子参数由地理信息系统提供。拟建立黄河多沙粗沙区岔巴沟小流域分布式产流产沙水动力学模型,其中在产汇流计算中,拟改变以往水文水动力学模型机理加经验的模拟方法,尽量选用水动力学控制方程,以便更有利于实现产流产沙的紧密耦合模拟。根据实测资料进行模型参数率定和模型验证,运用分布式产流产沙机理模型计算产流产沙量及空间分布。用具有丰富观测资料且具有水土流失环境代表性的流域作为模型验证的对象;利用专家评判法,生成初始条件,对模型的模拟精度进行检验和评价。

(8)利用室内模拟试验方法,通过对坡面径流水力学参数(水深、流速、流量)以及坡面侵蚀沟横断面几何形态等参数的观测,研究坡面径流的水力学特性。在此基础上,阐明坡面径流输沙特性,建立坡面径流产沙量表达式,为坡面土壤侵蚀数学模型的建立提供理论依据和相关参数。

(9)综合分析近期黄河水沙条件的变化特点和产生原因,结合未来流域开发治理的发展趋势,利用树木年轮分析法重建天然径流量系列,分析周期变化规律,预测未来径流量变化趋势;利用有实测资料以来的径流泥沙系列,建立水沙关系,从而预测未来泥沙变化趋势;结合流域治理规划、水资源利用规划及经济社会发展规划,利用"水保法"分析未来水沙变化趋势;结合黄土高原特殊的侵蚀环境和水土流失规律,对 SWAT(Soil and Water Assessment Tool)模型进行改进,利用水文模拟预测方法分析黄河流域水沙变化趋势。对各种预测方法的结果进行综合分析,提出未来50 a 不同时段的水沙变化情势。

1.4.4 技术关键点

本书主要技术关键点包括:人类活动对径流变化影响程度的识别;人类活动对入黄泥沙影响程度的识别;流域下垫面抗蚀力因子指标体系的建立以及参数表达形式和相互关系;淤地坝对泥沙级配作用的识别方法;典型水土流失治理措施减沙作用的动态变化过程分析;暴雨的空间、时间及选取指标的处理,水利水保措施对暴雨洪水泥沙影响的判别方法;不同尺度水土保持措施减沙作用的转换关系;未来水沙变化情势的预测方法。

参考文献

[1] 姚文艺,侯志军,常温花,等.萎缩性河道演变规律与致灾机理[R].黄河水利科学研究院,黄科技 ZX-2005-35-42(N23),2005.

[2] 李振拴.山西省煤矿开采对水资源的影响研究[R].山西省煤炭地质水文勘查研究院,2003.

[3] 汪岗,范昭.黄河水沙变化研究(第一卷)[M].郑州:黄河水利出版社,2002.

[4] 汪岗,范昭.黄河水沙变化研究(第二卷)[M].郑州:黄河水利出版社,2002.

[5] 黄河水利委员会.黄河流域水土保持研究[M].郑州:黄河水利出版社,1997.

[6] 张胜利,于一鸣,姚文艺. 水土保持减水减沙效益计算方法[M]. 北京:中国环境科学出版社,1994.

[7] 于一鸣. 黄河中游多沙粗沙区水土保持减水减沙效益及水沙变化趋势研究报告[R]. 黄河流域水土保持科研基金第四攻关课题组,1993.

[8] 左大康. 黄河流域环境演变与水沙运行规律研究文集(第一集)[M]. 北京:地质出版社,1991.

[9] 钱意颖,叶青超,周文浩. 黄河干流水沙变化与河床演变[M]. 北京:中国建材工业出版社,1993.

[10] 唐克丽. 黄河流域的侵蚀与径流泥沙变化[M]. 北京:中国科学技术出版社,1993.

[11] 景可,卢金发,梁季阳,等. 黄河中游侵蚀环境特征和变化趋势[M]. 郑州:黄河水利出版社,1997.

[12] 张胜利,李倬,赵文林,等. 黄河中游多沙粗沙区水沙变化原因及发展趋势[M]. 郑州:黄河水利出版社,1998.

[13] 冉大川,柳林旺,赵力仪,等. 黄河中游河口镇至龙门区间水土保持与水沙变化[M]. 郑州:黄河水利出版社,2000.

[14] 孟庆枚. 黄河水利科学技术丛书:黄土高原水土保持[M]. 郑州:黄河水利出版社,1996.

[15] 毛华健. 中小流域水土保持措施减沙效益计算方法的探讨[J]. 人民黄河,1995,17(3):25-28.

[16] 张胜利,姚文艺. 近期黄河流域水土保持减水减沙效益计算方法研究刍议[J]. 人民黄河,1993,16(5):10-13.

[17] 姚文艺,张胜利. 关于应用水文法分析水沙变化几个问题的探讨[M]//丁留谦,柴方昆. 水利水电工程学理论与应用. 北京:中国科学技术出版社,1995:418-421.

[18] 姚文艺,张遂业. 对水沙变化分析中代表系列选择问题的讨论[J]. 人民黄河,1995,17(3):25-28.

[19] 骆向新,徐新华. 关于水土保持减水减沙效益分析方法的探讨[J]. 人民黄河,1995,18(11):24-26.

[20] 于一鸣. 黄河流域水土保持减沙计算方法存在问题及改进途径探讨[J]. 人民黄河,1996,19(1):26-30.

[21] 冉大川,刘斌,付良勇,等. 双累积曲线计算水土保持减水减沙效益方法探讨[J]. 人民黄河,1996,19(6):24-25.

[22] 吴永红,李倬,冉大川,等. 水土保持坡面措施减水减沙效益计算方法探讨[J]. 水土保持通报,1998,18(1):43-47.

[23] 汤立群,陈国祥. 水土保持减水减沙效益计算方法研究[J]. 河海大学学报,1999,27(1):79-84.

[24] 康玲玲,董飞飞,王云璋,等. 黄土丘陵沟壑区水土保持措施蓄水减沙指标体系探讨[J]. 水利水电科技进展,2006,26(2):30-33.

[25] 张攀,姚文艺,冉大川. 水土保持综合治理的水沙响应研究方法改进探讨[J]. 水土保持研究,2008,15(2):173-176.

[26] 陈江南,王云璋,徐建华,等. 黄土高原水土保持对水资源和泥沙影响评价方法研究[M]. 郑州:黄河水利出版社,2004.

[27] 黄河水利委员会,黄河研究会. 黄河源区径流及生态变化研讨会专家论坛[R]. 2004.

第2章

黄河水沙变化分析基础数据核实与评价

水利水保措施保存面积是分析水沙变化及其原因的基础数据,对分析评价结果的精度影响极大。因此,调查核实水利水保措施数量也是分析水沙变化的基础性工作。本章主要介绍利用野外典型调查勘测、年度报表统计、遥感影像解释、样区核查分析、数理统计和专家咨询等多种方法与手段对 1997～2006 年黄河中游河龙区间及泾、洛、渭、汾等 25 条支流水利水保措施数量的核查方法与核实结果。

2.1 水土保持措施数量核查方法

水土保持措施基础资料是分析水土保持措施对水沙变化影响的重要依据,但由于水土保持措施基础资料统计方法、来源和标准不同,需要通过科学方法加以核实和作必要的校正。

2.1.1 核查总体思路及技术方法

核查的总体思路是宏观分析与微观分析相结合,纵向分析与横向对比相结合,典型小流域调查与区域样点调查相结合,传统核查方法与新技术应用相结合。

(1)对不同来源的水土保持措施统计资料进行合理性分析,确定资料核查的主要系列和研究时段内水土保持措施资料的基本控制单元。

(2)通过典型小流域和典型样区调查成果与其相应统计资料的对比分析,求取各项措施的核查系数,经综合分析确定以县域为单元的水土保持统计资料的核查系数,进而对统计资料进行校核修正,获得核查后的以县(区、旗、市)为单元的各项水土保持措施数量。

(3)将核查成果分别按支流和河流把口水文站控制断面以上的区域进行分解,获得河龙区间各支流以及泾河、北洛河、渭河和汾河把口水文站控制断面以上的水土保持措施数据。

(4)对 1997 年以来黄河中游地区水土保持生态建设典型工程实施情况进行调查,分析生态工程实施进度、措施配置、措施质量等,通过与典型调查结果的对比分析,修正核查系数,论证核查成果的合理性。

(5)调查黄河中游地区开发建设项目的水土保持措施落实情况,结合建设项目的监测数据进行分析。

2.1.2　资料收集与处理

2.1.2.1　资料收集内容

主要收集国家水土保持主管部门公开的数据,包括黄河中游各省(区)刊印的水利水保措施统计年报资料、流域机构年度报表及有关方面公开的其他水土保持措施资料、市(县)统计上报资料等;全面收集已有的小流域综合治理资料,以及以往的研究成果等。收集的资料主要有:陕西、山西、甘肃、内蒙古、宁夏等省(区)1997～2006 年水土保持统计年报资料,其中水土保持措施包括梯田、坝地、人工林(乔木林、灌木林、经济林、果园)、种草、淤地坝、水库、小型水土保持工程等;黄委 2000～2006 年"水土保持联系制度表"资料,该联系制度表是以黄河流域各省(区)上报的数据为基础,经综合分析整理后制定的,其中各省(区)的上报数据实际上包括了地方投资建设的水土保持措施统计量;黄委黄河上中游管理局编印的《黄河流域水土保持基本资料》(2001 年 12 月),该基本资料为黄河上中游管理局组织黄河流域 8 省(区)水土保持局(处)历时一年多的时间所编制完成的,包含黄河流域 1998 年和 1999 年的水土保持措施数量;黄河中游 459 条小流域综合治理资料,包括每条小流域统计上报资料、竣工验收资料等;皇甫川流域 2006 年水土保持措施和土地利用航片解译资料;孤山川流域 2002 年水土保持措施和土地利用卫星影像解译资料;水利部黄河水沙变化研究基金、黄河流域水土保持科研基金、国家自然科学基金、"八五"国家重点科技攻关计划、黄河上中游管理局"八五"重点课题等所资助的各类项目的研究成果[1-7]。

2.1.2.2　资料处理与分析

黄委"水土保持联系制度表"是全面反映黄河流域年度水土保持生态建设进度的基础资料,报表统计范围完整、措施内容齐全,包括了研究区域内的 186 个县(区、旗、市)历年水土保持综合治理措施数量。联系制度表资料是由黄河流域各省(区)逐级上报,经过相关水土保持主管部门分析论证后所确认的数据,包括了地方投资建设的水土保持措施量,各项数据年际间逻辑关系合理,是近年来黄河流域水土保持工程规划设计的重要依据。但联系制度表仅反映了当年水土保持措施完成情况,且仅有 2000～2006 年的资料,因而只能提供该时段以县(区、旗、市)为单元的水土保持措施数据。

黄委黄河上中游管理局编印的《黄河流域水土保持基本资料》涉及内容全面,统计范围完整,数据基本可靠,该资料中的"1999 年黄土高原地区水土保持综合治理现状"可作为水土保持措施核查的重要参考和基本控制时段的数据[2]。

从收集到的省(区)统计资料看,陕西、山西、甘肃 3 省的统计内容一般包括了当年完成数和累计达到的数,措施类别基本一致。但是,对治理进度的分析认为,截至 2006 年,陕西、甘肃两省水土保持措施累计数偏高,治理进度偏快,年均治理进度分别为 3.1% 和2.9%,而山西省的年均治理进度则相对偏低,为 1.9%。对逐年资料分析发现,研究时段内各县之间的水土保持措施数量发展不平衡,1997～2006 年累计数负增加现象比较普遍,有些县下一年累计措施数量比上一年度的还小,数据矛盾突出。陕西、甘肃两省2000～2006 年统计报表数据与联系制度表数据相差不大。陕西、山西、甘肃 3 省 1998

年、1999 年新增水土保持措施量与全流域当年治理进度基本吻合。总体上来说,省(区)统计报表资料不全,报表质量和内容参差不齐。

综上分析,确定本次数据核查的基础数据系列为黄委"水土保持联系制度表"的数据(2000~2006 年),并以黄委黄河上中游管理局编印的《黄河流域水土保持基本资料》中"1999 年黄土高原地区水土保持综合治理现状"为基本控制数据,以省(区)数据作为必要补充,宏观控制,并以以往研究成果作为参考对核查结果进行分析论证。

2.1.3　典型小流域和典型样区调查依据及选择

2.1.3.1　调查依据

水土保持措施调查采用人工调查和遥感调查两种方法,调查依据为❶:

(1)《水土保持综合治理　规划通则》(GB/T 15772—1995);

(2)《水土保持综合治理　技术规范》(GB/T 16453.1~16453.6—1996);

(3)《水土保持综合治理　验收规范》(GB/T 15773—1995);

(4)《水土保持综合治理　效益计算方法》(GB/T 15774—1995);

(5)《水土保持工程质量评定规程》(SL 336—2006)。

2.1.3.2　调查单元选择

在黄河中游地区选择了 25 条小流域(见表 2-1)和 39 个典型样区作为调查对象。所选典型小流域和典型样区分布在黄河中游地区 53 个县(区、旗、市)内。

表 2-1　典型小流域基本情况

小流域名称	所在县(区、旗、市)	所在干流	小流域面积(km²)	水土流失面积(km²)
西黑岱	准格尔	皇甫川	32.00	32.00
范四窑	清水河	浑河	42.50	42.40
麻庄	宝塔	延河	58.63	58.63
元坪	横山	无定河	131.40	131.40
榆林沟	米脂	无定河	65.59	65.59
李家河	安塞	延河	24.33	24.33
沙道子	志丹	北洛河	13.77	13.16
石头沟	洛川	北洛河	20.50	20.50
许家河	白水	北洛河	20.64	20.64
姚岔	彭阳	泾河	14.74	13.67
城西川	环县	泾河	79.60	79.60
巨沟	镇原	泾河	18.42	18.42
潭沟	旬邑	泾河	19.43	18.00
嘴头	西吉	渭河	40.30	35.30
吴家沟	秦安	渭河	10.58	10.58
东冯岔	陇西	渭河	20.82	20.82

❶ 水土保持综合治理 4 项规范于本项研究完成后又颁布了 2008 年修订版。

续表 2-1

小流域名称	所在县(区、旗、市)	所在干流	小流域面积(km^2)	水土流失面积(km^2)
榆林沟	庄　浪	渭　河	56.43	56.43
清溪沟	宝　鸡	渭　河	35.77	35.77
涧　沟	耀　县	渭　河	20.87	20.87
树儿梁	河　曲	黄　河	109.66	109.66
王家寨	神　池	朱家川	10.50	9.34
朱家堡	吉　县	昕水河	34.00	33.18
岔　口	永　和	黄　河	126.00	126.00
熊熊山	中　阳	屈产河	25.10	20.10
白草沟	静　乐	汾　河	11.40	11.00

2.1.4　核查系数

核查系数是指实地调查的水土保持措施保存面积与同一时段同一区域同类措施统计面积的比值,是反映治理措施数量真实状况的一个重要指标。

计算确定水土保持措施核查系数是确定实际措施数量的基础。为此,针对水土保持措施核查系数计算影响因素多、地区差异大、社会发展变化影响大的情况,首先选择不同类型区,并结合区域样本的代表性,开展典型小流域和典型样区水土保持措施调查,通过与统计资料的对比,初步估算各项水土保持措施核查系数的基础值。然后,运用遥感信息解译成果,并与由典型小流域和典型样本调查资料计算的核查系数进行比较,再确定措施核查系数。

根据水土保持政策、区域自然条件和经济社会发展等综合因素分析,尽管水土保持措施核查系数在不同区域存在着一定的差异,但在同一行政区和自然条件相似区域内,水土保持措施的保存状况仍呈现出一定的规律性。在分析计算核查系数的过程中,充分考虑各省(区)的统计核算及黄委在联系制度表汇总过程中的数据核算,并根据抽样调查数据,对收集的资料进行合理性评价与修正。在此基础上,提出以县(区、旗、市)为单元的水土保持措施核查系数。由于封禁治理属于区域内植被的自然恢复(修复)过程,所以资料核查中没有考虑封禁治理面积的核实。

2.1.4.1　典型小流域数据核查系数

共分析计算了 25 条典型小流域水土保持措施核查系数(见表 2-2)。梯(条)田的核查系数为 0.74~0.96,平均为 0.93;坝地的核查系数为 0.88~1.00,平均为 0.96;造林的核查系数为0.59~0.90,平均为 0.77;种草的核查系数为 0.44~0.69,平均为 0.59。

2.1.4.2　典型样区核查系数

共调查计算了 39 个典型样区水土保持措施核查系数(见表 2-3)。梯(条)田的核查系数为 0.71~0.99,平均为 0.91;坝地的核查系数为 0.72~1.00,平均为 0.92;造林的核查系数为 0.54~0.93,平均为 0.76;种草的核查系数为 0.34~0.89,平均为 0.61。

表 2-2　典型小流域水土保持措施核查系数

小流域名称	不同措施核查系数			
	梯(条)田	坝地	造林	种草
西黑岱	0.86	0.93	0.79	0.56
范四窑	0.83	0.94	0.78	0.57
麻　庄	0.74	0.97	0.90	0.58
元　坪	0.90	0.97	0.71	0.48
榆林沟	0.91	0.93	0.70	0.62
李家河	0.91	0.88	0.59	0.66
沙道子	0.93	1.00	0.75	0.56
石头沟	0.95		0.82	
许家河	0.96	0.98	0.85	0.55
姚　岔	0.95		0.79	0.65
城西川	0.91		0.78	0.69
巨　沟	0.95		0.75	0.67
潭　沟	0.95		0.79	0.65
嘴　头	0.95	1.00	0.66	0.65
吴家沟	0.89		0.72	0.44
东冯岔	0.94		0.69	0.57
榆林沟	0.94		0.75	0.64
清溪沟	0.95		0.85	
涧　沟	0.90		0.66	
树儿梁	0.88	0.98	0.72	0.63
王家寨	0.94		0.71	0.52
朱家堡	0.89		0.81	0.51
岔　口	0.95	0.96	0.82	
熊熊山	0.93	0.96	0.80	
白草沟	0.94		0.74	
平　均	0.93	0.96	0.77	0.59

表 2-3　典型样区水土保持措施核查系数

县(区、市)	不同措施核查系数			
	梯(条)田	坝地	造林	种草
安　塞	0.71	0.81	0.61	0.77
神　木	0.85	0.89	0.80	0.58
府　谷	0.86	0.87	0.71	0.58
子　长	0.85	0.90	0.54	0.45
绥　德	0.90	0.90	0.68	0.40
靖　边	0.83	0.82	0.57	0.44

续表 2-3

县(区、市)	不同措施核查系数			
	梯(条)田	坝地	造林	种草
佳　县	0.94	0.87	0.82	0.58
宝　塔	0.85	0.72	0.91	0.61
横　山	0.92	0.84	0.72	0.41
吴　堡	0.94	0.80	0.76	0.40
米　脂	0.93	0.89	0.71	0.64
耀　县	0.91	1.00	0.68	0.68
礼　泉	0.84	1.00	0.69	0.68
洛　川	0.97	1.00	0.84	0.70
合　水	0.94	0.96	0.90	0.86
泾　川	0.97	0.95	0.88	0.66
岷　县	0.92	1.00	0.93	0.89
秦　安	0.90	0.94	0.92	0.86
宁　县	0.93	0.95	0.90	0.83
渭　源	0.96	1.00	0.90	0.59
张家川	0.94	0.91	0.87	0.83
西　峰	0.96	0.93	0.88	0.86
崆　峒	0.96	0.94	0.92	0.70
华　亭	0.95	1.00	0.83	0.67
静　宁	0.92	0.91	0.89	0.79
秦　州	0.91	0.93	0.85	0.41
漳　县	0.92	1.00	0.87	0.82
河　曲	0.89	1.00	0.74	0.75
保　德	0.98	0.98	0.76	0.50
神　池	0.95	0.88	0.72	0.53
隰　县	0.91	0.92	0.83	0.34
乡　宁	0.97	0.98	0.87	0.69
中　阳	0.94	0.98	0.82	0.52
介　休	0.99	1.00	0.89	0.67
静　乐	0.95	1.00	0.88	0.63
浮　山	0.92	0.94	0.82	0.63
襄　汾	0.98	0.96	0.83	0.70
古　县	0.91	0.97	0.88	0.55
霍　州	0.90	0.98	0.77	0.73
平　均	0.91	0.92	0.76	0.61

2.1.4.3 水土保持措施核查系数的确定

把典型小流域、典型样区调查分析的核查系数作为相应县(区、旗、市)的核查系数，对于两种调查方法都涉及的县(区、旗、市)，取其平均值作为该县(区、旗、市)水土保持措施的核查系数。两种调查结果共给出了 53 个县(区、旗、市)的水土保持措施核查系数。梯(条)田核查系数为 0.81~0.98，坝地核查系数为 0.80~1.00，造林核查系数为 0.54~0.93，种草核查系数为 0.34~0.89。总体上讲，各地梯(条)田、坝地核查系数差异不大，造林核查系数普遍在 0.7 左右，种草核查系数普遍在 0.6 左右(见表 2-4)。对于未给出核查系数的县(区、旗、市)，在进行数据核查时，选用行政区相邻或相近，或者在同一水土流失类型区或相似气候区的县(区、旗、市)的核查系数核查水土保持措施资料。

表 2-4 黄河中游水土保持措施核查系数

县(区、旗、市)	梯(条)田	坝地	造林	种草
准格尔	0.86	0.93	0.79	0.56
清水河	0.83	0.94	0.78	0.57
安塞	0.81	0.85	0.60	0.70
神木	0.85	0.89	0.80	0.58
府谷	0.86	0.87	0.71	0.58
子长	0.85	0.90	0.54	0.45
绥德	0.90	0.90	0.68	0.40
靖边	0.83	0.82	0.57	0.44
佳县	0.94	0.87	0.82	0.58
宝塔	0.84	0.85	0.90	0.55
横山	0.91	0.90	0.71	0.45
吴堡	0.94	0.80	0.76	0.40
米脂	0.92	0.91	0.70	0.63
耀县	0.91	1.00	0.68	0.63
宝鸡	0.95	1.00	0.85	0.63
礼泉	0.84	1.00	0.69	0.68
白水	0.96	0.98	0.85	0.55
志丹	0.93	1.00	0.75	0.56
洛川	0.96	1.00	0.83	0.70
旬邑	0.95	1.00	0.79	0.65
彭阳	0.95	1.00	0.79	0.65
西吉	0.95	1.00	0.66	0.65
合水	0.94	0.96	0.90	0.86
镇原	0.95	0.95	0.75	0.67
环县	0.91	0.95	0.78	0.69
泾川	0.97	0.95	0.88	0.66

续表2-4

县(区、旗、市)	梯(条)田	坝地	造林	种草
岷 县	0.92	1.00	0.93	0.89
陇 西	0.94	0.95	0.69	0.57
庄 浪	0.94	0.95	0.75	0.64
秦 安	0.89	0.94	0.81	0.64
宁 县	0.93	0.95	0.90	0.83
渭 源	0.96	1.00	0.90	0.59
张家川	0.94	0.91	0.87	0.83
西 峰	0.96	0.93	0.88	0.86
崆 峒	0.96	0.94	0.92	0.70
华 亭	0.95	1.00	0.83	0.67
静 宁	0.92	0.91	0.89	0.79
秦 州	0.91	0.93	0.85	0.41
漳 县	0.92	1.00	0.87	0.82
河 曲	0.89	0.99	0.73	0.68
保 德	0.98	0.98	0.76	0.50
神 池	0.96	0.88	0.73	0.53
隰 县	0.91	0.92	0.83	0.34
乡 宁	0.97	0.98	0.87	0.69
吉 县	0.89	0.92	0.81	0.51
中 阳	0.94	0.97	0.81	0.52
介 休	0.99	1.00	0.89	0.67
静 乐	0.94	1.00	0.81	0.65
浮 山	0.92	0.94	0.82	0.63
襄 汾	0.98	0.98	0.83	0.70
古 县	0.91	0.97	0.88	0.55
霍 州	0.90	0.98	0.77	0.73
永 和	0.95	0.96	0.82	0.73

　　将调查计算的核查系数与皇甫川、孤山川流域遥感成果计算的核查系数相比可知,除与皇甫川流域种草和孤山川流域造林、坝地核查系数存在较大差异外,其余均基本一致;与黄委黄河上中游管理局对无定河、皇甫川、三川河、定西县等"四大片"重点治理区小流域调查统计的保存率比较,两者差异较小;与水沙变化基金2研究所得的皇甫川、孤山川等2条支流的措施保存率成果[1]比较,调查的措施核查系数略高(见表2-5)。通过比较分析认为,本次调查计算的近期核查系数应当是合理的。因为近期黄土高原大规模的水土保持生态工程建设,尤其是国家重点治理项目、黄土高原水土保持世界银行贷款项目、黄河流域水土保持

生态工程、退耕还林还草等重点项目的实施,使得该区域治理速度加快,加之养殖结构的调整和圈养措施的实施,林草措施保存率明显提高,所以措施核查系数稍高应当是合理的。当然,由于水文、人类活动等条件的差异,由典型调查推算到较大流域时会有一定的局限性,但考虑到相邻地区治理措施的地区相似性,差异不会太大。

表2-5   核查系数对比分析

核查系数来源	不同措施核查系数			
	梯(条)田	坝地	造林	种草
典型小流域调查	0.93	0.96	0.77	0.59
典型样区调查	0.91	0.92	0.76	0.61
"四大片"重点治理区小流域(丘一区)调查	0.82		0.66	0.49
"四大片"重点治理区小流域(丘五区)调查	0.95		0.77	0.55
"四大片"重点治理区小流域(风沙区)调查	0.94		0.89	0.83
水沙变化基金2 皇甫川20世纪90年代	0.74	0.72	0.65	0.36
水沙变化基金2 孤山川20世纪90年代	0.68	0.70	0.52	0.20
皇甫川航空遥感(2006年)	0.86	0.90	0.67	0.35
孤山川卫星遥感(2002年)	0.80	0.55	0.28	0.62
本次核查综合分析	0.81~0.98	0.80~1.00	0.54~0.93	0.34~0.89

另外,本次是以支流和县(区、旗、市)为单元确定措施核查系数的,而不是以分区或中游地区大面积平均确定核查系数的,各支流和县(区、旗、市)的核查系数不同,充分反映了核查系数的空间差异。

2.1.5   开发建设项目人为水土流失调查

将水土保持方案调查和施工现场调查相结合,根据典型区域(段)试验研究成果进行推算。在确定典型建设项目水土流失基础指标的同时,重视对重点项目的分析研究,以获取计算侵蚀模数的相关资料,估算项目建设前后项目区的土壤侵蚀模数,进而为分析确定开发建设项目水土流失指标提供技术依据。

2.2   水土保持措施数量核查结果

2.2.1   黄河中游地区

用研究区186个县(区、旗、市)1997~2006年历年统计的水土保持措施数量乘以水土保持措施核查系数,得出各县(区、旗、市)历年水土保持措施核查结果;再利用各支流流域图和行政区划图套绘的方式,量算各县(区、旗、市)在各支流中所占的面积,由各县(区、旗、市)在支流中所占的面积除以支流总面积得出该县(区、旗、市)在相应支流的面积权重系数。在此基础上,由面积权重系数乘以该县(区、旗、市)历年水土保持措施核查数量,得出研究区各流域1997~2006年历年水土保持措施核查结果(见表2-6~表2-30)。

表 2-6　皇甫川流域水土保持措施核查结果

（单位：hm²）

年份	全流域面积						控制站内面积					
	梯（条）田	坝地	造林	种草	封禁治理	合计	梯（条）田	坝地	造林	种草	封禁治理	合计
1997	1 748	1 149	67 201	39 215	0	109 313	1 586	1 066	66 261	38 852	0	107 765
1998	1 915	1 166	73 534	40 164	0	116 779	1 736	1 082	72 507	39 793	0	115 118
1999	2 077	1 181	80 511	41 563	4	125 332	1 884	1 096	79 343	41 116	3	123 439
2000	2 203	1 284	87 031	42 559	785	133 077	1 999	1 196	85 783	42 069	778	131 047
2001	2 341	1 306	94 134	44 044	1 775	141 825	2 127	1 215	92 780	43 473	1 734	139 595
2002	2 471	1 329	101 564	45 467	2 570	150 831	2 248	1 235	100 053	44 825	2 528	148 361
2003	2 585	1 432	108 518	46 626	3 320	159 161	2 353	1 336	106 859	45 914	3 279	156 462
2004	2 631	1 524	115 122	47 786	4 071	167 063	2 391	1 424	113 388	47 004	4 030	164 207
2005	2 739	1 612	122 148	49 007	7 293	175 506	2 484	1 510	120 352	48 144	7 252	172 490
2006	2 827	1 720	129 131	49 928	10 024	183 606	2 557	1 616	127 281	48 984	9 983	180 438

注：合计不含封禁治理面积，下同。

表 2-7　孤山川流域水土保持措施核查结果

（单位：hm²）

年份	全流域面积						控制站内面积					
	梯（条）田	坝地	造林	种草	封禁治理	合计	梯（条）田	坝地	造林	种草	封禁治理	合计
1997	2 398	1 238	19 080	8 585	0	31 301	2 378	1 228	18 960	8 539	0	31 105
1998	2 636	1 266	20 850	8 768	0	33 520	2 613	1 255	20 720	8 721	0	33 309
1999	2 854	1 287	23 431	9 939	9	37 511	2 829	1 277	23 283	9 882	9	37 271
2000	3 022	1 334	25 117	10 622	175	40 095	2 996	1 323	24 959	10 560	174	39 838
2001	3 172	1 371	27 230	11 887	732	43 660	3 145	1 360	27 059	11 815	726	43 379
2002	3 302	1 411	30 062	12 986	804	47 761	3 274	1 399	29 871	12 905	798	47 449
2003	3 438	1 458	32 743	14 061	871	51 700	3 409	1 446	32 532	13 971	866	51 358
2004	3 553	1 516	34 364	15 137	938	54 570	3 522	1 503	34 144	15 038	933	54 207
2005	3 771	1 553	35 868	16 363	1 231	57 555	3 739	1 540	35 640	16 253	1 225	57 172
2006	3 988	1 591	37 240	17 562	1 478	60 381	3 954	1 578	37 006	17 442	1 473	59 980

表2-8　窟野河流域水土保持措施核查结果

（单位：hm²）

年份	全流域面积						控制站内面积					
	梯（条）田	坝地	造林	种草	封禁治理	合计	梯（条）田	坝地	造林	种草	封禁治理	合计
1997	6 072	2 995	126 574	68 941	0	204 582	6 011	2 968	125 761	68 576	0	203 316
1998	6 600	3 086	139 027	69 762	0	218 475	6 533	3 057	138 186	69 395	0	217 171
1999	7 281	3 425	155 506	72 232	4	238 444	7 204	3 391	154 600	71 844	4	237 039
2000	7 602	3 775	170 801	73 921	4 868	256 099	7 522	3 736	169 838	73 517	4 864	254 613
2001	7 919	3 959	189 687	77 872	7 940	279 437	7 835	3 918	188 653	77 429	7 914	277 835
2002	8 245	4 086	209 606	81 241	26 022	303 178	8 157	4 043	208 482	80 766	25 978	301 448
2003	8 576	4 331	226 699	84 123	31 675	323 729	8 484	4 286	225 489	83 619	31 631	321 878
2004	8 797	4 593	240 520	86 814	37 329	340 724	8 702	4 547	239 272	86 285	37 285	338 806
2005	9 348	4 805	253 760	90 623	41 040	358 536	9 245	4 757	252 474	90 059	40 994	356 535
2006	9 939	5 039	265 189	93 823	44 635	373 990	9 829	4 990	263 873	93 225	44 587	371 917

表2-9　秃尾河流域水土保持措施核查结果

（单位：hm²）

年份	全流域面积						控制站内面积					
	梯（条）田	坝地	造林	种草	封禁治理	合计	梯（条）田	坝地	造林	种草	封禁治理	合计
1997	5 155	1 309	50 368	18 797	211	75 629	5 113	1 291	49 815	18 548	211	74 767
1998	5 604	1 378	52 645	18 953	211	78 580	5 558	1 359	52 073	18 703	211	77 693
1999	6 118	1 616	56 385	19 954	211	84 073	6 066	1 593	55 769	19 691	211	83 119
2000	6 415	1 865	59 797	20 816	432	88 893	6 360	1 838	59 143	20 541	430	87 882
2001	6 673	2 017	63 823	22 735	1 571	95 248	6 615	1 988	63 119	22 433	1 553	94 155
2002	6 920	2 132	68 650	24 380	2 277	102 082	6 860	2 102	67 885	24 057	2 247	100 904
2003	7 201	2 243	73 274	25 978	2 277	108 696	7 139	2 212	72 450	25 634	2 247	107 435
2004	7 389	2 337	75 283	27 318	2 337	112 327	7 325	2 305	74 434	26 958	2 307	111 022
2005	7 838	2 389	77 276	29 143	2 501	116 646	7 768	2 356	76 402	28 759	2 470	115 285
2006	8 287	2 441	78 826	30 967	2 666	120 521	8 212	2 408	77 931	30 560	2 633	119 111

表 2-10　佳芦河流域水土保持措施核查结果

（单位：hm²）

年份	全流域面积						控制站内面积					
	梯(条)田	坝地	造林	种草	封禁治理	合计	梯(条)田	坝地	造林	种草	封禁治理	合计
1997	7 894	699	17 818	1 899	71	28 310	7 783	689	17 636	1 894	71	28 002
1998	8 324	744	19 255	1 958	71	30 281	8 207	733	19 057	1 952	71	29 949
1999	8 588	817	21 026	2 109	71	32 540	8 468	805	20 807	2 102	71	32 182
2000	8 938	921	22 879	2 541	220	35 279	8 813	908	22 637	2 529	218	34 887
2001	9 166	997	24 544	3 219	647	37 926	9 038	983	24 282	3 199	640	37 502
2002	9 345	1 077	26 180	4 075	647	40 677	9 215	1 062	25 899	4 043	640	40 219
2003	9 615	1 153	27 785	4 929	647	43 482	9 481	1 137	27 485	4 886	640	42 989
2004	9 777	1 211	28 563	5 756	667	45 307	9 641	1 195	28 254	5 702	660	44 792
2005	10 044	1 235	29 245	6 680	695	47 204	9 905	1 218	28 928	6 614	688	46 665
2006	10 311	1 259	29 874	7 605	722	49 049	10 168	1 242	29 550	7 526	715	48 486

表 2-11　无定河流域水土保持措施核查结果

（单位：hm²）

年份	全流域面积						控制站内面积					
	梯(条)田	坝地	造林	种草	封禁治理	合计	梯(条)田	坝地	造林	种草	封禁治理	合计
1997	105 282	12 484	430 049	77 205	15 118	625 020	100 169	11 965	421 603	76 938	14 220	610 675
1998	112 637	13 334	472 045	81 315	15 980	679 331	107 227	12 767	462 603	81 010	15 005	663 607
1999	118 822	13 711	513 143	89 051	16 302	734 727	113 201	13 125	501 710	88 631	15 328	716 667
2000	122 367	14 639	543 675	94 949	18 247	775 630	116 591	14 022	530 929	94 419	17 174	755 961
2001	125 633	15 536	579 594	107 442	25 202	828 205	119 717	14 887	565 367	106 871	23 845	806 842
2002	128 174	16 375	617 814	121 408	26 124	883 771	122 290	15 726	603 647	120 548	25 051	862 211
2003	130 699	17 077	652 976	132 099	27 449	932 851	124 705	16 399	637 431	130 912	26 376	909 447
2004	133 394	18 019	675 481	142 805	33 235	969 699	127 305	17 319	659 415	141 553	31 824	945 592
2005	138 030	18 320	690 000	152 734	40 202	999 084	131 760	17 613	673 414	151 382	38 517	974 169
2006	142 468	18 772	703 905	165 474	48 491	1 030 619	136 016	18 056	686 799	163 761	46 533	1 004 632

表 2-12　清涧河流域水土保持措施核查结果

（单位：hm²）

年份	全流域面积						控制站内面积					
	梯（条）田	坝地	造林	种草	封禁治理	合计	梯（条）田	坝地	造林	种草	封禁治理	合计
1997	14 678	2 457	64 708	7 012	2 388	88 855	13 006	2 102	55 863	6 020	2 057	76 991
1998	16 152	2 630	70 907	8 145	2 529	97 834	14 314	2 251	61 165	6 934	2 177	84 664
1999	18 314	2 868	81 201	9 434	2 690	111 817	16 103	2 441	69 752	7 966	2 294	96 262
2000	19 705	3 096	88 595	11 342	2 927	122 738	17 288	2 621	76 101	9 489	2 513	105 499
2001	21 241	3 330	98 356	16 869	6 282	139 796	18 597	2 805	84 320	14 176	5 133	119 898
2002	22 878	3 422	108 221	20 496	9 941	155 017	19 938	2 875	92 237	17 363	7 726	132 413
2003	24 211	3 558	123 387	23 369	11 466	174 525	21 071	2 982	104 821	19 775	8 834	148 649
2004	25 309	3 627	129 182	23 854	12 440	181 972	21 994	3 038	109 373	20 174	9 646	154 579
2005	27 206	3 634	137 537	25 293	13 083	193 670	23 624	3 045	116 146	21 419	10 181	164 234
2006	27 940	3 691	144 094	27 012	16 404	202 737	24 281	3 091	121 322	22 963	12 892	171 657

表 2-13　延河流域水土保持措施核查结果

（单位：hm²）

年份	全流域面积						控制站内面积					
	梯（条）田	坝地	造林	种草	封禁治理	合计	梯（条）田	坝地	造林	种草	封禁治理	合计
1997	18 493	2 842	147 582	9 071	5 081	177 988	14 538	1 989	115 578	7 736	3 222	139 841
1998	21 493	3 042	159 024	11 763	5 332	195 322	16 650	2 137	123 583	9 956	3 472	152 326
1999	24 202	3 333	169 721	13 696	5 501	210 952	18 499	2 365	131 354	11 402	3 641	163 620
2000	26 754	3 560	180 096	17 706	5 707	228 116	20 361	2 570	139 064	14 620	3 848	176 615
2001	28 448	3 658	195 678	24 796	11 110	252 580	21 833	2 647	151 543	20 672	4 877	196 695
2002	30 533	3 954	212 259	31 895	11 625	278 641	23 362	2 914	163 709	25 947	5 392	215 932
2003	32 286	4 163	229 399	37 250	13 577	303 098	24 655	3 080	176 420	29 559	7 306	233 714
2004	33 716	4 171	241 506	39 463	16 440	318 856	25 942	3 088	186 176	31 654	10 165	246 860
2005	36 759	4 171	253 856	40 626	17 280	335 412	28 502	3 089	194 914	32 454	10 814	258 959
2006	38 046	4 388	263 308	44 104	21 904	349 846	29 645	3 192	202 538	34 467	14 224	269 842

表 2-14　云岩河（旧称汾川河）流域水土保持措施核查结果

（单位:hm²）

年份	全流域面积						控制站内面积					
	梯(条)田	坝地	造林	种草	封禁治理	合计	梯(条)田	坝地	造林	种草	封禁治理	合计
1997	4 505	691	30 635	2 749	149	38 580	4 178	634	28 425	2 538	143	35 775
1998	5 099	723	32 461	3 340	149	41 623	4 726	664	30 108	3 079	143	38 577
1999	5 619	853	34 322	3 761	149	44 555	5 206	783	31 822	3 467	143	41 278
2000	6 130	920	35 847	4 778	227	47 675	5 680	845	33 236	4 403	218	44 164
2001	6 396	920	38 852	6 706	744	52 874	5 929	845	36 037	6 180	721	48 991
2002	6 738	1 048	42 325	8 289	848	58 400	6 246	963	39 264	7 637	822	54 110
2003	7 030	1 119	46 405	9 030	1 243	63 584	6 517	1 027	43 049	8 321	1 189	58 914
2004	7 250	1 122	48 315	9 393	1 302	66 080	6 719	1 030	44 809	8 655	1 244	61 213
2005	7 838	1 122	50 745	9 662	1 410	69 367	7 263	1 030	47 055	8 903	1 349	64 251
2006	8 015	1 176	52 998	10 053	2 332	72 242	7 427	1 080	49 140	9 263	2 207	66 910

表 2-15　仕望川流域水土保持措施核查结果

（单位:hm²）

年份	全流域面积						控制站内面积					
	梯(条)田	坝地	造林	种草	封禁治理	合计	梯(条)田	坝地	造林	种草	封禁治理	合计
1997	3 059	53	25 901	1 145	532	30 158	2 659	46	23 065	1 007	479	26 777
1998	3 281	55	26 497	1 167	540	31 000	2 852	47	23 588	1 025	487	27 512
1999	3 510	57	27 009	1 241	559	31 817	3 053	49	24 042	1 089	507	28 233
2000	3 850	67	28 273	1 489	800	33 679	3 352	57	25 172	1 305	711	29 886
2001	4 187	67	31 797	1 980	2 465	38 031	3 645	57	28 306	1 725	2 133	33 733
2002	4 456	67	34 763	3 089	2 996	42 375	3 883	57	30 911	2 787	2 615	37 638
2003	4 674	67	38 408	3 418	3 682	46 567	4 073	57	34 192	3 082	3 265	41 404
2004	4 705	76	39 351	3 780	4 035	47 912	4 102	65	35 059	3 432	3 606	42 658
2005	4 964	76	40 993	3 935	4 766	49 968	4 322	65	36 546	3 577	4 285	44 510
2006	5 019	76	42 376	4 318	5 961	51 789	4 368	65	37 769	3 948	5 367	46 150

表2-16 浑河流域水土保持措施核查结果

（单位:hm²）

年份	全流域面积						控制站内面积					
	梯（条）田	坝地	造林	种草	封禁治理	合计	梯（条）田	坝地	造林	种草	封禁治理	合计
1997	17 468	1 839	51 245	21 841	71	92 393	17 294	1 838	50 400	21 372	71	90 904
1998	18 350	1 908	59 180	23 095	392	102 533	18 164	1 907	58 224	22 615	392	100 910
1999	19 364	2 008	67 503	24 915	649	113 790	19 165	2 006	66 428	24 423	649	112 022
2000	20 929	2 147	82 339	27 702	1 616	133 117	20 711	2 143	81 105	27 193	1 561	131 152
2001	22 152	2 280	94 097	30 277	2 540	148 806	21 917	2 275	92 711	29 751	2 431	146 654
2002	23 234	2 445	101 392	33 258	3 930	160 329	22 982	2 438	99 862	32 717	3 771	157 999
2003	23 928	2 527	112 220	35 701	4 556	174 376	23 674	2 518	110 571	35 117	4 368	171 880
2004	24 384	2 782	121 394	38 142	5 073	186 702	24 120	2 767	119 617	37 512	4 873	184 016
2005	24 534	2 844	130 936	41 113	5 229	199 427	24 262	2 827	129 031	40 433	5 024	196 553
2006	24 670	2 881	139 089	44 046	7 253	210 686	24 392	2 862	137 058	43 319	7 041	207 631

表2-17 偏关河流域水土保持措施核查结果

（单位:hm²）

年份	全流域面积						控制站内面积					
	梯（条）田	坝地	造林	种草	封禁治理	合计	梯（条）田	坝地	造林	种草	封禁治理	合计
1997	14 823	682	13 776	3 055	2 608	32 336	13 483	657	12 445	3 055	2 194	29 640
1998	15 978	691	18 146	3 332	3 087	38 147	14 582	666	16 415	3 332	2 673	34 995
1999	17 624	708	22 943	3 935	3 627	45 210	16 116	683	20 765	3 876	3 214	41 440
2000	19 436	726	31 206	4 519	3 898	55 887	17 798	699	28 311	4 421	3 484	51 229
2001	21 237	732	39 019	5 088	4 163	66 076	19 467	705	35 482	4 951	3 750	60 605
2002	23 027	735	45 533	7 515	4 729	76 810	21 118	709	41 277	7 261	4 315	70 365
2003	23 609	740	55 956	9 156	4 955	89 461	21 667	714	51 169	8 707	4 541	82 257
2004	24 301	753	61 261	10 500	5 592	96 815	22 331	727	55 916	9 894	5 179	88 868
2005	24 850	757	65 909	11 866	5 757	103 382	22 847	730	60 028	11 132	5 344	94 737
2006	25 316	760	70 224	13 782	6 524	110 082	23 293	733	63 892	12 833	6 110	100 751

表 2-18　县川河流域水土保持措施核查结果

（单位：hm²）

年份	全流域面积						控制站内面积					
	梯(条)田	种草	造林	坝地	封禁治理	合计	梯(条)田	坝地	造林	种草	封禁治理	合计
1997	12 386	2 026	7 716	741	1 602	22 869	12 103	722	7 600	2 023	1 593	22 448
1998	12 881	2 239	10 514	746	1 602	26 380	12 591	728	10 354	2 234	1 593	25 907
1999	13 539	2 633	13 935	755	1 617	30 862	13 242	736	13 711	2 624	1 608	30 313
2000	14 414	3 071	20 274	780	1 617	38 539	14 109	761	19 926	3 057	1 608	37 853
2001	15 121	3 343	25 969	795	1 617	45 228	14 810	776	25 515	3 327	1 608	44 428
2002	15 612	3 905	32 245	803	1 617	52 565	15 300	783	31 686	3 886	1 608	51 655
2003	15 961	5 129	37 435	816	1 687	59 341	15 650	796	36 794	5 082	1 678	58 322
2004	16 034	5 906	43 285	819	1 687	66 044	15 722	799	42 563	5 844	1 678	64 928
2005	16 117	6 615	47 746	823	3 106	71 301	15 805	802	46 999	6 539	3 028	70 145
2006	16 166	7 696	52 668	842	3 223	77 372	15 855	821	51 855	7 600	3 138	76 131

表 2-19　朱家川流域水土保持措施核查结果

（单位：hm²）

年份	全流域面积						控制站内面积					
	梯(条)田	种草	造林	坝地	封禁治理	合计	梯(条)田	坝地	造林	种草	封禁治理	合计
1997	12 386	4 145	20 867	2 824	3 017	40 222	12 358	2 821	20 832	4 142	3 017	40 153
1998	13 430	4 545	24 571	2 843	3 017	45 389	13 398	2 840	24 520	4 541	3 017	45 299
1999	14 733	5 475	29 920	2 879	3 161	53 007	14 695	2 876	29 848	5 471	3 160	52 890
2000	16 389	6 281	37 577	2 962	3 282	63 209	16 342	2 959	37 484	6 274	3 282	63 059
2001	17 417	6 756	43 033	2 993	3 404	70 199	17 362	2 989	42 910	6 748	3 403	70 009
2002	18 043	7 859	52 191	2 997	3 543	81 290	18 179	2 994	52 027	7 848	3 543	81 048
2003	19 148	8 904	61 831	3 017	3 792	92 900	19 084	3 013	61 631	8 881	3 791	92 609
2004	19 429	9 381	72 570	3 018	3 913	104 398	19 365	3 014	72 331	9 355	3 913	104 065
2005	19 700	10 029	82 599	3 027	4 300	115 355	19 635	3 023	82 317	10 000	4 300	114 975
2006	19 976	10 504	92 799	3 036	4 534	126 315	19 911	3 032	92 475	10 471	4 532	125 889

表 2-20 岚漪河流域水土保持措施核查结果

（单位：hm²）

年份	全流域面积						控制站内面积					
	梯（条）田	坝地	造林	种草	封禁治理	合计	梯（条）田	坝地	造林	种草	封禁治理	合计
1997	4 942	715	35 852	5 026	2 576	46 535	4 923	709	35 738	5 022	2 570	46 392
1998	5 689	715	38 569	5 198	2 576	50 171	5 665	709	38 445	5 194	2 570	50 013
1999	6 500	747	41 517	5 876	2 652	54 640	6 473	741	41 384	5 872	2 646	54 470
2000	6 810	772	45 189	6 572	2 652	59 343	6 781	765	45 044	6 567	2 646	59 157
2001	7 021	796	47 660	7 558	2 652	63 035	6 990	789	47 502	7 547	2 646	62 828
2002	7 321	799	50 375	8 127	2 712	66 622	7 286	793	50 203	8 115	2 706	66 397
2003	7 395	809	52 659	8 697	2 937	69 560	7 360	802	52 475	8 685	2 928	69 322
2004	7 506	818	55 275	8 811	3 120	72 410	7 470	811	55 076	8 798	3 108	72 155
2005	7 535	839	57 848	8 924	3 293	75 146	7 498	831	57 635	8 909	3 277	74 873
2006	7 550	857	60 300	9 073	3 525	77 780	7 513	849	60 074	9 056	3 505	77 492

表 2-21 蔚汾河流域水土保持措施核查结果

（单位：hm²）

年份	全流域面积						控制站内面积					
	梯（条）田	坝地	造林	种草	封禁治理	合计	梯（条）田	坝地	造林	种草	封禁治理	合计
1997	4 621	1 169	20 153	2 295	950	28 238	4 616	1 168	20 124	2 294	948	28 202
1998	5 293	1 169	21 808	2 310	950	30 580	5 287	1 168	21 777	2 310	948	30 542
1999	5 765	1 175	23 781	2 351	1 042	33 072	5 759	1 174	23 747	2 350	1 040	33 030
2000	6 249	1 251	25 810	2 654	1 042	35 964	6 242	1 250	25 774	2 652	1 040	35 918
2001	6 545	1 331	28 326	3 679	1 042	39 881	6 538	1 329	28 286	3 677	1 040	39 830
2002	7 220	1 343	30 903	4 006	1 114	43 472	7 211	1 341	30 860	4 004	1 113	43 416
2003	7 260	1 375	33 152	4 404	1 681	46 191	7 251	1 373	33 106	4 401	1 679	46 131
2004	7 358	1 406	36 243	4 622	2 247	49 629	7 349	1 404	36 194	4 619	2 244	49 566
2005	7 453	1 473	39 138	4 894	2 835	52 958	7 444	1 471	39 085	4 891	2 831	52 891
2006	7 501	1 533	41 782	5 240	3 544	56 056	7 492	1 531	41 726	5 236	3 539	55 985

表 2-22 湫水河流域水土保持措施核查结果

（单位：hm²）

年份	全流域面积						控制站内面积					
	梯（条）田	坝地	造林	种草	封禁治理	合计	梯（条）田	坝地	造林	种草	封禁治理	合计
1997	6 813	3 010	26 922	2 764	777	39 509	6 098	2 849	25 405	2 626	708	36 978
1998	8 080	3 030	29 804	2 926	777	43 840	7 296	2 866	28 100	2 780	708	41 042
1999	9 227	3 045	33 685	3 001	777	48 958	8 367	2 877	31 726	2 844	708	45 814
2000	10 620	3 522	39 208	3 169	777	56 519	9 663	3 334	36 879	3 002	708	52 878
2001	11 169	3 874	43 522	3 409	777	61 974	10 160	3 672	40 900	3 233	708	57 965
2002	12 059	4 425	47 037	3 580	777	67 101	11 024	4 202	44 107	3 367	708	62 700
2003	12 223	4 604	51 137	3 942	993	71 906	11 177	4 370	47 849	3 713	923	67 109
2004	12 448	4 661	55 351	4 141	1 136	76 601	11 392	4 424	51 695	3 901	1 066	71 412
2005	12 629	4 802	59 680	4 306	1 324	81 417	11 559	4 557	55 661	4 056	1 245	75 833
2006	12 744	4 951	64 526	4 585	1 507	86 806	11 669	4 697	60 097	4 327	1 428	80 790

表 2-23 三川河流域水土保持措施核查结果

（单位：hm²）

年份	全流域面积						控制站内面积					
	梯（条）田	坝地	造林	种草	封禁治理	合计	梯（条）田	坝地	造林	种草	封禁治理	合计
1997	28 658	3 112	56 510	1 656	2 560	89 936	28 229	2 988	55 624	1 652	2 401	88 493
1998	30 695	3 174	64 136	1 854	2 560	99 859	30 209	3 044	63 111	1 850	2 401	98 214
1999	32 952	3 275	72 164	2 298	2 560	110 689	32 396	3 136	70 998	2 288	2 401	108 818
2000	35 619	3 545	84 176	3 070	2 560	126 410	34 983	3 392	82 747	3 044	2 401	124 166
2001	37 097	3 806	93 566	3 689	2 560	138 158	36 416	3 640	91 874	3 640	2 401	135 570
2002	37 451	4 005	106 140	5 089	2 560	152 685	36 762	3 831	104 205	5 034	2 401	149 832
2003	37 621	4 197	118 698	5 613	3 933	166 129	36 926	4 008	116 536	5 546	3 774	163 016
2004	37 983	4 270	131 601	6 355	4 361	180 209	37 279	4 075	129 203	6 270	4 201	176 827
2005	38 466	4 472	144 614	6 844	5 335	194 396	37 752	4 272	142 001	6 741	5 149	190 766
2006	38 605	4 873	156 317	7 999	5 909	207 794	37 888	4 665	153 456	7 883	5 723	203 892

表2-24　屈产河流域水土保持措施核查结果

（单位：hm²）

年份	全流域面积						控制站内面积					
	梯（条）田	坝地	造林	种草	封禁治理	合计	梯（条）田	坝地	造林	种草	封禁治理	合计
1997	3 754	1 959	20 046	3 638	1 008	29 397	3 175	1 603	16 725	2 970	835	24 473
1998	4 411	2 128	22 099	3 739	1 008	32 377	3 724	1 741	18 443	3 053	835	26 961
1999	5 080	2 314	24 371	3 997	1 008	35 762	4 279	1 892	20 349	3 263	835	29 783
2000	5 656	2 521	27 586	4 196	1 008	39 959	4 753	2 060	23 036	3 429	835	33 278
2001	5 812	2 701	29 738	4 778	1 008	43 029	4 880	2 209	24 838	3 903	835	35 830
2002	5 829	3 243	32 247	5 164	1 008	46 483	4 892	2 652	26 957	4 226	835	38 727
2003	6 014	3 311	35 382	5 396	1 008	50 103	5 043	2 705	29 602	4 413	835	41 763
2004	6 146	3 359	38 378	5 495	1 008	53 378	5 153	2 744	32 128	4 492	835	44 517
2005	6 249	3 438	41 328	5 531	1 196	56 546	5 239	2 808	34 621	4 520	986	47 188
2006	6 263	3 477	44 132	5 666	1 301	59 538	5 251	2 842	36 988	4 629	1 072	49 710

表2-25　昕水河流域水土保持措施核查结果

（单位：hm²）

年份	全流域面积						控制站内面积					
	梯（条）田	坝地	造林	种草	封禁治理	合计	梯（条）田	坝地	造林	种草	封禁治理	合计
1997	17 441	2 067	26 996	2 350	20 241	48 854	16 901	1 848	24 399	2 138	20 241	45 286
1998	19 131	2 087	34 109	2 812	20 386	58 139	18 473	1 869	30 770	2 575	20 386	53 687
1999	21 067	2 111	42 067	3 171	20 386	68 416	20 184	1 889	37 838	2 902	20 386	62 813
2000	22 727	2 174	52 389	3 428	20 386	80 718	21 761	1 946	47 024	3 156	20 386	73 887
2001	25 011	2 378	70 204	4 629	20 386	102 222	23 486	2 082	63 133	4 168	20 386	92 869
2002	27 212	2 675	87 183	4 956	21 392	122 026	25 169	2 277	78 369	4 466	21 392	110 281
2003	30 204	2 689	98 521	5 700	21 392	137 114	27 347	2 292	88 787	5 094	21 392	123 520
2004	33 120	2 695	109 623	6 180	29 431	151 618	29 449	2 297	99 004	5 458	28 905	136 208
2005	35 770	2 712	120 999	6 586	35 599	166 067	31 286	2 314	109 495	5 749	34 546	148 844
2006	38 266	2 730	132 268	7 006	41 937	180 270	32 967	2 332	119 879	6 053	40 359	161 231

表 2-26　清水河（旧称州川河）流域水土保持措施核查结果

(单位:hm²)

年份	全流域面积						控制站内面积					
	梯（条）田	坝地	造林	种草	封禁治理	合计	梯（条）田	坝地	造林	种草	封禁治理	合计
1997	2 808	388	3 178	189	429	6 563	1 895	270	2 198	141	285	4 504
1998	3 097	395	4 103	226	429	7 821	2 089	274	2 822	167	285	5 352
1999	3 462	396	4 952	273	429	9 083	2 337	275	3 392	198	285	6 202
2000	4 181	420	5 809	374	429	10 784	2 817	291	3 972	266	285	7 346
2001	4 626	420	7 928	550	429	13 524	3 120	291	5 399	383	285	9 193
2002	5 078	421	9 683	754	429	15 936	3 426	293	6 580	518	285	10 817
2003	5 436	436	11 329	797	442	17 998	3 667	302	7 687	547	298	12 203
2004	5 724	441	12 530	832	1 613	19 527	3 860	306	8 498	571	1 081	13 235
2005	5 786	457	13 707	863	3 036	20 813	3 903	317	9 294	591	2 032	14 105
2006	5 844	474	14 919	889	4 430	22 126	3 943	328	10 113	608	2 965	14 992

表 2-27　泾河流域水土保持措施核查结果

(单位:hm²)

年份	全流域面积						控制站内面积					
	梯（条）田	坝地	造林	种草	封禁治理	合计	梯（条）田	坝地	造林	种草	封禁治理	合计
1997	569 623	3 471	505 477	209 826	19 304	1 288 397	546 583	3 254	485 272	209 727	18 498	1 244 836
1998	597 603	3 543	551 817	225 711	21 300	1 378 674	573 527	3 325	530 814	225 332	20 482	1 332 998
1999	628 199	3 635	608 587	254 191	26 212	1 494 612	601 527	3 417	585 548	253 753	25 378	1 444 245
2000	654 604	3 865	676 795	274 883	33 522	1 610 147	626 833	3 647	651 765	274 244	32 607	1 556 489
2001	683 273	4 024	726 976	290 742	37 435	1 705 015	654 547	3 799	699 146	289 774	36 363	1 647 266
2002	715 448	4 242	787 790	310 426	48 613	1 817 906	685 390	4 016	757 103	309 090	47 114	1 755 599
2003	744 943	4 456	858 951	331 828	60 882	1 940 178	714 092	4 230	825 939	330 000	58 004	1 874 261
2004	773 173	5 249	917 843	354 443	73 398	2 050 708	741 854	4 927	882 868	352 494	70 145	1 982 143
2005	801 254	5 356	963 898	371 480	90 494	2 141 988	769 203	5 034	927 356	369 096	85 497	2 070 689
2006	820 448	5 464	1 003 821	385 270	111 992	2 215 003	787 665	5 142	965 714	382 450	105 252	2 140 971

（单位：hm²）

表 2-28　北洛河流域水土保持措施核查结果

年份	全流域面积						控制站内面积					
	梯（条）田	坝地	造林	种草	封禁治理	合计	梯（条）田	坝地	造林	种草	封禁治理	合计
1997	109 638	2 939	258 210	34 802	9 889	405 589	92 109	2 765	254 347	34 737	9 708	383 958
1998	117 341	3 109	281 560	39 433	12 657	441 443	98 967	2 932	276 915	39 209	12 476	418 023
1999	122 285	3 245	302 810	44 841	14 755	473 181	103 201	3 068	297 296	44 567	14 575	448 132
2000	127 694	3 406	335 152	56 554	17 621	522 806	108 173	3 228	328 166	56 152	17 323	495 719
2001	132 810	3 619	379 597	68 526	27 710	584 552	112 779	3 435	370 703	67 694	27 300	554 611
2002	138 105	3 804	430 287	79 933	37 762	652 129	117 663	3 620	419 414	78 686	37 353	619 383
2003	142 676	3 994	472 833	91 021	55 644	710 524	121 894	3 810	461 122	89 507	54 151	676 333
2004	147 753	4 275	494 726	99 665	62 924	746 419	126 724	4 055	482 105	97 955	61 051	710 839
2005	154 278	4 293	517 749	106 085	74 677	782 405	132 929	4 073	504 257	104 168	72 492	745 427
2006	158 626	4 500	542 924	114 002	89 706	820 052	136 942	4 280	528 476	111 824	87 179	781 522

（单位：hm²）

表 2-29　渭河流域水土保持措施核查结果

年份	全流域面积						控制站内面积					
	梯（条）田	坝地	造林	种草	封禁治理	合计	梯（条）田	坝地	造林	种草	封禁治理	合计
1997	758 577	2 994	387 914	121 219	112 944	1 270 704	651 135	1 869	303 624	117 702	53 017	1 074 333
1998	802 303	3 087	437 740	131 972	118 108	1 375 102	688 385	1 894	340 457	127 631	56 402	1 158 367
1999	848 468	3 291	492 195	149 333	132 887	1 493 287	727 812	2 027	382 211	143 955	68 618	1 256 005
2000	886 953	3 346	560 108	165 373	148 383	1 615 780	762 073	2 040	436 153	158 026	81 504	1 358 292
2001	921 147	3 473	622 213	183 817	164 147	1 730 650	792 618	2 083	477 707	173 376	93 452	1 445 784
2002	955 215	3 565	691 238	200 676	188 541	1 850 694	822 495	2 108	529 148	187 567	107 764	1 541 318
2003	994 145	3 583	759 537	215 979	215 963	1 973 244	857 192	2 127	576 465	199 801	124 526	1 635 585
2004	1 033 633	4 038	827 835	237 175	233 623	2 102 681	893 744	2 365	629 666	218 101	138 298	1 743 876
2005	1 058 070	4 108	876 279	253 879	258 855	2 192 336	914 893	2 413	665 674	233 650	155 540	1 816 630
2006	1 085 510	4 177	931 042	271 681	286 253	2 292 050	936 271	2 433	704 404	249 613	177 731	1 892 721

表 2-30　汾河流域水土保持措施核查结果

（单位：hm²）

年份	全流域面积						控制站内面积					
	梯(条)田	坝地	造林	种草	封禁治理	合计	梯(条)田	坝地	造林	种草	封禁治理	合计
1997	264 503	43 050	302 884	44 509	58 649	654 946	251 097	41 302	288 102	43 921	58 536	624 422
1998	271 486	43 518	336 643	45 991	60 493	697 638	257 883	41 753	320 891	45 403	60 379	665 930
1999	281 946	44 534	374 748	47 759	61 503	748 987	267 804	42 719	358 006	47 161	61 389	715 690
2000	289 851	45 657	426 301	50 337	61 503	812 146	275 396	43 827	408 326	49 651	61 389	777 200
2001	304 162	46 756	473 798	53 573	61 503	878 289	289 421	44 882	454 181	52 716	61 389	841 200
2002	311 282	47 846	528 067	56 651	65 192	943 846	296 252	45 952	507 467	55 786	65 078	905 457
2003	315 755	48 187	581 933	60 376	76 764	1 006 251	300 336	46 282	560 138	59 483	76 650	966 239
2004	318 930	48 943	634 135	62 286	87 677	1 064 294	302 940	47 013	610 637	61 306	87 389	1 021 896
2005	322 497	49 537	682 410	63 646	97 431	1 118 090	306 095	47 582	657 480	62 576	96 981	1 073 733
2006	329 711	50 317	767 601	68 979	111 763	1 216 608	312 890	48 269	741 221	67 836	111 151	1 170 216

由各流域汇总得到河龙区间及泾、洛、渭、汾等 25 条支流总的水土保持措施核查结果见表 2-31。

表 2-31　河龙区间及泾、洛、渭、汾等 25 条支流水土保持措施核查结果

| 年份 | 不同措施核查后面积(hm²) | | | | | 合计 |
	梯(条)田	坝地	造林	种草	封禁治理	(km²)
1997	1 997 725	96 877	2 717 662	693 960	260 175	55 062.24
1998	2 109 509	99 567	3 001 044	740 718	274 154	59 508.38
1999	2 227 596	103 266	3 317 433	817 029	298 765	64 653.24
2000	2 329 118	108 555	3 692 030	892 906	334 684	70 226.09
2001	2 429 776	113 139	4 069 331	987 964	389 841	76 002.10
2002	2 525 198	118 249	4 483 755	1 085 227	467 773	82 124.29
2003	2 616 633	121 342	4 901 168	1 173 826	552 836	88 129.69
2004	2 704 443	125 723	5 239 737	1 256 040	629 597	93 259.43
2005	2 783 725	127 855	5 536 868	1 326 727	721 968	97 751.75
2006	2 854 036	131 026	5 861 353	1 407 264	838 018	102 536.79

注:合计不含封禁治理面积。

2.2.2　核查结果合理性分析

2.2.2.1　与以往成果的衔接比较

从表 2-32 可以看出,河龙区间 21 条支流的梯(条)田、造林、种草、坝地的核查面积与"八五"国家重点科技攻关计划项目"多沙粗沙区水沙变化原因分析及发展趋势预测"(简称"八五"国家攻关)[4]的措施核实结果基本可以衔接,各项水土保持措施增长趋势较后者略偏高,尤其是林草措施增加较快,这与近年来黄土高原水土保持生态建设力度大、进度快的情况相符。但是,与黄委黄河流域水土保持科研基金第一期项目"黄河中游多沙粗沙区水利水保措施减水减沙效益及水沙变化趋势研究"(简称"黄委水保基金")[5]相比,则存在一定差异。

表 2-32　河龙区间 21 条支流水土保持措施核查结果对比　　　(单位:万 hm²)

| 年份 | 梯(条)田 | | | 造林 | | |
	黄委水保基金	"八五"国家攻关	本次核查	黄委水保基金	"八五"国家攻关	本次核查
1969	13.41	10.60		13.06	31.40	
1979	39.02	21.30		53.72	77.30	
1989	56.06	30.20		144.84	120.70	
1999			34.66			153.91
2006			45.97			261.60

续表 2-32

年份	种草			坝地		
	黄委水保基金	"八五"国家攻关	本次核查	黄委水保基金	"八五"国家攻关	本次核查
1969	7.16	3.40		1.21	3.20	
1979	14.46	7.30		3.64	5.00	
1989	36.67	16.80		5.15	6.40	
1999			32.09			4.86
2006			56.73			6.66

注:表中 1989 年及以前数据来自文献[1]。

2.2.2.2　与遥感成果比较

以皇甫川流域为例,从表 2-33 可以看出,皇甫川流域梯(条)田、坝地、造林的核查结果与遥感成果差异较小,比遥感成果分别偏大 11%、9% 和 28%,但种草比遥感成果偏大较多,达 150%,主要原因是人工种草多以零星小块分布,加之拍摄航片时草已收割,可能造成解译出的种草面积比实际的偏小。

表 2-33　皇甫川水土保持措施面积核查成果对比分析

资料来源	不同措施面积(hm^2)			
	梯(条)田	坝地	造林	种草
"八五"国家攻关(1992 年)	2 990	1 150	32 460	14 960
黄委水保基金(1989 年)	4 600	950	29 450	12 390
遥感(2006 年)	2 539	1 578	100 545	19 933
本次核查(2006 年)	2 827	1 720	129 131	49 928

图 2-1 是核查结果与以往研究成果的对比,可以看出,本次核查的皇甫川流域各项措施面积与"八五"国家攻关(1992 年)核查结果变化趋势相对比较一致,而"黄委水保基金"核查的面积则略偏大些。

将 2006 年底各支流全流域治理程度与文献[2]中 1999 年底的全流域治理程度相比较,结果表明,1999 年以来 25 条支流年均新增治理进度多在 1.5%～3.0%,介于全流域治理进度与重点项目治理进度之间,且造林所占比例基本上在 60%～70%,说明其间大部分支流治理进度普遍较快,这符合近年来黄土高原水土保持生态建设的实际情况。个别支流治理进度较慢,治理程度偏低,如无定河流域新增治理程度仅为 2.1%,2006 年底治理程度仅为 34.5%(见表 2-34)。

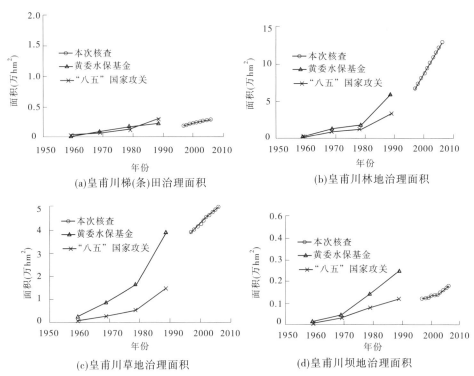

(a)皇甫川梯(条)田治理面积

(b)皇甫川林地治理面积

(c)皇甫川草地治理面积

(d)皇甫川坝地治理面积

图 2-1 不同项目对皇甫川流域治理面积核查结果的比较

表 2-34 25 条支流治理程度比较分析

支流	流域面积（km²）	2006 年底累计治理面积（hm²）	1999 年底治理程度（%）	2006 年底治理程度（%）	新增治理程度（%）	水保林占治理面积比例（%）
皇甫川	3 068.80	183 606	49.2	59.8	10.6	70.3
孤山川	1 148.30	60 381	24.5	52.6	28.1	61.7
窟野河	8 305.20	373 990	27.6	45.0	17.4	70.9
秃尾河	2 965.30	120 521	25.7	40.6	14.9	65.4
佳芦河	1 125.00	49 049	26.7	43.6	16.9	60.9
无定河	29 892.90	1 030 619	32.4	34.5	2.1	68.3
清涧河	4 006.00	202 737	29.9	50.6	20.7	71.1
延 河	7 127.20	349 846	35.6	49.1	13.5	75.3
云岩河	1 528.40	72 242	36.4	47.3	10.9	73.4
仕望川	1 690.80	51 789	17.2	30.6	13.4	81.8
浑 河	3 012.60	210 686	26.7	69.9	43.2	66.0
偏关河	1 821.50	110 082	22.1	60.4	38.3	63.8
县川河	1 325.90	77 372	21.2	58.4	37.2	68.1
朱家川	2 397.90	126 315	28.5	52.7	24.2	73.5

续表 2-34

支流	流域面积（km²）	2006 年底累计治理面积（hm²）	1999 年底治理程度（%）	2006 年底治理程度（%）	新增治理程度（%）	水保林占治理面积比例（%）
岚漪河	1 857.00	77 780	30.5	41.8	11.3	77.5
蔚汾河	1 142.50	56 056	33.2	49.1	15.9	74.5
湫水河	1 776.10	86 806	18.1	48.9	30.8	74.3
三川河	2 800.00	207 794	46.4	74.2	27.8	75.2
屈产河	1 054.70	59 538	35.7	56.5	20.8	74.1
昕水河	3 700.40	180 270	24.3	48.7	24.4	73.4
清水河	646.00	22 126	14.1	34.3	20.2	67.4
泾　河	38 984.00	2 215 003	42.4	57.0	14.6	45.3
北洛河	19 332.30	820 052	31.5	42.0	10.5	66.2
渭　河	46 328.80	2 292 050	43.2	49.5	6.3	40.6
汾　河	24 181.10	1 216 608	35.9	50.3	14.4	63.1

注:2006 年底治理面积不含封禁治理面积;1999 年底治理面积含水地、封禁治理面积及其他措施面积。

综合分析认为,本次黄河中游水土保持措施调查确定的核查系数比较合理,核查后的河龙区间及泾河、北洛河、渭河和汾河等 25 条支流 1997～2006 年水土保持治理措施保存面积 10.25 万 km²,基本反映了其间各支流水土保持生态建设动态,核查结果具有一定精度,可以作为水土保持措施减水减沙效益计算分析的基础依据。

2.2.3　开发建设项目水土流失调查与评价

2.2.3.1　典型项目弃土弃渣调查

共调查 23 个开发建设项目,包括高速公路、一般公路、土路、铁路、采矿(煤矿、采石场)、砖场、电厂等。调查结果显示,23 个项目共弃土弃渣 982.4 万 m³,占地面积 64.78 hm²。在建设期实施水土保持方案的情况下,弃土弃渣直接入河流失量为 52.87 万 m³,平均流失比为 5.38%。

14 个线型项目的建设期弃土弃渣量共计 147.1 万 m³,占地面积 25.48 hm²,弃土弃渣直接入河流失量为 13.56 万 m³,平均流失比为 9.22%;9 个点片状项目的建设期弃土弃渣量共计 835.3 万 m³,占地面积 39.3 hm²,直接入河流失量为 39.31 万 m³,平均流失比为 4.71%。诸如修路等线型建设项目的弃土弃渣堆放地比采矿等点片状项目的分散,其流失比大于点片状项目。在 23 个调查项目中,线型项目流失比变化范围为 2.05%～35.2%,点片状项目为 1.99%～30.0%。

2.2.3.2　开发建设项目水土保持效益调查

针对重点项目的典型实地调查,以人为扰动和弃土弃渣为重点,共对 9 个典型项目的 38 个分部工程或整体工程的水土保持效益进行了调查,作为其他类型项目指标推求的

依据。

项目建设期各工程的水土保持减沙效益依措施类型而不同,为 29.1% ~ 84.7%。项目之间效益差别也比较大,风沙区项目的效益较小,点片状项目的效益高于线型项目。点片状项目的效益为 50.2% ~ 84.7%,平均为 63.75%;线型项目的效益为 29.1% ~ 47.1%,平均为 42.44%。

2.3　水利措施数量调查统计结果

本次研究中,水利措施主要统计水库和灌区两大类。

2.3.1　河龙区间

参考 1994 年黄委提出的《黄河流域水库泥沙淤积调查报告》和 1997 年黄委水文局提出的《黄河水文基本资料审查评价及天然径流量计算》等文献,结合本次调查统计,河龙区间支流现有大型水库 2 座,即无定河新桥水库(原始库容 2 亿 m^3)和延河王瑶水库(原始库容 2.03 亿 m^3);中型水库 52 座,总库容 17.40 亿 m^3;小(一)型水库 164 座,总库容 5.48 亿 m^3。

2.3.2　泾河、北洛河、渭河、汾河流域

(1)泾河流域现有水库 126 座,其中大型水库 1 座,中型水库 3 座,小(一)型水库 57 座,小(二)型水库 65 座。大型水库巴家嘴水库控制面积 3 522 km^2,总库容 4.956 亿 m^3,截至 1997 年已淤积 3.046 亿 m^3,库容淤损率高达 61.5%。流域内最大灌区为泾惠渠灌区。

(2)北洛河流域现有水库 93 座,总库容 3.066 亿 m^3,其中库容在 100 万 m^3 以上的有 21 座,其下的小型水库 72 座。大部分水库分布于水土流失较轻微地区,采用蓄洪运用方式;四沟门、孙台水库在侵蚀模数较大地区,其运用方式已“由拦转排”。流域内共修建谷坊 583 道,水窖旱井 82 092 眼,涝池塘坝 1 092 座,沟头防护工程 533 处。流域内较大灌区为洛惠渠及富张渠灌区。

(3)渭河流域现有大中型及小(一)型水库 211 座,总库容 18.34 亿 m^3,兴利库容 9.97 亿 m^3。其中大型水库有冯家山、黑河、羊毛湾和石头河等 4 座,总库容 8.56 亿 m^3;中型水库 22 座,小(一)型水库 186 座。截至 2000 年,渭河灌溉共有引水工程 2 133 处,其中 56% 集中在林家村至咸阳区间,咸阳以下占全流域的 33%,林家村以上只占 11%。有提水工程 5 014 处,其中林家村以上 2 161 处,林家村至咸阳区间 1 464 处,咸阳以下 1 389 处。有机电井 13.08 万眼,其中纯井灌面积约占 52%,井渠双灌面积约占 48%。

渭河支流黑河金盆水库是一座以城市供水为主,兼有防洪、发电和生态改善等综合效益的大型水利枢纽工程,总库容 2.0 亿 m^3。1996 年开工建设,2002 年建成,次年开始蓄水运行。截至 2008 年 12 月,金盆水库已累计向西安市供水 10.7 亿 m^3,农灌供水 2.2 亿 m^3,发电 2.6 亿 kW·h,有效地解决了西安市阶段性严重缺水问题。

(4)汾河流域现有大型水库 3 座,即汾河水库、汾河二库和文峪河水库,总控制面积

9 492 km^2,总库容 9.615 亿 m^3;中型水库 13 座,总控制面积 14 736 km^2,总库容 14.42 亿 m^3;小(一)型水库 61 座,小(二)型水库 99 座,总控制面积 15 317 km^2,总库容 14.48 亿 m^3。截至 2006 年,汾河流域有效灌溉面积 48.692 hm^2,占山西省有效灌溉面积的 39%,占流域内耕地面积的 40%。流域内现有 2 万 hm^2 以上大型自流灌区 4 处,分别为汾河灌区、汾西灌区、文峪河灌区和潇河灌区,有万亩以上自流灌区 25 处。

参考文献

[1] 冉大川,柳林旺,赵力仪,等. 黄河中游河口镇至龙门区间水土保持与水沙变化[M]. 郑州:黄河水利出版社,2000.

[2] 王坤平. 黄河流域水土保持基本资料[R]. 黄委黄河上中游管理局,2001.

[3] 叶青超. 黄河流域环境演变与水沙运行规律研究[M]. 济南:山东科学技术出版社,1994.

[4] 张胜利,李倬,赵文林,等. 黄河中游多沙粗沙区水沙变化原因及发展趋势[M]. 郑州:黄河水利出版社,1998.

[5] 黄河水利委员会水土保持局. 黄河流域水土保持研究[M]. 郑州:黄河水利出版社,1997.

[6] 汪岗,范昭. 黄河水沙变化研究(第一卷)[M]. 郑州:黄河水利出版社,2002.

[7] 汪岗,范昭. 黄河水沙变化研究(第二卷)[M]. 郑州:黄河水利出版社,2002.

第3章

黄河近期水沙变化特点

以实测资料为基础,对黄河河源区、唐乃亥—兰州、兰州—河口镇、河口镇—龙门、龙门—潼关区间降水、径流、输沙变化特征和降雨径流关系进行了分析,其中还分析了黄河中游干支流主要水文站典型洪水的径流量、流量级等洪水参数的变化;与20世纪70年代至1996年的水沙变化相比,分析了黄河近期水沙变化特点。

3.1 黄河流域水沙来源

黄河流域产水产沙具有极大的时间、空间分异性,水沙异源是黄河流域水沙分布的一个突出特征。黄河径流主要来自于上游,而泥沙则主要来自于中游。例如,根据1919~1960年系列统计资料,来自兰州以上的年径流量占花园口站年径流量的65%,来自于河口镇—三门峡区间的沙量占三门峡站输沙量的91%。

唐乃亥以上是黄河河源区。据1956~2006年实测径流量统计资料,黄河河源区控制站唐乃亥多年平均径流量为198.70亿m³,约占花园口站年径流量的42%;多年平均流量为630 m³/s,而多年平均含沙量只有0.63 kg/m³(见表3-1)。

表3-1　黄河河源区主要测站及区间水沙量组成

测站或区间	控制面积（km²）	径流		泥沙		产流模数（万m³/(km²·a)）	输沙模数（t/(km²·a)）	年均含沙量（kg/m³）
		径流量（亿m³）	占唐乃亥百分数（%）	输沙量（万t）	占唐乃亥百分数（%）			
黄河沿	20 930	6.32	3	7.21	1	3.02	3.44	0.11
黄河沿—吉迈	24 089	32.94	17	84.42	7	13.33	36.45	0.26
吉迈	45 019	39.26	20	91.63	7	8.72	20.35	0.23
吉迈—玛曲	41 029	104.07	52	342.49	28	25.52	85.43	0.33
玛曲	86 048	143.33	72	434.12	34	16.66	50.45	0.30
玛曲—唐乃亥	35 924	55.37	28	826.86	65	15.59	229.09	1.49
唐乃亥	121 972	198.70	100	1 260.98	100	16.29	103.38	0.63

唐乃亥以上径流量主要来源于青海省吉迈—玛曲及其附近区域,尽管其控制流域面积只占唐乃亥以上的34%,但其实测径流量达104.07亿 m³,占唐乃亥多年平均径流量198.70亿 m³的52.38%;产流模数为25.52万 m³/(km²·a),约为唐乃亥以上区域产流模数16.29万 m³/(km²·a)的1.6倍。

唐乃亥以上泥沙主要来源于玛曲—唐乃亥区间,其控制面积虽仅占唐乃亥以上的30%,而多年平均输沙量达到826.86万 t,占唐乃亥站多年平均输沙量1 260.98万 t的65.6%,而多年平均含沙量为1.49 kg/m³。

唐乃亥—兰州区间的湟水(出口站为民和)、大通河(出口站为享堂)、洮河(出口站为红旗)和大夏河(出口站为折桥)是该区间径流泥沙的主要来源支流,4条支流多年平均径流量分别为16.22亿 m³、28.30亿 m³、46.24亿 m³和8.98亿 m³,分别占唐乃亥—兰州区间径流量的15%、26%、42%和8%;输沙量分别为0.129亿 t、0.023亿 t、0.199亿 t和0.022亿 t,分别占该区间输沙量的26%、5%、42%和5%。区间径流量主要来自洮河和大通河,输沙量主要来自洮河和湟水。该区间干支流汛期的径流量、泥沙量分别占全年的50%~60%和70%~80%;支流年径流量、泥沙量的变幅(最大年与最小年比值)大于干流,输沙量的变幅大于径流量的变幅。

兰州—河口镇区间处于西北内陆干旱半干旱地区,降雨量较少,基本上是没有灌溉就没有农业。由于灌溉引水等因素的影响,自兰州至河口镇,多年平均径流量由309.38亿 m³减至218.30亿 m³,减少29.4%,而输沙量则由0.72亿 t增至1.08亿 t(见表3-2),增加50.0%。

表3-2 兰州—头道拐河段主要干支流水文站实测径流量和输沙量

水文站	控制面积(km²)	径流量(亿 m³)		输沙量(亿 t)	
		全年	汛期	全年	汛期
兰 州	222 551	309.38	162.23	0.72	0.60
下河沿	254 142	302.20	161.00	1.32	1.11
石嘴山	309 134	276.50	152.00	1.26	0.96
巴彦高勒	313 999	224.30	119.70	1.13	0.87
三湖河口	347 908	221.00	117.40	1.05	0.82
河口镇	367 898	218.30	117.30	1.08	0.84
祖厉河(靖远)	11 758	1.16	0.84	0.50	0.41
清水河(泉眼山)	14 476	1.12	0.81	0.27	0.25
毛不浪沟(图格日格)	1 249	0.14	0.13	0.03	0.03
西柳沟(头道拐)	1 147	0.30	0.21	0.04	0.04

河口镇—龙门区间是黄河泥沙的主要来源区。就多年(1956~2006年)平均而言,从河口镇至龙门水量增加了24%,由218.3亿 m³增加到269.8亿 m³;沙量则增加了6倍多,由1.08亿 t增至7.69亿 t。该区间产沙主要为暴雨洪水所致,如龙门汛期实测沙量占全年的88%。皇甫川、孤山川、窟野河、秃尾河和无定河等是产沙的主要支流,其产沙量分别占龙门输沙量的6%、2%、12%、2%和15%,共计占37%。

龙门—三门峡区间的径流泥沙主要来源于泾河、渭河和北洛河,径流量和泥沙量分别占全河总量的 34% 和 22% 。其中,渭河华县站多年平均径流量 70.06 亿 m³ ,占潼关径流量的 20% ;输沙量为 3.42 亿 t,约占黄河干流潼关的 31% 。

黄河流域干支流汛期径流量占全年的比例在 53% ~ 61% ,输沙量在 83% ~ 91% ,即大部分泥沙都在汛期进入河道。径流量的变幅大于输沙量的变幅,支流的水沙变幅大于干流的水沙变幅。

3.2 降水变化特点

从黄河流域降水条件看,近期(指 1997 ~ 2006 年,下同)中游各区域降水量普遍减少。近期与 1970 ~ 1996 年相比,河源区、唐乃亥—兰州、兰州—河口镇、河口镇—龙门、龙门—三门峡区间年降水量减幅分别为 3% 、4% 、11% 、5% 和 5% ,其中以兰州—河口镇区间的降水量减少最多(见表 3-3)。以内蒙古巴彦高勒蒸发实验站为例,近年的降水量较 20 世纪 80 年代减少近 20% 。根据巴彦高勒蒸发实验站 1984 ~ 2006 年降水观测资料统计,降水量多年平均值仅为 158 mm,降水主要集中在夏季 6 ~ 9 月(见图 3-1),占年降水量的 79% ,其中 8 月降水量最大,11 月至次年 2 月,降水量很小。从巴彦高勒蒸发实验站降水量年过程线图(见图 3-2)可以看出,近 20 多年(1984 ~ 2006 年)来降水量的时间分布虽然波动较大,如 20 世纪 80 年代中期、90 年代后期均比较小,80 年代初期、后期和 90 年代中期又比较大,但总体上,尤其是自 90 年代中期以后降水量呈减少的变化趋势,特别是近几年(2000 ~ 2006 年)减少较为明显,如 20 世纪 80 年代降水量平均为 169 mm,90 年代平均为 165 mm,2000 ~ 2006 年平均仅为 138 mm,比多年均值 158 mm 少 20 mm。

表 3-3 黄河流域主要区间不同时期降水量

时段	时期	降水量(mm)					
		唐乃亥以上	唐乃亥—兰州	兰州—河口镇	河口镇—龙门	龙门—三门峡	三门峡以上(不含内流区)
全年	1969 年以前	485.3	487.0	276.9	477.2	578.9	460.7
	1970 ~ 1996 年	487.6	478.7	258.9	423.8	532.2	434.1
	1997 ~ 2006 年	472.5	460.4	231.1	400.8	504.1	410.7
	1956 ~ 2006 年	485.0	477.5	259.7	434.6	537.6	436.9
汛期	1969 年以前	302.2	315.0	194.2	335.4	362.3	300.3
	1970 ~ 1996 年	292.6	295.4	175.9	283.1	330.2	274.1
	1997 ~ 2006 年	285.7	273.7	148.6	261.9	317.2	256.4
	1956 ~ 2006 年	294.0	297.0	176.1	293.9	336.8	278.2
主汛期	1969 年以前	192.8	207.7	137.8	232.6	219.7	195.6
	1970 ~ 1996 年	187.0	197.5	128.8	204.5	211.0	184.0
	1997 ~ 2006 年	183.1	181.4	104.9	170.4	190.0	164.2
	1956 ~ 2006 年	187.6	197.3	126.9	205.6	209.1	183.3
秋汛期	1969 年以前	109.3	107.2	56.4	102.8	142.6	104.7
	1970 ~ 1996 年	105.6	97.9	47.1	78.6	119.2	90.1
	1997 ~ 2006 年	101.0	96.5	42.1	92.7	127.1	92.3
	1956 ~ 2006 年	106.5	99.7	49.2	88.3	127.8	94.9

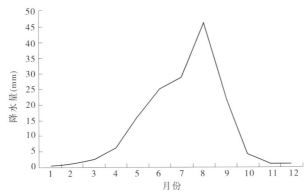

图 3-1　巴彦高勒蒸发实验站降水年内分配

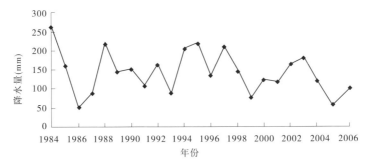

图 3-2　巴彦高勒蒸发实验站降水量年过程线

在降水量减少的同时,暴雨洪水主要来源区河口镇—龙门和龙门—三门峡区间降水量的年内分配发生改变,如在洪水期和泥沙集中产生的主汛期 7 ～ 8 月,降水量大幅度减少,秋汛期则有所增加。近期与 1970 ～ 1996 年相比,两区间主汛期降水量减幅达 17% 和 10% ,而秋汛期却分别增加 18% 和 7% (见表 3-4)。

表 3-4　河口镇—三门峡区间降水量

时段	河口镇—龙门区间降水量(mm)			龙门—三门峡区间降水量(mm)		
	汛期	主汛期	秋汛期	汛期	主汛期	秋汛期
1969 年以前	335.4	232.6	102.8	362.3	219.7	142.6
1970 ～ 1996 年	283.1	204.5	78.6	330.2	211.0	119.2
1997 ～ 2006 年	261.9	170.4	92.7	317.1	190.0	127.1
1956 ～ 2006 年	293.9	205.6	88.3	336.8	209.1	127.8

近年来典型支流降雨强度明显降低,尤其是降雨量不大(窟野河、孤山川、渭河流域为小于 5 mm,皇甫川、秃尾河、泾河流域为小于 10 mm)的天数增加,中大降雨天数减少(见表 3-5)。同时,近期大部分支流最大 1 日降雨量和最大 3 日降雨量减少。但是诸如皇甫川流域等部分支流的最大 1 日降雨量和最大 3 日降雨量是增大的,说明在支流的局部地区强降雨过程仍会发生并有所增强(见表 3-6)。

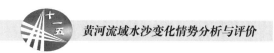

表 3-5 黄河中游典型支流不同量级日降雨量发生天数

支流	时段	汛期各雨量级天数(d)			主汛期各雨量级天数(d)		
		<5 mm	5～50 mm	>50 mm	<5 mm	5～50 mm	>50 mm
窟野河	1969 年以前	107.6	14.7	0.7	53.1	8.6	0.3
	1970～1979 年	105.8	16.6	0.6	50.1	11.3	0.6
	1980～1989 年	108.6	14.3	0.1	51.2	10.7	0.1
	1990～1999 年	107.7	15.3	0	50.4	11.6	0
	2000～2006 年	112.0	11.0	0	53.0	9.0	0
	1970～1996 年	107.3	15.5	0.2	50.3	11.5	0.2
	1997～2006 年	109.8	13.2	0	52.8	9.2	0
孤山川	1969 年以前	102.1	20.2	0.7	45.8	15.9	0.3
	1970～1979 年	106.1	16.2	0.7	46.8	14.6	0.6
	1980～1989 年	113.4	9.4	0.2	55.2	6.6	0.2
	1990～1999 年	117.3	5.1	0.6	57.2	4.2	0.6
	2000～2006 年	116.1	6.9	0	57.0	5.0	0
	1970～1996 年	111.7	10.8	0.5	52.6	8.9	0.5
	1997～2006 年	116.5	6.3	0.2	57.1	4.7	0.2
渭 河	1969 年以前	104.4	18.4	0.2	50.7	11.1	0.2
	1970～1979 年	102.6	20.3	0.1	50.8	11.1	0.1
	1980～1989 年	103.5	19.4	0.1	51.2	10.7	0.1
	1990～1999 年	106.5	16.5	0	52.5	9.5	0
	2000～2006 年	106.4	16.6	0	53.9	8.1	0
	1970～1996 年	103.9	19.0	0.1	51.4	10.5	0.1
	1997～2006 年	106.4	16.6	0	53.5	8.5	0
皇甫川	1969 年以前	113.7	8.3	1.0	55.3	6.0	0.7
	1970～1979 年	115.2	7.5	0.3	56.6	5.1	0.3
	1980～1989 年	115.0	7.8	0.2	55.4	6.4	0.2
	1990～1999 年	116.5	6.4	0.1	56.6	5.3	0.1
	2000～2006 年	118.0	5.0	0	57.8	4.2	0
	1970～1996 年	115.2	7.6	0.2	55.9	5.9	0.2
	1997～2006 年	118.4	4.6	0	58.1	3.9	0
秃尾河	1969 年以前	112.7	9.6	0.7	55.7	6.0	0.3
	1970～1979 年	114.3	8.4	0.3	55.2	6.5	0.3
	1980～1989 年	117.3	5.4	0.3	57.6	4.1	0.3
	1990～1999 年	116.4	6.5	0.1	56.6	5.3	0.1
	2000～2006 年	116.0	7.0	0	57.0	5.0	0
	1970～1996 年	115.7	7.0	0.3	56.2	5.5	0.3
	1997～2006 年	117.8	5.2	0	58.3	3.7	0

续表 3-5

支流	时段	汛期各雨量级天数（d）			主汛期各雨量级天数（d）		
		<5 mm	5~50 mm	>50 mm	<5 mm	5~50 mm	>50 mm
泾 河	1969 年以前	112.1	10.0	0.9	55.3	6.0	0.7
	1970~1979 年	113.0	9.0	1.0	56.3	5.0	0.7
	1980~1989 年	113.4	9.0	0.6	55.4	6.0	0.6
	1990~1999 年	115.9	7.0	0.1	56.0	6.0	0
	2000~2006 年	114.9	8.0	0.1	57.9	4.0	0.1
	1970~1996 年	113.9	8.5	0.6	55.9	5.6	0.5
	1997~2006 年	115.2	7.7	0.1	57.3	4.6	0.1

表 3-6 黄河中游典型支流最大 1 日降雨量和最大 3 日降雨量

支流	最大 1 日降雨量（mm）				最大 3 日降雨量（mm）			
	1969 年以前	1970~1996 年	1997~2006 年	多年最大	1969 年以前	1970~1996 年	1997~2006 年	多年最大
窟野河	105.9	108.2	85.6	108.2	137.3	146.6	130.4	146.6
皇甫川	94.3	119.8	136.0	136.0	141.9	129.1	141.8	141.9
孤山川	121.9	164.6	130.0	164.6	156.7	176.2	140.2	176.2
秃尾河	102.4	93.2	102.2	102.4	127.2	168.1	112.8	168.1
泾 河	65.1	68.9	47.8	68.9	103.9	103.3	65.3	103.9
渭 河	80.0	39.6	29.7	80.0	80.0	58.6	42.0	80.0

从黄河上中游降水变化总体趋势看，黄河三大洪水来源区之一的河口镇—龙门区间（以下简称河龙区间）降水量及其过程变化都比较大。图 3-3 和图 3-4 分别为河龙区间及陕西北片（包括皇甫川、孤山川、窟野河、秃尾河和佳芦河等支流）不同时段降雨量的变化过程。从图中可以看出，汛期、主汛期、连续最大 3 日降雨量和最大 1 日降雨量均在 1980~1989 年减少相当明显，且与 20 世纪 50 年代相比，自 60 年代以来总体上均呈减少的趋势，尤其是陕西北片最大 1 日降雨量和连续最大 3 日降雨量的递减率较大。

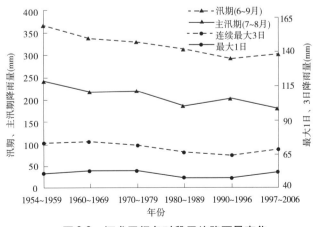

图 3-3 河龙区间各时段平均降雨量变化

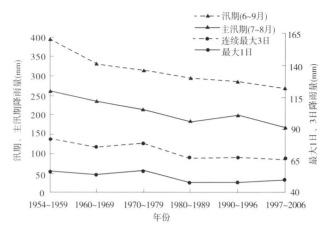

图3-4 陕西北片各时段平均降雨量变化

河龙区间多年平均汛期降雨量为326.0 mm。自20世纪50年代以后,该区间降雨量总体呈减小趋势,2000年之后稍有增大,与20世纪80年代基本相当。1997~2006年的降雨量较1954~1959年的349.2 mm减少12.8%。但是,1997~2006年的连续最大3日降雨量和最大1日降雨量较1990~1996年明显增加,分别增加18.0%和66.7%,从而使汛期降雨量较1990~1996年也有所增加,增加约4%,不过主汛期仍减少9%左右。自1954年至2006年,河龙区间降雨量最大值出现于20世纪50年代,为366.6 mm;最小值出现于20世纪90年代和1997~2006年,分别为292.9 mm和304.4 mm,较最大值分别偏小20.1%和17.0%。

陕西北片汛期多年平均降雨量为315.0 mm。该区间降雨量在20世纪70年代前后呈现出明显的变化,70年代之前的降雨量总体大于以后各时段的,尤其是80年代之后基本上持续减少。近期与1990~1996年相比,除最大1日降雨量约增加25%外,连续最大3日、汛期和主汛期的降雨量均明显减少。由此从平均情况来说,陕西北片较河龙区间降雨量减少趋势更为明显。1954~2006年陕西北片降雨量最大值出现于20世纪50年代,为395.3 mm;最小值出现于1997~2006年,为270.6 mm,较最大值偏小31.5%。2000~2006年和1997~2006年汛期降雨量较1969年前的355.7 mm分别减少16.9%和23.9%。

河龙区间主汛期多年平均降雨量为208.6 mm。2000~2006年和1997~2006年较1969年前的227.3 mm分别减少15.0%和20.3%。

陕西北片主汛期多年平均降雨量为210.6 mm,整体变化趋势与河龙区间的相同。2000~2006年和1997~2006年的主汛期降雨量较1969年前的245.4 mm分别减少26.1%和31.5%。

实际上,最大1日降雨量和连续最大3日降雨量不仅包含了量的概念,在一定意义上也包含了降雨强度的概念。若将河龙区间及陕西北片、无定河片、陕西南片(包括清涧河、延河、云岩河和仕望川)、晋西北片(包括浑河、偏关河、朱家川、岚漪河、蔚汾河、清凉寺沟和湫水河)和晋西南片(包括三川河、屈产河、昕水沟、清水河和鄂河)等5大片自1954年以来不同时段的最大1日降雨量和连续最大3日降雨量进一步对比(见表3-7、

表3-8），可以看出，在不同年代，河龙区间及5大片最大1日、连续最大3日降雨量变化是不一样的。对于最大1日降雨量（见表3-7），20世纪80年代、90年代与50年代、60年代、70年代和2000～2007年相比为最少，就是说，最大1日降雨量减少较多的时段并不是最近10 a（1997～2006年）；对于连续最大3日降雨量，变化特征与最大1日降雨量基本接近。虽然近10 a的连续最大3日降雨量较20世纪80年代、90年代有所增加，但与1979年以前相比，陕西北片的连续最大3日降雨量明显减少。例如陕西北片2000～2006年和1997～2006年的连续最大3日降雨量分别为68.0 mm和65.6 mm，较1979年前的78.9 mm分别减少了13.8%和16.9%（见表3-8）。除前述两个时段外，1997～2006年陕西北片、晋西北片和晋西南片的最大1日降雨量较其他时段有所减少，而在无定河片、陕西南片却是增加的，在河龙区间基本接近多年平均情况。相对于1979年以前，作为主要产水产沙区的陕西北片降雨量减少更为明显，尤其是最近10 a来减少较多，如陕西北片2000～2006年和1997～2006年最大1日降雨量较1979年前的57.5 mm分别减少了4.5%和12.5%。

表 3-7　河龙区间及 5 大片各时段最大 1 日降雨量

区间	面积（km²）	不同时段最大 1 日降雨量（mm）								
		1954～1959 年	1960～1969 年	1954～1969 年	1970～1979 年	1980～1989 年	1990～1999 年	2000～2006 年	1997～2006 年	1954～2006 年
陕西北片	17 568	57.0	54.6	55.5	57.5	48.6	48.4	54.9	50.3	53.2
无定河片	30 246	47.2	49.5	48.7	50.4	44.4	46.1	56.7	53.1	48.8
陕西南片	16 685	47.7	55.8	52.7	55.1	52.9	51.7	62.8	56.3	54.3
晋西北片	19 026	50.1	50.8	50.5	49.9	46.3	43.9	52.0	49.2	48.6
晋西南片	10 367	55.8	56.5	56.3	56.5	51.6	49.7	53.8	50.1	53.9
河龙区间	93 892	50.7	52.6	51.9	53.1	47.9	47.5	56.2	52.0	51.1

注:河龙区间面积取5大片之和。

表 3-8　河龙区间及 5 大片各时段连续最大 3 日降雨量

区间	面积（km²）	不同时段连续最大 3 日降雨量（mm）								
		1954～1959 年	1960～1969 年	1954～1969 年	1970～1979 年	1980～1989 年	1990～1999 年	2000～2006 年	1997～2006 年	1954～2006 年
陕西北片	17 568	82.2	75.3	77.9	78.9	66.5	67.5	68.0	65.6	72.7
无定河片	30 246	64.3	69.4	67.5	64.7	61.3	59.9	72.3	69.1	65.0
陕西南片	16 685	67.3	79.2	74.7	75.5	74.8	65.1	85.0	76.0	74.4
晋西北片	19 026	77.3	73.0	74.6	69.5	64.4	65.0	64.0	62.9	68.5
晋西南片	10 367	82.9	80.1	81.1	79.2	72.2	68.6	76.2	71.2	76.1
河龙区间	93 892	72.9	74.2	73.7	71.8	66.5	64.2	72.5	68.6	70.0

注:河龙区间面积取5大片之和。

上述分析表明,与20世纪70年代以前相比,近期陕西北片最大1日、连续最大3日降雨量都有所减少,从而间接反映了陕西北片降雨强度已有降低,也从另一个方面反映了近年来实测水沙锐减的自然原因。不过,对于陕西南片来说,1997~2006年最大1日降雨量较20世纪各年代同时段降雨量还有所增加,平均达到56.3 mm,比1954~2006年平均值增加约4%。

根据《水文年鉴编印规范》规定,划分降水场次的时间间隔大于15 min[1],按此统计每年最大一次、最大三次、最大五次、最大七次和最大九次降雨量(见表3-9)知,河龙区间最大次降雨量总体呈下降趋势,且最大一次至最大九次的变化趋势均基本一致。20世纪80年代、90年代次降雨减少较多,2000年之后降雨量有所回增,但1997~2006年最大一次降雨量均值为52.2 mm,仍低于多年均值,基本与20世纪80年代的相当;陕西北片最大次降雨量总体也呈下降趋势,且比河龙区间整体下降更为明显,最大一次至最大九次的变化趋势基本一致。20世纪70年代前都大于均值,80年代后均小于平均值,1997年后减少最为显著,基本为整个系列的最小值,1997~2006年最大一次降雨量平均为49.1 mm,仅为50年代均值61.0 mm的80%。由此说明,自20世纪50年代以来,各时段降雨量的变化处于丰枯交替过程中,其中近年来的降雨量为枯水阶段。总体来看,1997~2006年最大一次至最大九次降雨量基本上以陕西北片和晋西北片为最小,而其他各片和区则大于20世纪90年代的。

表3-9　河龙区间及5大片各时段最大次降雨量

区间	时段	最大次降雨量(mm)				
		最大一次	最大三次	最大五次	最大七次	最大九次
陕西北片	1954~1959年	61.0	131.4	174.7	205.1	222.9
	1960~1969年	56.9	121.6	163.7	195.8	221.0
	1954~1969年	58.5	125.3	167.8	199.3	221.7
	1970~1979年	59.8	121.3	163.2	194.1	217.9
	1980~1989年	51.7	110.4	149.5	177.9	199.7
	1990~1999年	52.1	113.0	151.6	179.9	202.1
	2000~2006年	53.0	106.0	141.5	167.4	187.8
	1997~2006年	49.1	100.3	134.6	159.8	179.6
	1954~2006年	55.5	116.9	156.9	186.4	208.7
无定河片	1954~1959年	49.3	111.0	153.0	181.9	201.8
	1960~1969年	55.8	120.5	163.4	195.5	220.6
	1954~1969年	53.4	116.9	159.5	190.4	213.5
	1970~1979年	51.8	112.6	151.9	181.4	204.5
	1980~1989年	47.1	108.8	148.5	176.6	198.5
	1990~1999年	46.6	102.8	139.6	166.2	187.0
	2000~2006年	57.6	121.1	160.7	189.4	210.2
	1997~2006年	51.6	110.6	148.2	175.3	195.2
	1954~2006年	51.2	112.5	152.4	181.4	203.5

续表 3-9

区间	时段	最大次降雨量（mm）				
		最大一次	最大三次	最大五次	最大七次	最大九次
陕西南片	1954～1959 年	50.3	114.4	158.6	193.7	219.0
	1960～1969 年	67.0	143.1	196.1	235.3	265.9
	1954～1969 年	60.7	132.3	182.0	219.7	248.3
	1970～1979 年	65.3	141.3	190.1	227.5	256.8
	1980～1989 年	61.6	135.6	184.3	220.1	247.7
	1990～1999 年	51.7	114.0	155.5	186.8	210.8
	2000～2006 年	67.1	142.8	191.7	228.8	257.8
	1997～2006 年	59.6	127.6	171.7	204.9	230.9
	1954～2006 年	60.9	132.6	180.3	216.2	244.0
晋西北片	1954～1959 年	51.9	119.6	166.0	197.5	221.2
	1960～1969 年	51.9	113.2	155.0	186.3	210.8
	1954～1969 年	51.9	115.6	159.2	190.5	214.7
	1970～1979 年	50.2	111.8	154.0	186.2	211.7
	1980～1989 年	45.8	104.3	145.1	175.6	199.3
	1990～1999 年	47.9	106.3	147.5	179.0	203.6
	2000～2006 年	47.3	101.7	138.0	165.6	186.8
	1997～2006 年	46.4	99.3	135.0	162.0	183.0
	1954～2006 年	49.1	109.2	150.5	181.4	205.5
晋西南片	1954～1959 年	65.1	140.6	191.7	230.7	261.3
	1960～1969 年	58.0	126.0	173.5	209.2	237.7
	1954～1969 年	60.6	131.5	180.3	217.3	246.5
	1970～1979 年	64.2	139.6	190.8	229.8	260.7
	1980～1989 年	62.5	135.4	183.4	219.4	247.0
	1990～1999 年	54.6	122.6	168.3	202.4	228.7
	2000～2006 年	62.6	135.8	183.5	219.4	247.9
	1997～2006 年	58.2	127.3	171.7	204.7	230.6
	1954～2006 年	60.8	132.6	181.0	217.5	246.1
河龙区间	1954～1959 年	53.9	120.4	165.0	196.9	219.3
	1960～1969 年	57.4	123.8	168.7	202.3	228.6
	1954～1969 年	56.1	122.6	167.3	200.3	225.1
	1970～1979 年	56.7	122.2	165.5	198.3	224.0
	1980～1989 年	52.0	115.9	158.2	189.1	213.0
	1990～1999 年	49.7	109.6	149.4	179.0	202.0
	2000～2006 年	56.9	119.8	160.5	190.8	213.9
	1997～2006 年	52.2	111.3	149.7	178.2	200.0
	1954～2006 年	54.3	118.4	161.0	192.5	216.8

进一步统计河龙区间 1954～2006 年日降雨量为 25～50 mm 和大于等于 50 mm 的逐年发生天数知,河龙区间年内发生 25～50 mm 雨量级降雨天数的多年均值为 1.80 d;20 世纪 50 年代发生 25～50 mm 雨量级降雨的天数最多,年均为 2.33 d。自 50 年代到 80 年代持续减小,至 90 年代虽有所回升,但 1997 年之后又急剧减小,如 1997～2006 年发生 25～50 mm 雨量级降雨的天数年均仅 1.38 d,较 50 年代减少 40%,且各年天数均少于多年均值。大于等于 50 mm 雨量级降雨天数的多年均值为 0.47 d。20 世纪 70 年代之前和 80 年代之后差异明显,70 年代之前天数较多且都大于均值,80 年代之后天数较少且大都小于均值。

统计陕西北片 1954～2006 年降雨量为 25～50 mm 和大于等于 50 mm 的逐年降雨天数可知,近年来 25～50 mm 的降雨天数持续减少,1997～2006 年发生 25～50 mm 降雨的年均天数为 2.48 d,仅占 20 世纪 50 年代的 54%;大于等于 50 mm 的降雨天数在近 10 a 也明显减少,年均只有 0.36 d,仅为多年均值的 58%,为 20 世纪 60 年代以前均值 0.78 d 的 46%。由此表明,1954～2006 年陕西北片大量级降雨的天数不断减少,而最近 10 a 减少最为明显,是一个连续的降水枯水段,且较以前枯水阶段比,大量级降雨天数减少是该时段降雨变化的特点之一。

另外,《气候变化国家评估报告》[2] 的分析进一步表明,黄河流域极端降水日数减少的区域比增加的区域明显为多(见图 3-5)。

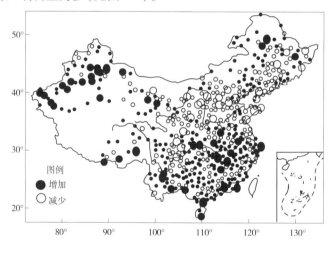

图 3-5 1951～2000 年极端强降水日数变化

综合分析认为,近年来河龙区间的降雨量、降雨强度和发生频次等均有一定程度的减少,而且,以降雨强度减小相对更为明显。从空间上来看,作为主要产沙区的陕西北片,其减少程度更为明显。

初步分析认为,黄河流域降雨量及降雨强度的减少可能与气候变化有关。

例如,近 50 a 唐乃亥以上地区年降水量随气温的不断增高而相应减少。根据实测资料分析,降水量每 10 a 减少 0.04 mm,而气温则相应升高 0.193 ℃,尤其在 20 世纪 90 年代变化最为显著。如 1990～2003 年平均气温较 1956～1989 年升高了 0.5 ℃,其中 1998 年创有记录以来的极值,平均气温高达 2.53 ℃,较常年高 1.10 ℃。大量的观测资料进一步表明,黄河流域不少区域的冬季气温有明显抬升。例如,巴彦高勒 1984～2006 年的气

温观测资料表明,多年平均日气温值为 8.7 ℃,20 世纪 80 年代为 8.8 ℃,90 年代为 8.6
℃,2000 ~ 2006 年平均为 8.7 ℃,尽管各年代差值很小,仅为 0.1 ℃,但不同时段年内变
化有明显不同。就 1984 ~ 2006 年平均来说,气温年内变化为 12 月至次年 2 月最低,夏季
6 ~ 9 月最高。12 月至次年 2 月多年平均日气温值为 −7.1 ℃,而在 20 世纪 80 年代为 −
7.7 ℃,比多年均值低 0.6 ℃,到 90 年代升温至 −6.5 ℃,比多年均值高 0.6 ℃,2000 ~
2006 年平均值有所降低,为 −7.3 ℃,比多年均值低 0.2 ℃,但仍比 80 年代高 0.4 ℃;3
月到 5 月多年平均日气温值为 10.0 ℃,20 世纪 80 年代为 9.4 ℃,比多年均值低 0.6 ℃,
90 年代为 9.9 ℃,比多年均值低 0.1 ℃,21 世纪初为 10.5 ℃,比多年均值高 0.5 ℃;6 月
到 8 月多年平均日气温值为 22.5 ℃,20 世纪 80 年代为 22.2 ℃,比多年均值低 0.3 ℃,90
年代为 22.7 ℃,比多年均值高 0.2 ℃,2000 ~ 2006 年为 22.7 ℃,比多年均值高 0.2 ℃,显
见,夏季气温也有所增高;9 月到 11 月多年平均日气温值为 8.4 ℃,20 世纪 80 年代为 7.9
℃,比多年均值低 0.5 ℃,90 年代为 8.5 ℃,比多年均值高 0.1 ℃,2000 ~ 2006 年为 8.8
℃,比多年均值高 0.4 ℃。从气温总体变化情况看,自 20 世纪 90 年代以来,冬季气温增高
0.2 ~ 0.6 ℃,春季为 −0.6 ~ 0.5 ℃,夏季增高 0.2 ℃,秋季增高 0.1 ~ 0.4 ℃,以冬季增高最
为明显。因而,近期降水量的减少显然与气候变化有一定的关系。

　　韩添丁等[3]利用黄河上游(兰州站以上)流域内各气象站(点)实测资料的分析也表
明,近 40 a 来,黄河上游具有明显的升温趋势,不同的是,其升温幅度的大小和时间的差
异。20 世纪 50 ~ 90 年代年平均气温的升温幅度为 0.105 ℃/10 a,年内春、夏、秋、冬四
季的增温趋势是不同的,分别为 −0.045 ℃/10 a、0.040 ℃/10 a、0.147 ℃/10 a 和 0.269
℃/10 a,尤其是冬季存在明显的增温趋势(见图 3-6)。

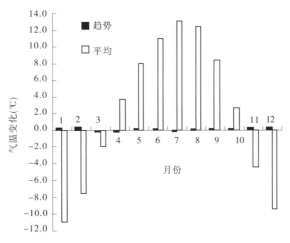

图 3-6　黄河上游流域多年气温变化及趋势

　　另外,根据高治定等[4]的分析,黄河流域在 20 世纪 80 年代后期气温开始回升,特别
是冬季气温回升幅度较大。这与降水量自 20 世纪 80 年代有所减少的趋势是对应的。

　　根据《气候变化国家评估报告》[2]预测,2020 年我国年平均气温可能增加 1.3 ~ 2.1
℃。由于平均气温增加,蒸发增强,总体上北方水资源短缺状况将进一步加剧。

　　当然,关于黄河流域降水与气候变化的关系还需要进一步研究,如在黄河流域复杂的

地理环境下,加之年内四季气温变化差异大,气温升高是使降水量增加还是减少等,还有不同看法。

3.3 径流量及降水径流关系变化特点

3.3.1 径流量

与 1970～1996 年相比,1997～2006 年黄河三门峡以上干流主要站径流量减幅以唐乃亥的 20% 为最小,黄河沿减幅最大,达到 76%(见表 3-10)。径流量减幅基本上沿干流由上至下增大,如从唐乃亥的 20% 增加到潼关的 41%,三门峡达到 47%。同时,诸如汾河等支流的径流量减少幅度远大于干流。

表 3-10 黄河三门峡以上不同时期主要干支流径流量

水文站	时段	径流量(亿 m³)			年内分配比例(%)		年均值与 1970～1996 年相比(%)
		主汛期	汛期	年均	主汛期	汛期	
黄河沿	1970～1996 年	2.32	4.86	8.63	27	56	
	1997～2006 年	0.60	1.00	2.04	29	49	−76
玛 曲	1970～1996 年	45.16	88.74	158.35	30	60	
	1997～2006 年	38.93	74.88	125.04	31	60	−21
唐乃亥	1970～1996 年	65.11	124.63	209.00	31	60	
	1997～2006 年	52.51	98.90	167.96	31	59	−20
河口镇	1970～1996 年	53.80	110.80	219.00	49	51	
	1997～2006 年	21.50	47.10	132.10	64	36	−40
府 谷	1970～1996 年	54.80	112.30	224.00	50	50	
	1997～2006 年	21.40	45.90	132.00	65	35	−41
龙 门	1970～1996 年	68.00	133.00	263.43	26	50	
	1997～2006 年	30.21	62.53	161.32	19	39	−39
潼 关	1970～1996 年	89.13	181.19	339.98	26	53	
	1997～2006 年	38.52	87.18	201.10	19	43	−41
三门峡	1970～1996 年	88.47	180.31	340.14	26	53	
	1997～2006 年	35.67	79.84	178.93	20	45	−47
河 津（汾河）	1970～1996 年	2.77	5.04	7.90	35	64	
	1997～2006 年	0.71	1.74	3.17	22	55	−60
华 县（渭河）	1970～1996 年	18.35	39.90	63.98	29	62	
	1997～2006 年	10.53	26.76	41.90	25	64	−35

从图 3-7～图 3-10 各站径流量 5 a 滑动平均过程可看出,不同河段径流量均出现趋势性减少的现象,但出现减少的年份是有所不同的,唐乃亥以上各站径流量自1988年开始呈现趋势性地减少(见图 3-7);唐乃亥—河口镇区间径流量基本上从 1985 年开始呈现趋势性减少(见图 3-8);河口镇—龙门区间径流量自 1989 年出现明显减少的趋势(见

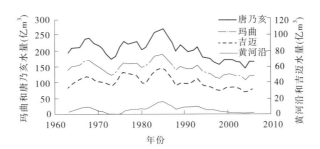

图 3-7 唐乃亥以上各站径流量 5 a 滑动平均过程

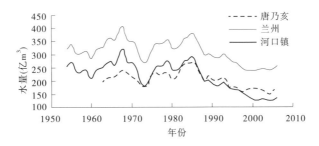

图 3-8 唐乃亥—河口镇区间干流各站径流量 5 a 滑动平均过程

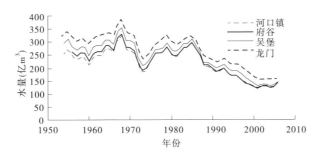

图 3-9 河口镇—龙门区间干流各站径流量 5 a 滑动平均过程

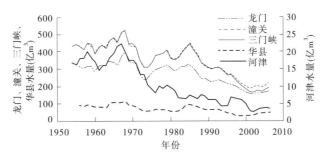

图 3-10 龙门—三门峡区间干支流各站径流量 5 a 滑动平均过程

图 3-9);龙门—三门峡区间径流量出现趋势性减少的年份基本在 1985 年(见图 3-10)。由图 3-10 可以看出,渭河的华县、汾河的河津径流量明显减少的年份较干流早,基本上自 20 世纪 60 年代末开始出现减少趋势。

由表 3-10 还可以看出,与 1970~1996 年相比,1997~2006 年干流汛期实测径流量占全年的比例除唐乃亥以上仍然在 60% 左右外,其下逐渐下降,如自河口镇开始,1969 年以前汛期径流量占全年径流量的比例在 60% 左右,1970~1996 年降为 50% 左右,到 1997~2006 年仅剩 40% 左右,其中河口镇、府谷和龙门只有 36%、35% 和 39%;支流汛期实测径流量占全年比例除窟野河减小、皇甫川增加外,其余均变化不大。就是说,黄河上中游流域的径流量年内分配已发生很大的调整。

由图 3-11 知,降水过程线与径流过程线具有一定的对应关系,说明径流量减少的原因与降水量减少是有关的。不过,径流量的减少可能还与近年来蒸发量的不断增大有关。对巴彦高勒蒸发实验站观测资料的分析表明,自 20 世纪 90 年代以来,蒸发量呈波动增加的趋势。从图 3-12 可以看出,各类型蒸发器蒸发量年内变化过程均较相似,1 月蒸发量最小,自 3 月起蒸发量迅速增大,到 5 月、6 月达到最大,随后又开始逐渐减小。各型蒸发器最大蒸发量除 ГГИ3000 型发生在 6 月外,其他均发生在 5 月。5 月、6 月蒸发量最大,而不是气温最高的 7 月。

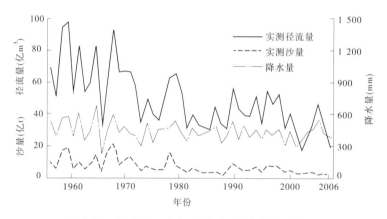

图 3-11　河龙区间降水、径流、泥沙对应变化关系

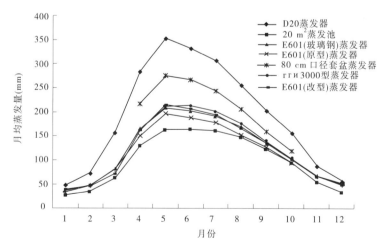

图 3-12　各类型蒸发器蒸发量年内变化过程线

从图 3-13 可以看出,1988 ~ 1994 年蒸发量较小,之后有一个缓慢上升的过程,到 2001 年又有所下降。20 m² 蒸发池年蒸发量 20 世纪 80 年代相对多年平均值减少 16.6 mm,相对差为 -1.4% ,20 世纪 90 年代相对多年平均值多 28.3 mm,相对差为 2.4% , 2000 ~ 2006 年相对多年平均值减少 26.2 mm,相对差为 -2.2% 。E601(玻璃钢)蒸发器年蒸发量 20 世纪 80 年代相对多年平均值减少 93.5 mm,相对差为 -6.4% ;20 世纪 90 年代相对多年平均值多 50.2 mm,相对差为 3.4% ;2000 ~ 2006 年相对多年平均值减少 18.2 mm,相对差为 -1.3% 。D20 蒸发器年蒸发量 20 世纪 90 年代相对多年平均值减少 78.9 mm,相对差为 -3.4% ;20 世纪 80 年代相对多年平均值多 88.0 mm,相对差为 3.8% ;2000 ~ 2006 年相对多年平均值减少 46.9 mm,相对差为 -2.0% 。

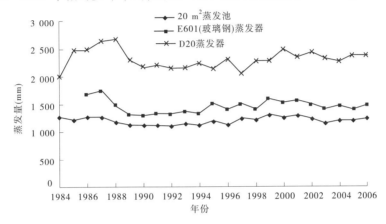

图 3-13　主要类型蒸发器蒸发量历年变化过程线

3.3.2　降水径流关系

分析表明,近年来不少地区的径流泥沙变化幅度与降水量的变化幅度差别较大。例如,在河龙区间,1970 年以后年降水量较 1969 年前年均减少 10.2% ~ 15.5% ,而实测径流量年均减少 26.6% ~ 60.9% ,实测输沙量年均减少 24.1% ~ 80.4% ,其中大于等于 0.05 mm 的粗泥沙减少更多,达 29.8% ~ 84.0% 。黄河中游特别是河龙区间径流泥沙多由暴雨洪水产生,因而出现这种现象应该与降水径流关系的变化有关。

降水径流关系在一定程度上反映了流域下垫面的产流机制。近年来,随着水土保持生态建设的不断发展和开矿、修路等人类活动的不断增强,黄河流域下垫面发生了很大变化,降水径流关系必然会有所变化。分析表明,降水径流关系因区间不同而具有不同的变化特点(见图 3-14 ~ 图 3-17),例如,龙门—三门峡区间降水径流关系变化特别明显,单位降水下的产流量近年有所减小。统计表明,在河口镇以下,同样年降水量条件下径流深减少 20% ~ 57% 。以年降水量 400 mm 为例,1970 年前河龙区间径流深约为 50 mm,而 1970 ~ 1996 年和近期分别只有 40 mm 和 28 mm 左右,相应减少 20% 和 44% ,说明即使降水增大到 1970 年前的水平,由于下垫面的影响,区间产水量也不会达到前期水平;在龙门—三门峡区间,在 500 mm 降水量条件下,1969 年前的径流深约为 58 mm,1970 ~ 1996 年为 50 mm,近期只有 25 mm,后两个时期较 1969 年以前分别减少了 14% 和 57% 。但各

年代点据沿平行带分布,说明从函数关系类型来说,并未出现变化。或者说,这些区间产流机制可能变化不大。但是,这并不能排除个别支流产流机制的变化,需要进一步开展典型支流的产流机制变化分析。

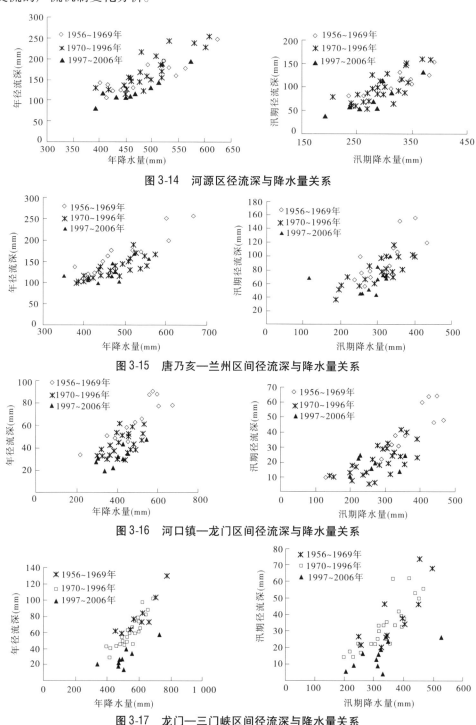

图 3-14　河源区径流深与降水量关系

图 3-15　唐乃亥—兰州区间径流深与降水量关系

图 3-16　河口镇—龙门区间径流深与降水量关系

图 3-17　龙门—三门峡区间径流深与降水量关系

3.4 洪水变化特点

图 3-18 为典型控制断面洪水历时与洪水径流量(洪量)的关系。从中可以看出,1969年以前和 1970～1996 年两个时段的洪水历时与洪量的函数关系类型没有发生明显变化,但自 1997 年以后,各个断面的点据分布均在其他两个时段的下方。由此表明,在同样洪量条件下,洪水历时明显增加,或者说,在相同洪水历时下,1997～2006 年的洪量较1970～1996 年为少。由表 3-11 可以看出,1997～2006 年的单位历时产洪量(称产流率)较 1996 年以前明显降低,就统计的 5 个断面而言,1997～2006 年的产流率降低10.67%～53.22%,说明相同历时条件下,洪量减少幅度可以达到 10% 以上。同时,1997～2006 年单位洪量的洪水历时远小于前两个时段。以河口镇断面为例,1997～2006 年单位洪量的洪水历时比 1996 年以前增加 2 倍多。这种现象的出现,显然与前述所分析的高强度降雨减少及降水年内分配发生变化,尤其是主汛期降雨量大幅度减少等原因有关。

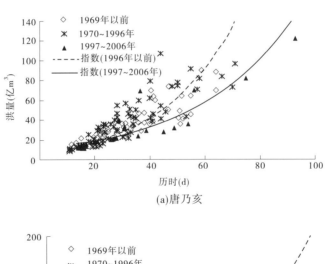

(a)唐乃亥

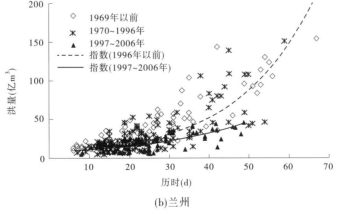

(b)兰州

图 3-18 洪水历时与洪量关系

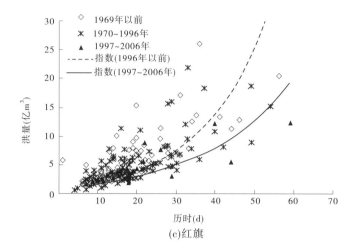

(c)红旗

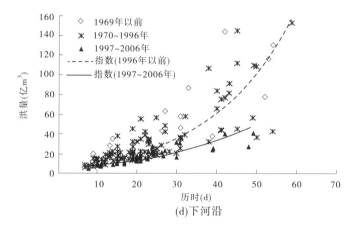

(d)下河沿

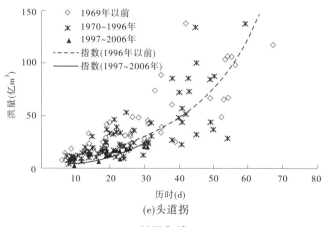

(e)头道拐

续图 3-18

表 3-11 代表断面洪量—历时关系

控制断面	时段	洪量—历时关系	相关系数 R	注明
唐乃亥	1996 年以前	$W = 8.726\,3\mathrm{e}^{0.039\,0T}$	0.867 3	式中,W 为洪量,亿 m^3;T 为历时,d
	1997～2006 年	$W = 10.935\mathrm{e}^{0.027\,8T}$	0.874 5	
兰州	1996 年以前	$W = 6.356\,7\mathrm{e}^{0.052\,3T}$	0.775 0	
	1997～2006 年	$W = 6.654\,2\mathrm{e}^{0.038\,8T}$	0.739 9	
红旗	1996 年以前	$W = 1.249\,9\mathrm{e}^{0.060\,1T}$	0.781 9	
	1997～2006 年	$W = 1.240\,8\mathrm{e}^{0.046\,4T}$	0.823 9	
下河沿	1996 年以前	$W = 7.809\,2\mathrm{e}^{0.050\,8T}$	0.863 5	
	1997～2006 年	$W = 6.321\,4\mathrm{e}^{0.041\,3T}$	0.869 3	
河口镇	1996 年以前	$W = 7.072\,9\mathrm{e}^{0.047\,6T}$	0.837 7	
	1997～2006 年	$W = 1.820\,8\mathrm{e}^{0.086\,5T}$	0.873 0	

另外,干支流洪水发生场次普遍减少。以唐乃亥站为例(见表 3-12),由 1969 年以前的年均 4.17 场减少到 1997～2006 年的 2.70 场,尤其是大流量的洪水发生场次减少最多。

表 3-12 唐乃亥站不同时段内洪水场次及场次平均历时

时段	总场次	年均(场)	历时(h)
1969 年以前	50	4.17	32.5
1970～1996 年	96	3.56	29.7
1997～2006 年	27	2.70	32.1

由表 3-13 可知,1997～2006 年龙门没有出现过洪峰流量大于 10 000 m^3/s 的洪水,而在 1969 年以前和 1970～1996 年曾出现过达到该流量级的洪水分别为 8 次和 11 次;1997～2006 年潼关、三门峡没有出现过 7 000 m^3/s 以上的洪水,而在 1969 年以前和 1970～1996 年潼关曾出现大于 7 000 m^3/s 流量级的洪水分别为 9 次和 16 次,三门峡分别出现 10 次和 5 次。

表 3-13 不同时期黄河干支流典型站洪水出现场次、历时和径流量特征值

水文站	流量级 (m^3/s)	场次			洪水历时(h)			洪量(亿 m^3)		
		1969 年以前	1970～1996 年	1997～2006 年	1969 年以前	1970～1996 年	1997～2006 年	1969 年以前	1970～1996 年	1997～2006 年
龙门	>1 000	142	164	43	9.9	10.1	11.2	17.7	15.7	9.8
	>3 000	77	82	8	10.4	10.7	9.3	23.2	19.8	9.3
	>7 000	21	15	1	7.1	6.5	8	20.8	13.9	6.3
	>10 000	8	11	—	7	6.8	—	22.5	15.7	—
潼关	>1 000	114	270	56	9.7	9.1	11	21.6	16	12.3
	>3 000	61	118	8	11	9.6	11.8	30.8	22.7	22.7
	>7 000	9	16	—	9.8	7.4	—	34	19.2	—
	>10 000	1	6	—	16	7.2	—	69.3	18.3	—

续表 3-13

水文站	流量级 (m³/s)	场次			洪水历时(h)			洪量(亿 m³)		
		1969 年以前	1970 ~ 1996 年	1997 ~ 2006 年	1969 年以前	1970 ~ 1996 年	1997 ~ 2006 年	1969 年以前	1970 ~ 1996 年	1997 ~ 2006 年
三门峡	>1 000	221	281	46	8.9	8.4	7.1	21.5	15.9	9.4
	>3 000	107	116	15	9.9	8.3	8.3	31.4	22	14.3
	>7 000	10	5	—	6.8	6.6	—	33.4	28.7	—
	>10 000	2	—	—	8.5	—	—	46.1	—	—
河津	>1 000	56	55	10	7.9	9	7.2	1.17	1.17	0.57
	>3 000	31	27	1	7	8.9	7	1.39	0.81	0.83
	>5 000	17	6	—	7.3	9.8	—	1.8	2.64	—
华县	>1 000	43	87	13	8.2	7.4	7.7	7.8	6.7	7.6
	>3 000	11	23	2	8	7.5	10.5	11.6	10.7	17.2
	>5 000	3	3	—	8.7	11.7	—	16.1	18.4	—

洪水变化的另一个显著特点是洪峰流量降低,干支流主要控制站除府谷增加了12%外,其他洪峰流量减幅为35% ~ 69%。例如,吉迈、玛曲和唐乃亥最大峰型系数的变化均以降低为主,与1970 ~ 1996年相比,1997 ~ 2006年吉迈、玛曲和唐乃亥的最大峰型系数减幅分别为3%、32%和13%(见表3-14),说明洪峰流量减小幅度大于洪量的减幅,洪水趋于矮胖。在龙门—三门峡区间,龙门1997 ~ 2006年的最大洪峰流量相对于1969年前的21 000 m³/s和1970 ~ 1996年的14 500 m³/s,分别减小了65%和49%,潼关站也分别减小了62%和69%。

表 3-14　黄河上游代表站峰型系数变化情况

时段	吉迈		玛曲		唐乃亥	
	最大	最小	最大	最小	最大	最小
1969 年以前	2.88	1.45	2.43	1.24	2.01	1.10
1970 ~ 1996 年	2.62	1.36	3.03	1.25	2.18	1.10
1997 ~ 2006 年	2.54	1.26	2.07	1.31	1.89	1.18

但是,在局部区间仍会发生大洪水,如府谷2003年出现13 000 m³/s洪水,洪峰流量有所增大。

此外,洪水变化还有一个特点是,三湖河口—龙门河段凌汛洪峰流量超过汛期洪峰流量而成为全年最大流量的年数增加。

3.5 输沙量及泥沙级配变化特点

3.5.1 输沙量

由图 3-19～图 3-21 可以看出,1997～2006 年输沙量呈持续减少的趋势。除河源区外,干流主要站输沙量减幅在 27% 以上,其中头道拐以下沙量减幅较大,潼关最小也达到 57%,府谷最大,约达到 87%(见表 3-15、表 3-16)。与图 3-7～图 3-10 对比可以发现,大部分断面输沙量明显减少的年份比径流量明显减少的年份要早,大多断面的输沙量基本上从 1970 年前后就出现了大幅度的减少。

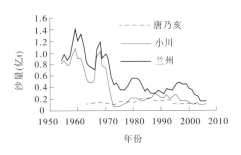

图 3-19 唐乃亥—兰州区间干流各站 5 a 滑动平均沙量过程线

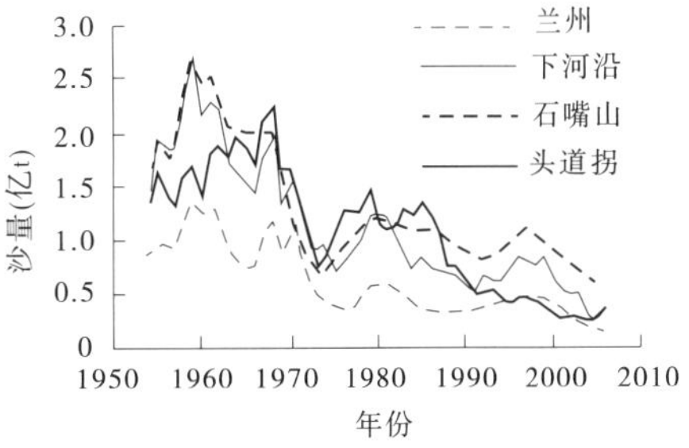

图 3-20 兰州—头道拐区间干流各站 5 a 滑动平均沙量过程线

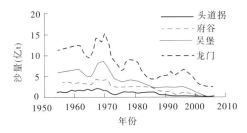

图 3-21 头道拐—龙门区间干流各站 5 a 滑动平均沙量过程

由表 3-15 和表 3-16 可见,自兰州开始,1997～2006 年汛期输沙量占全年比例较 1996 年以前均有所减少。对于支流,除汾河外,其他支流的比例变化不大。在洪水期间,由于洪量的减少,输沙量也均有所减少,但输沙量减幅远大于洪量减幅,如干流洪量减幅为 8%～46%,而输沙量减幅达到 57%～64%。汾河和渭河洪水期(7～8 月)输沙量减幅为 96.7% 和 46.6%,大流量洪水的输沙量减幅更大。主要支流汛期输沙量占全年输沙量的比例变化不大,而干流的却明显减少,其原因显然应当与人类活动对干流水沙过程的干扰等因素有关,对此还应作进一步分析。

表3-15　唐乃亥—河口镇区间干流不同时期输沙量

水文站	时段	输沙量（亿 t）			年内分配（%）		年均值与 1970～1996 年对比（%）
		全年	主汛期	汛期	主汛期	汛期	
唐乃亥	1969 年以前	0.105	0.056	0.083	53	79	
	1970～1996 年	0.143	0.068	0.101	48	71	
	1997～2006 年	0.100	0.059	0.074	59	74	−30.0
小川	1969 年以前	0.784	0.489	0.655	62	84	
	1970～1996 年	0.190	0.104	0.118	55	62	
	1997～2006 年	0.119	0.083	0.094	70	79	−37.4
兰州	1969 年以前	1.164	0.757	0.987	65	85	
	1970～1996 年	0.506	0.322	0.416	64	82	
	1997～2006 年	0.337	0.216	0.263	64	78	−33.4
下河沿	1969 年以前	2.033	1.380	1.767	68	87	
	1970～1996 年	1.030	0.664	0.846	64	82	
	1997～2006 年	0.570	0.360	0.442	63	78	−44.7
石嘴山	1969 年以前	1.904	0.925	1.541	49	81	
	1970～1996 年	0.980	0.401	0.703	41	72	
	1997～2006 年	0.690	0.222	0.432	32	63	−29.6
巴彦高勒	1969 年以前	1.836	0.892	1.541	49	84	
	1970～1996 年	0.810	0.337	0.579	42	71	
	1997～2006 年	0.590	0.205	0.316	35	54	−27.2
三湖河口	1969 年以前	1.761	0.757	1.460	43	83	
	1970～1996 年	0.800	0.304	0.606	38	76	
	1997～2006 年	0.440	0.126	0.245	29	56	−45.0
河口镇	1969 年以前	1.677	0.678	1.357	40	81	
	1970～1996 年	0.910	0.351	0.691	39	76	
	1997～2006 年	0.320	0.086	0.166	27	52	−64.8

　　输沙量的空间变化总体上呈现出其减幅沿程不断增大之趋势（见图3-22），如与1970～1996年相比，1997～2006年输沙量减幅从唐乃亥的35.3%，增大到河口镇—三门峡区间的59.8%～86.5%。而且，自巴彦高勒以下，减幅增率明显上升。另外，黄河中游支流的减少幅度远大于干流，如皇甫川、孤山川、窟野河、秃尾河和无定河的减幅达到52.7%～88.4%。

表 3-16　河口镇—龙门区间干支流不同时期输沙量

水文站	时段	输沙量（亿 t）			汛期占全年比例（%）	年均值与1970～1996年对比（%）
		全年	汛期	主汛期		
河口镇	1969 年以前	1.677	1.357	0.678	81	
	1970～1996 年	0.910	0.691	0.351	76	
	1997～2006 年	0.320	0.166	0.086	52	−64.8
府谷	1969 年以前	3.565	3.071	2.023	86	
	1970～1996 年	1.880	1.521	1.091	81	
	1997～2006 年	0.254	0.154	0.147	61	−86.5
吴堡	1969 年以前	7.012	6.185	4.485	88	
	1970～1996 年	3.897	3.226	2.455	83	
	1997～2006 年	1.021	0.663	0.552	65	−73.8
龙门	1969 年以前	11.606	10.431	8.243	90	
	1970～1996 年	6.480	5.586	4.546	86	
	1997～2006 年	2.530	1.928	1.660	76	−61.0
三门峡	1969 年以前	14.541	11.778	8.110	81	
	1970～1996 年	10.700	10.000	7.200	93	
	1997～2006 年	4.300	4.100	3.100	95	−59.8
皇甫 （皇甫川）	1969 年以前	0.607	0.551	0.477	91	
	1970～1996 年	0.468	0.439	0.426	94	
	1997～2006 年	0.136	0.134	0.134	99	−70.9
高石崖 （孤山川）	1969 年以前	0.261	0.249	0.225	95	
	1970～1996 年	0.194	0.183	0.174	94	
	1997～2006 年	0.034	0.033	0.032	97	−82.5
温家川 （窟野河）	1969 年以前	1.249	1.182	1.080	95	
	1970～1996 年	0.983	0.941	0.910	96	
	1997～2006 年	0.114	0.106	0.103	93	−88.4
高家川 （秃尾河）	1969 年以前	0.302	0.281	0.261	93	
	1970～1996 年	0.162	0.146	0.134	90	
	1997～2006 年	0.046	0.041	0.039	89	−71.6
白家川 （无定河）	1969 年以前	2.183	1.939	1.718	89	
	1970～1996 年	1.001	0.775	0.697	77	
	1997～2006 年	0.473	0.418	0.374	88	−52.7
河津 （汾河）	1969 年以前	0.522	0.476	0.327	91	
	1970～1996 年	0.099	0.091	0.060	92	
	1997～2006 年	0.003	0.003	0.002	100	−97.0
华县 （渭河）	1969 年以前	4.505	4.060	3.032	90	
	1970～1996 年	3.300	2.900	2.320	88	
	1997～2006 年	1.700	1.500	1.240	88	−48.5

上述分析表明,黄河上中游水沙变化在时空上有着突出的特点。在时间上,自20世纪70年代以来,干支流输沙量均呈不断减少的趋势,而且减幅不断增大,尤其是在1997～2006年减少最为明显;在空间上,输沙量减幅沿程不断增大,如与1970～1996年相比,就平均输沙量减幅而言,从河口镇以上的35%增大到河口镇—三门峡区间的72%;支流输沙量减

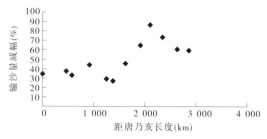

图3-22   输沙量减幅沿程变化

幅大于干流,如多沙粗沙区皇甫川等几条重点支流的输沙量减幅达到52.7%～88.4%,尤其是皇甫川、孤山川、窟野河、秃尾河等"两川两河"的减幅最大,达到70.9%～88.4%。

但在输沙量减幅沿程增加的同时,局部河段又具有恢复调整的现象。例如,从唐乃亥至下河沿,减幅沿程不断增加,但之后又有所下降,到三湖河口输沙量减幅则又转而上升,到河口镇达到最大,其后又有所下降。即使如此,输沙量减幅仍在50%以上。

干支流来沙系数的变化特点是相反的,干流各站都有较大幅度的增高,而支流来沙系数除秃尾河、无定河为增高外,其他均是降低的,减幅在11%～81%。例如在干流,河口镇和吴堡近期分别增加了46%和13%,府谷为0.008 7 kg·s/m^6,减小了28%,但3 000 m^3/s以上较大洪水都有所上升,府谷和吴堡达到0.050 4 kg·s/m^{6}和0.124 8 kg·s/m^6,增幅达3.3倍和4.3倍,而支流的洪水来沙系数除秃尾河和无定河外都是减小的(见表3-17)。另外,1997～2006年干流兰州以下除三门峡外,汛期输沙量占全年的比例较1996年前均有所减少,减少幅度在4～20个百分点之间,而几条主要支流的输沙量均变化不大,像汾河的反而有所增加。

表3-17   各站不同流量级洪水特征值统计

水文站	大于某一流量级 (m^3/s)	平均洪量 (亿 m^3)		平均沙量 (亿 t)		平均含沙量 (kg/m^3)		平均来沙系数 (kg·s/m^6)	
		1970～1996 年	1997～2006 年	1970～1996 年	1997～2006 年	1970～1996 年	1997～2006 年	1970～1996 年	1997～2006 年
头道拐	1 000	29.30	13.80	0.200	0.080	6.9	5.5	0.01	0.01
	3 000	79.50	0.00	0.610	0.000	7.7	—	—	—
府谷	1 000	19.70	11.10	0.290	0.060	14.9	5.6	0.01	0.01
	3 000	28.50	8.80	0.550	0.260	19.2	29.5	0.01	0.05
吴堡	1 000	17.90	9.60	0.530	0.190	29.6	19.6	0.02	0.03
	3 000	25.70	6.00	0.980	0.650	38.1	107.6	0.02	0.12
皇甫 (皇甫川)	500	0.33	0.25	0.170	0.090	499.8	347.7	7.30	5.40
	1 000	0.50	0.30	0.280	0.100	536.7	343.6	5.23	4.79
	3 000	1.00	0.70	0.540	0.200	561.6	291.5	3.18	1.85

续表 3-17

水文站	大于某一流量级（m³/s）	平均洪量（亿 m³）		平均沙量（亿 t）		平均含沙量（kg/m³）		平均来沙系数（kg·s/m⁶）	
		1970~1996 年	1997~2006 年	1970~1996 年	1997~2006 年	1970~1996 年	1997~2006 年	1970~1996 年	1997~2006 年
高石崖（孤山川）	500	0.22	0.36	0.100	0.170	455.9	487.4	8.70	5.40
	1 000	0.35	0.20	0.170	0.070	484.8	294.9	5.54	4.92
	3 000	0.67	0.00	0.380	0.000	563.0	0.0	3.00	0.00
温家川（窟野河）	500	0.73	0.62	0.300	0.140	408.8	221.9	2.70	1.80
	1 000	0.90	0.70	0.400	0.150	436.9	233.4	2.33	1.69
	3 000	1.50	0.90	0.700	0.240	484.7	264.9	1.61	1.55
高家川（秃尾河）	500	0.22	0.22	0.100	0.080	443.3	371.8	9.30	13.30
	1 000	0.30	0.20	0.160	0.070	534.0	374.2	7.74	14.65
	3 000	0.50	0.00	0.300	0.000	559.0	—	6.23	—
白家川（无定河）	500	0.86	0.73	0.330	0.250	383.9	345.6	2.90	3.90
	1 000	1.20	1.20	0.550	0.470	444.8	375.5	2.34	3.06
	3 000	2.40	1.90	1.290	0.810	538.3	421.8	1.35	2.28

干支流洪水期来沙系数变化的另一特点是,吴堡洪峰流量越大干流来沙系数越高,而支流却是洪峰流量越大来沙系数反而越低。

3.5.2　泥沙级配

在流域来沙量普遍大幅度减少的同时,泥沙级配也发生相应变化(见表 3-18)。在河龙区间汛期沙量急剧减少的情况下,各分组泥沙也相应减少。中粗颗粒、特粗颗粒泥沙减少幅度大于细颗粒泥沙的减少幅度。由表 3-18 可见,与 1970~1996 年相比,黄河干流的中颗粒泥沙(0.025 mm < d < 0.05 mm)、粗颗粒泥沙(d > 0.05 mm)输沙量减幅在 81%~92%,细颗粒泥沙(d < 0.025 mm)的减幅在 74%~87%,特粗颗粒泥沙(d > 0.1 mm)减少最多。但是,与 1970~1996 年相比,潼关断面 1997~2006 年的泥沙组成稍有变粗,其中粗颗粒泥沙含量由 17% 增加至 21%,细颗粒泥沙含量由 57% 减少到 25%,中值粒径 d_{50} 由 0.020 mm 变为 0.022 mm。

表 3-18　河龙区间干支流不同时期汛期泥沙组成

站名	时段	沙量(亿 t)					占全沙比例(%)				d_{50}（mm）
		全沙	细泥沙	中泥沙	粗泥沙	特粗沙	细泥沙	中泥沙	粗泥沙	特粗沙	
头道拐	1960~1969 年	1.612	0.996	0.384	0.232	0.035	62	4	14	2	0.017 0
	1970~1996 年	0.697	0.423	0.150	0.124	0.028	61	21	18	4	0.016 5
	1997~2006 年	0.148	0.110	0.020	0.018	0.004	75	13	12	3	0.008 0
府谷	1960~1969 年	4.11	1.925	0.912	1.273	0.409	47	22	31	10	0.028 0
	1970~1996 年	1.522	0.784	0.328	0.410	0.135	52	21	27	9	0.023 0
	1997~2006 年	0.160	0.102	0.026	0.032	0.013	64	16	20	8	0.014 0

续表 3-18

站名	时段	沙量（亿 t）					占全沙比例（%）				d_{50}（mm）
		全沙	细泥沙	中泥沙	粗泥沙	特粗沙	细泥沙	中泥沙	粗泥沙	特粗沙	
吴堡	1960~1969 年	6.181	2.845	1.407	1.929	0.751	46	23	31	12	0.029 0
	1970~1996 年	3.226	1.601	0.728	0.897	0.241	50	22	28	7	0.025 0
	1997~2006 年	0.672	0.359	0.139	0.174	0.059	53	21	26	9	0.022 0
龙门	1969 年以前	12.860	7.080	3.510	2.270		55	27	18		0.021 8
	1970~1996 年	5.580	2.680	1.530	1.370		48	27	25		0.026 8
	1997~2006 年	1.970	0.950	0.530	0.490		48	27	25		0.026 6
潼关	1960~1969 年	12.860	7.080	3.510	2.270		55	27	18		0.021 8
	1970~1996 年	8.190	4.670	2.130	1.390		57	26	17		0.020 4
	1997~2006 年	3.030	1.650	0.740	0.640		54	25	21		0.022 0
三门峡	1960~1969 年	9.740	6.060	2.090	1.590		62	22	16		0.017 8
	1970~1996 年	9.970	5.090	2.720	2.160		51	27	22		0.024 3
	1997~2006 年	4.300	2.190	0.990	1.120		51	23	26		0.024 4

支流泥沙组成也发生较大变化,大多数支流的细颗粒泥沙含量增多,而粗颗粒泥沙含量减少(见表 3-19)。以河龙区间为例,一般情况下,河龙区间右岸支流来沙较左岸的来沙粗,北部较南部粗。从不同时段变化来看,1997~2006 年各支流泥沙均有不同程度的细化,$d<0.025$ mm 的泥沙均有所增加。例如,皇甫川 $d<0.025$ mm 的泥沙比重由 1980 年前的 34.1% 增至 52.9%,$d>0.1$ mm 的泥沙比重减少较多,由 30.9% 减为 22.7%;孤山川 $d<0.025$ mm 的泥沙比重由 1980 年前的 40.2% 增至 56.6%,$d>0.1$ mm 的泥沙比重减少较多,由 14.3% 减为 9.2%;窟野河 $d<0.025$ mm 的泥沙比重由 1980 年前的 30.6% 增至 50.9%,$d>0.1$ mm 的泥沙比重减少最多,由 37.4% 减至 12.9%;秃尾河相对其他河流变化较小,$d<0.025$ mm 的泥沙比重由 1980 年前的 26.2% 变为 35.0%,$d>0.1$ mm 的泥沙比重由 28.6% 减少为 23.5%;佳芦河与窟野河变化类似,$d<0.025$ mm 的泥沙比重由 1980 年前的 32.4% 变为 58.1%,$d>0.1$ mm 的泥沙比重减少较多,由 23.8% 减为 7.5%;无定河 $d<0.025$ mm 的泥沙比重由 1980 年前的 35.9% 增至 52.9%,$0.05~0.1$ mm 的泥沙比重减少近 10%;清涧河、延河、湫水河、三川河、昕水河变化相似,$d<0.025$ mm 的泥沙比重增加了 8%~16%,$0.025~0.1$ mm 的比重减少较多,$d>0.1$ mm 的比重减少较少。也就是说,大部分支流的产沙都有所变细。由此可以说明,干流泥沙细化是与支流产沙细化有关的。

但应说明的是,位于潼关以上的渭河来沙组成则有所变粗,与 1970~1996 年相比,近年细颗粒泥沙减少约 5%,而粗颗粒泥沙则增加 42%,中值粒径 d_{50} 由 0.017 mm 增大到 0.019 mm,增加 11.8%。

表 3-19 河龙区间主要支流泥沙颗粒级配变化情况

河名	站名	时段	不同粒径级泥沙比重(%)			
			<0.025 mm	0.025~0.05 mm	0.05~0.1 mm	>0.1 mm
孤山川	高石崖	1966~1979 年	40.2	21.4	24.1	14.3
		1980~1989 年	45.8	20.1	21.7	12.4
		1990~1996 年	48.6	20.9	22.4	8.1
		1997~2006 年	56.6	17.6	16.6	9.2
		多年平均	43.2	20.9	23.0	12.9
秃尾河	高家川	1965~1979 年	26.2	18.8	26.4	28.6
		1980~1989 年	25.6	19.4	25.3	29.7
		1990~1996 年	27.4	20.6	23.9	28.1
		1997~2006 年	35.0	20.4	21.1	23.5
		多年平均	26.9	19.3	25.4	28.4
无定河	白家川	1962~1979 年	35.9	29.4	25.5	9.2
		1980~1989 年	37.7	31.7	24.3	6.3
		1990~1996 年	44.6	30.5	20.6	4.3
		1997~2006 年	52.9	25.7	15.9	5.5
		多年平均	39.4	29.4	23.5	7.7
延河	甘谷驿	1963~1979 年	40.4	29.9	21.4	8.3
		1980~1989 年	43.9	31.5	19.0	5.6
		1990~1996 年	47.5	29.2	17.7	5.6
		1997~2006 年	54.8	24.7	14.4	6.1
		多年平均	43.9	29.5	19.5	7.1
三川河	后大成	1963~1979 年	52.0	27.5	16.0	4.5
		1980~1989 年	56.4	27.0	15.4	1.2
		1990~1996 年	60.5	23.9	14.7	0.9
		1997~2006 年	66.2	20.4	11.0	2.4
		多年平均	54.2	26.8	15.5	3.5
渭河	华县	1960~1969 年	65.0	25.0	10.0	
		1970~1996 年	62.0	26.0	12.0	
		1997~2005 年	59.0	24.0	17.0	
皇甫川	皇甫	1966~1979 年	34.1	17.8	17.2	30.9
		1980~1989 年	37.4	14.5	15.1	33.0
		1990~1996 年	40.5	11.7	9.6	38.2
		1997~2006 年	52.9	11.7	12.7	22.7
		多年平均	36.8	16.1	15.7	31.4

续表 3-19

河名	站名	时段	不同粒径级泥沙比重（%）			
			<0.025 mm	0.025 ~ 0.05 mm	0.05 ~ 0.1 mm	>0.1 mm
窟野河	温家川	1958~1979 年	30.6	14.9	17.1	37.4
		1980~1989 年	34.0	13.7	19.0	33.3
		1990~1996 年	37.3	13.8	16.0	32.9
		1997~2006 年	50.9	17.9	18.3	12.9
		多年平均	32.6	14.6	17.3	35.5
佳芦河	申家湾	1966~1979 年	32.4	22.5	21.3	23.8
		1980~1989 年	37.8	22.6	22.6	17.0
		1990~1996 年	46.6	23.3	20.2	10.0
		1997~2006 年	58.1	19.8	14.6	7.5
		多年平均	36.5	22.4	20.8	20.2
清涧河	延川	1964~1979 年	42.6	32.4	20.6	4.4
		1980~1989 年	47.3	32.5	18.8	1.4
		1990~1996 年	50.6	30.5	17.2	1.7
		1997~2006 年	50.3	27.2	17.8	4.7
		多年平均	46.1	31.1	19.2	3.6
湫水河	林家坪	1966~1979 年	47.9	26.1	20.1	5.9
		1980~1989 年	53.8	25.4	18.1	2.7
		1990~1996 年	56.0	25.1	17.1	1.8
		1997~2006 年	63.0	20.0	12.8	4.2
		多年平均	50.5	25.5	19.1	4.9
昕水河	大宁	1965~1979 年	58.7	25.5	12.2	3.6
		1980~1989 年	57.9	26.1	14.6	1.4
		1990~1996 年	64.9	22.2	11.4	1.5
		1997~2006 年	75.2	16.0	7.2	1.6
		多年平均	60.8	24.4	12.0	2.8

归纳来说，干支流泥沙级配变化分为三类：第一类为中、粗颗粒泥沙的减少幅度大于细颗粒泥沙，泥沙细化，中值粒径 d_{50} 减小，包括兰州、下河沿、头道拐、府谷、吴堡、龙门及河龙区间的皇甫川、孤山川、窟野河、秃尾河和无定河等主要支流，此类较多；第二类为泥沙组成变化不大，如石嘴山和三门峡，此类较少；第三类为细、中颗粒泥沙的减少幅度大于粗颗粒泥沙，泥沙组成变粗，d_{50} 有所增大，此类只有潼关和支流渭河。

总体来说，黄河中游支流产沙及干流输沙的泥沙组成均有所细化。

从泥沙级配关系看，大部分断面的分组沙量与全沙沙量关系没有变化，即随全沙沙量的增加各分组沙量也同步增加，在来沙量大时泥沙组成偏粗、来沙量少时泥沙组成偏细。以河口镇为例（见图 3-23），不论细颗粒泥沙、中颗粒泥沙或粗颗粒泥沙，1997~2005 年的点据与 1996 年前的分布在同一带上,说明不同时段的函数关系形式没有变化。但是,潼关和华县近期的关系与 1996 年以前相比,在相同全沙输沙量条件下,细颗粒泥沙和中颗粒泥沙的输沙量变化不大,而粗颗粒泥沙稍有增加,尤其是华县粗颗粒泥沙增加比较明显(见图 3-24)。

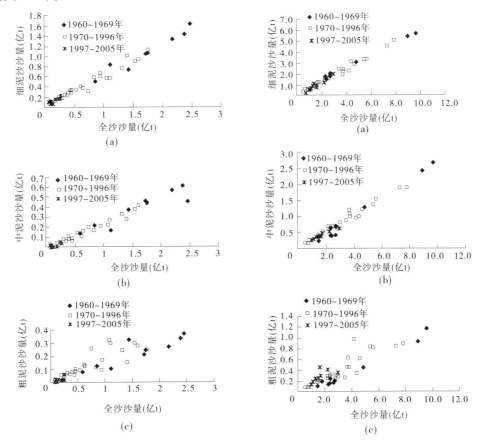

图 3-23 河口镇汛期分组泥沙与全沙的关系   图 3-24 华县汛期分组泥沙与全沙的关系

进一步分析表明,黄河上中游泥沙级配的变化除与侵蚀产沙强度、降水产沙分布区间有关外,与水土保持措施的作用也是分不开的。例如,淤地坝的大量修建,必然对进入黄河的泥沙起到分选作用,从而影响到泥沙级配的变化。

为分析淤地坝对泥沙级配的影响,2008 年对黄河右岸一级支流皇甫川、窟野河、秃尾河、佳芦河等典型流域的 36 座淤地坝淤积物进行了钻孔取样(见表 3-20 ~ 表 3-22),分析了各条支流拦截粒径 $d \geqslant 0.05$ mm 和 $d \geqslant 0.1$ mm 粗颗粒泥沙含量的百分比及其淤积的基本特征。取样点位于淤地坝坝区的坝前、坝中和坝尾,从淤积表面至 2.5 m 深的淤层每隔 0.5 m 取一个样,每座淤地坝内设 3 线 5 样,共取 15 个沙样。淤地坝控制流域内原生态土样(简称原状土)主要取自坡裙堆积物和坝顶坡面土壤。在库布齐沙漠、毛乌素沙地和砒砂岩地区共取原状沙样 597 个。皇甫川、窟野河流域钻孔取样数分别占淤地坝钻孔取样总数的 58% 和 28%。

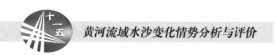

表 3-20　皇甫川淤地坝钻孔取样基本情况

淤地坝编号	钻孔取样位置		坝高（m）	库容（万 m³）	控制面积（km²）	原沟床比降（%）	淤地坝建成年份
	东经	北纬					
1	39°43′19.7″	110°54′2.5″	22	74	2.2	4.79	1997
2	39°53′23.8″	110°52′41.8″	19	74.2	2.7	2.89	1998
3	39°45′48.1″	110°28′54″	18	95.6	2.1	2.96	1998
4	39°47′27.8″	110°57′59″	26	196	9.5	2.78	1990
5	39°43′50″	110°55′50.7″	24	204.9	13.3	1.52	1990
6	39°34′8.1″	110°09′17.16″	26	161.4	4.7	5.11	1992
7	39°37′17.9″	111°10′57.3″	36	194.5	5.3	3.05	1992
8	39°54′14.7″	110°57′55.9″	22	68.4	3.0	4.53	1987
9	39°53′42.3″	110°59′33.7″	12.6	9.26	0.68	3.13	2004
10	39°53′42.1″	110°59′33.7″	13	9.56	0.7	3.93	2004
11	39°53′13.2″	110°59′44.3″	13	9.26	0.68	6.08	2004
12	39°52′29.4″	111°00′24″	17	73.8	3.2	2.3	1987
13	39°53′1.3″	111°01′7.2″	19	104.4	4.5	2.16	1987
14	39°52′34.6″	111°01′34.5″	14	20.34	1.05	1.78	2004
15	39°57′39.3″	110°58′23.3″	25.5	143.4	4.2	3.94	1993
16	39°55′49.9″	110°04′33.3″	20	88.7	3.1	2.59	1996
17	39°54′47.2″	111°02′14.9″	21	91.8	3.0	4.92	1988
18	39°54′47.5″	111°03′33.1″	18	70	3.2	4.37	1988
19	39°54′1.1″	111°04′19.3″	24.9	130.6	4.5	2.6	1993
20	39°51′42.7″	111°05′15.2″	21.5	156.7	5.4	2.0	1989
21	39°38′54.5″	111°15′13.5″	22	94.7	3.3	2.28	1992
平均			20.7	98.7	3.8	3.3	
变化范围	39°34′8.1″ ~ 39°57′39.3″	110°04′33.3″ ~ 111°15′13.5″	12.6 ~ 36	9.26 ~ 204.9	0.68 ~ 13.3	1.52 ~ 6.08	1987 ~ 2004

表 3-21　窟野河淤地坝钻孔取样基本情况

淤地坝编号	钻孔取样位置		坝高（m）	库容（万 m³）	控制面积（km²）	原沟床比降（%）	淤地坝建成年份
	东经	北纬					
1	39°20′20.8″	109°59′20.7″	21	54.5	2.5	3.68	1990
2	39°21′55″	110°02′11″					
3	39°41′29.1″	109°33′23.4″	9	43.06	3.7	1.72	1993
4	39°38′40.6″	109°36′5.4″	16	53.6	5.2	3.67	1998
5	39°41′25.1″	109°31′10.4″	13	55.5	3.1	4.74	2001
6	39°30′13.1″	109°53′10.6″	20	52.23	2.5	12.34	1996
7	39°44′56″	110°27′11.4″	16	171	6.5	1.63	2001
8	39°46′43″	109°44′2.7″	14	76.42	2.98	2.43	2000
9	39°47′24.1″	109°44′40.2″	12.5	70.15	3.01	2.02	1997
10	39°31′56.5″	110°16′33.6″	8.7	2.59	0.25	5.98	2004
平均			14.5	64.3	3.3	4.24	
变化范围	39°20′20.8″ ~ 39°47′24.1″	109°31′10.4″ ~ 110°27′11.4″	9 ~ 21	2.59 ~ 171	0.25 ~ 6.5	1.63 ~ 12.34	1990 ~ 2004

表 3-22　秃尾河、佳芦河、哈什拉川淤地坝钻孔取样基本情况

支流名称	淤地坝编号	钻孔取样位置		坝高（m）	库容（万 m³）	控制面积（km²）	原沟床比降（%）	淤地坝建成年份
		东经	北纬					
秃尾河	1	38°27′25.4″	110°31′6.6″	27.0	68.0	3.7	2.95	1991
	2	38°29′26.8″	110°32′58.7″	19.5	55.2	1.5	4.82	1976
佳芦河	1	38°10′55.5″	110°15′49.6″	50.0	66.2	9.5	5.44	1970
	2			40.0	91.0	13.0	4.23	1973
哈什拉川	1	39°53′58″	111°11′31″	18.0	124.6	3.3	4.07	1994

对取样的级配分析表明,淤地坝拦截粗泥沙效果显著,且其拦沙粗细与流域产沙粗细成正比,即入库的粗颗粒泥沙含量越多,拦的粗颗粒泥沙也越多(见表 3-23、表 3-24)。由淤地坝 $d \geqslant 0.05$ mm、$d \geqslant 0.1$ mm 粗颗粒淤积物含量与流域来沙相应颗粒含量的关系(见图 3-25、图 3-26)可以看出,原状土越粗,淤积物越粗,即原状土的粗泥沙含量 P_0 越高,淤

积物中的粗泥沙含量 P_s 也越高。就是说,淤地坝拦截的 $d \geqslant 0.05$ mm、$d \geqslant 0.1$ mm 的粗泥沙含量百分数大小与流域原状土粗泥沙含量百分数成正比。但是,不同流域淤地坝拦滞粗泥沙的比例又有所不同,表 3-25 列出了皇甫川等 4 条支流淤地坝拦滞粒径 $d \geqslant 0.05$ mm 和 $d \geqslant 0.1$ mm 粗泥沙含量百分数的大小排序。其大小排序结果为:窟野河、皇甫川、秃尾河、佳芦河。

表 3-23 皇甫川粗颗粒淤积物含量与原状土相应粒径含量比值

淤地坝编号	$d \geqslant 0.05$ mm(%)			$d \geqslant 0.1$ mm(%)		
	原状土含量 P_0	淤积物含量 P_s	P_s/P_0	原状土含量 P_0	淤积物含量 P_s	P_s/P_0
1	74.4	73.0	98.1	61.7	60.3	97.7
2	75.2	66.8	88.8	69.8	52.8	75.6
3	76.6	65.1	85.0	62.8	52.3	83.3
4	87.1	71.9	82.5	82.1	62.9	76.6
5	83.1	67.5	81.2	75.1	58.1	77.4
6	73.3	49.0	66.8	37.5	32.8	87.5
7	63.0	55.8	88.6	54.2	41.2	76.0
8	72.1	53.9	74.8	59.3	36.4	61.4
9	76.2	67.6	88.7	65.9	57.0	86.5
10	70.0	61.7	88.1	61.5	50.2	81.6
11	70.9	66.4	93.7	63.3	57.2	90.4
12	71.0	38.1	53.7	75.7	21.9	28.9
13	83.6	33.4	40.0	79.3	17.0	21.4
14	97.3	49.8	51.2	94.0	36.0	38.3
15		53.3			39.6	
16	75.2	56.5	75.1	59.1	43.1	72.9
17	75.9	60.4	79.6	62.0	43.2	69.7
18	72.9	53.7	73.7	65.1	36.2	55.6
19		50.9			36.3	
20	65.0	56.1	86.3	47.4	44.0	92.8
21	39.3	49.8	127.0	16.5	29.9	181.0
平均	73.8	57.2	77.5	62.8	43.3	68.9
变化范围	39.3~97.3	33.4~73.0	40.0~127.0	16.5~94.0	17.0~62.9	21.4~181.0

表 3-24 窟野河粗颗粒淤积物含量与原状土相应粒径含量比值

淤地坝编号	$d \geqslant 0.05$ mm(%)			$d \geqslant 0.1$ mm(%)		
	原状土含量 P_0	淤积物含量 P_s	P_s/P_0	原状土含量 P_0	淤积物含量 P_s	P_s/P_0
1	68.0	77.1	113.4	56.6	67.2	118.7
2	88.1	76.1	86.4	83.5	66.1	79.2
3		76.9			68.0	
4	87.6	87.2	99.5	81.0	79.0	97.5
5	95.8	85.0	88.7	93.9	79.4	84.6
6	93.5	85.9	91.9	90.2	79.3	87.9
7		61.3			48.7	
8	76.0	68.8	90.5	64.5	59.2	91.8
9	86.0	77.1	89.7	80.4	68.9	85.7
10	98.0	85.8	87.6	98.0	81.6	83.3
平均	86.6	78.1	90.2	81.0	69.7	86.0
变化范围	68.0~98.0	61.3~87.2	86.4~113.4	56.6~98.0	48.7~81.6	79.2~118.7

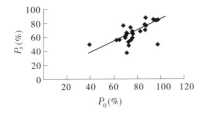

图 3-25 淤地坝 $d \geqslant 0.05$ mm 淤积物含量与
原状土相应粒径含量关系

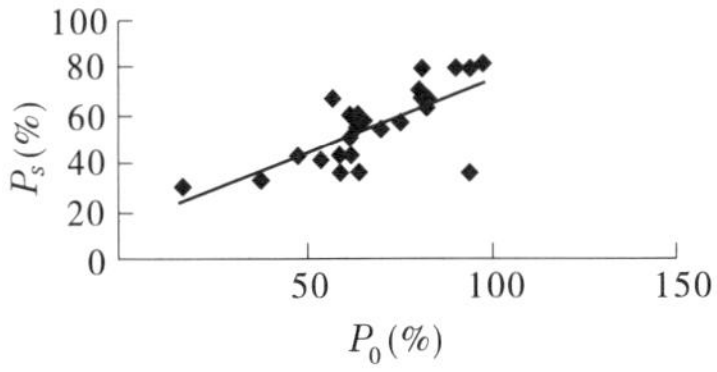

图 3-26 淤地坝 $d \geqslant 0.1$ mm 淤积物含量与
原状土相应粒径含量关系

表 3-25 拦截粗泥沙级配百分数排序

支流	P_s/P_0 平均值(%) ($d \geqslant 0.05$ mm)	排序号	P_s/P_0 平均值(%) ($d \geqslant 0.1$ mm)	排序号	P_s/P_0 变化范围(%)			
					$d \geqslant 0.05$ mm		$d \geqslant 0.1$ mm	
					最大	最小	最大	最小
皇甫川	77.5	2	68.9	2	73.0	33.4	62.9	17.0
窟野河	90.2	1	86.0	1	87.2	61.3	81.6	48.7
秃尾河	62.5	3	53.1	3	64.1		34.5	
佳芦河	34.0	4	25.7	4	53.2	53.0	27.2	25.7

2004 年黄委水文局和黄委黄河水利科学研究院以黄河粗颗粒泥沙集中来源区中粒径大于 0.05 mm、粗泥沙模数大于 2 500 t/km^2 的区域为研究对象,通过钻探方法,对 54 座淤地坝坝地淤积物进行取样,根据 51 组资料分析了淤地坝对输沙粒径的影响[5]。分析表明,淤地坝对坝地泥沙具有很强的分选作用,如坝前和坝尾淤积物中值粒径分别为 0.053 mm 和 0.071 mm,坝前淤积物颗粒组成较坝尾的为细,偏细 25.4%。另外,对于粒径大于 0.1 mm 的泥沙所占比例,坝前小于坝尾;反之,小于 0.1 mm 的泥沙比例,坝前大于坝尾的。无论是坝前还是坝尾,均以 0.025 ~ 0.05 mm 的泥沙含量为最高。

以往关于水土保持措施对泥沙粒径影响的研究成果也表明[6],实施水土保持综合治理后(一般以 1970 年为界),泥沙中值粒径明显变小。但是,在遭遇大暴雨,尤其是诸如开矿等人类活动强烈时,对于某一年或短期内,泥沙组成仍会变粗。

综上分析,诸如淤地坝等水土保持工程措施对减少入黄粗颗粒泥沙的作用是明显的,因此应加强淤地坝等工程措施建设,有效地拦滞粗颗粒泥沙。陕北片是黄河流域粗颗粒泥沙的集中来源区,其中又以窟野河、皇甫川和无定河等三条支流对黄河泥沙,尤其是粗颗粒泥沙的贡献最大[7,8],三条支流合计流域面积 41 506 km^2,占龙门以上流域面积 497 552 km^2 的 8.34%,但其多年(1956 ~ 1996 年)平均输沙量合计 3.03 亿 t,占龙门水文站对应的多年平均输沙量 8.13 亿 t 的 37.3%;多年平均粗颗粒泥沙量 1.12 亿 t,占龙门水文站对应的多年平均粗颗粒泥沙输沙量 2.21 亿 t 的 50.7%。这三条支流中又以窟野河和皇甫川为甚,两条支流合计流域面积 11 952 km^2,占粗颗粒泥沙集中来源区总面积 18 800 km^2 的 63.6%。在仅占龙门以上 2.4% 的流域面积上,其多年平均粗颗粒泥沙量 0.75 亿 t,占到龙门以上流域多年平均粗颗粒泥沙量的 34%;粒径大于等于 0.1 mm 的粗颗粒泥沙量 0.48 亿 t,占龙门以上流域对应粗颗粒泥沙量 0.58 亿 t 的 82.8%[9]。因此,从拦减粒径大于等于 0.1 mm 的粗颗粒泥沙量、构筑减少黄河粗颗粒泥沙的第一道防线考虑,建议近期重点治理支流应选取窟野河和皇甫川。

3.6 小 结

采用平行对比和数理统计的方法,分析了 1997 ~ 2006 年黄河上中游干流及重点支流降水及水沙变化特点及趋势。

(1)黄河上中游地区降水量有所减少,且年内分配发生变化。分析表明,与 1970 ~ 1996 年相比,河源区、唐乃亥—兰州、兰州—河口镇、河口镇—龙门和龙门—三门峡区间内降水量减少 3% ~ 11%,且主汛期减幅较大,最大达 17%。另外,近年来大量级降雨天数较以往明显减少是降雨过程变化的主要特点之一。

(2)干流径流量减幅明显,减幅沿河段自上而下逐渐增加,在三门峡达到 47%。一些支流径流量减幅远大于干流,如汾河减少量达 60%。降水径流关系在河源区变化较小,其下变化逐渐明显,在年降水量相同条件下,年径流量减少 20% ~ 57%。但是,降水径流函数形式并未发生明显改变。

(3)洪水出现频次降低,洪峰流量减小,峰型系数变小。三湖河口—龙门河段凌汛期峰量常常成为全年的最大流量。

(4)1997～2006 年输沙量呈持续减少趋势。与 1970～1996 年相比,除河源区外,干流主要站输沙量减少 27% 以上,府谷达到 86.5%;洪水期沙量减少更明显,达到 57%～64%,支流汾河和渭河的减幅达到 97.0% 和 48.5%。

另外,1997～2006 年与 1970～1996 年相比,黄河中游主要支流的汛期产沙量占全年沙量的比例变化不大,而干流兰州以下则有明显减少,减少 4～20 个百分点。

(5)在径流、泥沙减少的同时,泥沙级配也发生变化,基本有三类变化形式:第一类为中、粗颗粒泥沙的减少幅度大于细颗粒泥沙,中值粒径 d_{50} 减小,此类较多;第二类为泥沙组成变化不大,此类较少;第三类为细、中颗粒泥沙的减少幅度大于粗颗粒泥沙,d_{50} 有所增大,此类只有潼关和支流渭河。但总体而言,黄河中游支流产沙和干流输沙均有所细化。

泥沙组成变化的原因之一是淤地坝等水土保持措施对流域产沙具有分选作用。以淤地坝为例,进入坝区的泥沙越粗,淤地坝拦减粗泥沙的能力越明显。

参考文献

[1] 中华人民共和国水利部. SL 460—2009 水文年鉴汇编刊印规范[S]. 北京:中国水利水电出版社,2009.

[2] 气候变化国家评估报告编写委员会. 气候变化国家评估报告[M]. 北京:科学出版社,2007.

[3] 韩添丁,叶柏生,丁永健. 近 40 a 来黄河上游径流变化特征研究[J]. 干旱区地理,2004,27(4):553-557.

[4] 高治定,雷鸣,王莉,等. 21 世纪黄河流域气候变化预测及其影响[N]. 黄河报,2009-08-20(3).

[5] 黄河水利科学研究院. 2004 黄河河情咨询报告[M]. 郑州:黄河水利出版社,2006.

[6] 姚文艺,李占斌,康玲玲. 黄土高原土壤侵蚀治理的生态环境效应[M]. 北京:科学出版社,2005.

[7] 冉大川,李占斌,李鹏,等. 大理河流域水土保持生态工程建设的减沙作用研究[M]. 郑州:黄河水利出版社,2008.

[8] 黄河水利科学研究院. 2005 黄河河情咨询报告[M]. 郑州:黄河水利出版社,2009.

[9] 徐建华,吕光圻,张胜利,等. 黄河中游多沙粗沙区区域界定及产沙输沙规律研究[M]. 郑州:黄河水利出版社,2000.

第4章

河源区径流变化成因分析

黄河河源区是黄河径流的主要来源地。近年来黄河河源区径流量明显减少,对黄河水沙变化造成较大影响。本章重点分析了河源区径流变化特点及变化原因,并基于"水文法"原理,利用混合回归模型方法,分析了降水、蒸发(气温)和生态环境等影响因子对黄河河源区径流量变化的贡献率。

4.1 河源区自然概况

黄河河源区指黄河干流唐乃亥水文站以上区域,集水面积 12.2 万 km^2,约占黄河流域面积的 16%(见图 4-1),天然径流量约占黄河流域的 40%。河源区水系河网发达,支流众多,其中集水面积大于 1 000 km^2 的一级支流有 23 条之多(见图 4-2)。河源区分为三段,即黄河源头区(黄河干流黄河沿以上,集水面积 2.1 万 km^2)、黄河沿至玛曲区间(集水面积 6.5 万 km^2)以及玛曲至唐乃亥区间(集水面积 3.6 万 km^2)。

4.1.1 气候特征

黄河河源区处于青藏高原亚寒带的那曲—果洛半湿润和羌唐半干旱区,具有典型的内陆高原气候特征。例如,源头区多年平均气温在 $-5 \sim -4.1$ ℃,年日照时数为 2 250 ~ 3 132 h;全年风速大于 17 m/s 的大风日数有 70 ~ 140 d,沙暴日数 33 ~ 100 d,冰雹日数 13 ~ 29 d。

河源区年均蒸发量为 1 200 ~ 1 600 mm,年辐射量为 140 ~ 160 kJ/cm^2。河源区的产流机制主要为蓄满产流。

4.1.2 水文地质特征

4.1.2.1 地质条件

河源区在地质构造单元上属巴颜喀拉山褶皱带,位于海拔 6 282 m 至海拔 2 665 m 的阿尼玛卿主峰玛卿岗日的同德盆地黄河谷地,相对高差达 3 617 m,大部分地区的平均海拔在 4 000 m 左右。

图 4-1　黄河河源区地理位置示意图

图 4-2 黄河河源区水系分布

源头区占优势的地貌类型是宽谷和河湖盆地,海拔 4 000 ~ 5 000 m,相对高差 1 000 m 以上。自玛多县玛查理至共和县唐乃亥区间,大部分为高山峡谷地貌,其中兼有开阔的谷地和平缓的高山草地,属高原湖泊沼泽、草原荒漠和青藏高原高寒草地地貌。

4.1.2.2 土壤资源

源头区北部主要以栗钙土、棕钙土、灰棕漠土(灰棕色荒漠土)为主,南部主要是高山草甸土、高山灌丛草甸土、高山草原草甸土、高山荒漠草原土。由于受地理条件的限制,植被类型呈现由东南向西北的地带性分布,依次出现森林、草原和荒漠。源头区草本植被群种以紫花针茅、短花针茅、藏嵩草、高山嵩草、矮生嵩草及各种苔草为主,约 121 种,是当地牲畜的主要食料来源。

4.1.2.3 冰川与湖泊

根据 1970 年调查,黄河河源区冰川面积约 192 km²,占河源区面积的 0.16%。冰川融雪年径流量 2.03 亿 m³,约占河源区天然径流量的 1%[1]。

根据黄委南水北调工程查勘队联合中国科学院南京地理与湖泊研究所等单位于 1978 年的调查,黄河河源区湖泊大约有 5 300 个,其中,湖水面积大于 10 km² 的有 5 个,5 ~ 10 km² 的有 2 个,1 ~ 5 km² 的有 16 个,0.5 ~ 1.0 km² 的有 25 个,合计约 1 271 km²。众多湖泊中最大的是扎陵湖和鄂陵湖[2],水域面积分别为 526 km² 和 611 km²,多年平均储水量分别约 47 亿 m³ 和 108 亿 m³。

4.1.3 水资源状况

根据《黄河流域水资源调查评价》[3]成果,由 23 个雨量站、18 个蒸发站、8 个水文站 1956 ~ 2000 年水文气象资料统计(见表 4-1)知,黄河河源区多年平均降水量 485.9 mm;天然径流量 205.2 亿 m³,占黄河多年平均天然径流量 535 亿 m³ 的 38.4%;降水入渗净补给量 0.46 亿 m³;水资源总量 205.7 亿 m³。

源头区多年平均天然来水量只有 7.14 亿 m³,仅占河源区天然径流量 205.2 亿 m³ 的

3.5%;黄河沿—玛曲区间多年平均天然来水量 138.43 亿 m³,占河源区天然径流量比例达 67.5%;玛曲—唐乃亥区间多年平均天然来水量 59.58 亿 m³,占河源区天然径流量比例为 29.0%。

河源区降水量主要集中在 5~9 月,占年降水量的 83%。最多月降水一般发生在 7 月,占年降水量的 21%;最小月降水一般发生在 12 月和 1 月,占年降水量的比例不足 1%。天然径流量主要集中在 6~10 月,占年径流总量的 71%,其中 7 月径流量占年径流量的 17%;最小月径流量一般出现在 1 月或 2 月,仅占年径流量的 2% 左右。

河源区降水量年际变化幅度小于天然径流量的变化幅度。年降水量最大最小比值为 1.58~1.91,而年天然径流量最大最小比值达到 2.38~3.03(见表 4-2)。另外,无论是降水量还是天然径流量,河段区间下段的变差均大于上段的变差。

表 4-1 黄河河源区水资源量统计

区域	面积 (km²)	降水量 (mm)	天然径流量 (亿 m³)	地下水资源量 (亿 m³)	水资源总量 (亿 m³)
青海玉树	12 547	296.9	7.60	3.23	7.60
青海果洛	50 139	484.9	89.72	40.01	89.72
青海海南	23 485	356.3	20.35	6.43	20.81
青海黄南	9 406	511.2	16.37	9.77	16.37
四川阿坝	16 960	703.2	45.31	12.80	45.31
甘肃甘南	9 435	656.9	24.23	10.55	24.23
玛曲以上	86 048	514.3	145.60	55.42	145.60
黄河河源区	121 972	485.9	205.20	82.79	205.70

表 4-2 河源区降水量和天然径流量基本特征统计

河段	降水量					天然径流量					
	C_V	最大值		最小值		最大 最小 比值	C_V	最大值		最小值		最大 最小 比值
		降水量 (mm)	发生 年份	降水量 (mm)	发生 年份			径流量 (亿 m³)	发生 年份	径流量 (亿 m³)	发生 年份	
玛曲 以上	0.11	650.4	1981	406.6	1990	1.60	0.24	224.2	1989	94.21	1956	2.38
玛曲— 唐乃亥	0.14	607.6	1967	318.1	2000	1.91	0.30	113.5	1967	37.47	2000	3.03
黄河 河源区	0.11	621.1	1967	393.7	1990	1.58	0.25	329.3	1989	134.4	1956	2.45

在 20 世纪 60~80 年代,河源区径流量基本处于平偏丰时期;50 年代、90 年代处于偏枯时期(见表 4-3)。值得说明的是,20 世纪 90 年代均值与多年均值相比,年降水量仅偏枯 3.3%,而天然径流量偏枯幅度则达到了 14.5%。

4.1.4 经济社会概况

河源区涉及青海省玉树、果洛、海南、黄南等四州,四川省阿坝州以及甘肃省甘南州等。根据 2006 年度《黄河水资源公报(2006)》统计[4],至 2006 年末,河源区人口 65.05

万人,密度为 5 人/km²,是黄河流域平均人口密度的 1/25。耕地面积 5.87 万 hm²,其中农田灌溉面积 1.14 万 hm²,林牧渔用水面积 1.66 万 hm²。大小牲畜近 772 万头,其中大牲畜 245 万头,小牲畜 527 万头。

表 4-3　黄河河源区不同时段水资源量

河段	面积(km²)	径流量特征值	不同时段径流量(亿 m³)							
			1956～1959 年	1960～1969 年	1970～1979 年	1980～1989 年	1990～2000 年	1956～2000 年	1956～1979 年	1980～2000 年
玛曲以上	86 048	天然量	112.7	154.9	145.7	168.9	127.6	145.6	144.0	147.3
		水资源总量	112.7	154.9	145.7	168.9	127.6	145.6	144.0	147.3
玛曲—唐乃亥	35 924	天然量	50.2	62.8	59.4	73.4	47.7	59.6	59.3	59.9
		水资源总量	50.6	63.2	59.9	73.8	48.2	60.0	59.5	60.4
黄河河源区	121 972	天然量	162.9	217.7	205.1	242.3	175.4	205.2	203.3	207.2
		水资源总量	163.3	218.2	205.6	242.8	175.8	205.6	203.8	207.7

4.2　河源区生态环境变化特点

近年来,黄河河源区生态环境发生了较大的变化,主要表现在土地资源荒漠化、湖泊和湿地萎缩、冰川消融、草地退化、水土流失加剧、生物多样性和数量锐减等方面。

4.2.1　湖泊和湿地萎缩

河源区湿地总面积 150.12 万 hm²,主要分布在黄河源头和黄河第一湾(也称黄河首曲),面积分别为 50.82 万 hm² 和 99.30 万 hm²,分别占湿地总面积的 33.9% 和 66.1%。

河源区湿地主要包括星宿海、扎陵湖、鄂陵湖、玛多、热曲、首曲等部分。星宿海、扎陵湖与鄂陵湖沼泽湿地主要分布在以约古宗列曲为主的星宿海,扎陵湖以南的多曲、邹玛曲以及鄂陵湖周围和勒那曲流域。黄河首曲沼泽湿地由河湾内的玛曲沼泽湿地和河湾外的若尔盖沼泽湿地组成,位于青藏高原东北边缘,是我国第一大高原沼泽湿地,也是世界上面积最大的高原湿地。若尔盖沼泽湿地为国家级自然保护区,保护区面积达 16.66 万 hm²,占河源区湿地总面积的 11.1%。由于种种原因,这片重要的涵养水源的湿地已经严重退化,湖泊萎缩严重。如根据 2001 年遥感资料分析,从 1985 年到 2000 年,若尔盖湿地 6.66 hm² 以上的湖泊干涸了 6 个,15 年内湖泊面积年均减少约 56 hm²,年均递减速度达 3.34%,湖泊总面积已由 2 165 hm² 减至 1 323 hm²,减少了近 4 成。

同时,湿地面积明显减少。例如,2000 年河源区沼泽湿地及湖泊面积比 1976 年减少了近 3 000 km²,其中湿地面积平均每年递减 5 890 hm²。仅 1986～2004 年间,河源区水域面积就减少了 9%,沼泽湿地面积减少了 13.4%。图 4-3 和图 4-4 分别为多石峡以上区域在 1976 年和 2000 年的湖泊沼泽分布遥感图,可以看出,在 24 a 内,湖泊湿地萎缩已相当明显。

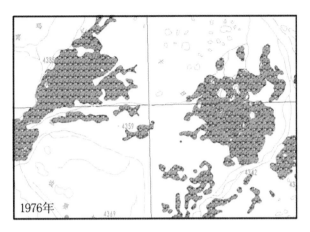

图4-3　黄河河源区多石峡以上区域 1976 年湖泊沼泽分布

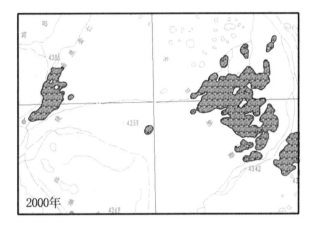

图4-4　黄河河源区多石峡以上区域 2000 年湖泊沼泽分布

4.2.2　冰川消融、冻土层埋深加大

根据中国科学院寒区旱区环境与工程研究所统计,1966～2000 年黄河源头的阿尼玛卿山地区冰川面积减少了 17%,由 1966 年的 125.5 km² 减至 103.8 km²,年缩小率为 0.5%[5],直接造成水资源损失量约 0.7 亿 m³。另外,由于气候变暖,青藏公路沿线和玛多县深度在 20 m 以内的多年冻土温度升高,造成冻土融区范围扩大、季节融化层增厚,甚至多年冻土层完全消失。

4.2.3　草地退化

河源区土地覆被构成类型较为简单,主要为草地、灌木林、水域和未利用地,其中低覆盖度草地和中覆盖度草地面积最大。以中国科学院地理科学与资源研究所 1983 年编制的 1∶100 万全国土地利用数据(该数据的土地分类系统为 6 大类和 24 个亚类)代表 20 世纪 80 年代,以其在"九五"期间编制的 1∶10 万全国土地利用数据代表 90 年代,对比两时期的土地利用变化情况知[6],土地覆被发生很大变化,变化面积为 10.2 万 km²,占整个河源区面积的 77.96%,其中转变为其他土地覆被类型的土地主要为高、中覆盖度草地,分别占变化总面积的 60.89% 和 27.50%。

在土地类型转换过程中,最突出的特点就是高覆盖度草地的减少和未利用土地的增加。在近 10 a 时间里,近 2.9 万 km² 的高覆盖度草地转变为中覆盖度草地,2.3 万 km² 的高密度草地变化为草质低劣的低覆盖度草地,且有约 1 万 km² 的优良草场直接变化为裸地和沙地,占河源区总面积的 7.80%。

根据 20 世纪 70 年代黄河河源区 MSS 影像资料及 20 世纪 80 年代、90 年代中期的 TM 影像资料的对比分析(见表 4-4),20 世纪 90 年代与 80 年代相比,高山草原化草甸面积减少了 6.6%,高寒沼泽化草甸面积减少了 24.2%,高寒草原面积减少了 34.5%,高寒荒漠化稀疏草原面积增加了 261.5%,高寒平原草原化草甸面积增加了 42.4%,流动及半固定沙地面积增加了 347.2%,湖泊水域面积减少了近 10%。目前,黄河河源区草场退化面积占黄河河源区总面积的比例达到了 8.24%。

表 4-4　黄河河源区生态景观变化

年代 (20 世纪)	不同类型区面积变化幅度(%)						
	高山草原化草甸	高寒沼泽化草甸	高寒草原	高寒荒漠化稀疏草原	高寒平原草原化草甸	流动及半固定沙地	湖泊水域
70 ~ 80	-2.3	-3.7	-24.5	39.7	17.2	13.8	-0.54
80 ~ 90	-6.6	-24.2	-34.5	261.5	42.4	347.2	-9.25

另外,青海省玛多县 1997 年草场轻度退化面积比例虽然由 1987 年的 67.5% 降到了 8.2%,但重度退化面积比例则由 1987 年的 28% 上升到 1997 年的 57%。张静等[7]通过对玛多县鄂陵湖畔样地不同退化程度草地群落结构特征变化的进一步研究认为,草地呈现出一定的退化梯度。随着草地退化程度的增加,草地群落中杂草类的优势度明显提高,优良牧草优势度明显下降,草地演替度、样地的总盖度、物种均匀度指数、物种丰富度指数、草地质量指数、物种丰富度及物种多样性指数均有明显降低(见表 4-5)。重度退化梯度下,群落结构特征各指标数值除演替度和样地总盖度外均相对较高,这是由于重度退化阶段是该地区高寒草原类草地退化演替中的一个临界过渡期,该阶段群落中的植物与杂毒草的竞争力极强。

表 4-5　玛多县鄂陵湖畔样地不同退化程度草地群落结构特征

群落结构特征	1 号样地			2 号样地		
	轻度退化	重度退化	极度退化	轻度退化	重度退化	极度退化
演替度	1.749	1.087	1.328	1.744	1.107	1.003
总盖度(%)	80	65	40	85	70	35
物种均匀度指数	0.150	0.192	0.163	0.162	0.166	0.083
物种丰富度指数	1.847	2.513	1.277	1.913	2.183	0.569
草地质量指数	15.63	12.69	14.92	11.83	21.35	11.83
物种多样性指数	0.661	0.774	0.546	0.706	0.697	0.319
物种丰富度	9	11	6	9	10	3

续表 4-5

群落结构特征	1 号样地			2 号样地		
	轻度退化	重度退化	极度退化	轻度退化	重度退化	极度退化
优势种植物	紫花针茅(94.28%)、二裂委陵菜(39.71%)、火绒草(37.93%)、阿尔泰狗娃花(24.68%)	盐地风毛菊(70.68%)、紫花针茅(66.17%)、细叶亚菊(37.24%)、早熟禾(24.46%)	二裂委陵菜(65.40%)、阿尔泰狗娃花(48.39%)、西伯利亚蓼(33.72%)、西藏微孔草(27.84%)	紫花针茅(87.39%)、火绒草(41.28%)、沙蒿(37.54%)、早熟禾(30.21%)	沙蒿(73.51%)、紫花针茅(50.35%)、二裂委陵菜(34.69%)、披针叶黄华(30.82%)	二裂委陵菜(48.29%)、西藏微孔草(30.18%)、西伯利亚蓼(28.77%)

目前,河源区荒漠化面积明显增加。以四川若尔盖县为例,根据 1995 年、1999 年和 2004 年监测的沙化土地面积数据,2004 年沙化面积比 1995 年增加了 45 990.1 hm²,年均沙化速率为 16.17%(见表 4-6)。

表 4-6　四川若尔盖县各类沙化土地面积变化情况

沙化土地类型	不同年份土地面积(hm²)			2004 年较 1995 年变化	
	1995 年	1999 年	2004 年	沙化面积(hm²)	沙化速率(%)
沙漠化土地总面积	16 112.8	25 627.2	62 102.9	45 990.1	16.17
流动沙地	2 381.7	3 042.6	4 905.9	2 524.2	8.36
半固定沙地	1 036.3	1 095.0	1 894.0	857.7	6.93
固定沙地	589.8	1 724.5	311.1	−278.7	−6.86
潜在沙化土地	12 056.3	19 716.4	51 933.0	39 876.7	17.62

另外,2001 年遥感资料分析表明,黄河首曲草原沙化面积为 36 761 hm²,占整个牧区面积的 7.25%,与 1966 年的首次沙化调查数据资料相比,沙化区面积增加 307% 以上,年均增加沙化面积 816 hm²。

4.2.4　虫害肆虐

随着草场的退化,黄河河源区鼠虫害肆虐,仅玛多县就有鼠害面积 149 万 hm²,由此而减少载畜量约 28 万只羊单位。青海省果洛州高原鼠兔平均洞口数 1 624 个/hm²,有效洞口 579 个/hm²,鼠兔密度为 120 只/hm²,每年消耗牧草 47 亿 kg,相当于 286 万只羊单位一年的需草量。据统计,整个河源区鼠害严重区每平方千米鼠洞可达 556~1 065 个,鼠兔 120 只。

4.2.5　水土流失强度加大

根据水利部 1999 年土壤侵蚀遥感普查结果分析,河源区水土流失面积 450 万 hm²,其中水力侵蚀 220 万 hm²,占 48.89%;风力侵蚀 110 万 hm²,占 24.44%;冻融侵蚀 120 万

hm²,占 26.67%。与 1995 年调查结果相比,水土流失强度增大,平均土壤侵蚀模数增大了 56 t/(km²·a),达到 2 900 t/(km²·a)。

另外,刘敏超等[8,9]对三江源地区不同生态系统土壤侵蚀量的分析认为,高寒草原保持土壤的能力最强,每年每公顷减少土壤流失量 48.74 t;高寒草甸草原的土壤保持能力最高,为 23.91(见表 4-7)。同时,草地具有很强的涵养水源能力,如高山草甸土、高山草原土、沼泽地和山地草甸土涵养水源能力分别占三江源地区涵养水源能力总量的 50.30%、21.13%、9.90% 和 7.05%。黄河河源区平面面积约占三江源地区总面积的一半,其分析成果应在一定程度上代表了黄河河源区的基本情况。而由前述分析知,黄河河源区高山草原化草甸面积、高寒沼泽化草甸面积及高寒草原面积均大大减少,势必造成黄河河源区水土流失强度加大。

表 4-7　三江源地区不同生态系统土壤侵蚀量

类别	面积 (hm²)	现实侵蚀量 (t/(hm²·a))	潜在侵蚀量 (t/(hm²·a))	土壤保持量 (t/(hm²·a))	保持能力
水浇地	746.4	1.16	2.49	1.33	2.15
旱地	3 917.0	37.80	79.67	41.87	2.11
高寒草甸草原	2 629 037.0	1.93	46.15	44.22	23.91
高寒草甸	15 754 938.0	1.62	37.94	36.32	23.43
高寒草原	4 576 785.0	8.54	57.28	48.74	6.71
高寒荒漠草原	102 634.6	1.25	8.34	7.09	6.67
灌丛	955 578.2	7.32	55.19	47.87	7.54
森林	132 897.5	2.92	48.98	46.06	16.77
沼泽	2 150 670.0	2.30	36.77	34.47	15.99
合计	26 307 203.7	3.13	42.60	39.47	13.61

注:此表摘自参考文献[8]。其中"保持能力"系潜在侵蚀量与现实侵蚀量之比,表示生态系统防止土壤侵蚀的能力;土壤保持量为潜在侵蚀量与现实侵蚀量之差。本书对土壤保持量、保持能力进行了重新计算并相应作了修正。

在水土流失加剧的同时,河源区受到威胁的生物物种也在增加,目前已占其总类的 15%~20%,高于全世界 10%~15% 的平均水平。

4.3　河源区近期径流变化特点

4.3.1　气温升高,降水量偏少

根据玛多、达日和兴海三个气象站的气温资料分析,河源区气温在 20 世纪 50 年代较高,60 年代气温持续降低,70 年代中期开始波动上升,至 80 年代后进入暖期。

由玛多气象站 1956 年以来年平均气温变化过程(见图 4-5)可以看出,20 世纪 80 年代中期以前为较长的冷期,很多年份比平均气温低;80 年代中期以后,温度持续增高,1987~2000 年平均温度为 -3.49 ℃,比多年平均 -3.96 ℃ 高出 0.47 ℃。同时,统计大武、吉迈、久治、同德、玛多、泽库等 6 个主要气象站气温资料发现,1950 年以来流域内各气象站气温均有幅度不同的上升,如 6 个站在 20 世纪 50 年代、60 年代、70 年代、80 年代和 90 年代平均气温分别为 -1.50 ℃、-1.23 ℃、-1.21 ℃、-0.85 ℃ 和 -0.80 ℃,与 50 年代相比,其后各年代平均气温分别升高 18%、19%、43% 和 47%。

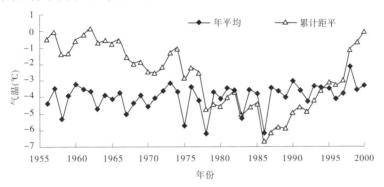

图 4-5　玛多气象站 1956 年以来年平均气温变化过程

游庆龙等[10]对三江源地区气温极端日数变化的分析也表明,该区气温呈现出不断增高的趋势。例如,1961~2005 年期间,温度极端偏高的日数,无论白天还是夜间都明显增多,平均每 10 a 增加 2.6 d 和 4.4 d;而温度极端偏低的日数,无论白天还是夜间都显著减少,平均每 10 a 减少 4.1 d 和 8.5 d。但年极端低温和极端高温则变化不明显,分别以 0.42 ℃/10 a 和 0.29 ℃/10 a 的速度增加。

由于气温升高,受大气环流变化等因素影响,进入 21 世纪,河源区 2000~2006 年平均降水量较多年均值偏少 5.1%,为 460.9 mm,较 1956~2000 年平均降水量 485.9 mm 偏少 5.1%;6~9 月降雨量平均为 336.1 mm,较多年均值 350.0 mm 偏少了 4.0%(见表 4-8)。其中玛曲以上年均降水量偏少 5.1%,6~9 月降雨量偏少 4.0%;玛曲—唐乃亥年均降水量偏少 5.2%,6~9 月降雨量偏少 4.0%。

表 4-8　河源区不同时段降水量

河段	降水特征值	各时段降水量(mm)							
		1956~1959 年	1960~1969 年	1970~1979 年	1980~1989 年	1990~1999 年	2000~2006 年	1997~2006 年	1956~2000 年
玛曲以上	年均降水量	488.6	523.4	505.9	537.2	507.0	487.8	500.1	514.3
	6~9 月降雨量	347.8	386.3	356.9	389.1	347.2	352.8	354.1	367.4
玛曲—唐乃亥	年均降水量	409.3	440.6	438.5	452.1	416.2	409.6	420.0	431.8
	6~9 月降雨量	303.9	318.5	328.1	331.1	301.6	304.2	305.4	316.8
黄河河源区	年均降水量	461.3	494.9	482.7	507.9	475.7	460.9	472.5	485.9
	6~9 月降雨量	332.7	362.9	346.9	369.1	331.4	336.1	337.3	350.0

从 1997～2006 年平均情况看,河源区年均降水量较多年均值偏少 2.8%,为 472.5 mm;6～9 月降雨量平均为 337.3 mm,较多年均值偏少 3.6%。其中,玛曲以上年均降水量偏少 2.8%,6～9 月降雨量偏少 3.6%;玛曲—唐乃亥年均降水量偏少 2.7%,6～9 月偏少 3.6%。

唐红玉等对三江源地区 14 个气象站 1956～2004 年的降水量资料分析也表明,50 a 来总的趋势是降水微幅下降,降水量平均降幅为 6.73 mm/10 a,降水日数降幅为 2.7d/10 a。但 20 世纪 90 年代以来降水有加速减少的趋势。

4.3.2　蒸发能力增大

由于气温升高,蒸发能力增大。根据黄河沿观测站蒸发能力变化过程分析(见图 4-6),在 20 世纪 50～80 年代,蒸发能力基本呈下降趋势,但到了 90 年代以后则逐渐上升。赵静等[11]基于地表能量平衡原理,结合 MODIS 卫星数据和研究区气象资料,建立了三江源区蒸发量估算模型。计算结果表明,三江源区蒸发量呈增加趋势,区域蒸发量随水热、植被覆盖度和海拔高度差异而变化,蒸发量增大是三江源区湖泊萎缩和湿地退化的主要影响因素。由图 4-7 和图 4-8 可以看出,2007 年蒸发量大于 300 mm 的区域比 2000 年有明显增加。

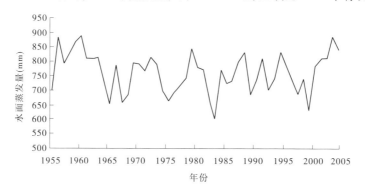

图 4-6　黄河沿 1955 年以来水面蒸发量变化过程

对黄河源头扎陵湖和鄂陵湖的蒸发资料分析表明,2000～2007 年扎陵湖月蒸发量明显增大,鄂陵湖月蒸发量轻微减少且蒸发量数值变化较小。因此,蒸发量增大是扎陵湖水面萎缩的主要影响因素。

综合各方面的分析,河源区的蒸发量随该区气温的升高是不断增大的,由此,对该区的生态环境尤其是对水资源所造成的影响是不可忽视的。

4.3.3　水沙量大幅度减少

4.3.3.1　径流量

由唐乃亥站 1950～2006 年平均径流量过程线(见图 4-9)知,近年径流量明显下降。用时序累计值相关法判断,转折点为 1991 年,经秩和检验法检验,转折点前后的资料序列不具有一致性,说明资料序列的跳跃显著。年径流量由前 41 a 均值 211.3 亿 m³ 明显地跳跃到后 16 a 的 169.3 亿 m³,跳跃量 42.0 亿 m³,跳跃前后相比平均减少了 25%。

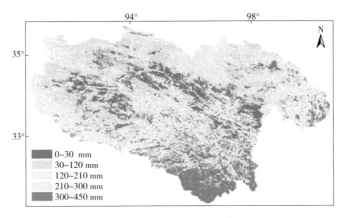

图 4-7　三江源区 2000 年 7 月蒸发量分布图

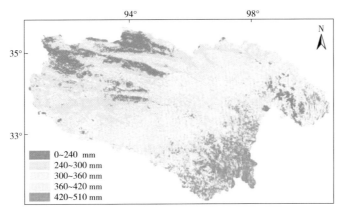

图 4-8　三江源区 2007 年 7 月蒸发量分布图

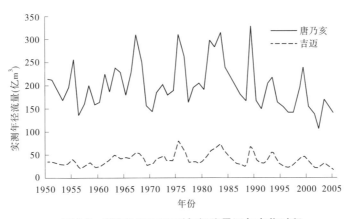

图 4-9　黄河河源区实测年径流量逐年变化过程

表 4-9 给出了河源区主要水文站 1950 年以来的实测年均径流量。可以看出,2000～2006 年源头区年均实际来水量仅 1.60 亿 m³,与 1956～2000 年均值 7.27 亿 m³ 相比,减少了 78%,前者不足后者的 1/4;河源区 1956～2000 年实测平均来水量 212.3 亿 m³,而

2000~2006年实测平均来水量仅159.7亿 m³,与1956~2000年均值相比减少了近25%。

表4-9 黄河河源区主要水文站不同时段实测年均径流量

水文站	不同时段实测年均径流量(亿 m³)							
	1950~1959年	1960~1969年	1970~1979年	1980~1989年	1990~1999年	2000~2006年	1997~2006年	1956~2000年
黄河沿	5.05	6.44	8.82	10.88	5.04	1.60	2.04	7.27
吉迈	29.77	40.09	43.00	47.67	34.25	31.15	32.69	39.68
玛曲	112.2	154.5	145.3	168.5	128.1	116.8	121.9	145.1
唐乃亥	188.1	216.5	203.9	241.1	176.0	159.7	168.4	212.3

从1997~2006年平均情况看,黄河沿、吉迈、玛曲和唐乃亥四站平均实测径流量分别较多年(1956~2000年)平均值减少了72%、18%、16%和21%。不过,其年内分配没有发生大的变化,例如在20世纪50年代、60年代,7~10月来水量一般占年径流量的60%左右,90年代以来,7~10月来水量仍为60%左右。

4.3.3.2 输沙量

河源区唐乃亥断面1956~2000年实测年均输沙量0.129亿 t,其中7~10月为0.094亿 t,占全年的73%。1997~2006年年均输沙量和7~10月输沙量分别为0.100亿 t和0.074亿 t,较多年均值分别减少22%和21%(见表4-10)。

表4-10 河源区唐乃亥断面不同时段实测输沙量

时段	输沙量(亿 t)							
	1950~1959年	1960~1969年	1970~1979年	1980~1989年	1990~1999年	2000~2006年	1997~2006年	1956~2000年
全年	0.092	0.118	0.122	0.198	0.109	0.081	0.100	0.129
7~10月	0.070	0.096	0.095	0.133	0.075	0.064	0.074	0.094

在唐乃亥断面,含沙量也有所降低,如1956~2000年平均含沙量为0.63 kg/m³,1997~2006年平均含沙量为0.59 kg/m³(见表4-11),减少了6.35%。

表4-11 唐乃亥不同时段平均含沙量

时段	1950~1959年	1960~1969年	1970~1979年	1980~1989年	1990~1999年	2000~2006年	1997~2006年	1956~2000年
含沙量(kg/m³)	0.49	0.55	0.60	0.82	0.62	0.51	0.59	0.63

4.3.4 降水径流关系没有发生明显变化

如前所述,河源区降水径流关系没有发生明显变化。根据1956~2006年系列资料,将 1956 ~1969 年、1970 ~1996 年和 1997 ~2006 年三个时段的降水径流关系对比分析发现,河源区年降水径流关系和 6 ~9 月降雨径流关系都没有发生大的变化,两个时段尺度下的降水(雨)径流关系点据沿同一区域带分布,说明两者的函数关系基本没有改变。

4.3.5 径流系数明显减小

图 4-10 给出了河源区年径流系数和 7 ~10 月径流系数变化过程。可以看出,1983 年以前,黄河河源区径流系数基本呈逐渐增大趋势,之后呈逐渐减小趋势。1997 ~2006 年全年平均径流系数和 7 ~10 月径流系数分别只有 0.270 和 0.212,较 1956 ~2000 年相应时段的平均值 0.343 和 0.282 分别减少了 21% 和 25% 。

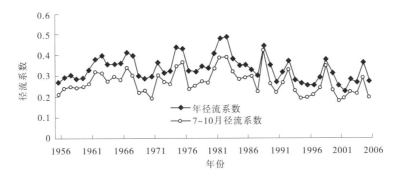

图 4-10 黄河河源区径流系数逐年变化过程

由以上分析可知,近年来河源区降水径流关系并未改变,且实测径流量年内分配没有发生大的变化,但在降水量仅平均减少 5% 的情况下,径流量和径流系数却都减小了 20% 以上,这是为何? 进一步分析表明,造成这种现象的原因可能与降水强度降低有关。降水强度是影响径流产生的一个重要因子,对于雨量小、历时长的降水,往往由于蒸发、渗漏较大,而使径流系数减小;雨量大、历时短的降水则往往使径流系数增大。表 4-12 是 20 世纪 80 年代、90 年代玛多和玛曲站不同量级日降雨变化情况,可以看出,90 年代降水类型多是小雨,且降水次数增多,历时增长,而且各测站中雨、大雨的天数和相应降水量都少于80 年代。因此,90 年代大雨出现频率减小且雨量减少,必然会引起其径流系数的减小。

表 4-12 玛多、玛曲站 20 世纪 80 年代、90 年代降水天数对比

水文站	年代(20 世纪)	不同量级降水天数(d)			
		小雨(<10 mm)	中雨(10 ~25 mm)	大雨(25 ~50 mm)	暴雨(>50 mm)
玛多	80	118	7	0	0
	90	141	6	0	0
玛曲	80	130	17	3	1
	90	135	13	2	0

4.4 河源区径流变化原因分析

文献［12～14］经过对降水量变化、人类活动如国民经济用水、水土流失治理等主要因素的分析认为，黄河上游实际来水量的不断减少，主要受气候变化的影响（包括降水偏少和气温升高等），其比重约占 75%，人类活动影响仅占 25%。在人类活动影响中，国民经济用水的影响占 16%，其他如水利工程建设的影响为 9%。

鉴于观测资料内容及系列长度限制，河源区水文水资源情势变化规律和原因尚无统一的认识和权威性看法。国内外学术界从不同专业领域提出了不同的认识和观点，如降水量减少论、气候变暖论、地质构造变异论、生态环境影响论、人类活动影响论等［15］。例如文献［16］认为，气候暖干和超载过牧作用占 66%，鼠害等作用占 15%，人类不合理干扰作用占 9%。文献［17］认为，河源区水资源变化的主要原因是气候变化，如降水量偏少、气候变暖引起蒸发能力上升等，其中降水量丰枯变化是造成黄河河源区水文水资源情势变化的根本原因。对于气温的作用，文献［17］利用热量平衡原理，用高桥浩一郎公式对黄河上游进行统计计算认为，气温升高 1 ℃，蒸散发能力将提高 5%～10%。

图 4-11～图 4-13 分别给出了河源区年径流深与年降水、年均气温、年水面蒸发能力的相互关系。可以看出，径流量随降水量增加而增加，随气温升高、水面蒸发能力加大而减少。水面蒸发能力与气温关系密切，可用以反映水域面积变化的影响。上年降水量、草地退化率反映了下垫面变化因子如多年冻土层埋深等因子的影响。利用 1956～1990 年降水量、上年降水量、气温（水面蒸发能力）、草地退化率资料，可以建立年径流深与年降水量、年平均气温（水面蒸发能力）、草地退化率等因子的关系

$$R_t = a_0 + a_1 f(P_t) + a_2 f(P_{t-1}) + a_3 f(E_t \text{or} T_t) + a_4 f(U_t) \tag{4-1}$$

式中：R_t 为唐乃亥站天然年径流深，mm；P_t 为唐乃亥站以上当年降水量，mm；P_{t-1} 为唐乃亥站以上前一年降水量，mm；E_t 为黄河沿站年水面蒸发量，mm；T_t 为河源区当年平均气温，℃；U_t 为河源区草地年际退化速率；a_0、a_1、a_2、a_3、a_4 为模型参数。

对比图 4-12 和图 4-13 可知，径流量与水面蒸发能力关系好于径流量与气温关系，因而在建立多元回归方程时，引入水面蒸发能力因子反映气温和水面蒸发能力的综合影响。通过最小二乘法识别，可以得到

$$R_t = 6.93\exp(0.003\,7P_{t-1}) + 26.22\exp(0.003\,7P_t) + 3\,753E_t^{-1.626} - 88.99U_t - 60.2 \tag{4-2}$$

图 4-14 为黄河河源区 1956～2006 年拟合天然径流量与实际天然径流量的对比，可以看出，拟合效果较好，复相关系数为 0.93。

根据 1997～2006 年实测降水量、年均水面蒸发能力（气温）、草地退化率等自然因素的数据，由式（4-2）计算得到 1997～2006 年黄河河源区相应的天然径流量平均约为 173.0 亿 m³，较 1956～1990 年的平均值 213.5 亿 m³ 减少了 40.5 亿 m³，减少比例近 20%。也就是说，对于黄河河源区 1997～2006 年实际年均来水量 168.4 亿 m³ 较 1956～1990 年实际年均来水量 212.3 亿 m³ 减少 43.9 亿 m³ 而言，其中自然因素影响减少量 40.5 亿 m³，占总减少量 43.9 亿 m³ 的 92.26%；其余 3.4 亿 m³ 减少量是由于人类活动影

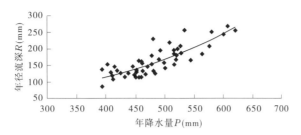

图 4-11 黄河河源区径流深与降水量关系

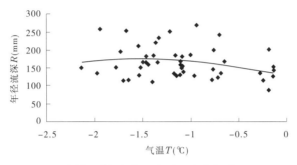

图 4-12 黄河河源区径流深与气温关系

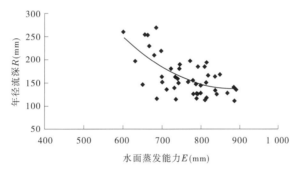

图 4-13 黄河河源区径流深与水面蒸发能力关系

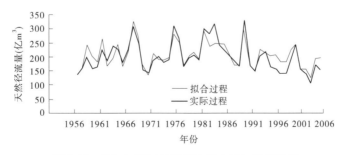

图 4-14 黄河河源区天然径流量实测与模拟结果

响造成的,占总减少量的 7.74%。

式(4-2)属数理统计原理中的混合回归模型。利用数理统计原理中的混合回归模型
原理,可以根据假定条件进行单因子作用情景下的影响分析研究。

4.4.1 降水量影响权重

设水面蒸发能力(气温)和河源区草地年际退化速率不变,采用1997~2006年平均降水量,利用式(4-2)对1997~2006年进行天然年径流量计算,得到河源区1997~2006年天然年径流量平均为192.6亿m³,较1956~1990年平均值213.5亿m³减少了20.9亿m³,这意味着降水量变化的影响权重占黄河河源区平均天然来水减少量40.5亿m³的51.6%。

4.4.2 水面蒸发能力(气温)影响权重

若降水量及前期降水量、河源区草地年际退化速率不变,采用1997~2006年蒸发能力平均数值,利用式(4-2)对1997~2006年进行天然年径流量计算,可以得到河源区1997~2006年天然年径流量平均为199.7亿m³,较1956~1990年平均值213.5亿m³减少了13.8亿m³,这意味着水面蒸发能力(气温)变化的影响权重占黄河河源区平均天然来水减少量40.5亿m³的34.1%。

4.4.3 生态环境影响权重

同理可以估算,在扣除降水和蒸发(气温)等因子影响外,生态环境变化导致河源区1997~2006年较1956~1990年天然径流量减少了5.8亿m³,其占黄河河源区平均天然来水减少量40.5亿m³的14.3%。

4.5 小 结

(1)黄河河源区1956~2000年平均天然径流量205.2亿m³,占黄河天然径流量535亿m³的38.4%。由于气候变化和人类活动加剧的双重影响,黄河河源区水文水资源情势及与之相关的生态环境发生了很大变化,集中表现在降水量减少,气温升高,蒸发能力增大,土地资源荒漠化,湖泊和湿地萎缩,冰川消融,冻土层埋深加大,草场退化、鼠虫害肆虐,水土流失强度增大,生物多样性和数量锐减等。

(2)根据1997~2006年实测降水量、年均水面蒸发能力(气温)、草地退化率等参数估算,1997~2006年黄河河源区天然径流量年均约173.0亿m³,较1956~1990年平均值213.5亿m³减少了40.5亿m³。与1956~1990年相比,黄河河源区1997~2006年实际年均来水量减少43.9亿m³,其中,自然因素影响占总减少量43.9亿m³的92.26%,其余为人类活动影响,其减少量为3.4亿m³,占总减少量的7.74%。粗略来说,自然因素在河源区径流量减少中的影响作用占90%,而人类活动影响只占10%。

(3)自然条件发生变化是黄河河源区产水量减少的主导因素。根据混合回归模型法评估,自然条件变化作用中,降水量变化作用占51.6%,蒸发能力增大(气温升高)影响占34.1%,生态环境变化影响占14.3%。

(4)1997~2006年河源区年输沙量及7~10月输沙量与20世纪90年代以前各时段相比,除50年代外,均有所减少。如1997~2006年全年输沙量平均为0.100亿t,分别较

20 世纪 60 年代、70 年代、80 年代、90 年代减少 15.25%、18.03%、49.49% 和 8.26%。但是,就含沙量来说,1997～2006 年除比 80 年代降低 28.05%、比 50 年代增加 20.41% 外,与其他时段相比变化不大。

参考文献

[1] 杨针娘. 中国冰川水资源[M]. 兰州:甘肃科学技术出版社,1991.

[2] 王维第,梁宗南. 黄河上游扎陵湖、鄂陵湖地区水文水资源特征[J]. 水文,1981(5):48-52.

[3] 张学成,潘启民,等. 黄河流域水资源调查评价[M]. 郑州:黄河水利出版社,2006.

[4] 水利部黄河水利委员会. 黄河水资源公报(2006)[R]. 2006.

[5] 刘时银,鲁安新,丁永建,等. 黄河上游阿尼玛卿山区冰川波动与气候变化[J]. 冰川冻土,2002,24(6):701-707.

[6] 李道峰,刘昌明. 黄河河源区近10年来土地覆被变化研究[J]. 北京师范大学学报(自然科学版),2004,40(2):269-275.

[7] 张静,李希来,王金山,等. 三江源地区不同退化程度草地群落结构特征的变化[J]. 湖北农业科学,2009,48(9):2125-2129.

[8] 刘敏超,李迪强,温琰茂,等. 三江源地区土壤保持功能空间分析及其价值评估[J]. 中国环境科学,2005,25(5):627-631.

[9] 刘敏超,李迪强,温琰茂,等. 三江源地区生态系统水源涵养功能分析及其价值评估[J]. 长江流域资源与环境,2006,15(3):405-408.

[10] 游庆龙,康世昌,李潮流,等. 三江源地区1961～2005年气温极端事件变化[J]. 长江流域资源与环境,2008,17(2):232-236.

[11] 赵静,姜琦刚,陈凤臻,等. 青藏三江源区蒸发量遥感估算及对源泊湿地的响应[J]. 吉林大学学报(地球科学版),2009,39(3):508-513.

[12] 张学成,匡键,井涌. 20世纪90年代渭河入黄水量锐减成因初步分析[J]. 水文,2003,23(3):43-45.

[13] 刘昌明,张学成. 黄河干流实际来水量不断减少的成因分析[J]. 地理学报,2004,59(3):323-330.

[14] 张学成,刘昌明,李丹颖. 黄河流域地表水耗损分析[J]. 地理学报,2005,60(1):79-86.

[15] 刘晓燕,常晓辉. 黄河源区径流变化研究综述[J]. 人民黄河,2005,27(2):6-8,14.

[16] 周华坤,周立,刘伟,等. 青海省果洛州草地退化原因与畜牧业可持续发展策略[J]. 草业科学,2003,20(10):19-25.

[17] 牛玉国,张学成. 黄河源区水文水资源情势变化及其成因初析[J]. 人民黄河,2005,27(3):31-33,36.

第 5 章

黄河中游水沙变化成因分析

黄河中游是黄河泥沙的主要来源区。分析黄河中游水沙变化及其原因,对于认识黄河水沙变化是非常重要的。黄河河龙区间、泾河张家山站、北洛河洑头站、渭河华县站、汾河河津站等"一区间四站"控制面积约为 28.72 万 km^2,占黄河中游(河口镇至桃花峪)总面积的 83.5%,其水沙变化基本可以反映黄河中游地区近期(1997~2006 年)水沙变化的情况。因此,本章以河龙区间和泾、洛、渭、汾等四大流域作为分析对象,以 1970 年以前的水沙系列作为对比基准系列,主要利用"水文法"和"水保法"分析黄河中游近期水沙变化及其成因。

5.1 水沙变化成因分析方法

5.1.1 "水文法"

"水文法"是利用流域水文泥沙观测资料分析水土保持措施减水减沙作用的一种方法。

流域产水产沙量是降雨和下垫面结合的产物。无论是下垫面还是降雨,一旦发生变化,都会产生不同的水量和沙量。"水文法"即是根据此原理,利用治理前(通常称为基准期)实测的水沙资料,建立降雨产流产沙数学模型,然后将治理后的降雨因子代入所建模型,计算出相当于治理前的产流产沙量,再与治理后的实测水沙量进行比较,其差值即为经过治理后减少的水量和沙量[1]。如果将治理前的实测水沙量视为天然产流产沙量,那么,根据治理后降雨因子由产流产沙模型计算的产流产沙量就相当于治理后降雨条件下所应产生的天然产流产沙量,两时段天然产流产沙量之差即为降雨变化对产流产沙的影响量。相应地,如果将模型计算的天然产流产沙量与同一时段实测的水沙量相减,即可视为人类活动对产流产沙的影响量。

"水文法"主要包括降雨产流产沙数学模型法、不同系列对比法、单位降雨产水产沙量对比法等。本研究主要选取降雨产流产沙数学模型评价分析方法。

出于多种计算模型模拟的佐证考虑,采用三套降雨产流产沙模型进行计算:一是以 1977 年雨量站网为基准,进行降水指标统计。降雨产流产沙模型采用水利部黄河水沙变化研究基金第二期项目的研究成果[2]。从已建模型看,大多数支流产洪量、产沙量与汛期、7~8 月和最大 7 日的雨量关系比较密切,基流量则与当年降水量、上年降水量相关性较好。二是以 1966 年雨量站网为基准,选择系列较长的雨量站进行降水统计,以降水量作为主要变量因子,建立降雨产流产沙模型(见表 5-1),称之为产流产沙模型 I。三是考虑到河龙区间大部分地区为黄土丘陵沟壑区,以超渗产流方式为主,降雨强度在产流产沙过程中具有重要的作用,为此,在考虑雨量、雨强共同影响的基础上,建立流域出口有水文站控制断面的支流的降雨产流产沙经验模型。在降水因子选取方面主要考虑年、汛期(5~9 月)和主汛期(7~8 月)三个时段,所建模型称之为产流产沙模型 Ⅱ。由于县川河流域基准期水文资料缺测(其出口站旧县水文站 1977 年才设立),故未能建立该流域降雨产流产沙模型。在计算减水减沙效益时,将县川河作为未控区进行推算。从模拟结果来看,除个别支流外,大部分支流的模拟相关系数都在 0.8 以上(见表 5-2)。

泾、洛、渭、汾 4 个流域采用表 5-3 所列公式计算。泾河流域建模资料系列为 1952~1969 年,渭河流域建模资料系列为 1953~1969 年,汾河流域建模资料系列为 1954~1972 年。汾河下游以降水指标 $K = 1.106$ 为界,降雨产沙模型 $W_s = AK^n$ 中,参数 A、n 发生变化,由此建立了两个模型。当 $K > 1.106$ 时,采用第一个模型计算;当 $K \leqslant 1.106$ 时,采用第二个模型计算。由于汾河流域在汾河水库建成后,自 1960 年来沙量已明显减少,所以在建模过程中,对建模资料进行了还原分析。

5.1.2　"水保法"

"水保法"也叫"成因分析法",是通过分析水土保持科学试验站的径流小区观测资料,确定各项水利水保措施减水减沙指标,按各类措施分项计算,逐项线性相加,并考虑流域产沙在河道中的冲淤变化以及人类活动新增水土流失等因素,分析计算流域水利水保措施减水减沙作用的一种方法[1]。根据推算水利水保措施减水减沙的途径,"水保法"又可分为"以洪算沙法"和"指标法"等。

5.1.2.1　以洪算沙法[3]

"以洪算沙法"的内容包括减洪指标体系和"以洪算沙"模型两部分。首先通过代表小区的措施区与对照区进行对比,建立小区坡面水土保持措施减洪指标体系,然后采用"频率分析法"或"相关分析法"转化为流域坡面水土保持措施减洪指标体系。"以洪算沙"模型的原理就是利用黄河流域洪水和泥沙的良好相关性,根据减洪量进而推算减沙量(需进行迭代计算)。在水利部黄河水沙变化研究基金第二期项目研究中,采用的就是"以洪算沙法"。为便于与该期研究成果对比,本研究采用该方法分析河龙区间坡面水土保持措施减水减沙量。

1. 减洪指标体系

坡面水土保持措施减洪指标体系的建立过程实质上是解决以小区指标推大区指标的问题,亦即消除时段、点面、地区等三方面的差异。基本途径是先解决雨量的代表性问题,其次解决径流的差异。流域坡面水土保持措施减洪指标的基本公式为

$$\Delta R = \Delta R_m \alpha k_x \tag{5-1}$$

式中:ΔR 为流域坡面措施减洪指标;ΔR_m 为某一雨量级下的代表小区坡面措施减洪指标;α 为点面修正系数;k_x 为地区水平修正系数。

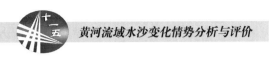

表5-1 河龙区间各支流降雨产流产沙模型

支流	控制站(区间)	模型形式	相关系数	建模资料系列	说明
皇甫川	皇甫	$W = 13.076P_a^{1.1921}$ $W_s = 0.4171P_{7-8}^{1.7058}$	0.855 0.869	1954~1969年	
孤山川	高石崖	$W = 2202.1e^{0.003P_a}$ $W_s = 0.0539P_{7-8}^{1.8997}$	0.961 0.913	1954~1969年	
窟野河	温家川	$W = 24802e^{0.0023P_a}$ $W_s = 0.4P_{7-8}^{1.8266}$	0.853 0.878	1954~1969年	
秃尾河	高家川	$W = 30215e^{0.0008P_a}$ $W_s = 0.1464P_{7-8}^{1.7671}$	0.831 0.941	1956~1969年	
佳芦河	申家湾	$W = 3172.7e^{0.0024P_a}$ $W_s = 0.0543P_{7-8}^{1.9535}$	0.876 0.898	1958~1969年	
无定河	白家川	$W = 84879e^{0.0013P_a}$ $W_s = 3.3411P_{7-8}^{1.6205}$	0.852 0.884	1956~1969年	
清涧河	延川	$W = 3.9663P_a^{1.3194}$ $W_s = 0.0598P_{7-8}^{2.0326}$	0.824 0.872	1954~1969年	
延河	甘谷驿	$W = 8.6747P_a^{1.2629}$ $W_s = 0.0825P_{7-8}^{2.0389}$	0.839 0.834	1954~1969年	
云岩河	新市河	$W = 81368.1e^{0.002P_a}$ $W_s = 14.385e^{0.0075P_{7-8}}$	0.838 0.854	1959~1969年	W 为年径流量,万 m³;W_s 为年输沙量,万 t;P_a 为年降水量,mm;P_{7-8} 为7月、8月降水量,mm
仕望川	大村	$W = 7.6271P_a + 4542.5$ $W_s = 2.123P_{7-8} - 216.96$	0.971 0.842	1959~1969年	
浑河	放牛沟	$W = 54.296P_a^{1.0214}$ $W_s = 15.034P_{7-8} - 947.02$	0.891 0.863	1955~1969年	
偏关河	偏关	$W = 6.2174P_a^{1.1248}$ $W_s = 15.849P_{7-8} - 1887.7$	0.872 0.932	1958~1969年	
朱家川	后会村	$W = 0.0008P_a^{2.5162}$ $W_s = 0.0009P_{7-8}^{2.6296}$	0.881 0.969	1957~1969年	
岚漪河	裴家川	$W = 2016.5e^{0.0032P_a}$ $W_s = 0.0063P_{7-8}^{2.1567}$	0.874 0.914	1956~1969年	
蔚汾河	碧村	$W = 1556.9e^{0.0033P_a}$ $W_s = 0.0207P_{7-8}^{1.9928}$	0.921 0.925	1956~1969年	
清凉寺沟	杨家坡	$W = 339.02e^{0.0028P_a}$ $W_s = 0.1087P_{7-8}^{1.4369}$	0.836 0.797	1958~1969年	
湫水河	林家坪	$W = 2003.4e^{0.0031P_a}$ $W_s = 0.1447P_{7-8}^{1.7618}$	0.863 0.904	1954~1969年	
三川河	后大成	$W = 9179.6e^{0.0023P_a}$ $W_s = 0.0124P_{7-8}^{2.2348}$	0.814 0.896	1957~1969年	
屈产河	裴沟	$W = 707.27e^{0.0035P_a}$ $W_s = 77.39e^{0.0129P_{7-8}}$	0.913 0.737	1963~1969年	
昕水河	大宁	$W = 3412.6e^{0.0031P_a}$ $W_s = 0.0731P_{7-8}^{1.893}$	0.863 0.817	1955~1969年	
清水河	吉县	$W = 5.7758P_a - 760.99$ $W_s = 3.4801P_{7-8} - 206.63$	0.742 0.850	1959~1969年	

表 5-2 河龙区间各支流降雨产流产沙模型

支流	控制站（区间）	模型形式	相关系数	建模资料系列	说明
皇甫川	皇甫	$W = 20.801 P_a^{0.738\,1} I_a^{1.187\,0}$ $W_s = 0.043\,0 (P_a I_a)^{1.447\,0}$	0.895 0.897	1954～1969 年	
孤山川	高石崖	$W = 2.119\,0 P_f I_f + 1\,957.36$ $W_s = 0.040\,8 (P_a I_a)^{1.317\,0}$	0.930 0.885	1954～1969 年	
窟野河	温家川	$W = 17.077 P_a I_a + 18\,564.94$ $W_s = 0.047\,9 (P_a I_a)^{1.504\,8}$	0.869 0.873	1954～1969 年	
秃尾河	高家川	$W = 2.582\,0 P_f I_f + 33\,267.67$ $W_s = 0.390\,2 (P_{7-8} I_{7-8})^{1.101\,9}$	0.800 0.924	1956～1969 年	
佳芦河	申家湾	$W = 1.596\,9 P_f I_f + 4\,392.13$ $W_s = 0.000\,6 P_{7-8}^{2.298\,2} I_a^{0.560\,8}$	0.846 0.920	1958～1969 年	
无定河	白家川	$W = 20.887\,0 P_{7-8} I_{7-8} + 106\,772.5$ $W_s = 8.366\,9 (P_{7-8} I_{7-8})^{1.017\,1}$	0.756 0.882	1956～1969 年	W 为年径流量，万 m³；W_s 为年输沙量，万 t；P_a 为年降水量，mm；P_{7-8} 为 7 月、8 月降水量，mm；P_f 为 5～9 月降水量，mm；I_a 为年均雨强，mm/d；I_{7-8} 为 7 月、8 月平均雨强，mm/d；I_f 为 5～9 月平均雨强，mm/d
清涧河	延川	$W = 153.530\,0 (P_{7-8} I_{7-8})^{0.590\,0}$ $W_s = 0.341\,3 (P_{7-8} I_{7-8})^{1.201\,1}$	0.782 0.802	1954～1969 年	
延河	甘谷驿	$W = 224.276\,0 (P_{7-8} I_{7-8})^{0.590\,4}$ $W_s = 0.386\,3 (P_{7-8} I_{7-8})^{1.227\,1}$	0.840 0.809	1954～1969 年	
云岩河	新市河	$W = 2\,243.7 e^{0.000\,2 P_f I_f}$ $W_s = 51.857\,0 e^{0.000\,4 P_f I_f}$	0.778 0.789	1959～1969 年	
仕望川	大村	$W = 7.627\,1 P_a + 4\,542.5$ $W_s = 91.855\,6 e^{0.000\,3 P_f I_f}$	0.628 0.690	1959～1969 年	
浑河	放牛沟	$W = 5.049\,7 P_f I_f + 13\,740.8$ $W_s = 0.168\,6 P_f^{1.356\,0} I_f^{0.716\,2}$	0.820 0.856	1955～1969 年	
偏关河	偏关	$W = 19.728\,0 P_{7-8}^{0.942\,6} I_{7-8} + 0.280\,5$ $W_s = 0.002\,1 P_{7-8}^{2.302\,6} I_{7-8} + 0.384\,6$	0.972 0.907	1958～1969 年	
朱家川	后会村	$W = 0.023\,1 (P_{7-8} I_{7-8})^{1.491\,4}$ $W_s = 0.002\,15 (P_{7-8} I_{7-8})^{1.684\,8}$	0.949 0.948	1957～1969 年	
岚漪河	裴家川	$W = 3.188\,7 P_{7-8} I_{7-8} + 1\,406.51$ $W_s = 0.052\,8 (P_{7-8} I_{7-8})^{1.238\,8}$	0.881 0.869	1956～1969 年	
蔚汾河	碧村	$W = 2\,254.350\,0 e^{0.000\,3 P_a I_a}$ $W_s = 0.063\,1 P_{7-8}^{1.470\,2} I_{7-8}^{0.725\,8}$	0.949 0.869	1956～1969 年	
清凉寺沟	杨家坡	$W = 1.550\,4 P_{7-8}^{1.953\,0} I_{7-8}^{-1.703\,7}$ $W_s = 0.000\,3 P_{7-8}^{4.029\,3} I_{7-8}^{-3.704\,3}$	0.806 0.802	1958～1969 年	
湫水河	林家坪	$W = 65.805\,0 (P_{7-8} I_{7-8})^{0.642\,7}$ $W_s = 0.685\,5 (P_{7-8} I_{7-8})^{1.022\,2}$	0.848 0.838	1954～1969 年	
三川河	后大成	$W = 17.216\,0 P_a^{1.488\,5} I_a^{-0.926\,7}$ $W_s = 0.081\,0 P_a^{1.485\,6} I_a^{0.977\,3}$	0.857 0.872	1957～1969 年	
屈产河	裴沟	$W = 1.817\,8 P_a^{0.638\,8} I_a^{2.006\,6}$ $W_s = 2.077\,0 P_f^{0.464\,0} I_f^{2.605\,3}$	0.955 0.926	1963～1969 年	
昕水河	大宁	$W = 1.775\,7 P_a^{1.302\,7} I_a^{0.505\,5}$ $W_s = 0.089\,3 P_f^{1.764\,6} I_f^{0.197\,5}$	0.867 0.826	1955～1969 年	
清水河	吉县	$W = 3.230\,7 P_a^{1.849\,5} I_a^{-1.531\,4}$ $W_s = 0.007\,3 P_{7-8}^{2.959\,0} I_{7-8}^{-2.189\,8}$	0.863 0.867	1959～1969 年	

表5-3　泾、洛、渭、汾流域降雨产流产沙模型

流域	控制站（区间）	模型形式	相关系数	说明
汾河	上游	$H = 0.0003(P_a + 0.3562P_{a-1})^{1.9055}$　（1954～1972 年）	0.910	H 为年径流深；W 为年径流量；W_f 为汛期（5～9月）径流量；W_i 为 i 月径流量；W_s 为年输沙量；W_{si} 为 i 月输沙量。$\overline{W}_{s1}$、$\overline{W}_{s30}$、$\overline{W}_{sf}$、$\overline{W}_{sa}$ 分别为建模系列年内最大 1 日、30 日、汛期、年平均输沙量。$\overline{P}_1$、$\overline{P}_{30}$、$\overline{P}_f$、$\overline{P}_a$ 分别为建模系列年内最大 1 日、30 日、汛期、年平均降水量。P_a 为流域年降水量；P_{a-1} 为流域前一年降水量；P_f 为流域汛期（5～9月）降水量；P_k 为流域非汛期降水量；P_1、P_{30} 分别为年内最大 1 日、最大 30 日降水量；P_5、P_6、P_7、P_8、P_9、P_{10} 分别为流域 5 月、6 月、7 月、8 月、9 月及 10 月降水量。各种降雨指标单位、径流深单位均为 mm；径流量单位除渭河为亿 m^3 外，其余均为万 m^3；输沙量除渭河为亿 t 外，其余均为万 t
		$W_s = 2389\left(\dfrac{\overline{W}_{s1}}{\overline{W}_{sa}}\dfrac{P_1}{\overline{P}_1} + \dfrac{\overline{W}_{s30}-\overline{W}_{s1}}{\overline{W}_{sa}}\dfrac{P_{30}}{\overline{P}_{30}} + \dfrac{\overline{W}_{sf}-\overline{W}_{s30}}{\overline{W}_{sa}}\dfrac{P_f}{\overline{P}_f} + \dfrac{\overline{W}_{sa}-\overline{W}_{sf}}{\overline{W}_{sa}}\dfrac{P_a}{\overline{P}_a}\right)^{2.6338}$	0.927	
	中游	$H = 6.4570 \times 10^{-6}(P_a + 0.1709P_{a-1})^{2.4749}$	0.938	
		$W_s = 1063\left(\dfrac{\overline{W}_{s1}}{\overline{W}_{sa}}\dfrac{P_1}{\overline{P}_1} + \dfrac{\overline{W}_{s30}-\overline{W}_{s1}}{\overline{W}_{sa}}\dfrac{P_{30}}{\overline{P}_{30}} + \dfrac{\overline{W}_{sf}-\overline{W}_{s30}}{\overline{W}_{sa}}\dfrac{P_f}{\overline{P}_f} + \dfrac{\overline{W}_{sa}-\overline{W}_{sf}}{\overline{W}_{sa}}\dfrac{P_a}{\overline{P}_a}\right)^{7.4118}$	0.943	
	下游	$H = 0.0053(P_a + 0.275P_{a-1})^{1.4729}$	0.840	
		$W_s = 1145\left(\dfrac{\overline{W}_{s1}}{\overline{W}_{sa}}\dfrac{P_1}{\overline{P}_1} + \dfrac{\overline{W}_{s30}-\overline{W}_{s1}}{\overline{W}_{sa}}\dfrac{P_{30}}{\overline{P}_{30}} + \dfrac{\overline{W}_{sf}-\overline{W}_{s30}}{\overline{W}_{sa}}\dfrac{P_f}{\overline{P}_f} + \dfrac{\overline{W}_{sa}-\overline{W}_{sf}}{\overline{W}_{sa}}\dfrac{P_a}{\overline{P}_a}\right)^{4.5936}$	0.963	
		$W_s = 1664\left(\dfrac{\overline{W}_{s1}}{\overline{W}_{sa}}\dfrac{P_1}{\overline{P}_1} + \dfrac{\overline{W}_{s30}-\overline{W}_{s1}}{\overline{W}_{sa}}\dfrac{P_{30}}{\overline{P}_{30}} + \dfrac{\overline{W}_{sf}-\overline{W}_{s30}}{\overline{W}_{sa}}\dfrac{P_f}{\overline{P}_f} + \dfrac{\overline{W}_{sa}-\overline{W}_{sf}}{\overline{W}_{sa}}\dfrac{P_a}{\overline{P}_a}\right)^{0.8817}$	0.975	
北洛河	刘家河	$W = 0.0080\left[P_f\left(\dfrac{P_1}{P_f}\right)^{0.25} + P_k^{0.75}\right] + 0.6157$　（1959～1969 年）	0.87	
		$W_s = 1.0650\left(\dfrac{\overline{W}_{s1}}{\overline{W}_{sa}}\dfrac{P_1}{\overline{P}_1} + \dfrac{\overline{W}_{s30}-\overline{W}_{s1}}{\overline{W}_{sa}}\dfrac{P_{30}}{\overline{P}_{30}} + \dfrac{\overline{W}_{sf}-\overline{W}_{s30}}{\overline{W}_{sa}}\dfrac{P_f}{\overline{P}_f} + \dfrac{\overline{W}_{sa}-\overline{W}_{sf}}{\overline{W}_{sa}}\dfrac{P_a}{\overline{P}_a}\right)^{2.6990}$	0.80	
	洑头	$W = 0.076\left[P_f\left(\dfrac{P_1}{P_f}\right)^{0.25} + P_k^{0.75}\right] - 12.84$　（1959～1969 年）	0.70	
		$W_s = 0.9980\left(\dfrac{\overline{W}_{s1}}{\overline{W}_{sa}}\dfrac{P_1}{\overline{P}_1} + \dfrac{\overline{W}_{s30}-\overline{W}_{s1}}{\overline{W}_{sa}}\dfrac{P_{30}}{\overline{P}_{30}} + \dfrac{\overline{W}_{sf}-\overline{W}_{s30}}{\overline{W}_{sa}}\dfrac{P_f}{\overline{P}_f} + \dfrac{\overline{W}_{sa}-\overline{W}_{sf}}{\overline{W}_{sa}}\dfrac{P_a}{\overline{P}_a}\right)^{2.5000}$	0.72	
泾河	张家山	$W = 8.6193P_a^{1.031}P_f^{0.58}$　（建模资料系列：1952～1969 年）	0.88	
		$W_s = 0.0807P_a^{1.2}P_{30}$　（建模资料系列：1952～1969 年）	0.80	
渭河	北道	$W_5 = 0.00078P_5^{1.8}$ $W_6 = 0.00180P_6^{1.54}$ $W_7 = 0.00273P_7^{1.46}$ $W_8 = 0.00452P_8^{1.37}$ $W_9 = 0.00140P_9^{1.66}$ $W_{10} = 0.00360P_{10}^{1.64}$ $W = 0.0000012P_a^{2.6}$　（建模资料系列：1953～1969 年）	0.78	
		$W_{s5} = 0.032W_5^{1.58}$ $W_{s6} = 0.123W_6^{1.30}$ $W_{s7} = 0.174W_7^{1.30}$ $W_{s8} = 0.140W_8^{1.30}$ $W_{s9} = 0.045W_9^{1.30}$ $W_{s10} = 0.007W_{10}^{1.92}$ $W_s = 0.052W_f^{1.47}$　（建模资料系列：1953～1969 年）	0.71	
	北道—咸阳	$W = 0.0002P_a^{1.9}$　（建模资料系列：1953～1969 年）	0.90	
	咸阳	$W_{s咸} = 2.3547W_{s:北道} - 0.2785W_{s:北道}^2 - 1.0035$　（$W_{s北道} \geqslant 1$ 亿 t）	0.93	
		$W_{s咸} = 1.2650W_{s:北道}$　（$W_{s北道} < 1$ 亿 t）（建模资料系列：1953～1969 年）	0.91	

在建立河龙区间 21 条支流小区坡面水土保持措施减洪指标体系时,分别采用了陕西绥德小区、山西离石王家沟小区、陕西延安大砭沟小区和甘肃西峰南小河沟小区资料。根据小区所在区域,陕北北片(皇甫川、孤山川、窟野河、秃尾河、佳芦河、无定河、清涧河)对应采用绥德小区资料和离石小区资料;晋西北片(浑河、偏关河、县川河、朱家川、岚漪河、蔚汾河、湫水河、三川河)对应采用绥德小区资料和离石小区资料;南片的昕水河、清水河采用西峰小区资料,延河、云岩河、仕望川采用延安小区资料,屈产河采用绥德和离石的小区资料(见表5-4)。小区坡面水土保持措施减洪指标见表5-5。

表5-4　河龙区间各类型区(流域)代表小区

片名	类型区	代表小区
陕北北片	丘1、风沙区	绥德、离石
晋西北片	丘1、土石山区	绥德、离石
南片	丘1、丘2、林区、塬区、土石山区	昕水河、清水河采用西峰小区资料,延河、云岩河、仕望川采用延安小区资料,屈产河采用绥德和离石的小区资料

注:丘1、丘2 分别指黄土高原丘陵沟壑区第一副区和第二副区。

通过分析代表小区和流域的汛期降雨量统计规律与特性,以汛期降雨量作为联系代表小区与流域的纽带,用以改善或消除不同系列水文周期性的影响及点面的差异。修正的前提是代表小区系列的汛期降雨量和流域系列的汛期降雨量分布参数基本一致。

修正方法可采用"雨量对应法",即进行点面雨量及减洪量修正,用汛期降雨量点面修正系数 α 分别对代表小区系列雨量及措施减洪指标进行修正,相当于重新构造了代表小区减洪量系列。采用"模比系数法"进行校核。修正后的流域减洪指标见表5-6 和表5-7。由此可见,不同坡面水土保持措施的减洪指标随着汛期降雨频率的减小和量级的增大而减小。因此,坡面水土保持措施的减洪作用在发生特大暴雨时是有限的。

需要说明的问题有两个:一是当个别年份降雨量偏小时,陕北北片部分支流修正后梯田的减洪指标小于林地的(见表5-6),但据此计算的梯田、林地减洪量与其他方法计算结果对比仍基本一致;二是晋西偏关河、县川河、朱家川等 3 条支流 1997~2002 年间个别年份修正后林地的减洪指标小于草地的,出现这种情况往往是当年汛期降雨量偏少。由此也说明,在晋西北的部分支流,当汛期降雨量偏少时,草地的减洪作用比林地更为明显。当然,也不能完全排除计算方法本身不完善的原因,对此有待进一步研究。

2.减洪量计算

采用下式计算坡面水土保持措施减洪量

$$\Delta W_l = \Delta RF \tag{5-2}$$

$$W_l = \sum \Delta W_l \tag{5-3}$$

式中:ΔW_l 为坡面水土保持单项措施减洪量;W_l 为坡面水土保持措施减洪量;ΔR 为坡面水土保持单项措施减洪指标;F 为核实的坡面水土保持单项措施面积。

3."以洪算沙"模型

根据"以洪算沙"模型计算河龙区间坡面水土保持措施减沙量。

表 5-5　代表小区不同洪量频率的坡面水土保持措施减洪指标

频率 (%)	延安大砭沟小区 汛期降雨量 (mm)	延安大砭沟小区 梯田(无埂) 减洪量 (万m³/km²)	延安大砭沟小区 梯田(无埂) 相对减洪指标 (%)	延安大砭沟小区 人工造林 减洪量 (万m³/km²)	延安大砭沟小区 人工造林 相对减洪指标 (%)	延安大砭沟小区 人工牧草 减洪量 (万m³/km²)	延安大砭沟小区 人工牧草 相对减洪指标 (%)	延安大砭沟小区 坡耕地减洪量 (万m³/km²)	离石王家沟小区(绥德) 汛期降雨量 (mm)	离石王家沟小区(绥德) 梯田(无埂) 减洪量 (万m³/km²)	离石王家沟小区(绥德) 梯田(无埂) 相对减洪指标 (%)	离石王家沟小区(绥德) 人工造林 减洪量 (万m³/km²)	离石王家沟小区(绥德) 人工造林 相对减洪指标 (%)	离石王家沟小区(绥德) 人工牧草 减洪量 (万m³/km²)	离石王家沟小区(绥德) 人工牧草 相对减洪指标 (%)	离石王家沟小区(绥德) 坡耕地减洪量 (万m³/km²)	西峰南小河沟小区 汛期降雨量 (mm)	西峰南小河沟小区 梯田(无埂) 减洪量 (万m³/km²)	西峰南小河沟小区 梯田(无埂) 相对减洪指标 (%)	西峰南小河沟小区 人工造林 减洪量 (万m³/km²)	西峰南小河沟小区 人工造林 相对减洪指标 (%)	西峰南小河沟小区 人工牧草 减洪量 (万m³/km²)	西峰南小河沟小区 人工牧草 相对减洪指标 (%)	西峰南小河沟小区 坡耕地减洪量 (万m³/km²)
5	770.0	9.3	81.6	5.8	37.2	3.4	30.6	11.4	620.3	6.0	59.0	3.0	16.0	1.5	17.6	10.17	534.0	6.6	69.6	3.5	43.6	2.1	27.3	9.5
10	568.0	8.0	87.0	6.8	53.5	2.8	31.1	9.2	563.9	4.1	60.5	2.4	20.0	1.2	20.0	6.78	486.0	3.8	70.4	2.5	52.0	1.9	31.3	5.4
20	457.0	6.3	92.7	5.4	63.5	2.7	38.6	6.8	499.5	2.4	62.5	1.7	27.5	0.8	23.5	3.84	433.0	2.5	73.5	1.9	67.9	1.4	33.3	3.4
30	364.0	4.8	94.1	3.6	65.5	2.5	43.1	5.1	454.0	1.8	70.0	1.4	43.5	0.6	25.0	2.57	397.0	1.8	75.0	1.4	77.8	1.1	34.4	2.4
40	326.0	3.7	97.4	2.7	71.1	2.2	47.8	3.8	421.0	1.3	76.0	1.2	61.0	0.6	30.5	1.71	370.0	1.5	77.8	1.1	88.0	0.9	37.5	1.9
50	285.0	2.7	100	2.2	78.6	2.0	55.6	2.7	390.7	1.0	90.0	1.0	75.0	0.5	41.0	1.11	343.0	1.3	86.7	0.7	93.3	0.8	42.1	1.5
60	249.0	2.1	100	1.7	85.0	1.6	59.3	2.1	363.0	0.8	99.0	0.8	83.0	0.3	43.0	0.81	318.0	1.1	91.7	0.5	100	0.7	53.9	1.2
70	216.0	1.4	100	1.3	92.9	1.2	66.7	1.4	334.0	0.5	100	0.6	96.0	0.2	50.0	0.50	290.0	0.8	100	0.3	100	0.5	57.5	0.8
80	184.0	0.9	100	0.9	100	0.9	75.0	0.9	300.0	0.2	100	0.4	100	0.1	60.0	0.20	260.0	0.5	100	0.1	100	0.3	60.0	0.5
90	150.0	0.4	100	0.3	100	0.3	100	0.3	257.8	0.1	100	0.1	100	0.02	100	0.10	224.0	0.2	100	0.05	100	0.2	100	0.2
系列均值	356.9	3.95	95.3	3.07	74.7	1.97	54.8	4.4	420.4	1.74	81.7	1.23	62.2	0.58	41.1	2.78	365.5	2.01	84.5	1.21	82.3	1.75	82.0	2.7

注：本表数据来自参考文献[3]。

表 5-6　河龙区间各支流修正后的流域减洪指标

支流	年份	流域汛期降雨量（mm）	模比系数	点面修正系数	小区汛期降雨量（mm）	频率（%）	修正后减洪指标（万 m³/km²）		
							梯田	林地	草地
皇甫川	1997	216.7	0.73		350.9	60	0.42	0.44	0.16
	1998	300.7	1.01		487.0	20	1.71	1.04	0.49
	1999	194.1	0.65		314.2	70	0.20	0.30	0.09
	2000	167.5	0.56		271.2	80	0.08	0.12	0.02
	2001	220.8	0.74	0.618	357.5	60	0.46	0.47	0.17
	2002	269.3	0.91		436.2	30	1.03	0.80	0.37
	2003	350.8	1.18		568.1	5	3.07	1.51	0.75
	2004	345.7	1.16		559.8	10	2.89	1.45	0.73
	2005	240.5	0.81		389.4	50	0.61	0.61	0.30
	2006	290.0	0.98		469.7	10	1.16	0.85	0.38
孤山川	1997	217.7	0.66		296.3	80	0.14	0.27	0.07
	1998	321.5	0.98		437.7	30	1.25	0.96	0.44
	1999	232.8	0.71		316.9	70	0.26	0.37	0.11
	2000	247.2	0.75		336.5	60	0.39	0.45	0.15
	2001	308.1	0.94	0.735	419.5	40	1.01	0.87	0.44
	2002	312.8	0.95		425.8	30	1.09	0.90	0.44
	2003	498.6	1.52		678.7	5	5.14	2.20	1.10
	2004	350.3	1.07		476.8	20	1.76	1.14	0.51
	2005	320.4	0.98		436.1	30	1.23	0.95	0.44
	2006	279.0	0.85		379.8	40	0.63	0.68	0.34
窟野河	1997	201.4	0.66		287.7	80	0.12	0.22	
	1998	331.2	1.09		473.1	20	1.64	1.07	
	1999	202.1	0.66		288.6	80	0.12	0.22	
	2000	195.6	0.64		279.3	80	0.11	0.18	
	2001	276.4	0.91	0.700	394.8	40	0.74	0.72	
	2002	337.7	1.11		482.3	20	1.75	1.11	
	2003	375.8	1.23		536.7	10	2.77	1.47	
	2004	376.1	1.23		537.3	10	2.78	1.48	
	2005	347.0	1.14		495.7	10	1.88	1.16	
	2006	300.0	0.98		428.5	30	1.08	0.87	

续表 5-6

支流	年份	流域汛期降雨量（mm）	模比系数	点面修正系数	小区汛期降雨量（mm）	频率（%）	修正后减洪指标（万 m³/km²）		
							梯田	林地	草地
秃尾河	1997	211.3	0.69		280.3	80	0.12	0.20	0.04
	1998	337.0	1.10		447.0	30	1.41	1.02	0.45
	1999	149.6	0.49		198.4	90	0.08	0.08	0.00
	2000	268.7	0.88		356.4	60	0.55	0.57	0.21
	2001	392.4	1.29		520.6	10	2.60	1.45	0.70
	2002	438.8	1.44	0.754	582.2	5	4.16	1.96	0.98
	2003	375.6	1.23		498.3	20	2.09	1.28	0.60
	2004	342.6	1.12		454.5	20	1.51	1.06	0.61
	2005	314.7	1.03		417.5	40	1.02	0.89	0.44
	2006	338.3	1.11		448.8	30	1.44	1.03	0.45
佳芦河	1997	223.8	0.76		290.9	80	0.14	0.26	0.06
	1998	293.7	0.99		381.7	50	0.72	0.72	0.33
	1999	237.7	0.80		308.9	70	0.21	0.35	0.10
	2000	287.5	0.97		373.7	50	0.67	0.67	0.29
	2001	428.6	1.45		557.1	10	3.53	1.79	0.89
	2002	408.6	1.38	0.769	531.1	10	2.91	1.57	0.77
	2003	374.2	1.27		486.3	20	2.12	1.29	0.61
	2004	321.2	1.09		417.5	40	1.04	0.91	0.45
	2005	268.1	0.91		348.5	60	0.50	0.54	0.19
	2006	391.2	1.32		508.4	10	2.37	1.38	0.66
无定河	1997	211.7	0.72		270.7	80	0.10	0.15	0.02
	1998	293.5	1.00		375.4	50	0.70	0.70	0.30
	1999	213.0	0.73		272.3	80	0.11	0.16	0.03
	2000	245.9	0.84		314.4	70	0.32	0.38	0.11
	2001	430.0	1.47		549.8	10	3.41	1.76	0.87
	2002	444.2	1.52	0.782	568.0	5	3.88	1.91	0.96
	2003	403.8	1.38		516.4	10	2.60	1.47	0.71
	2004	330.4	1.13		422.5	30	1.12	0.95	0.47
	2005	315.6	1.08		403.5	40	0.91	0.85	0.42
	2006	399.6	1.37		511.0	10	2.47	1.43	0.98

续表 5-6

支流	年份	流域汛期降雨量（mm）	模比系数	点面修正系数	小区汛期降雨量（mm）	频率（%）	修正后减洪指标（万 m³/km²）		
							梯田	林地	草地
清涧河	1997	208.4	0.59		228.3	90	0.09	0.09	0.00
	1998	362.7	1.03		397.4	40	0.99	0.95	0.48
	1999	178.3	0.51		195.3	90	0.09	0.09	0.09
	2000	292.1	0.83		320.1	70	0.34	0.47	0.15
	2001	482.6	1.37	0.913	528.8	10	3.39	1.84	0.90
	2002	555.3	1.58		608.4	5	5.96	2.62	1.31
	2003	491.4	1.40		538.4	10	3.66	1.94	0.95
	2004	304.1	0.87		333.2	70	0.45	0.54	0.18
	2005	441.6	1.26		483.9	20	2.30	1.46	0.67
	2006	520.5	1.48		570.3	5	4.61	2.25	1.13
延河	1997	203.0	0.50		188.5	70	1.05	1.03	1.01
	1998	425.0	1.04		394.7	20	5.81	4.52	2.76
	1999	230.7	0.57		214.3	70	1.48	1.38	1.27
	2000	296.1	0.73		275.0	50	2.73	2.22	2.03
	2001	412.7	1.01	1.077	383.3	20	5.61	4.28	2.74
	2002	463.7	1.14		430.8	20	6.43	5.27	2.85
	2003	529.2	1.30		491.6	10	7.56	6.28	2.94
	2004	376.6	0.93		349.9	30	4.79	3.51	2.57
	2005	450.5	1.11		418.4	20	6.22	5.01	2.82
	2006	454.8	1.12		422.5	20	6.29	5.09	2.83
云岩河	1997	246.4	0.59		213.1	70	1.57	1.46	1.36
	1998	447.9	1.07		387.4	20	6.10	4.69	2.95
	1999	274.5	0.65		237.4	60	2.14	1.80	1.69
	2000	344.9	0.82		298.4	40	3.50	2.73	2.39
	2001	381.3	0.91	1.156	329.8	30	4.42	3.23	2.58
	2002	376.0	0.89		325.2	40	4.26	3.11	2.54
	2003	616.1	1.47		532.9	10	8.98	7.35	3.20
	2004	423.9	1.01		366.7	20	5.72	4.22	2.90
	2005	493.9	1.17		427.2	20	6.84	5.58	3.05
	2006	521.1	1.24		450.7	20	7.28	6.10	3.11

续表 5-6

支流	年份	流域汛期降雨量（mm）	模比系数	点面修正系数	小区汛期降雨量（mm）	频率（%）	修正后减洪指标（万 m³/km²）		
							梯田	林地	草地
仕望川	1997	254.0	0.59		219.9	60	1.71	1.56	1.44
	1998	416.1	0.96		360.3	30	5.52	4.06	2.85
	1999	286.4	0.66		248.0	60	2.40	1.95	1.83
	2000	335.4	0.77		290.4	40	3.27	2.62	2.34
	2001	305.4	0.70	1.155	264.4	50	2.72	2.21	2.05
	2002	351.5	0.81		304.3	40	3.66	2.81	2.42
	2003	608.5	1.40		526.8	10	8.84	7.25	3.19
	2004	422.3	0.97		365.7	20	5.69	4.20	2.89
	2005	575.9	1.33		498.6	10	8.26	6.84	3.16
	2006	566.6	1.31		490.6	10	8.09	6.73	3.15
浑 河	1997	296.9	0.92		385.5	30	1.41	0.98	0.78
	1998	265.9	0.82		345.3	40	1.09	0.56	0.62
	1999	234.1	0.73		304.0	60	0.73	0.31	0.46
	2000	244.7	0.76		317.7	60	0.84	0.38	0.54
	2001	246.2	0.76	0.770	319.6	50	0.86	0.40	0.54
	2002	262.7	0.81		341.0	50	1.06	0.53	0.61
	2003	343.1	1.06		445.5	10	2.45	1.57	1.17
	2004	349.4	1.08		453.6	10	2.64	1.64	1.23
	2005	275.9	0.85		358.2	40	1.16	0.71	0.66
	2006	296.3	0.92		384.7	30	1.40	0.97	0.78
偏关河	1997	318.1	0.91		330.7	50	1.20	0.58	0.72
	1998	317.0	0.91		329.6	50	1.19	0.57	0.72
	1999	289.6	0.83		301.1	60	0.88	0.36	0.56
	2000	306.7	0.88		318.9	50	1.07	0.49	0.68
	2001	273.6	0.79	0.962	284.4	70	0.72	0.25	0.45
	2002	329.4	0.95		342.4	50	1.34	0.67	0.77
	2003	424.9	1.22		441.8	10	2.95	1.92	1.43
	2004	402.9	1.16		418.9	20	2.39	1.64	1.23
	2005	441.4	1.27		458.9	10	3.45	2.11	1.58
	2006	412.0	1.18		428.3	20	2.59	1.76	1.31

续表 5-6

支流	年份	流域汛期降雨量（mm）	模比系数	点面修正系数	小区汛期降雨量（mm）	频率（%）	修正后减洪指标（万 m³/km²）		
							梯田	林地	草地
县川河	1997	255.4	0.76		288.0	70	0.69	0.25	0.43
	1998	284.3	0.85		320.6	50	1.00	0.46	0.63
	1999	296.8	0.88		334.8	50	1.15	0.56	0.68
	2000	283.0	0.84		319.2	50	0.99	0.45	0.62
	2001	272.5	0.81	0.887	307.3	60	0.87	0.38	0.55
	2002	304.9	0.91		343.8	40	1.25	0.63	0.63
	2003	425.2	1.26		479.6	10	3.73	1.68	1.24
	2004	340.6	1.01		384.1	30	1.60	1.11	0.89
	2005	452.5	1.35		510.3	5	5.34	2.67	1.77
	2006	325.7	0.97		367.3	40	1.40	0.94	0.79
朱家川	1997	340.1	0.93		336.3	50	1.33	0.65	0.78
	1998	341.2	0.93		337.4	50	1.35	0.66	0.79
	1999	276.9	0.76		273.8	70	0.64	0.19	0.40
	2000	370.4	1.01		366.3	40	1.59	1.06	0.90
	2001	296.8	0.81	1.011	293.5	60	0.85	0.33	0.53
	2002	388.9	1.07		384.6	30	1.84	1.28	1.02
	2003	430.5	1.18		425.7	20	2.67	1.82	1.35
	2004	387.0	1.06		382.7	30	1.81	1.26	1.01
	2005	530.9	1.45		525.0	5	7.08	3.35	2.09
	2006	333.4	0.91		329.7	50	1.25	0.60	0.76
岚漪河	1997	419.5	1.01		411.8	20	2.37	1.64	1.25
	1998	376.8	0.91		369.9	40	1.63	1.12	0.92
	1999	295.2	0.71		289.8	70	0.81	0.30	0.51
	2000	423.9	1.02		416.2	20	2.47	1.70	1.28
	2001	287.0	0.69	1.019	281.8	70	0.73	0.25	0.45
	2002	370.4	0.89		363.7	40	1.58	1.03	0.89
	2003	445.4	1.07		437.3	10	2.98	1.98	1.47
	2004	338.6	0.82		332.4	50	1.30	0.63	0.77
	2005	443.0	1.07		434.9	10	2.91	1.96	1.44
	2006	323.1	0.78		317.2	60	1.11	0.50	0.71

续表 5-6

支流	年份	流域汛期降雨量（mm）	模比系数	点面修正系数	小区汛期降雨量（mm）	频率（%）	修正后减洪指标（万 m³/km²）		
							梯田	林地	草地
蔚汾河	1997	346.1	0.90		357.4	40	1.46	0.89	0.83
	1998	374.2	0.97		386.4	20	1.71	1.21	0.98
	1999	324.3	0.84		334.9	50	1.26	0.62	0.74
	2000	444.0	1.15		458.5	10	3.46	2.12	1.59
	2001	266.9	0.69	0.968	275.6	70	0.64	0.20	0.39
	2002	350.3	0.91		361.7	40	1.49	0.95	0.84
	2003	384.6	1.00		397.2	20	1.94	1.36	1.07
	2004	447.9	1.16		462.6	10	3.58	2.16	1.63
	2005	319.1	0.83		329.6	50	1.20	0.57	0.72
	2006	281.9	0.73		291.1	60	0.79	0.30	0.49
湫水河	1997	315.1	0.79		321.1	50	1.12	0.51	0.70
	1998	319.4	0.80		325.4	50	1.17	0.55	0.72
	1999	288.0	0.72		293.4	60	0.82	0.32	0.51
	2000	418.7	1.05		426.6	20	2.61	1.78	1.32
	2001	299.7	0.75	0.981	305.3	60	0.95	0.40	0.60
	2002	392.8	0.98		400.2	20	2.03	1.42	1.11
	2003	467.6	1.17		476.4	10	4.03	2.35	1.78
	2004	424.8	1.06		432.8	20	2.74	1.86	1.37
	2005	275.8	0.69		281.0	70	0.70	0.24	0.43
	2006	385.5	0.96		392.7	30	1.90	1.33	1.05
三川河	1997	246.0	0.62		247.1	80	0.39	0.10	0.26
	1998	315.2	0.80		316.6	60	1.08	0.49	0.69
	1999	310.0	0.78		311.4	60	1.02	0.45	0.65
	2000	394.2	0.99		396.0	30	1.98	1.38	1.09
	2001	317.8	0.80	0.996	319.2	50	1.11	0.51	0.70
	2002	405.3	1.02		407.1	20	1.99	1.53	1.18
	2003	478.7	1.21		480.8	10	2.79	2.43	1.84
	2004	367.1	0.93		368.7	40	1.39	1.08	0.89
	2005	367.6	0.93		369.3	40	1.39	1.08	0.89
	2006	436.8	1.10		438.8	10	4.38	1.96	1.45

续表5-6

支流	年份	流域汛期降雨量（mm）	模比系数	点面修正系数	小区汛期降雨量（mm）	频率（%）	修正后减洪指标（万 m³/km²）		
							梯田	林地	草地
屈产河	1997	208.2	0.56		225.7	60	1.48	1.31	1.22
	1998	326.1	0.87		353.3	30	4.21	3.09	2.23
	1999	275.2	0.74		298.2	40	2.79	2.18	1.90
	2000	251.0	0.67		272.0	50	2.29	1.86	1.71
	2001	270.7	0.72	0.923	293.4	40	2.68	2.12	1.88
	2002	374.6	1.00		405.9	20	5.15	4.07	2.39
	2003	462.1	1.24		500.7	10	6.63	5.49	2.53
	2004	344.7	0.92		373.6	20	4.66	3.49	2.33
	2005	404.6	1.08		438.5	20	5.63	4.65	2.45
	2006	376.3	1.01		407.8	20	5.17	4.10	2.39
昕水河	1997	223.9	0.53		200.4	70	1.29	1.23	1.18
	1998	415.3	0.98		371.7	20	5.61	4.19	2.81
	1999	288.4	0.68		258.1	50	2.52	2.04	1.90
	2000	302.4	0.71		270.7	50	2.75	2.24	2.06
	2001	388.6	0.91	1.117	347.8	30	4.90	3.59	2.65
	2002	420.9	0.99		376.7	20	5.70	4.30	2.82
	2003	616.5	1.45		551.9	10	9.06	7.37	3.11
	2004	384.2	0.90		343.9	30	4.77	3.49	2.62
	2005	484.8	1.14		434.0	20	6.73	5.53	2.96
	2006	462.3	1.09		413.8	20	6.37	5.10	2.91
清水河	1997	254.0	0.61		209.3	70	1.57	1.48	1.38
	1998	449.1	1.08		370.0	20	6.07	4.51	3.05
	1999	321.4	0.77		264.8	50	2.87	2.33	2.16
	2000	360.9	0.86		297.4	40	3.64	2.85	2.50
	2001	400.7	0.96	1.214	330.2	30	4.65	3.40	2.71
	2002	407.7	0.98		335.9	30	4.87	3.56	2.77
	2003	590.5	1.41		486.5	10	8.41	7.01	3.31
	2004	393.3	0.94		324.1	40	4.43	3.25	2.66
	2005	538.3	1.29		443.5	20	7.50	6.24	3.24
	2006	615.6	1.47		507.2	10	8.87	7.32	3.33

表 5-7　泾河流域地区差异修正后的减洪指标

频率(%)	环江庆阳以上				庆阳—雨落坪区间(含柔远河流域)			
	汛期降雨量 (mm)	减洪指标(万 m^3/km^2)			汛期降雨量 (mm)	减洪指标(万 m^3/km^2)		
		梯田	林地	草地		梯田	林地	草地
5	696.1	5.20	3.07	1.80	868.6	11.08	6.54	3.84
10	513.5	4.39	3.60	1.48	640.7	9.36	7.67	3.16
20	413.1	3.40	2.86	1.43	515.5	7.25	6.09	3.05
30	329.1	2.58	1.91	1.32	410.6	5.50	4.06	2.82
40	294.7	1.97	1.43	1.16	367.7	4.20	3.05	2.48
50	257.6	1.43	1.16	1.06	321.5	3.05	2.48	2.26
60	225.1	1.11	0.90	0.85	280.9	2.37	1.92	1.80
70	195.3	0.74	0.69	0.64	243.7	1.58	1.47	1.35
80	166.3	0.48	0.48	0.48	207.6	1.02	1.02	1.02
90	135.6	0.16	0.16	0.21	169.2	0.34	0.34	0.45
系列平均	322.6	2.15	1.62	1.04	402.6	4.57	3.46	2.22

频率(%)	杨家坪以上				雨落坪、杨家坪—张家山区间			
	汛期降雨量 (mm)	减洪指标(万 m^3/km^2)			汛期降雨量 (mm)	减洪指标(万 m^3/km^2)		
		梯田	林地	草地		梯田	林地	草地
5	588.8	11.9	5.7		611.2	11.1	5.3	3.2
10	535.8	6.8	4.1	3.1	556.2	6.4	3.8	2.9
20	477.4	4.4	3.1	2.3	495.6	4.1	2.9	2.1
30	437.7	3.2	2.3	1.8	454.4	3.0	2.1	1.7
40	407.9	2.6	1.8	1.5	423.5	2.4	1.7	1.4
50	378.2	2.2	1.1	1.3	392.6	2.0	1.1	1.2
60	350.6	1.8		1.1	364.0	1.7	0.8	1.1
70	319.7	1.3	0.5	0.8	331.9	1.2	0.5	0.8
80	286.7	0.8	0.2	0.5	297.6	0.8	0.2	0.5
90	247.0	0.3	0.1	0.3	256.4	0.3	0.1	0.3
系列平均	403.0	3.5	2.0	2.8	418.3	3.3	1.8	2.7

注:本表数据来自参考文献[4]。

流域洪水泥沙关系是流域降水、地质地貌、植被和人类活动的综合反映。流域基准期(即无治理的自然状况)的洪水泥沙关系是流域处于相对自然状况下产洪产沙规律的综合反映。

河龙区间各支流的洪水泥沙均集中于汛期且变辐较大,其洪水泥沙关系在散点图上多呈幂函数分布,即

$$W_s = KW^\alpha$$

据此,确定的"以洪算沙"模型为

$$(W_s)_n = K[W' + (n-1)\sum \Delta W]^\alpha \tag{5-4}$$

$$\Delta W_s = (W_s)_n - (W_s)_{n-1} \tag{5-5}$$

式中:W_s 为洪水泥沙量;W' 为流域实测洪水径流量;ΔW 为流域洪水径流变化量;$\sum \Delta W$ 为各种水土保持措施减洪量之和;n 为迭代次数;$(W_s)_n$ 为第 n 次计算的水土保持措施减沙量(中间变量);$(W_s)_{n-1}$ 为第 $n-1$ 次计算的水土保持措施减沙量(中间变量);ΔW_s 为水土保持措施减沙量;K、α 分别为系数和指数。

迭代计算误差公式为

$$\delta = \frac{[(W_s)_n - (W_s)_{n-1}] - [(W_s)_{n-1} - (W_s)_{n-2}]}{(W_s)_n - (W_s)_{n-1}} \times 100\% \tag{5-6}$$

迭代计算精度要求 $\delta \leqslant 2\%$。

由式(5-5)求出的减沙量 ΔW_s 包括淤地坝拦泥量 ΔW_{sg}、坡面水土保持措施在其拦蓄能力以内的减沙量 $\Delta W'_{s坡}$ 和坡面水土保持措施因减洪而减少的沟道侵蚀量 $\Delta W'_s$,即

$$\Delta W_s = \Delta W'_{s坡} + \Delta W'_s + \Delta W_{sg} \tag{5-7}$$

因此,坡面水土保持措施总减沙量 $\Delta W_{s坡}$ 由两部分构成,即

$$\Delta W_{s坡} = \Delta W'_{s坡} + \Delta W'_s \tag{5-8}$$

其中

$$\Delta W'_{s坡} = \frac{\Delta W_{HT} + \Delta W_{HL} + \Delta W_{HC}}{\sum\limits_{i=1}^n \Delta W_H} \Delta W_s$$

式中:$\sum\limits_{i=1}^n \Delta W_H$ 为各类水土保持措施减洪量;ΔW_{HT}、ΔW_{HL}、ΔW_{HC} 分别为单项坡面水土保持措施梯田、林地、草地的减洪量;ΔW_s 意义同上。

单项坡面水土保持措施减沙量根据流域洪水泥沙线性关系按式(5-8)分配确定。

由于 $\Delta W_{s坡} = \Delta W_s - \Delta W_{sg}$,而 ΔW_{sg} 可由淤地坝拦泥量计算公式求出,则因坡面水土保持措施减洪而减少的沟道侵蚀量为

$$\Delta W'_s = \Delta W_{s坡} - \Delta W'_{s坡} \tag{5-9}$$

5.1.2.2　指标法[1]

指标法是根据各单项水利水保措施减水减沙指标和措施数量,分别计算减水减沙量,然后逐项相加,从而计算水利水保措施减水减沙量的一种方法。

1. 坡面水土保持措施减水减沙量

坡面水土保持措施减水减沙量计算公式为

$$\Delta W = \sum M\eta_i f_i \tag{5-10}$$

$$\Delta W_s = \sum M_s \eta_{si} f_i \tag{5-11}$$

式中:ΔW、ΔW_s 分别为坡面水土保持措施减水(洪)量、减沙量;M、M_s 分别为天然产水(洪)模数、产沙模数;η_i、η_{si} 分别为单项坡面水土保持措施相对减水(洪)指标和减沙指标;f_i 为单

项坡面水土保持措施面积。

利用指标法计算水利水保措施减水减沙量的关键在于减水减沙指标的确定和措施面积的核实。作为例证,表 5-8 列出了汾河流域 1997~2006 年的水土保持措施减水减沙指标。

表 5-8　汾河流域水土保持措施减水减沙指标及修正系数

措施	指标	区间			措施	指标	区间		
		上游	中游	下游			上游	中游	下游
梯田	减沙指标(t/km²)	4 050	4 050	4 050	种草	减沙指标(t/km²)	1 800	1 500	1 500
	减水指标(万 m³/km²)	13.5	13.5	13.5		减水指标(万 m³/km²)	4.5	2.5	6.5
	面积系数	0.8	0.6	0.6		面积系数	0.9	0.4	0.4
水保林	减沙指标(t/km²)	3 000	1 800	1 800	封山育林	减沙指标(t/km²)	3 173	1 800	1 800
	减水指标(万 m³/km²)	6.5	6.5	10		减水指标(万 m³/km²)	8.5	6.8	15.0
	面积系数	0.8	0.4	0.7		面积系数	0.7	0.3	0.3
经济林	减沙指标(t/km²)	2 538	1 800	1 800	旱坪塬地	减沙指标(t/km²)	3 000	2 000	2 000
	减水指标(万 m³/km²)	4.5	4.5	4.5		减水指标(万 m³/km²)	2.1	2.1	2.1
	面积系数	0.9	0.3	0.3		面积系数	0.9	0.6	0.6
坝地	减沙指标(万 t/km²)	22.5	20.0	20.0	滩地	减沙指标(万 t/km²)	3.9	3.0	3.0
	减水指标(万 m³/km²)	30	30	30		减水指标(万 m³/km²)	13.5	13.5	13.5
	面积系数	1.0	0.5	0.5		面积系数	0.9	0.9	0.9

2.淤地坝减洪减沙量计算

1)淤地坝减沙量计算方法

淤地坝减沙量的计算包括淤地坝的拦泥量、减轻沟蚀量(减蚀量)以及由于坝地消峰滞洪对淤地坝下游沟道冲刷的减少量。目前对淤地坝的拦泥量、减蚀量可以通过一定的方法进行计算,而消峰滞洪对淤地坝下游沟道的影响量还难以计算,因此仅计算前两部分。

淤地坝总拦泥量的计算分成两类,第一类是截至 2006 年已淤成坝地的拦泥量,即

$$W_{sg1} = F\eta_s(1 - \alpha_1)(1 - \alpha_2) \tag{5-12}$$

式中：W_{sg1} 为截至 2006 年已淤成坝地的拦泥量，万 t；F 为截至 2006 年坝地的累积面积，hm^2；η_s 为拦泥指标，即单位坝地面积的拦泥量，万 t/hm^2；α_1 为人工填垫及坝地两岸坍塌所形成的坝地面积占坝地总面积的比例；α_2 为推移质系数。根据以往经验，分别取 $\alpha_1 = 0.15$，$\alpha_2 = 0.10$。

河龙区间各支流采用的淤地坝拦泥指标见表 5-9。

表 5-9　河龙区间各支流淤地坝拦泥指标

序号	支流	面积（km^2）	拦泥指标（万 t/hm^2）	洪沙比 K
1	皇甫川	3 246	8.04	2.33
2	孤山川	1 272	8.16	2.49
3	窟野河	8 706	7.81	2.87
4	秃尾河	3 294	8.29	2.68
5	佳芦河	1 134	7.65	1.73
6	无定河	30 261	10.43	2.42
7	清涧河	4 080	7.41	2.31
8	延 河	7 687	10.10	1.35
9	云岩河	1 785	7.95	1.47
10	仕望川	2 356	5.55	1.47
11	浑 河	5 533	5.32	2.00
12	偏关河	2 089	8.31	1.69
13	县川河	1 587	7.84	1.62
14	朱家川	2 922	8.23	1.95
15	岚漪河	2 167	5.81	1.5
16	蔚汾河	1 478	6.89	1.5
17	湫水河	1 989	7.52	2.31
18	三川河	4 161	7.55	2.87
19	屈产河	1 220	9.30	1.72
20	昕水河	4 326	9.75	1.82
21	清水河	436	6.45	1.92

第二类是淤地坝修建后，截至 2006 年仍未淤满的坝地拦泥量。由于缺乏这部分拦泥量的实测资料，无法直接计算，但其在淤地坝总拦泥量中的确占有一定的比例，为此，考虑到黄河中游黄土高原丘陵沟壑区第一副区淤地坝的拦沙年限一般在 13 a 左右，因而结合历年坝地累积面积的变化趋势，将截至 2006 年仍在拦洪的淤地坝进行淤成预测，以此求

出未淤成坝地的拦泥量

$$W_{sg2} = \frac{1}{13}(\sum_{i=1}^{12} f_i - 12F)\eta_s(1 - \alpha_1)(1 - \alpha_2) \tag{5-13}$$

式中：W_{sg2} 为截至 2006 年未淤成坝地部分的拦泥量，万 t；f_i 为 2006 年后预测每年淤成的坝地面积，hm^2；其他符号含义同前。

由此可得淤地坝总拦泥量

$$\Delta W_{sg} = W_{sg1} + W_{sg2} \tag{5-14}$$

式中：ΔW_{sg} 为截至 2006 年淤地坝累积拦泥量，万 t。

各年淤地坝拦泥量的多少除与淤地坝数量（库容）有关外，还与坡面来沙量多少有关。因此，分别按同期坝地增长面积占累积面积的比例和流域年输沙量占总输沙量的比例分配各年拦沙量，取上述两次分配值的平均值作为各年拦泥量。

淤地坝减蚀量一般与沟壑密度、沟道比降及沟谷侵蚀模数等因素有关，其数量包括被坝内泥沙淤积物覆盖的原沟谷侵蚀部分及淤泥面以上沟道侵蚀的减少部分。后一部分的数量较难确定，通常是在计算前一部分的基础上乘一个扩大系数。减蚀量的计算公式为

$$\Delta W_{sj} = F_i M_{si} K_1 K_2 \tag{5-15}$$

式中：ΔW_{sj} 为某年淤地坝减蚀量；F_i 为某年所有淤地坝的面积，包括已淤成及正在淤积但尚未淤满部分的水面面积；M_{si} 为流域某年的侵蚀模数；K_1 为沟谷侵蚀量与流域平均侵蚀量之比，参照山西省水土保持研究所在离石王家沟流域的多年观测资料，取 $K_1 = 1.75$；K_2 为坝地以上沟谷侵蚀的影响系数，根据观测资料率定。

还有一部分坝地修建在沟道比较平缓、沟床已不再继续下切、沟坡多年来比较稳定和沟谷侵蚀已达到相对稳定的流域内，淤地坝建成后已基本无减蚀作用，因而在计算减蚀量时，还应扣除这一部分。但目前对这一部分还没有更好的分割办法，而其又确实存在，为此，计算时可假设未淤成坝地的这一部分量和坝地以上沟谷侵蚀的减少量相互抵消，则式（5-15）简化为

$$\Delta W_{sj} = 1.75 F_i M_{si} \tag{5-16}$$

由此可以求出淤地坝的减沙总量 $W_{s坝}$ 为

$$W_{s坝} = \Delta W_{sg} + \Delta W_{sj} \tag{5-17}$$

2）淤地坝减洪量计算方法

淤地坝的减洪量包括两部分，一部分是淤平后作为农地利用的坝地拦洪量，另一部分是仍在拦洪期的淤地坝拦洪量。淤地坝淤平后已被利用，其减水作用可等同于有埂的水平梯田；仍在拦洪期的淤地坝拦泥和拦洪是同时进行的，拦洪的目的是拦泥。淤泥中所含的水分，一部分将耗于蒸发，另一部分又从地下回归河中。据此分析，计算这部分减洪量时，不能考虑其减水量，只能计算淤泥中所含的水量。

淤地坝减洪量计算分为两步：

第一步，计算正处于拦洪期的淤地坝拦洪量

$$\Delta W_1 = K\Delta W_{sg} \tag{5-18}$$

式中：ΔW_1 为淤地坝的拦洪量，万 m^3；ΔW_{sg} 为淤地坝的总拦泥量，万 m^3；K 为流域淤地坝拦洪时的洪沙比（见表 5-9），即拦洪量与拦沙量之比。

第二步,计算已淤平的坝地拦洪量

$$\Delta W_2 = M_洪 F_坝 \eta \tag{5-19}$$

式中:ΔW_2 为淤平坝地拦洪量;$M_洪$ 为流域天然状况下的产洪模数,$M_洪 = W_洪 / F$($W_洪$ 为流域天然产洪量,F 为流域面积);η 为减洪系数,按有埂梯田考虑,取 $\eta = 1.0$;$F_坝$ 为坝地面积。

天然产洪量 $W_洪$ 可根据流域水量平衡原理按下式计算

$$W_洪 = W_0 + W_措 + M_洪 F_坝 \eta \tag{5-20}$$

式中:W_0 为流域出口站实测洪量;$W_措$ 为除坝地外的其他水土保持措施总拦洪量。

淤地坝的减洪总量为

$$W_总 = \Delta W_1 + \Delta W_2 \tag{5-21}$$

3. 水利措施减水减沙量

1)水库减水量

水库减水量包括两部分,一是水库蓄水变量,二是水库蒸发量。水库减水量及蒸发量计算公式如下

$$W_H = \Delta W_K + \Delta W_X \tag{5-22}$$

$$\Delta W_K = 10^{-1} F [E - (P - R)] \tag{5-23}$$

$$\Delta W_X = V_b - V_a \tag{5-24}$$

式中:W_H 为水库减水量,万 m^3;ΔW_K 为水库蒸发量,万 m^3;ΔW_X 为水库蓄水变量,万 m^3;F 为水库水面面积,km^2;E 为水库水面蒸发量,mm;P 为库区年平均降水量,mm;R 为库区实测年径流深,mm;V_b 为水库年终蓄水量,万 m^3;V_a 为水库年初蓄水量,万 m^3。

2)水库减沙量

水库减沙量是指水库拦截的悬移质泥沙量。

有水库淤积量实测资料时,可按逐年实测资料直接计算,并根据汛期雨量进行分配。计算公式如下

$$V_{水库} = V'_{水库} P_汛 / \sum P_汛 \tag{5-25}$$

式中:$V_{水库}$ 为水库淤积量,万 t;$P_汛$ 为汛期降雨量,mm;$V'_{水库}$ 为实测时段淤积量,万 t;$\sum P_汛$ 为与水库实测淤积量相对应时段的汛期降雨量之和,mm。

此计算方法的假定条件是水库拦泥量与汛期降雨量成正比,即认为汛期降雨量越多,径流量也越多,进入水库的沙量就越多,那么水库淤积量也会越多。然而,此方法并未考虑到水库的运用方式,还有待进一步改进。

无实测淤积资料时,可根据典型调查按下式推算

$$V_{水库} = V F M_K \Delta V_d / (V_d M_{Kd} F_d) \tag{5-26}$$

式中:$V_{水库}$ 为水库淤积量;V 为水库库容;M_K 为水库集水区产沙模数;F 为水库集水面积;ΔV_d 为典型水库的淤积量;V_d 为典型水库库容;M_{Kd} 为典型水库集水区产沙模数;F_d 为典型水库集水面积。

有了水库淤积量,其减沙量可按下式计算

$$W_{sH} = \gamma (1 - a) V_{水库} \tag{5-27}$$

式中：W_{sH} 为水库减沙量；a 为水库中推移质所占比重，取 $a=0.1\sim0.2$；γ 为水库淤积体的干容重，$\gamma=1.35\sim1.40$ t/m³。

将历年洪水值与计算时段洪水均值之比（模比系数）分配到各年，即可得到某年某水库减水量和减沙量

$$W_{Hi} = \frac{W'_{Hi}}{W'_H}W_H \tag{5-28}$$

$$W_{sHi} = \frac{W'_{Hi}}{W'_H}W_{sH} \tag{5-29}$$

式中：W_{Hi}、W_{sHi} 分别为某年某水库减水量和减沙量；W_H、W_{sH} 分别为时段减水量和减沙量；W'_{Hi}、W'_H 分别为水库历年洪水径流量与计算时段平均洪水径流量。

3）灌溉减水减沙量

灌溉减水量可按下式计算

$$W_L = (1-\zeta)\frac{1}{\varphi}K_0G_mF_{实} \tag{5-30}$$

式中：W_L 为灌溉减水量，万 m³；ζ 为灌溉回归水系数；φ 为灌溉有效利用系数；G_m 为灌溉定额，m³/hm²；$F_{实}$ 为实际灌溉面积，hm²；K_0 为灌溉引水量中河川径流量所占的比例，参考"水沙变化基金2"的结果确定。

灌溉减沙量按下式计算

$$W_{gs} = W_LS/1\,000 \tag{5-31}$$

式中：W_{gs} 为灌溉减沙量，万 t；W_L 为灌溉减水量，万 m³；S 为灌溉引水含沙量，kg/m³。

4. 其他减水减沙量

1）河道冲淤量

河道发生淤积，出口断面输沙量将小于流域产沙量；河道发生冲刷，出口断面输沙量将大于流域产沙量。一般采用"断面法"计算河道冲淤量。

2）工业及城镇生活用水量

生活用水量按城镇人口与人均用水量的乘积求得。工业用水量根据年工业产值的用水定额计算。

3）人类活动增洪增沙量

对土壤侵蚀及河流泥沙影响较为突出的人类活动主要有陡坡开荒、修路、开矿等。

陡坡开荒增沙量可按下式估算

$$W_{sK} = f_K(m_{s1}-m_{s2}) \tag{5-32}$$

式中：W_{sK} 为开荒增沙量，t；f_K 为开荒面积，km²；m_{s1} 为坡耕地产沙模数，t/km²；m_{s2} 为荒坡地产沙模数，t/km²。

开矿弃土、弃石、弃渣流失量按下式估算

$$W_{sM} = \gamma MG\xi_1 \tag{5-33}$$

式中：W_{sM} 为开矿引起的流失量，t；M 为开矿单位产量的弃土、弃石、弃渣量，m³/t；G 为开矿年产量，t；ξ_1 为流失系数，参考第2章调查结果确定；γ 为弃物容重，t/m³。

修路弃土、弃石流失量可按下式估算

$$W_{sq} = \zeta_2 \Delta V_q \qquad\qquad (5\text{-}34)$$

$$\Delta V_q = L G_q \qquad\qquad (5\text{-}35)$$

式中：W_{sq} 为修路弃土弃石流失量，t；ΔV_q 为弃土弃石量，t；ζ_2 为流失系数，参考第 2 章调查结果确定；L 为修路里程，km；G_q 为单位里程弃土弃石量，t/km。

人类活动增水量计算方法详见参考文献[3]和[4]，不再赘述。

5.1.3 河龙区间未控区减水减沙量计算方法

河龙区间流域面积 11.37 万 km²，占黄河流域总面积 75.24 万 km² 的 15.1%，该区间产生的径流量为 73.7 亿 m³（1950～1969 年），仅占黄河天然径流量 535 亿 m³ 的 13.8%，但同期产生的悬移质输沙量却达到 9.94 亿 t，占到同期龙门、华县、河津和湫头 4 站输沙量之和 17.43 亿 t 的 57.0%，其中粒径大于等于 0.05 mm 和 0.1 mm 的粗颗粒泥沙分别为 3.14 亿 t 和 0.92 亿 t，分别占相应粒径级输沙总量的 68.9% 和 73.0%。

根据水文站观测断面控制情况，河龙区间分为已控区和未控区两部分。

河龙区间入黄支流把口水文站以上所控制的区域称为已控区，其面积约为 87 195 km²；没有控制的区域称为未控区，其面积为 26 475 km²，占河龙区间总面积 11.37 万 km² 的 23.3%。未控区内除个别雨量站有观测资料外，均无实测水文泥沙资料。

5.1.3.1 未控区"水文法"减水减沙量计算方法

为了充分利用已控支流的实测降水、径流、泥沙资料，采用查等值线图方法对未控区降水、径流、泥沙资料进行插补。将河龙区间未控区计算区域按支流共分为 21 片。其具体方法为：在河龙区间时段平均降水量等值线、径流深等值线、年输沙模数等值线、洪水输沙模数等值线图上，按照未控区所在位置（即各流域边界线之外地区）计算各支流对应的分片未控区面积；根据各等值线所包围的未控区面积，采取面积加权法推算各片未控区不同时段降水、径流、泥沙均值，作为未控区水沙变化分析计算的基础数据。

求得未控区分片有关基础数据后，利用各支流已控区"经验公式法"计算的减水减沙结果推算各支流已控区的减水减沙指标，乘以对应的未控区面积，即可得到各分片未控区"水文法"减水减沙量。然后汇总，即得河龙区间未控区"水文法"减水减沙量。

5.1.3.2 未控区"水保法"减水减沙量计算方法

由于河龙区间未控区缺乏翔实可靠的实测径流泥沙资料，要估算其水利水保单项措施的减水减沙作用，只能借助已控区分析结果推求。在河龙区间未控区"水保法"计算中，用各支流未控区的水土保持措施面积乘以该流域控制区各项水土保持措施的减水减沙指标，得出各支流未控区水土保持措施的减水减沙量，按各支流分片计算后汇总。未控区水利措施、人类活动增沙量根据调查资料，按各支流控制区的计算方法进行计算。

5.2 黄河中游水沙变化及其原因分析

5.2.1 水利水保措施减水减沙作用

经计算比较，由前述表 5-1 和表 5-2 所列经验公式分别计算的各支流减水减沙量均相差 10% 左右,但考虑到表 5-2 所列公式考虑了降雨强度的影响,因而,在"水文法"计算中取其作为计算模型,进行水利水保综合治理减水减沙量计算与分析。

5.2.1.1 黄河中游水利水保措施减水减沙作用

根据"水文法"与"水保法"计算的黄河中游地区 1997～2006 年水利水保措施减水减沙量见表 5-10。

表 5-10 黄河中游地区近期人类活动减水减沙量

河流(区间)	减水(亿 m³)		减沙(亿 t)	
	水文法	水保法	水文法	水保法
河龙区间(含未控区)	29.90	26.80	3.50	3.51
泾河	6.25	8.43	0.65	0.43
北洛河	1.11	2.18	0.32	0.12
渭河	31.02	32.11	1.04	0.82
汾河	17.50	17.60	0.36	0.36
合计	85.78	87.12	5.87	5.24

注:1.渭河流域研究成果为华县以上(但不包括泾河流域);2.合计值含未控区。

"水文法"计算表明,1997～2006 年黄河中游水利水保综合治理等人类活动年均减水 85.78 亿 m³,年均减沙 5.87 亿 t。

"水保法"计算表明,1997～2006 年黄河中游水利水保综合治理等人类活动年均减水 87.12 亿 m³,年均减沙 5.24 亿 t。

由表 5-10 可见,按"水文法"、"水保法"计算的黄河中游地区减水减沙量均基本接近,"水保法"相对"水文法"而言,计算的减水量相差小于 1.6%,减沙量相差不大于 11.0%。

5.2.1.2 河龙区间水利水保措施减水减沙作用

河龙区间"水文法"计算结果(见表 5-10)表明,1997～2006 年河龙区间(含未控区)水利水保综合治理等人类活动年均减水 29.90 亿 m³,年均减沙 3.50 亿 t。年均减水量占由"水文法"计算的黄河中游地区近期人类活动总减水量 85.78 亿 m³ 的 34.9%,年均减沙量占由"水文法"计算的黄河中游地区近期人类活动总减沙量 5.87 亿 t 的 59.6%。因此,在近期黄河中游水土保持综合治理进展迅速的背景下,河龙区间依然是黄河中游地区减沙的主要区域。

河龙区间"水保法"计算结果表明,1997～2006 年河龙区间(含未控区)水利水保综合治理等人类活动年均减水 26.80 亿 m³,其中,控制区减水量为 20.94 亿 m³,未控区减水量为 5.86 亿 m³。河龙区间年均减沙量 3.51 亿 t,其中控制区和未控区的减沙量分别为 3.23 亿 t 和 0.28 亿 t。年均减水量占由"水保法"计算的黄河中游地区近期水利水保综合治理等人类活动总减水量 87.12 亿 m³ 的 30.8%,年均减沙量占由"水保法"计算的黄河中游地区近期水利水保综合治理等人类活动总减沙量 5.24 亿 t 的 67.0%。"水保法"的计算结果也同样说明,河龙区间减沙量占黄河中游地区的大多半。

总之,就"水文法"和"水保法"计算结果的平均而言,河龙区间减沙量约占黄河中游总减沙量的 60% 以上,而减水量相应约占 30% 以上。

5.2.1.3　泾、洛、渭、汾水利水保措施减水减沙作用

由"水文法"计算知,与1970年以前相比,1997～2006年泾、洛、渭、汾水利水保综合治理等人类活动年均减水55.88亿 m^3 ,年均减沙2.37亿 t,分别占黄河中游地区近期"水文法"减水总量85.78亿 m^3 和减沙总量5.87亿 t的65.1%和40.4%(见表5-11)。也就是说,黄河中游水量减少的区间主要在泾、洛、渭、汾4条支流,占到黄河中游减水量的近7成;减沙量主要在河龙区间,占到黄河中游总减沙量6成以上。

表5-11　1997～2006年泾、洛、渭、汾"水文法"计算成果

水沙特征值	泾河	北洛河	渭河	汾河	合计
实测年径流量(亿 m^3)	10.71	4.67	32.23	3.02	50.63
人类活动年减水量(亿 m^3)	6.25	1.11	31.02	17.50	55.88
还原后天然年径流量(亿 m^3)	16.96	5.77	63.25	20.54	106.52
降雨影响年减水量(亿 m^3)	2.18	1.96	8.47	0.03	12.64
实测年输沙量(亿 t)	1.38	0.40	0.38	0.003	2.163
人类活动年减沙量(亿 t)	0.65	0.32	1.04	0.36	2.37
还原后天然年输沙量(亿 t)	2.03	0.72	1.42	0.36	4.533
降雨影响年减沙量(亿 t)	0.71	0.24	0.17	0.54	1.66

注:渭河流域计算结果为华县以上(但不包括泾河流域)。

"水保法"计算结果(见表5-12)表明,1997～2006年泾、洛、渭、汾水利水保综合治理等人类活动年均减水60.32亿 m^3 ,年均减沙1.73亿 t,分别占黄河中游地区近期"水保法"减水总量87.12亿 m^3 和减沙总量5.24亿 t的69.2%和33.0%。计算结果同样表明,泾、洛、渭、汾的减水量占黄河中游的近70%。

表5-12　1997～2006年泾、洛、渭、汾"水保法"计算成果

水沙特征值	泾河	北洛河	渭河	汾河	合计
实测年径流量(亿 m^3)	10.71	4.67	32.23	3.02	50.63
人类活动年减水量(亿 m^3)	8.43	2.18	32.11	17.60	60.32
还原后天然年径流量(亿 m^3)	19.14	6.85	64.34	20.62	110.95
实测年输沙量(亿 t)	1.38	0.40	0.38	0.003	2.163
人类活动年减沙量(亿 t)	0.43	0.12	0.82	0.36	1.73
还原后天然年输沙量(亿 t)	1.81	0.52	1.20	0.363	3.893

综上可知,泾、洛、渭、汾等4条支流为黄河中游地区减水的主体,其减水量占黄河中游的70%左右;减沙的主体则是河龙区间诸支流,占到60%以上。另外,由"水文法"、"水保法"的计算结果知,两者计算的减水量较接近,"水保法"相对"水文法"而言,相差7.9%;减沙量相差稍大,但不超过27%。

5.2.2 降雨影响的作用分析

5.2.2.1 黄河中游地区

由黄河中游地区"水文法"计算的减水减沙量与黄河中游地区实测径流量和输沙量对比,即可计算近期减水减沙量中降雨减少的影响作用比例。

由表 5-13 知,1970 年以前黄河中游地区年均实测径流量为 192.44 亿 m^3,年均实测输沙量为 16.14 亿 t;1997~2006 年黄河中游地区年均实测径流量为 80.33 亿 m^3,年均实测输沙量为 4.33 亿 t。因此,由两个时段对比可知,1997~2006 年黄河中游地区年均实测总减水量约为 112.12 亿 m^3,年均实测总减沙量约为 11.80 亿 t,这两项均包含了水利水保综合治理等人类活动的作用结果和降水等自然因素变化的作用结果。

表 5-13 黄河中游地区实测年径流量和年输沙量

河流(区间)	时段	年径流量(亿 m^3)	年输沙量(亿 t)
河龙区间	1950~1969 年	73.300	9.941
	1997~2006 年	29.700	2.172
泾 河	1950~1969 年	19.139	2.731
	1997~2006 年	10.714	1.375
北洛河	1950~1969 年	7.736	0.960
	1997~2006 年	4.666	0.401
渭河(华县以上)	1950~1969 年	71.716	1.596
	1997~2006 年	32.225	0.383
汾 河	1950~1959 年	20.550	0.908
	1997~2006 年	3.020	0.003
合 计	1970 年以前	192.441	16.136
	1997~2006 年	80.325	4.334

注:1.渭河华县以上实测值不包括泾河;2.汾河基准期为 1950~1959 年。

与 1970 年以前相比,1997~2006 年河龙区间年均减水量为 43.60 亿 m^3,年均减沙量为 7.77 亿 t,这两项也包含了水利水保措施治理和降水变化的共同影响。河龙区间近期实测径流减少量占黄河中游近期实测径流减少量 112.12 亿 m^3 的 38.89%,而实测输沙减少量所占比例为 65.85%。

1.减水作用

由"水文法"计算结果(见表 5-10)可知,1997~2006 年黄河中游水利水保综合治理等人类活动年均减水约 85.78 亿 m^3,占年均总减水量 112.12 亿 m^3 的 76.5%,那么,可推算得知降雨减少造成的年均减水量约为 26.34 亿 m^3,占年均总减水量的 23.5%(见表 5-14)。人类活动作用:降雨影响约为 7.5:2.5,人类活动影响明显大于降雨影响。对于黄河中游地区总体来说,河龙区间、泾河和渭河的人类活动对径流变化的作用是基本相当的,在69% ~79%;对于北洛河、汾河而言,人类活动的作用相差很大,前者不足40%,而后者则近乎达到100%。

表 5-14　黄河中游地区近期人类活动与降雨对径流的影响("水文法")

河流 (区间)	与基准期对 比总减水量 (亿 m³)	人类活动影响		降雨影响	
		减少量 (亿 m³)	占总量百分数 (%)	减少量 (亿 m³)	占总量百分数 (%)
河龙区间(含未控区)	43.60	29.90	68.6	13.70	31.4
泾　河	8.43	6.25	74.1	2.18	25.9
北洛河	3.07	1.11	36.2	1.96	63.8
渭　河	39.49	31.02	78.5	8.47	21.5
汾　河	17.53	17.50	99.8	0.03	0.2
合　计	112.12	85.78	76.5	26.34	23.5

注:除汾河外,基准期为1950~1969 年。

2. 减沙作用

由"水文法"计算结果(见表 5-10)可知,1997~2006 年黄河中游水利水保综合治理等人类活动年均减沙约 5.87 亿 t,占年均总减沙量 11.80 亿 t 的 49.7%,那么,推算得知降雨减少而引起的年均减沙量约 5.93 亿 t,占年均总减沙量的 50.3%(见表 5-15)。人类活动作用:降雨影响约为5:5,基本各占一半。但是,对不同区域来说,人类活动作用与降雨的影响还是有较大差别的,如对于渭河流域,人类活动对减沙的影响作用达到 86.0%,而汾河的只有 40.0%。

表 5-15　黄河中游地区近期人类活动与降雨对泥沙的影响("水文法")

河流 (区间)	与基准期对 比总减沙量 (亿 t)	人类活动影响		降雨影响	
		减少量 (亿 t)	占总量百分数 (%)	减少量 (亿 t)	占总量百分数 (%)
河龙区间(含未控区)	7.77	3.50	45.0	4.27	55.0
泾　河	1.36	0.65	47.8	0.71	52.2
北洛河	0.56	0.32	57.1	0.24	42.9
渭　河	1.21	1.04	86.0	0.17	14.0
汾　河	0.90	0.36	40.0	0.54	60.0
合　计	11.80	5.87	49.7	5.93	50.3

5.2.2.2　河龙区间

1. 减水作用

"水文法"计算结果(见表 5-10)表明,1997~2006 年河龙区间(含未控区)水利水保综合治理等人类活动年均减水 29.90 亿 m³,占该区间年均总减水量 43.60 亿 m³ 的 68.6%,那么该区间因降雨减少 10.2% 而引起的年均减水量为 13.70 亿 m³(见表 5-14),占该区间年均总减水量 43.60 亿 m³ 的 31.4%。人类活动作用:降雨影响约为7:3,人类活动对径流量减少的影响明显居于主导地位。

2. 减沙作用

"水文法"计算结果(见表5-10)表明,1997~2006年河龙区间(含未控区)水利水保综合治理等人类活动年均减沙3.50亿t,占该区间年均总减沙量7.77亿t的45.0%,那么因降雨减少10.2%而年均减少的沙量为4.27亿t(见表5-15),占年均总减沙量的55.0%。显然,降雨影响对泥沙量减少的影响居于主导地位,降雨影响比人类活动影响大10%。

以上分析说明,1997~2006年河龙区间人类活动影响的减水作用明显大于降雨减少影响的减水作用,而降雨对减沙的作用大于人类活动的作用。

5.2.2.3 泾、洛、渭、汾流域

泾、洛、渭、汾等四大流域1950~1969年的年均降水量分别为555.8 mm、559.6 mm、594.5 mm和553.4 mm,1997~2006年分别减小至496.2 mm、437.4 mm、531.8 mm和454.2 mm,后者分别比作为基准期的前者减少了10.7%、21.8%、10.5%和17.9%,平均减少15.2%。

如前所述,由"水文法"计算结果(见表5-11)知,1997~2006年泾、洛、渭、汾水利水保综合治理等人类活动年均减水55.88亿 m^3,年均减沙2.37亿t。年均减水量占"水文法"计算的黄河中游地区近期人类活动总减水量85.78亿 m^3 的65.1%,年均减沙量占"水文法"计算的黄河中游地区近期人类活动总减沙量5.87亿t的40.4%。

"水保法"计算结果表明,1997~2006年泾、洛、渭、汾水利水保综合治理等人类活动年均减水60.32亿 m^3,年均减沙1.73亿t。年均减水量占"水保法"计算的黄河中游地区近期人类活动总减水量87.12亿 m^3 的69.2%,年均减沙量占"水保法"计算的黄河中游地区近期人类活动总减沙量5.24亿t的33.0%(见表5-12)。

由"水文法"计算进一步分析知,1997~2006年泾、洛、渭、汾水利水保综合治理等人类活动年均减水55.88亿 m^3,占该4条支流年均总减水量68.52亿 m^3 的81.6%,那么,因降雨减少15.2%而年均减少的水量为12.64亿 m^3,占该4条支流年均总减水量的18.4%(见表5-14)。人类活动作用:降雨影响约为8:2。

同理,由"水文法"计算进一步分析知,1997~2006年泾、洛、渭、汾水利水保综合治理等人类活动年均减沙2.37亿t,占该4条支流年均总减沙量4.03亿t的58.8%。那么,因降雨减少15.2%而年均减少的沙量为1.66亿t,占该4条支流年均总减沙量的41.2%(见表5-15)。人类活动:降雨影响约为6:4。

与河龙区间相比,泾、洛、渭、汾近期人类活动对减水减沙的影响更大,且人类活动对径流泥沙减少的作用仍大于降雨变化的作用,其中人类活动对径流变化的影响权重更大。

5.2.3 黄河中游各项人类活动减水减沙作用分析

本次研究利用"水保法"分析了各项人类活动的减水减沙作用。

5.2.3.1 水土保持措施减水减沙作用分析

1. 黄河中游

1997~2006年黄河中游地区水土保持各项措施(包括梯田、林地、草地、淤地坝及封禁治理)的年均减水、减沙量分别为38.38亿 m^3 (包括减洪量26.87亿 m^3 和非汛期减水

量 11.51 亿 m³)和 4.19 亿 t(见表 5-16),分别占 1997~2006 年黄河中游地区实测年均总减水量 112.12 亿 m³(见表 5-14)的 34.2%、实测年均总减沙量 11.80 亿 t(见表 5-15)的 35.5%;分别占"水保法"计算的黄河中游地区人类活动减水、减沙量 87.12 亿 m³ 和 5.24 亿 t 的 44.1% 和 80.0%,可见,水土保持措施在减沙中具有重要作用。

表 5-16 黄河中游地区近期水利水保措施减水减沙量

河流(区间)	减水量(亿 m³)					减沙量(亿 t)	
	水土保持措施减洪量	水土保持措施非汛期减水量	水利措施减水量	工业、生活用水量	人为增水	水土保持措施	水利措施
河龙区间控制区	6.77	7.23	6.35	0.84	-0.25	2.71	0.70
河龙区间未控区	0.50	4.28	1.01	0.16	-0.09	0.20	0.13
泾 河	3.30		4.83	0.52	-0.22	0.46	0.16
北洛河	0.39		1.90	0.16	-0.26	0.15	0.09
渭 河	6.21		15.00	10.90	0	0.355	0.32
汾 河	9.70		7.05	0.86	0	0.32	0.06
合 计	26.87	11.51	36.14	13.44	-0.82	4.19	1.46

注:渭河流域计算结果为华县以上(但不包括泾河流域),水土保持措施包括封禁治理。

在黄河中游控制区,1997~2006 年水利水保各单项措施(包括梯田、林地、草地、淤地坝及封禁治理)及其他因素减水减沙作用计算成果汇总分别见表 5-17、表 5-18。

由表 5-17 可知,近期黄河中游控制区坡面水土保持措施(包括梯田、林地、草地,不包括封禁治理措施)年均减水量 22.04 亿 m³,占"水保法"计算的各项人类活动总减水量 74.04 亿 m³ 的 29.8%。其中林地减水量 11.78 亿 m³,在坡面水土保持措施减水量中最大,占总减水量的 15.9%;梯田减水量 9.18 亿 m³,占总减水量的 12.4%。

另外,淤地坝减水量 3.61 亿 m³,占总减水量的 4.9%;封禁治理减水量 0.72 亿 m³,约占总减水量的 1.0%。

由表 5-18 可知,近期黄河中游控制区坡面水土保持措施(包括梯田、林地、草地,不包括封禁治理措施)年均减沙量 2.708 亿 t,占"水保法"计算的包括河道冲淤等在内的各项人类活动总减沙量 4.96 亿 t 的 54.6%。其中林地减沙量 1.34 亿 t,在坡面水土保持措施减沙量中最大,占总减沙量的 27.0%;梯田减沙量 1.02 亿 t,占总减沙量的 20.6%。

另外,淤地坝减沙量 1.17 亿 t,占总减沙量的 23.6%;封禁治理减沙量 0.12 亿 t,占总减沙量的 2.4%。

2. 河龙区间

由表 5-16"水保法"计算结果可知,1997~2006 年河龙区间(含未控区)水土保持措施(包括封禁治理)年均减水 18.78 亿 m³,年均减沙 2.91 亿 t,分别占黄河中游地区近期年均总减水量 112.12 亿 m³(与基准期 1950~1969 年对比)和总减沙量 11.80 亿 t 的 16.7% 和 24.7%;分别占河龙区间近期年均总减水量(与基准期 1950~1969 年对比)43.6 亿 m³(见表 5-14)的 43.1%,占总减沙量 7.77 亿 t(见表 5-15)的 37.5%,减沙效果

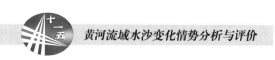

表 5-17　河龙区间控制区及泾、洛、渭、汾河 1997～2006 年分项措施年均减水量

河流（区间）	年降水量（mm）	实测年径流量（万 m³）	水土保持措施减水量（万 m³）						水利措施减水量（万 m³）			工业及生活用水（万 m³）	人为增水（万 m³）	减水量（万 m³）
			梯田	林地	草地	淤地坝	封禁治理	小计	灌溉	水库	小计			
河龙区间	425.4	197 231	8 504	29 522	3 404	24 740	1 517	67 687	54 643	8 860	63 503	8 396	-2 500	137 086
泾　河	496.2	96 840	16 294	10 899	3 736	1 400	628	32 957	46 490	1 820	48 310	5 150	-2 150	84 267
北洛河	437.4	46 660	792	2 360	186	427	102	3 867	15 886	3 119	19 005	1 589	-2 640	21 821
渭　河	531.8	322 250	35 974	18 055	3 028	660	4 363	62 080	149 970	0	149 970	109 030	0	321 080
汾　河	454.2	30 200	30 258	56 962	469	8 835	590	97 114	70 280	240	70 520	8 550	0	176 184
合　计	468.4	693 181	91 822	117 798	10 823	36 062	7 200	263 705	337 269	14 039	351 308	132 715	-7 290	740 438

注：表中人为增水指村庄、道路、庄园建设等非生产用地增加后利修路（公路、铁路等）过程中道路硬化后由于入渗减少而增加的径流量，其负号是相对于水利水保措施减水量标注为正而言的，具体计算方法见参考文献[3]第 122～123 页。

表 5-18　河龙区间控制区及泾、洛、渭、汾河 1997～2006 年分项措施年均减沙量

河流（区间）	年降水量（mm）	实测年输沙量（万 t）	水土保持措施减沙量（万 t）						水利措施减沙量（万 t）			人为增沙（万 t）	河道冲淤（万 t）	减沙量（万 t）
			梯田	林地	草地	淤地坝	封禁治理	小计	灌溉	水库	小计			
河龙区间	425.4	16 060	5 577	9 160	2 377	9 250	748	27 112	1 370	5 598	6 968	-3 218	1 400	32 262
泾　河	496.2	13 640	1 165	1 935	767	605	129	4 601	1 040	570	1 610	-1 900	0	4 311
北洛河	437.4	4 010	400	754	63	216	33	1 466	491	454	945	-1 226	0	1 185
渭　河	531.8	3 830	1 652	530	296	890	186	3 554	3 190	0	3 190	-780	2 250	8 214
汾　河	454.2	28	1 371	1 015	18	699	100	3 203	105	521	626	-30	-190	3 609
合　计	468.4	37 568	10 165	13 394	3 521	11 660	1 196	39 936	6 196	7 143	13 339	-7 154	3 460	49 581

注：表中河道冲淤量为负表示河道冲刷。

比较明显。与 1997~2006 年河龙区间人类活动减水减沙总量相比,水土保持措施减水量 18.78 亿 m³,占人类活动减水总量 26.80 亿 m³(见表 5-10)的 70.1%,水土保持措施减沙量 2.91 亿 t,占人类活动减沙总量 3.51 亿 t(见表 5-10)的 82.9%。可见,水土保持措施在人类活动减沙方面起着主导作用。

近期河龙区间控制区梯田、林地、草地、淤地坝及封禁治理等单项措施年均减水量分别为 0.85 亿 m³、2.95 亿 m³、0.34 亿 m³、2.47 亿 m³ 和 0.15 亿 m³,分别占近期黄河中游地区"水保法"计算的各项人类活动总减水量 74.04 亿 m³(见表 5-17)的 1.1%、4.0%、0.5%、3.3% 和 0.2%,分别占河龙区间控制区各项人类活动总减水量 13.71 亿 m³(见表 5-17)的 6.2%、21.5%、2.5%、18.0% 和 1.1%,以林地和淤地坝的减水作用最为显著。同时,河龙区间控制区的梯田、林地、草地、淤地坝及封禁治理减水量(6.77 亿 m³)占该区间总减水量 13.71 亿 m³ 的 49.4%,比水利、工业等方面的用水量(7.19 亿 m³)要少。

近期河龙区间控制区水土保持措施年均减沙 2.711 亿 t,占黄河中游水利水保措施等人类活动和河道冲淤条件下总减沙量 4.958 亿 t(见表 5-18)的 54.7%。其中梯田、林地、草地、淤地坝及封禁治理等单项措施年均减沙量分别为 0.558 亿 t、0.916 亿 t、0.238 亿 t、0.925 亿 t 和 0.075 亿 t,分别占总减沙量 4.958 亿 t 的 11.3%、18.5%、4.8%、18.6% 和 1.5%,分别占河龙区间控制区各项人类活动总减沙量 3.226 亿 t(见表 5-18)的 17.3%、28.4%、7.4%、28.7% 和 2.3%。

封禁治理是黄河中游地区近期实施的一项新的水土保持措施,以往研究未曾涉及。由表 5-19 可知,河龙区间近期封禁治理减沙量 0.089 亿 t,占黄河中游控制区同期封禁治理减沙总量 0.12 亿 t 的 74.2%,但其仅占由"水保法"计算的河龙区间总减沙量 3.51 亿 t 的 2.5%。由此说明,河龙区间近期封禁治理减沙量是黄河中游地区近期封禁治理减沙量的主体,但是,由于措施数量相对较少等原因,封禁治理的减沙作用与其他措施相比而言又是有限的。

表 5-19　河龙区间各项措施减沙量

区间	各项措施减沙量(亿 t)				
	水土保持措施(包括封禁治理)	封禁治理	水利措施	人为增量	河道淤积量
已控区	2.710	0.075	0.697	-0.322	—
未控区	0.195	0.014	0.134	-0.050	—
河龙区间(包括未控区)	2.905	0.089	0.831	-0.372	0.14

由此可见,河龙区间近期水土保持治理措施中,虽然淤地坝的减沙量依然最大,但林地减沙量与之十分接近,说明林地的减沙比重增大,减沙量上升明显;淤地坝减沙量则有所下降。这与近期来沙锐减、淤地坝淤积缓慢有密切关系,也与大力实施水土保持生态工程建设和封禁治理、生态修复的背景有关。这是河龙区间近期水土保持治理措施减沙与 1970~1996 年相比最明显的变化特点。

另外,河龙区间无论是减水还是减沙,林地和淤地坝的作用相对最大。就总量而言,林地的减水作用比淤地坝还要明显,两者的减沙作用则基本相当。

5.2.3.2 水利措施减水减沙作用分析

水利措施包括水库、灌溉等。

1. 黄河中游

由表5-16知,黄河中游地区近期水利措施年均减水36.14亿 m³,年均减沙1.46亿 t,分别占1997~2006年黄河中游地区年均总减水量112.12亿 m³的32.2%和年均总减沙量11.80亿 t的12.4%。这就是说,在黄河中游地区,水利措施的减水作用远大于减沙作用。

2. 河龙区间

河龙区间近期水利措施年均减水7.36亿 m³,年均减沙0.83亿 t(见表5-16),分别占黄河中游地区近期年均总减水量112.12亿 m³和总减沙量11.80亿 t的6.6%和7.0%;分别占河龙区间近期年均总减水量43.6亿 m³和总减沙量7.77亿 t(见表5-14、表5-15)的16.9%和10.7%。另外,水利措施减水量占近期河龙区间"水保法"计算的人类活动减水总量26.80亿 m³的27.5%,减沙量相应占该区间人类活动减沙总量3.51亿 t的23.6%。近期河龙区间水利措施年均减沙量不足水土保持措施年均减沙量2.91亿 t的1/3。

5.2.3.3 人为新增水土流失分析

由表5-20可以看出,1997~2006年黄河中游地区(含未控区)人为年均增沙0.766亿 t,其中河龙区间(含未控区)近期人为年均增沙0.372亿 t,泾、洛、渭、汾河分别为0.190亿 t、0.123亿 t、0.078亿 t和0.003亿 t,4条支流人为年均增沙量合计为0.394亿 t。

表5-20 黄河中游地区水利水保措施减水减沙量及人为增沙量

河流(区间)	水利水保措施减水(亿 m³)	封禁治理减水(亿 m³)	水利水保措施减沙(亿 t)	封禁治理减沙(亿 t)	人为增沙(亿 t)
河龙区间	14.630 (1.510)	0.170 (0.018)	3.736 (0.329)	0.089 (0.014)	−0.372 (−0.05)
泾 河	8.127	0.063	0.621	0.013	−0.190
北洛河	2.288	0.010	0.241	0.003	−0.123
渭 河	21.205	0.436	0.674	0.019	−0.078
汾 河	16.752	0.059	0.383	0.010	−0.003
合 计	63.002	0.738	5.655	0.134	−0.766

注:括号内为未控区减水(减沙)量。

5.2.3.4 河道冲淤量

1997~2006年黄河中游地区河道淤积量为0.346亿 t(见表5-18),其中河龙区间河道淤积量为0.140亿 t。在泾、洛、渭、汾4条支流中,泾河、北洛河河道冲淤基本平衡,渭河淤积0.225亿 t,汾河冲刷0.019亿 t。

从以上分析可知,黄河中游水沙变化的主要影响因素是人类活动,尤以水利水保措施所起的作用最大。由表5-20统计可知,黄河中游地区近期水利水保措施年均减水63.002

亿 m³,年均减沙 5. 655 亿 t,分别占 1997 ~ 2006 年黄河中游地区年均总减水量(与基准期
对比)112. 12 亿 m³ 的 56. 2%、年均总减沙量(与基准期对比)11. 80 亿 t 的 47. 9%。其
中,河龙区间近期水利水保措施减水减沙量分别为 14. 63 亿 m³ 和 3. 74 亿 t,相应占黄河
中游地区近期同类措施减水量 63. 0 亿 m³ 和减沙量 5. 66 亿 t 的 23. 2% 和 66. 1%。

5.2.4　减水减沙效益沿程分布特点

由表 5-21 所列"水文法"计算的支流减水减沙效果可以看出,就河龙区间 21 条支流
和泾、洛、渭、汾河等共计 25 条支流 1997 ~ 2006 年的减水减沙效益看,沿河口镇—潼关区
间干流从上游至下游,减水减沙效益沿程分布有一定的特点。从人为因素(指水利水保
综合治理等)对减水作用的影响看,总体上是由河段上游至下游逐渐增加,上段的皇甫
川、朱家川、岚漪河及下段的清凉寺沟,人为因素对减水作用的影响相对较小,不足 50%。
人为因素对减水作用的影响较大的支流包括上段的浑河和下段的屈产河、清涧河、汾河,
均超过了 90%。相应地,在河口镇—潼关区间的降雨影响作用则由上而下逐渐减小。

表 5-21　黄河中游主要支流近期人类活动与降雨对减水减沙的作用

支流及区间	减水(%)			减沙(%)		
	效益(作用)	人为因素影响	降雨影响	效益(作用)	人为因素影响	降雨影响
浑　　河	73.4	94.2	5.8	90.7	35.8	64.2
偏关河	75.1	55.9	44.1	77.7	23.7	76.3
皇甫川	60.1	49.4	50.6	54.8	35.0	65.0
孤山川	69.4	52.0	48.0	67.0	29.8	70.2
朱家川	33.8	11.6	88.4	68.2	16.9	83.1
岚漪河	22.4	18.7	81.3	73.6	22.8	77.2
蔚汾河	69.7	65.6	34.4	80.2	56.6	43.4
窟野河	60.9	60.4	39.6	77.0	33.5	66.5
秃尾河	40.8	78.1	21.9	62.1	29.2	70.8
清凉寺沟	33.9	31.0	69.0	23.5	9.3	90.7
佳芦河	68.3	68.4	31.6	80.0	44.6	55.4
湫水河	68.7	66.0	34.0	77.2	51.6	48.4
三川河	68.5	72.9	27.1	86.4	47.7	52.3
屈产河	45.2	95.9	4.1	68.6	95.8	4.2
无定河	45.4	83.6	16.4	68.0	59.0	41.0
清涧河	27.7	93.4	6.6	43.3	91.3	8.7
昕水河	58.8	55.4	44.6	75.6	51.2	48.8
延　　河	24.0	57.3	42.7	49.8	53.4	46.6
云岩河	44.9	74.4	25.6	61.0	49.2	50.8
仕望川	51.5	83.8	16.2	93.1	84.7	15.3

续表 5-21

支流及区间	减水（%）			减沙（%）		
	效益（作用）	人为因素影响	降雨影响	效益（作用）	人为因素影响	降雨影响
清水河	67.1	75.6	24.4	93.5	71.6	28.4
汾　河	85.3	99.8	0.2	99.2	40.0	60.0
北洛河	19.1	36.2	63.8	50.8	57.1	42.9
泾　河	36.9	74.1	25.9	35.3	47.8	52.2
渭　河	65.3	78.6	21.4	82.3	86.0	14.0
已控区	51.6	71.6	28.4	66.7	46.1	53.9
未控区	50.1	65.9	34.1	68.4	83.8	16.2
河龙区间	51.1	69.8	30.2	67.2	53.1	46.9

　　从人为因素对减沙效益影响的沿程分布看,总体上也是由河段的上游到下游逐渐增加,人为因素影响的减水作用与减沙效益之间有着很好的对应关系(见图5-1)。这也从一个侧面说明,黄河中游地区水沙具有密切的相关性。

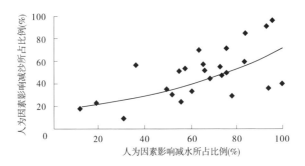

图 5-1　人为因素影响的减水作用与减沙效益关系

　　值得说明的是,1997~2006年多沙粗沙区大部分支流人为因素影响的减沙效益均比较低,除无定河、屈产河、湫水河、蔚汾河、清涧河、昕水河、延河、仕望川、清水河、北洛河和渭河等11条支流外,其他支流人为因素影响的减沙效益均低于50%,在9.3%~49.2%,尤其是位于多沙粗沙区的皇甫川、孤山川、窟野河和秃尾河等支流,人为因素影响的减沙效益只有29.2%~35.0%,这是应当加以重视的。相反,该区域的降雨影响作用所占的比例相对较高,在70%左右。

　　从图5-2~图5-5所描述的皇甫川、孤山川、窟野河和秃尾河4条支流的径流泥沙关系看,1997~2006年与1996年以前的相比,点据基本在同一分布带上,径流泥沙关系没有发生变化,只是1997~2006年的径流量明显减少,输沙量也相应减少,而且秃尾河、孤山川两条河的点据还略偏上方,说明尽管径流量减少,但与1996年以前相比,同样径流量的产沙量却相对较高。再以清水河为例,由图5-6可见,1997~2006年单位径流产沙量较1971~2006年并未降低,比1955~1970年还明显增加。

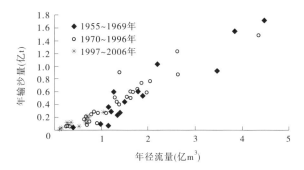

图 5-2　皇甫川径流泥沙关系

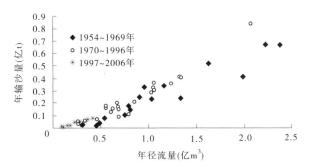

图 5-3　孤山川径流泥沙关系

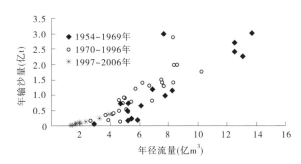

图 5-4　窟野河径流泥沙关系

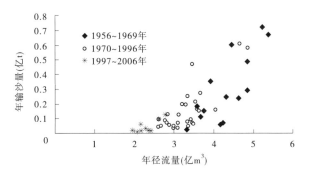

图 5-5　秃尾河径流泥沙关系

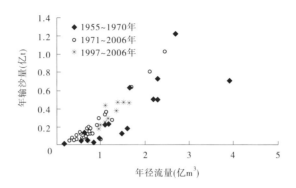

图 5-6　清水河径流泥沙关系

5.2.5　计算结果合理性分析

　　根据前述分析,水土保持措施在减沙方面起着主导作用,因此结合水利部黄河水沙变化研究基金第二期项目成果,在图 5-7 中分析了由"水保法"计算的减沙量与水土保持措施量的关系。可以看出,与 1997 年以前相比,各项水土保持措施面积在近期均有所增加,减沙量也是随之增加的。从总体趋势看,近期的水土保持措施量与 1997 年以前的衔接没有大的突变,所计算的减沙量增长率与 1997 年以前的衔接也是比较合理的。因而,应当说本次计算的黄河中游地区 1997～2006 年减沙量在合理的取值范围内。

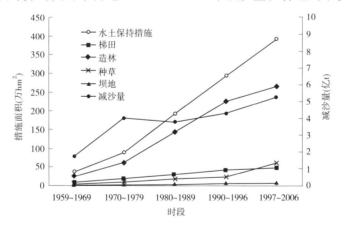

图 5-7　黄河中游减沙量与水土保持措施量的关系

　　表 5-22～表 5-24 列出了水利部黄河水沙变化研究基金第二期项目的成果与本次的分析成果,其中,1997 年以前的计算成果为水利部黄河水沙变化研究基金第二期项目的研究成果。由此可见,本次计算的黄河中游地区 1997～2006 年减沙量在合理的取值范围内。另外,黄河中游地区在 20 世纪 60 年代水和沙都较丰,80 年代水量偏丰而沙量偏少,90 年代水沙都偏少,近 10 a 水沙更为偏少。因此,近期水利水保措施减沙量也应有所增大。

　　由表 5-22 和表 5-23 还可看出,1997～2006 年北洛河、汾河流域水土保持措施减沙量小于 1970～1996 年,泾、洛、渭、汾 4 条支流的水利措施减沙量均小于 1970～1996 年。从

"水保法"计算结果看,1997~2006 年北洛河、汾河、泾河流域水利水保综合治理等人类活动减沙效益均小于 1970~1996 年。

表 5-22　黄河中游近期水土保持措施减沙量计算成果对比

时段	不同区间及流域减沙量(亿 t)					减沙量合计(亿 t)
	河龙区间	泾河	北洛河	渭河	汾河	
1969 年以前	0.721	0.099	0.093	0.035	0.153	1.101
1970~1979 年	2.034	0.224	0.143	0.168	0.342	2.911
1980~1989 年	1.933	0.463	0.136	0.230	0.344	3.106
1990~1996 年	2.423	0.437	0.206	0.274	0.353	3.693
1970~1996 年	2.097	0.368	0.157	0.218	0.346	3.186
1997~2006 年	2.905	0.460	0.147	0.355	0.320	4.187

表 5-23　黄河中游近期水利措施减沙量计算成果对比

时段	不同区间及流域减沙量(亿 t)					减沙量合计(亿 t)
	河龙区间	泾河	北洛河	渭河	汾河	
1969 年以前	0.241	0.217	0.004	0.116	0.236	0.814
1970~1979 年	0.455	0.302	0.120	0.433	0.251	1.561
1980~1989 年	0.426	0.137	0.078	0.284	0.164	1.089
1990~1996 年	0.556	0.207	0.095	0.258	0.139	1.255
1970~1996 年	0.471	0.216	0.098	0.332	0.190	1.307
1997~2006 年	0.831	0.161	0.094	0.319	0.063	1.468

表 5-24　黄河中游近期由"水保法"计算的减沙量

时段	不同区间及流域减沙量(亿 t)					减沙量合计(亿 t)
	河龙区间	泾河	北洛河	渭河	汾河	
1969 年以前	0.819	0.253	0.064	0.205	0.382	1.723
1970~1979 年	2.313	0.439	0.200	0.506	0.551	4.009
1980~1989 年	2.199	0.496	0.129	0.457	0.484	3.765
1990~1996 年	2.738	0.498	0.125	0.463	0.454	4.278
1970~1996 年	2.380	0.475	0.154	0.678	0.501	4.188
1997~2006 年	3.510	0.430	0.120	0.820	0.360	5.240

不过,河龙区间的各项措施减沙量较1997年以前是有所增加的。由前述分析知(见表5-10),根据"水保法"计算,1997～2006年河龙区间共减水26.80亿 m^3,其中未控区年均减水量为5.84亿 m^3,控制区水利水保措施等人类活动年均减水20.96亿 m^3。1997～2006年河龙区间未控区水利水保措施等人类活动年均减沙量为0.28亿t,控制区为3.23亿t,合计为3.51亿t。显然,无论是减水量还是减沙量,都比20世纪70年代、80年代、90年代有所增加。事实上,近年来诸如1999年以来河龙区间开展的水土保持生态工程建设、生态修复和封禁治理试点工作,2003年启动的黄土高原水土保持淤地坝"亮点"工程建设等,都使得该地区的生态环境得到了进一步的改善。加之前述近年来降雨量偏少、大暴雨频次降低等原因,因而,从水利水保措施数量增加和降雨影响方面来说,水土保持措施的减水减沙作用也应较以前有所增强。

此外,《人民黄河》2008年第7期发表的《黄河中游降水特点及其对入黄泥沙量的影响》文章认为,1997～2006年黄河中游潼关以上人类活动年均减沙量为7.0亿t[5],这比本次研究中由"水文法"分析得到的1997～2006年黄河中游地区人类活动年均减沙量约为5.865亿t偏大1.135亿t,说明本次研究中"水文法"研究成果相对偏于保守。《人民黄河》2008年第8期发表的《黄河河口镇—龙门区间年输沙量变化原因分析》文章认为,1996～2005年河龙区间水利水保措施年均减沙为3.1亿t[6],这与本次研究中由"水保法"得到的1997～2006年河龙区间水利水保综合治理等人类活动年均减沙量为3.51亿t比较接近。

据2005年7月至2007年3月水利部、中国科学院和中国工程院联合开展的"中国水土流失与生态安全综合科学考察"统计[7],截至2005年年底,黄土高原地区水土保持措施平均每年减少入黄泥沙4.1亿～4.5亿t,占黄河输沙减少量的50%,表明近15 a来黄土高原地区土壤侵蚀强度明显降低,进入黄河的泥沙量减少。本次研究中"水保法"计算结果表明,1997～2006年黄河中游地区水土保持措施年均减沙约4.2亿t(见表5-22),与以上报道中"西北黄土区"考察成果的下限值十分接近。

水利部黄河水沙变化研究基金第二期项目[2]研究结果表明,河龙区间1990～1996年灌溉年均用水3.40亿 m^3。本研究通过调查分析表明,河龙区间1997～2006年灌溉年均用水5.49亿 m^3,比1990～1996年增加了61.5%,这与实际是相符的。

由于黄河中游地区1997～2006年比1980～1990年的治理速度明显加快,加之1997～2006年黄河中游地区降雨总体特征表现为降雨过程均匀化,高强度的大暴雨明显减少,因此本研究得到的黄河中游地区1997～2006年水利水保措施等人类活动年均减沙结果较水利部黄河水沙变化研究基金第二期项目研究所得的1990～1996年水利水保措施等人类活动年均减沙4.28亿t的结果增加约0.96亿t,达到5.24亿t(见表5-24)也是完全可能的。

另外,本次研究成果(见表5-16)与水利部黄河水沙变化研究基金第二期项目关于1990～1996年人类活动与降雨对年均减水减沙量的影响关系分析结果相比(见表5-25),两者有所不同。

如果定义 ζ_R、ζ_S 分别为减水、减沙作用比,即人类活动减水(减沙)量占总减水(减沙)量的百分比与因降雨变化而减少的水(沙)量百分比之比值,则

表 5-25　河龙区间各时段水利水保措施及降雨因素减水减沙量对比（"水保法"）

项目	时段	实测年总量	水利水保措施减水（减沙）量			还原水（沙）量	水利水保措施减水（减沙）量占还原水（沙）量比例(%)	与20世纪60年代还原径流（输沙）比较					
								总减少量		降雨因素		人为因素	
			已控区	未控区	全流域			减少量	占还原量比例(%)	减少量	占总减少量比例(%)	减少量	占总减少量比例(%)
年均径流量（亿 m³）	1960～1969 年	69.4	4.11	1.00	5.11	74.51	6.9	5.11	6.9	0	0	5.11	100
	1970～1979 年	53.9	6.75	1.87	8.62	62.52	13.8	20.61	27.0	11.99	58.2	8.62	41.8
	1980～1989 年	37.1	7.37	1.93	9.30	46.40	20.0	37.41	50.2	28.11	75.1	9.30	24.9
	1990～1996 年	43.03	8.38	2.45	10.83	53.86	20.1	31.48	42.2	20.65	65.6	10.83	34.4
	1970～1996 年	44.86	7.40	2.04	9.44	54.30	17.4	29.65	39.8	20.21	68.2	9.44	31.8
	1997～2006 年	29.7	13.71	1.58	15.29	44.99	34.0	44.81	60.1	29.52	65.9	15.29	34.1
年均输沙量（亿 t）	1960～1969 年	9.53	0.57	0.25	0.82	10.35	7.9	0.82	7.9	0	0	0.82	100
	1970～1979 年	7.54	1.76	0.55	2.31	9.85	23.5	2.81	27.1	0.50	17.8	2.31	82.2
	1980～1989 年	3.71	1.69	0.51	2.20	5.91	37.2	6.64	64.2	4.44	66.9	2.20	33.1
	1990～1996 年	5.41	2.04	0.70	2.74	8.15	33.6	4.94	47.7	2.20	44.5	2.74	55.5
	1970～1996 年	5.57	1.81	0.57	2.38	7.95	29.9	4.78	46.2	2.40	50.2	2.38	49.8
	1997～2006 年	2.17	3.41	0.33	3.74	5.91	63.3	8.18	79.0	4.44	54.3	3.74	45.7

注:1. 1997～2006 年为本次研究成果,摘自表 5-16,其他为水利部黄河水沙变化研究基金第二期项目成果。

2. 此表中减水（减沙）量不包括表 5-16 中所列非汛期的部分。

$$\zeta_R = \alpha_{R人} / \alpha_{R雨} \qquad\qquad (5\text{-}36)$$

$$\zeta_s = \alpha_{s人} / \alpha_{s雨} \qquad\qquad (5\text{-}37)$$

式中：$\alpha_{R人}$、$\alpha_{R雨}$分别为人类活动减水量占总减水量的百分比和因降雨变化而减少的水量百分比；ζ_R为减水作用比；$\alpha_{s人}$、$\alpha_{s雨}$分别为人类活动减沙量占总减沙量的百分比和因降雨变化而减少的沙量百分比；ζ_s为减沙作用比。

显然，如果ζ_R、ζ_s大于1，则说明人类活动作用大于降雨变化的作用。"水保法"的计算结果表明，水沙还原后，与20世纪60年代径流（输沙）相比，水利部黄河水沙变化研究基金第二期项目[2]计算的1990~1996年的ζ_R和ζ_s分别为0.524、1.247，本次研究计算的1997~2006年的ζ_R和ζ_s则分别为0.517、0.842。由此表明，前一时段人类活动减沙作用大于降雨的作用，而降雨对径流的影响大于人类活动的作用；对于后期，人为影响作用均小于降雨的影响作用。之所以后期的降雨作用大于人类活动的作用，可能是与降雨条件较前期有较大变化有关。由第3章相关内容分析知，与前期相比，近年来除降水量明显减少外，大雨量级的降雨日数、降雨强度均有减少和降低，尤其在主汛期更为明显，由此导致除河源区外其他区域的降雨—径流—泥沙关系均有所变化，即在相同降水量下，径流泥沙都明显减少。同时，相同洪量下的洪水历时加长，输沙量减少。因而，相对增大了降雨的影响作用。

5.3 小 结

（1）1997~2006年黄河中游地区与基准期的1970年以前对比，实测年均总减水量约为112.12亿 m³，年均总减沙量约为11.80亿 t。

①人类活动与降雨对减水减沙的作用。

根据"水文法"、"水保法"分析，1997~2006年黄河中游水利水保综合治理等人类活动年均减水85.78亿~87.12亿 m³，占黄河中游地区年均总减水量112.12亿 m³的76.5%~77.7%；由"水文法"计算，降雨减少造成的年均减水量约26.34亿 m³，占年均总减水量112.12亿 m³的23.5%。

1997~2006年黄河中游地区水利水保综合治理等人类活动年均减沙5.24亿~5.87亿 t，占年均总减沙量11.80亿 t的44.4%~49.7%；"水文法"计算的因降雨减少而引起的年均减沙量为5.93亿 t，占年均总减沙量11.80亿 t的50.3%。

因此，从减水方面来看，人类活动的影响明显大于降雨的影响；从减沙方面来看，人类活动的影响与降雨的影响基本持平。

②水土保持措施的作用。

1997~2006年黄河中游地区水土保持措施（包括梯田、林地、草地、淤地坝及封禁治理）年均减水38.38亿 m³，年均减沙4.19亿 t（见表5-16），分别占1997~2006年黄河中游地区年均总减水量112.12亿 m³的34.2%、年均总减沙量11.80亿 t的35.5%。其中河龙区间林地减水减沙量增加明显，淤地坝减水减沙量增幅明显趋缓。

（2）1997~2006年河龙区间（含未控区）与基准期的1970年以前对比，实测年均总减水43.60亿 m³，年均总减沙7.77亿 t。

①人类活动与降雨对减水减沙的作用。

"水文法"、"水保法"的计算结果表明,1997 ~ 2006 年河龙区间(含未控区)水利水保综合治理等年均减水 26.8 亿 ~ 29.9 亿 m^3,占河龙区间近期年均总减水量 43.60 亿 m^3 的 61.5% ~ 68.6%;由"水文法"计算,因降雨量减少 10.2% 而年均减少的水量为 13.70 亿 m^3,占河龙区间近期年均总减水量 43.60 亿 m^3 的 31.4%。

1997 ~ 2006 年河龙区间(含未控区)水利水保综合治理等年均减沙 3.50 亿 ~ 3.51 亿 t,平均为 3.50 亿 t,占河龙区间近期年均总减沙量 7.77 亿 t 的 45.0%;由"水文法"计算,因降雨减少 10.2% 而年均减少的沙量为 4.27 亿 t,占河龙区间近期年均总减沙量 7.77 亿 t 的 55.0%。

②水土保持措施的作用。

1997 ~ 2006 年河龙区间(含未控区)水土保持措施(包括封禁治理)年均减水 18.78 亿 m^3、年均减沙 2.91 亿 t,分别占河龙区间近期年均总减水量 43.60 亿 m^3(与基准期 1950 ~ 1969 年对比)的 43.1% 和总减沙量 7.77 亿 t 的 37.5%,减沙效果比较明显。

(3)"水文法"、"水保法"计算结果表明,1997 ~ 2006 年泾、洛、渭、汾水利水保综合治理等年均减水 55.88 亿 ~ 60.32 亿 m^3,占年均总减水量 68.52 亿 m^3 的 81.6% ~ 88.0%;由"水文法"计算,因降雨减少 15.2% 而引起的年均减水量为 12.64 亿 m^3,占年均总减水量 68.52 亿 m^3 的 18.4%。

1997 ~ 2006 年泾、洛、渭、汾水利水保综合治理等年均减沙 1.73 亿 ~ 2.37 亿 t,占年均总减沙量 4.03 亿 t 的 42.9% ~ 58.8%;由"水文法"计算,因降雨减少 15.2% 而引起的年均减沙量为 1.66 亿 t,占年均总减沙量 4.03 亿 t 的 41.2%。

(4)黄河中游减沙的主体区间为河龙区间,而减水的主体为泾、洛、渭、汾 4 条支流,减水减沙具有异源性。就河龙区间而言,水土保持措施在减沙中具有主导地位,人类活动对径流变化的影响最大。同时,减水减沙效益沿干流从上至下具有一定的分布规律,人为因素影响的减水减沙效益沿程分布总体上呈现出由上至下不断增加的趋势,同时,减水减沙效益之间有着较好的对应关系。值得说明的是,地处多沙粗沙区的皇甫川、孤山川、窟野河、秃尾河等多数支流人为因素影响的减沙效益较低,而降雨减少的影响作用则较高。从"两川两河"的径流泥沙关系看,1997 ~ 2006 年与其之前时段相比变化不大,甚至在个别流域相同径流量的产沙量还稍有增大。

此外,1997 ~ 2006 年泾、洛、渭、汾 4 条支流的水利水保措施年均减沙量及年均综合减沙量总体上较 1996 年以前的为低,这一现象值得注意。

参考文献

[1] 张胜利,于一鸣,姚文艺. 水土保持减水减沙效益计算方法[M]. 北京:中国环境科学出版社,1994.

[2] 汪岗,范昭. 黄河水沙变化研究(第二卷)[M]. 郑州:黄河水利出版社,2002.

[3] 冉大川,柳林旺,赵力仪,等. 黄河中游河口镇至龙门区间水土保持与水沙变化[M]. 郑州:黄河水利出版社,2000.

[4] 冉大川,刘斌,王宏,等. 黄河中游典型支流水土保持措施减洪减沙作用研究[M]. 郑州:黄河水利出版社,2006.

[5] 高旭彪,刘斌,李宏伟,等. 黄河中游降水特点及其对入黄泥沙量的影响[J]. 人民黄河,2008,30(7):27-29.

[6] 李焯. 黄河河口镇—龙门区间年输沙量变化原因分析[J]. 人民黄河,2008,30(8):41-42.

[7] 李占斌,刘国彬,刘普灵. 水土流失现状与演变趋势[M]//水利部,中国科学院,中国工程院. 中国水土流失防治与生态安全(西北黄土高原区卷). 北京:科学出版社,2010:25-74.

[8] 姚文艺,李占斌,康玲玲. 黄土高原土壤侵蚀治理的生态环境效应[M]. 北京:科学出版社,2005.

[9] 冉大川,李占斌,李鹏,等. 大理河流域水土保持生态工程建设的减沙作用研究[M]. 郑州:黄河水利出版社,2008.

[10] 黄河水利科学研究院. 2005 黄河河情咨询报告[M]. 郑州:黄河水利出版社,2009.

[11] 徐建华,吕光圻,张胜利,等. 黄河中游多沙粗沙区区域界定及产沙输沙规律研究[M]. 郑州:黄河水利出版社,2000.

第6章

河龙区间支流洪水泥沙变化分析

暴雨洪水是侵蚀产沙的主要自然营力。黄河泥沙多集中产生于中游河龙区间的暴雨洪水期,分析河龙区间支流洪水泥沙对人类活动的响应,对认识和了解黄河水沙变化原因具有重要意义。本章利用"水文法"分析了河龙区间洪水泥沙的变化,并对典型支流的洪水泥沙变化进行了重点分析,在认识人类活动对洪水泥沙的影响方面取得了进展。

6.1　暴雨洪水泥沙资料处理方法

以河龙区间支流水文站控制区为空间单元,以场次暴雨洪水泥沙过程为时间单元,按场次洪水摘录次暴雨,用等值线反映降雨空间分布并依此计算面平均雨量。选取暴雨中心区雨量站计算不同百分比的最大雨强,分析次洪暴雨的时空分布规律和流域下垫面状况对流域暴雨洪水的影响,分别建立人类活动影响较少时期的暴雨—洪水(包括洪峰和洪量)、暴雨—沙量的关系,借以评价水利水保措施对暴雨洪水泥沙的影响。

6.1.1　场次洪水遴选

黄河中游河龙区间流域面积大于 1 000 km^2 的直接入黄支流有 20 余条,各支流发生的洪水特性差别极大。根据河龙区间 20 余条支流出现的最大洪峰量级情况,以河龙区间入黄支流把口站建站以来曾发生过洪峰流量大于 1 000 m^3/s 的洪水作为分析支流的入选标准。统计发现,河龙区间有 22 条支流具有 1970 年前的洪水泥沙资料,其中有 20 条支流发生过洪峰流量大于 1 000 m^3/s 的洪水,分别是皇甫川、孤山川、窟野河、秃尾河、佳芦河、无定河、清涧河、延河、云岩河、浑河、偏关河、朱家川、岚漪河、蔚汾河、清凉寺沟、湫水河、三川河、屈产河、昕水河和清水河,故选择这 20 条支流作为研究对象。若遇小水年份,当年最大洪峰流量低于历年最大洪峰流量的平均值时,选取当年最大的一场洪水,以保证入黄支流控制站每年至少有一场洪水入选(见表 6-1)。

为建立支流水文站区间暴雨—洪水、暴雨—沙量关系,在选择支流把口站的洪水时,对相应于上游站的洪水也给予入选,包括洪峰流量小于该站历年最大洪峰流量均值的洪水。

表6-1　河龙区间入黄支流最大洪峰流量

流域名称	序号	水文站名	控制面积（km²）	设站时间（年-月）	实测最大洪峰流量（m³/s）	发生时间（年-月-日）	历年最大洪峰流量均值（m³/s）
皇甫川	1	沙圪堵	1 351	1959-08	8 610	1989-07-21	1 762
	2	皇甫	3 199	1953-07	11 600	1989-07-21	2 346
孤山川	3	高石崖	1 263	1953-07	10 300	1977-08-02	1 448
窟野河	4	新庙	1 527	1966-05	8 150	1989-07-21	1 557
	5	王道恒塔	3 839	1958-10	9 760	1976-08-02	1 989
	6	神木	7 298	1951-10	13 800	1976-08-02	3 489
	7	温家川	8 645	1953-07	14 100	1959-08-03	4 110
秃尾河	8	高家堡	2 095	1966-05	2 120	1971-07-23	496
	9	高家川	3 253	1955-09	3 500	1970-08-02	867
佳芦河	10	申家湾	1 121	1956-10	5 770	1970-08-02	733
无定河	11	横山	2 415	1956-09	379	1990-07-11	129
	12	殿市	327	1958-09	1 140	1961-07-30	248
	13	赵石窑	15 325	1941-08	1 020	1954-08-30	272
	14	马湖峪	371	1961-08	1 840	1970-08-01	287
	15	青阳岔	662	1958-10	1 140	1964-07-21	213
	16	李家河	807	1958-10	1 310	1994-08-10	281
	17	曹坪	187	1958-08	1 520	1966-08-15	239
	18	丁家沟	23 422	1958-10	3 630	1966-07-17	819
	19	绥德	3 893	1959-06	2 450	1977-08-05	800
	20	白家川	29 662	1956-01	4 980	1966-07-18	1 352
清涧河	21	子长	913	1958-07	4 670	2002-07-04	735
	22	延川	3 468	1953-07	6 090	1959-08-20	1 456
延河	23	延安	3 208	1958-07	7 200	1977-07-06	984
	24	甘谷驿	5 891	1952-01	9 050	1977-07-06	1 141
云岩河	25	临镇	1 121	1958-10	586	1975-07-28	109
	26	新市河	1 662	1966-05	1 500	1988-08-25	323
仕望川	27	大村	2 141	1958-10	772	1964-07-16	216
浑河	28	太平窑	3 406	1958-10	1 800	1974-07-28	357
	29	放牛沟	5 461	1954-09	5 830	1969-08-01	893
偏关河	30	偏关	1 896	1957-07	2 140	1979-08-11	478
朱家川	31	桥头	2 901	1955-12	2 420	1967-08-10	357

续表6-1

流域名称	序号	水文站名	控制面积（km²）	设站时间（年-月）	实测最大洪峰流量（m³/s）	发生时间（年-月-日）	历年最大洪峰流量均值（m³/s）
岚漪河	32	岢岚	476	1959-01	353	1961-08-08	77
	33	裴家川	2 159	1956-01	2 740	1967-08-10	504
蔚汾河	34	碧村	1 476	1958-05	1 840	1967-08-10	479
清凉寺沟	35	杨家坡	283	1956-11	1 670	1961-07-21	280
湫水河	36	林家坪	1 873	1953-07	3 670	1967-08-22	931
三川河	37	圪洞	749	1960-04	562	1988-07-23	141
	38	后大成	4 102	1956-07	4 070	1966-07-18	843
屈产河	39	裴沟	1 023	1962-06	3 380	1969-07-27	621
昕水河	40	大宁	3 992	1954-10	2 880	1969-07-27	692
清水河	41	吉县	436	1958-10	1 050	1971-09-02	286

黄河中游的主汛期也会出现低强度暴雨，虽然雨强小难以形成较大洪水，但雨量大，对此也加以入选。如清涧河、延河"84·7"洪水，面平均雨量分别达95.5 mm和87.7 mm，延川、甘谷驿两水文站洪峰流量仅分别为120 m³/s和107 m³/s，均小于历年最大洪峰流量均值1 456 m³/s和1 141 m³/s，也不是当年最大洪峰流量，至于对应这场暴雨的洪水为何很小，还存在不同的认识[1]，故仍入选研究。经统计，39个站（不含浑河放牛沟站）共入选洪水2 417场，平均每站入选62场。

6.1.2 洪水泥沙资料处理

6.1.2.1 基流切割
用直线斜割法划分基流，并用梯形法计算基流量。

6.1.2.2 次洪量计算
次洪量计算采用面积包围法：

$$W = \frac{(Q_1 + Q_2)\Delta t_1}{2} + \cdots + \frac{(Q_{n-1} + Q_n)\Delta t_{n-1}}{2}$$
$$= \frac{(Q_1 + Q_2)(t_2 - t_1)}{2} + \cdots + \frac{(Q_{n-1} + Q_n)(t_n - t_{n-1})}{2} \tag{6-1}$$

式中：W是次洪量；Q_1是t_1时刻的流量；Q_2是t_2时刻的流量；$\cdots$；Q_n是t_n时刻的流量。

用次洪总量减去基流量即为次洪地表径流量。

6.1.2.3 输沙量计算
在次洪水泥沙计算中，含沙量的测验数据往往少于流量的测验数据。据此，由流量数据对含沙量数据进行同数目插补，其插补方法为时间直线内插。插补后，再用含沙量与对应流量相乘,得到与流量数据个数相同的输沙率数据,进而由输沙率过程求得次洪输沙量。

将相同时刻的流量和含沙量相乘,得到该时刻的输沙率,再采用面积包围法即可计算出次洪沙量

$$W_s = \frac{(Q_{s1} + Q_{s2})\Delta t_1}{2} + \cdots + \frac{(Q_{sn-1} + Q_{sn})\Delta t_{n-1}}{2}$$
$$= \frac{(Q_{s1} + Q_{s2})(t_2 - t_1)}{2} + \cdots + \frac{(Q_{sn-1} + Q_{sn})(t_n - t_{n-1})}{2} \tag{6-2}$$

式中:W_s 为次洪沙量;Q_{s1} 是 t_1 时刻的输沙率;Q_{s2} 是 t_2 时刻的输沙率;$\cdots$;Q_{sn} 是 t_n 时刻的输沙率。

6.1.3 场次暴雨资料处理

6.1.3.1 次暴雨资料摘录

根据场次洪水过程线及相应的累计雨量过程线,判断洪水过程所对应的降雨时程,并计算各雨量站的次洪雨量。

有些年份降雨起止时间不全,若次雨量小于 5 mm 且只有结束时间,依据结束时间提前 2 h 作为降雨开始时间,反之依据开始时间顺延 2 h 作为降雨结束时间;当次雨量大于等于 5 mm 时,要作具体分析,也可按两个相邻雨量站相应起止时间的平均值处理。1965 年前雨量站点特稀,有一些无降雨摘录的日雨量资料,可借用临近雨量站次雨量与日雨量的比值,将日雨量转换为对应场次洪水的次雨量资料。

6.1.3.2 暴雨等值线图绘制

因早期雨量站个数和位置多变,故选取雨量站个数多且资料最新的一年录入雨量站名、经纬度等,然后逐年核对增减,每年生成一个雨量站点经纬度文件,并利用 GIS 建立河龙区间各年雨量站网图。为便于勾绘等值线,对暴雨在河龙区间边缘的,补充摘录河龙区间以外的雨量资料。

从理论上说,雨量等值线间隔越小越好。但若间隔过小,等值线太密,则内插线太多,加大了量算工作量。另外,由于雨量观测有误差,雨量等值线太密,绘制的等雨量线图效果也未必很好。根据不同间隔等雨量线对面平均雨量计算影响程度的分析,认为选取 5 mm、10 mm、25 mm、50 mm、75 mm、100 mm、125 mm、150 mm 等间隔绘制等值线图比较合适。如根据窟野河 2002 年的一次洪水的降雨等值线图分析,等值线分别间隔 10 mm、25 mm、30 mm 时,相应统计出的面雨量分别是 34.2 mm、34.8 mm 和 35.6 mm,若以间隔 10 mm 为基础,前者与后两者的误差分别为 1.8% 和 4.1%。

6.1.4 支流场次暴雨中心雨强处理

暴雨空间分布的不均匀往往引起产流的空间不均匀。一般而言,暴雨中心以外的雨强与中心区的雨强差别很大,若把流域中降雨量差别很大的多个雨量站的雨量值平均起来计算雨强往往有较大误差,为此提出"主雨时段"的概念。

不少人在研究黄土高原产流产沙中提出了 I_{30}(最大 30 min 雨强)、I_{60}(最大 60 min 雨强)和降雨侵蚀力($R = EI_{30}$,式中 E 为场次暴雨总能量)等指标[2],在黄河中游产流产沙

研究中起到了很大作用。但应看到，I_{30}、I_{60} 这类指标的假定条件是降雨主雨历时或降雨强度高值区集中于 30 min 或 60 min 内，而实际的降雨情形是多样的，引起产洪的暴雨历时短的有 1~2 h 甚至更短，长的有 10 h 甚至更长。当降雨历时较短时，I_{30}、I_{60} 还比较有代表性，若降雨历时较长，尤其是最大雨强历时超过 30 min 或 60 min 时，I_{30}、I_{60} 只是该场暴雨过程中的一部分，往往对整场暴雨的主历时代表性不强。

鉴于以上认识，本研究认为一场洪水的洪峰流量与洪量主要受主产流区（暴雨中心区一定范围）和主产流时段（某个主雨时段）的控制。各场暴雨洪水的主雨时段有较大差异，故只能找出一到两个具有统计意义的主雨时段。具体做法是，在每场暴雨等值线图中，判断出暴雨中心区，对暴雨中心区选几个雨量最大的雨量站，求出各站历时最短的相应于 40%、50%、…、90% 降雨量的时长；据此，计算单站各主雨时段的雨强，再根据计算结果求算暴雨中心区对应主雨时段的平均雨强。主雨时段拟选择次洪对应雨量的 40%、50%、60%、70%、80% 和 90%，共 6 个标准的对应最短时间进行统计，从而确定降雨的集中度，排除小雨的干扰。

由于在黄河中游前后时段雨量站网密度差异很大，因此在研究中暂选取暴雨中心一个站的雨强代表场次暴雨雨强。对调查的暴雨资料或无降雨摘录的长时段观测值，借用邻近自记雨量过程进行分配。

6.2　暴雨洪水泥沙变化分析方法

利用"水文法"评价水利水保措施对暴雨洪水泥沙的影响。

6.2.1　模型主要因子选择

通过查阅相关文献和借鉴过去的经验，选取三个主要自变量，即次降雨面平均雨量（P）、暴雨中心雨强（I）和暴雨包围面积（F_i/F_0）。

根据以往研究成果，综合考虑暴雨洪水成因，选用以下形式进行模拟

$$Y = KP^{\alpha_1}I_i^{\alpha_2}(1 + F_i/F_0)^{\alpha_3} \tag{6-3}$$

式中：Y 为模拟对象，如洪峰流量（Q_m）、次洪量（W_w）和次洪沙量（W_s）等；P 为计算区域洪水对应的次平均降雨量，mm；I_i 为暴雨中心不同集中度（40%、50%、…、100%）对应雨强，mm/min；F_i 为不同等雨量线（$i=10$ mm、25 mm、50 mm 和 75 mm）的包围面积，km²；F_0 为研究单元总面积，km²；α_1、α_2 和 α_3 为指数。

在建模过程中发现，许多指数为负值，从物理概念角度来看有不合理之处。如雨强因子的指数为负，表明暴雨强度越大，其洪峰流量越小。由统计学理论知，这主要是建模系列偏短所致。当系列偏短而选取的自变量较多时，往往形成"维数祸根"现象[4,5]。在一维空间，一个数就是一个点；在二维空间，两个数构成一个平面点；在三维空间，要有三个数才能构成一个空间点。假定有 1 000 个数据，在 10 个单位长度的一维空间上，随机分布在每个单位长度上的平均点就是 100 个，即密度为 100 个/单位长度；同样 1 000 个数据，在边长为 10 个单位长度的二维平面上，每个单位面积上平均就变为 10 个点，即密度为 10 个/单位面积；同样 1 000 个数据，在边长为 10 个单位长度的三维空间上，每个单位

体积上平均就只有 1 个点了,即密度为 1 个/单位体积。这说明维数的增加,会造成在高维空间中点云极度稀疏。

因此,在实际工作中不能把所有影响因子都考虑进来,一定要抓主要因子,尽可能降低维数。数理统计的方法也要求,为使模拟对象真实,应选取主要的影响因子。一般认为,系列长度 N 至少是自变量个数 m 的 5~10 倍较为合适,否则自变量过多,特别当 $N = m + 1$ 时,即使 m 个自变量与模拟对象 Y 风马牛不相及,亦必然有相关系数等于 $1^{[6]}$,但实际上其因果关系完全背离了基本的物理概念。

基于以上的认识,应考虑降维处理。降维的方法是将次降雨面平均雨量、暴雨中心雨强和不同量级降雨等值线包围面积进行任意两两组合为自变量,相当于将三个自变量变为两个自变量,然后再进行目标模拟。当然,也有像浑河太平窑站,经组合降维处理后,仍未找到指数为正的关系式。对这种关系式极差的站点,有待今后再研究。

6.2.2 暴雨洪水泥沙模型

表 6-2 为河龙区间各支流洪峰流量、洪量和洪沙量的模型(简称第 Ⅰ 套洪水模型)。表中拟合相关系数为全流域拟合关系式的相关系数。采用 1970 年前实测值与模拟值系列进行误差检验和相关分析表明,对三个特征值的模拟,以洪峰流量模拟效果相对最差,洪量模拟好于洪峰流量模拟,但次洪沙量模拟有些站比洪量模拟好,有些站比洪量模拟稍差。同时,从所建模型中可以发现,含有雨强的因子指数普遍偏小。其中,指数 $\alpha < 0.1$ 的有 4 个,占 22.2%;指数 $\alpha < 0.2$ 的有 11 个,占 61.1%。这说明雨强变量对于整个模型来说不敏感。这可能是由于在建模的时段内,河龙区间雨量站偏少、站网密度偏稀,出现暴雨中心漏测和观测时段长,对不同集中度雨强计算值不准确而引起的。

另外,由于浑河和云岩河的暴雨洪水关系散乱,无法建立暴雨洪水模型,故在研究中仅对入选的 20 条支流中的 18 条支流进行了水利水保措施影响的分析计算。

表 6-2 河龙区间支流第 Ⅰ 套洪水模型

河名	站名	模拟对象	暴雨落区	关系式	全流域拟合相关系数
皇甫川	皇甫	Q_m	上游	$Q_m = 180.320(PI_{40})^{0.408}(1 + F_{50}/F_总)^{0.154}$	0.78
			中游	$Q_m = 162.300(PI_{40})^{0.408}(1 + F_{50}/F_总)^{0.154}$	
			下游	$Q_m = 168.550(PI_{40})^{0.408}(1 + F_{50}/F_总)^{0.154}$	
		W_w	上游	$W_w = 25.110P^{0.886}[I_{40}(1 + F_{50}/F_总)]^{0.410}$	0.89
			中游	$W_w = 40.100P^{0.886}[I_{40}(1 + F_{50}/F_总)]^{0.410}$	
			下游	$W_w = 60.100P^{0.886}[I_{40}(1 + F_{50}/F_总)]^{0.410}$	
		W_s	上游	$W_s = 86.100(PI_{40})^{0.551}(1 + F_{50}/F_总)^{1.224}$	0.69
			中游	$W_s = 57.100(PI_{40})^{0.551}(1 + F_{50}/F_总)^{1.224}$	
			下游	$W_s = 106.100(PI_{40})^{0.551}(1 + F_{50}/F_总)^{1.224}$	

续表6-2

河名	站名	模拟对象	暴雨落区	关系式	全流域拟合相关系数
孤山川	高石崖	Q_m	上游	$Q_m = 57.427(PI_{60})^{0.529}(1 + F_{50}/F_总)^{0.793}$	0.66
			中游	$Q_m = 57.427(PI_{60})^{0.529}(1 + F_{50}/F_总)^{0.793}$	
			下游	$Q_m = 57.427(PI_{60})^{0.529}(1 + F_{50}/F_总)^{0.793}$	
		W_w	上游	$W_w = 52.746(PI_{50})^{0.541}(1 + F_{50}/F_总)^{0.841}$	0.86
			中游	$W_w = 52.746(PI_{50})^{0.541}(1 + F_{50}/F_总)^{0.841}$	
			下游	$W_w = 52.746(PI_{50})^{0.541}(1 + F_{50}/F_总)^{0.841}$	
		W_s	上游	$W_s = 36.809(PI_{60})^{0.489}(1 + F_{50}/F_总)^{1.070}$	0.94
			中游	$W_s = 36.809(PI_{60})^{0.489}(1 + F_{50}/F_总)^{1.070}$	
			下游	$W_s = 36.809(PI_{60})^{0.489}(1 + F_{50}/F_总)^{1.070}$	
窟野河	温家川	Q_m	上游	$Q_m = 45.058[P(1 + F_{10}/F_总)]^{1.042}I_{90}^{0.191}$	0.58
			中游	$Q_m = 44.047[P(1 + F_{10}/F_总)]^{1.042}I_{90}^{0.191}$	
			下游	$Q_m = 74.753[P(1 + F_{10}/F_总)]^{1.042}I_{90}^{0.191}$	
		W_w	上游	$W_w = 34.520[P(1 + F_{10}/F_总)]^{1.345}I_{100}^{0.028}$	0.69
			中游	$W_w = 34.910[P(1 + F_{10}/F_总)]^{1.345}I_{100}^{0.028}$	
			下游	$W_w = 61.870[P(1 + F_{10}/F_总)]^{1.345}I_{100}^{0.028}$	
		W_s	上游	$W_s = 7.787[P(1 + F_{10}/F_总)]^{1.45}I_{100}^{0.111}$	0.49
			中游	$W_s = 14.061[P(1 + F_{10}/F_总)]^{1.45}I_{100}^{0.111}$	
			下游	$W_s = 22.742[P(1 + F_{10}/F_总)]^{1.45}I_{100}^{0.111}$	
秃尾河	高家川	Q_m	上游	$Q_m = 72.361(PI_{90})^{0.308}(1 + F_{10}/F_总)^{1.181}$	0.57
			中游	$Q_m = 102.582(PI_{90})^{0.308}(1 + F_{10}/F_总)^{1.181}$	
			下游	$Q_m = 106.170(PI_{90})^{0.308}(1 + F_{10}/F_总)^{1.181}$	
		W_w	上游	$W_w = 93.760[P(1 + F_{25}/F_总)]^{0.62}I_{90}^{0.146}$	0.61
			中游	$W_w = 94.760[P(1 + F_{25}/F_总)]^{0.62}I_{90}^{0.146}$	
			下游	$W_w = 92.760[P(1 + F_{25}/F_总)]^{0.62}I_{90}^{0.146}$	
		W_s	上游	$W_s = 25.935(PI_{100})^{0.404}(1 + F_{25}/F_总)^{1.875}$	0.72
			中游	$W_s = 55.935(PI_{100})^{0.404}(1 + F_{25}/F_总)^{1.875}$	
			下游	$W_s = 52.782(PI_{100})^{0.404}(1 + F_{25}/F_总)^{1.875}$	
佳芦河	申家湾	Q_m	上游	$Q_m = 70.346P^{0.931}[I_{80}(1 + F_{50}/F_总)]^{0.039}$	0.61
			中游	$Q_m = 45.772P^{0.931}[I_{80}(1 + F_{50}/F_总)]^{0.039}$	
			下游	$Q_m = 45.772P^{0.931}[I_{80}(1 + F_{50}/F_总)]^{0.039}$	
		W_w	上游	$W_w = 39.086[P(1 + F_{10}/F_总)]^{0.874}I_{80}^{0.060}$	0.74
			中游	$W_w = 31.196[P(1 + F_{10}/F_总)]^{0.874}I_{80}^{0.060}$	
			下游	$W_w = 31.196[P(1 + F_{10}/F_总)]^{0.874}I_{80}^{0.060}$	
		W_s	上游	$W_s = 22.398[P(1 + F_{10}/F_总)]^{0.915}I_{80}^{0.161}$	0.74
			中游	$W_s = 14.474[P(1 + F_{10}/F_总)]^{0.915}I_{80}^{0.161}$	
			下游	$W_s = 14.474[P(1 + F_{10}/F_总)]^{0.915}I_{80}^{0.161}$	

续表 6-2

河名	站名	模拟对象	暴雨落区	关系式	全流域拟合相关系数
无定河	白家川	Q_m	上游	$Q_m = 482.100(PI_{50})^{0.145}(1 + F_{25}/F_{总})^{1.114}$	0.75
			中游	$Q_m = 525.700(PI_{50})^{0.145}(1 + F_{25}/F_{总})^{1.114}$	
			下游	$Q_m = 555.500(PI_{50})^{0.145}(1 + F_{25}/F_{总})^{1.114}$	
		W_w	上游	$W_w = 192.200(PI_{50})^{0.479}(1 + F_{25}/F_{总})^{1.301}$	0.80
			中游	$W_w = 309.400(PI_{50})^{0.479}(1 + F_{25}/F_{总})^{1.301}$	
			下游	$W_w = 268.400(PI_{50})^{0.479}(1 + F_{25}/F_{总})^{1.301}$	
		W_s	上游	$W_s = 96.400(PI_{50})^{0.534}(1 + F_{25}/F_{总})^{1.138}$	0.77
			中游	$W_s = 177.700(PI_{50})^{0.534}(1 + F_{25}/F_{总})^{1.138}$	
			下游	$W_s = 145.100(PI_{50})^{0.534}(1 + F_{25}/F_{总})^{1.138}$	
清涧河	延川	Q_m	上游	$Q_m = (203.110I^{0.197} + 389.620)[P(1 + f/F)]^{0.413}$	0.65
			中游	$Q_m = (0.724I^{0.197} + 809.470)[P(1 + f/F)]^{0.413}$	
			下游	$Q_m = (574.560I^{0.197} - 342.280)[P(1 + f/F)]^{0.413}$	
		W_w	上游	$W_w = (193.650I^{0.128} + 105.350)[P(1 + f/F)]^{0.535}$	0.53
			中游	$W_w = (0.565I^{0.128} + 735.310)[P(1 + f/F)]^{0.535}$	
			下游	$W_w = (590I^{0.128} - 503.830)[P(1 + f/F)]^{0.535}$	
		W_s	上游	$W_s = (46.370I^{0.192} + 134.660)[P(1 + f/F)]^{0.497}$	0.66
			中游	$W_s = (0.373I^{0.192} + 570.860)[P(1 + f/F)]^{0.497}$	
			下游	$W_s = (46.018I^{0.192} + 129.780)[P(1 + f/F)]^{0.497}$	
延河	甘谷驿	Q_m	上游	$Q_m = [972.280(PI)^{0.038} - 143.800](1 + f/F)^{0.45}$	0.18
			中游	$Q_m = [4752.600(PI)^{0.038} - 5290.800](1 + f/F)^{0.45}$	
			下游	$Q_m = [203.170(PI)^{0.038} - 7.450](1 + f/F)^{0.45}$	
		W_w	上游	$W_w = [3255(PI)^{0.018} - 2572.500](1 + f/F)^{2.055}$	0.62
			中游	$W_w = [5979(PI)^{0.018} - 6040](1 + f/F)^{2.055}$	
			下游	$W_w = [11676(PI)^{0.018} - 12363](1 + f/F)^{2.055}$	
		W_s	上游	$W_s = [10063(PI)^{0.039} - 11219](1 + f/F)^{1.133}$	0.35
			中游	$W_s = [4544(PI)^{0.039} - 5231](1 + f/F)^{1.133}$	
			下游	$W_s = [9429(PI)^{0.039} - 11021](1 + f/F)^{1.133}$	
偏关河	偏关	Q_m	上游	$Q_m = 127.370(1 + F_{25}/F_{总})^{1.601}(PI_{40})^{0.238}$	0.58
			中游	$Q_m = 144.120(1 + F_{25}/F_{总})^{1.601}(PI_{40})^{0.238}$	
			下游	$Q_m = 156.280(1 + F_{25}/F_{总})^{1.601}(PI_{40})^{0.238}$	
		W_w	上游	$W_w = 186.250(1 + F_{25}/F_{总})^{2.261}(PI_{70})^{0.172}$	0.64
			中游	$W_w = 170.920(1 + F_{25}/F_{总})^{2.261}(PI_{70})^{0.172}$	
			下游	$W_w = 266.610(1 + F_{25}/F_{总})^{2.261}(PI_{70})^{0.172}$	
		W_s	上游	$W_s = 119.640(1 + F_{25}/F_{总})^{1.898}(PI_{70})^{0.197}$	0.59
			中游	$W_s = 121.460(1 + F_{25}/F_{总})^{1.898}(PI_{70})^{0.197}$	
			下游	$W_s = 178.810(1 + F_{25}/F_{总})^{1.898}(PI_{70})^{0.197}$	

续表 6-2

河名	站名	模拟对象	暴雨落区	关系式	全流域拟合相关系数
朱家川	下流碛	Q_m	上游	$Q_m = 46.420 P^{0.7} \left[\left(1 + F_{10}/F_{总} \right) I_{60} \right]^{0.20}$	0.77
			中游	$Q_m = 22.290 P^{0.7} \left[\left(1 + F_{10}/F_{总} \right) I_{60} \right]^{0.20}$	
			下游	$Q_m = 45.750 P^{0.7} \left[\left(1 + F_{10}/F_{总} \right) I_{60} \right]^{0.20}$	
		W_w	上游	$W_w = 22.580 \left[P \left(1 + F_{10}/F_{总} \right) \right]^{1.01} I_{100}^{0.25}$	0.89
			中游	$W_w = 18.510 \left[P \left(1 + F_{10}/F_{总} \right) \right]^{1.01} I_{100}^{0.04}$	
			下游	$W_w = 26.960 \left[P \left(1 + F_{10}/F_{总} \right) \right]^{1.01} I_{100}^{0.04}$	
		W_s	上游	$W_s = 14.990 \left[P \left(1 + F_{10}/F_{总} \right) \right]^{1.03} I_{100}^{0.26}$	0.90
			中游	$W_s = 11.220 \left[P \left(1 + F_{10}/F_{总} \right) \right]^{1.03} I_{100}^{0.03}$	
			下游	$W_s = 15.230 \left[P \left(1 + F_{10}/F_{总} \right) \right]^{1.03} I_{100}^{0.03}$	
岚漪河	裴家川	Q_m	上游	$Q_m = 79.220 \left[P \left(1 + F_{10}/F_{总} \right) \right]^{0.46} I_{80}^{0.27}$	0.61
			中游	$Q_m = 79.220 \left[P \left(1 + F_{10}/F_{总} \right) \right]^{0.46} I_{80}^{0.27}$	
			下游	$Q_m = 53.500 \left[P \left(1 + F_{10}/F_{总} \right) \right]^{0.46} I_{80}^{0.27}$	
		W_w	上游	$W_w = 32.160 \left[P \left(1 + F_{10}/F_{总} \right) \right]^{0.83} I_{60}^{0.20}$	0.75
			中游	$W_w = 32.160 \left[P \left(1 + F_{10}/F_{总} \right) \right]^{0.83} I_{60}^{0.20}$	
			下游	$W_w = 22.630 \left[P \left(1 + F_{10}/F_{总} \right) \right]^{0.83} I_{60}^{0.20}$	
		W_s	上游	$W_s = 6.850 \left[P \left(1 + F_{10}/F_{总} \right) \right]^{0.82} I_{80}^{0.16}$	0.72
			中游	$W_s = 6.850 \left[P \left(1 + F_{10}/F_{总} \right) \right]^{0.82} I_{80}^{0.16}$	
			下游	$W_s = 10.760 \left[P \left(1 + F_{10}/F_{总} \right) \right]^{0.82} I_{80}^{0.24}$	
蔚汾河	碧村	Q_m	上游	$Q_m = 252.550 \left(1 + F_{50}/F_{总} \right)^{0.76} \left(PI_{100} \right)^{0.13}$	0.24
			中游	$Q_m = 252.550 \left(1 + F_{50}/F_{总} \right)^{0.76} \left(PI_{100} \right)^{0.13}$	
			下游	$Q_m = 354.750 \left(1 + F_{50}/F_{总} \right)^{0.76} \left(PI_{100} \right)^{0.14}$	
		W_w	上游	$W_w = 463.100 \left(1 + F_{50}/F_{总} \right)^{1.18} \{ 15.554 \left[\left(PI_{70} \right)^{0.029} \right]^2 - 22.790 \left(PI_{70} \right)^{0.029} + 6.991 \}$	0.33
			中游	$W_w = 463.100 \left(1 + F_{50}/F_{总} \right)^{1.18} \{ 15.554 \left[\left(PI_{70} \right)^{0.029} \right]^2 - 22.790 \left(PI_{70} \right)^{0.029} + 6.991 \}$	
			下游	$W_w = 463.100 \left(1 + F_{50}/F_{总} \right)^{1.18} \{ 348.670 \left[\left(PI_{70} \right)^{0.029} \right]^2 - 761 \left(PI_{70} \right)^{0.029} + 415.870 \}$	
		W_s	上游	$W_s = 22.100 \left(1 + F_{50}/F \right)^{1.004} \{ 236.690 \left[\left(PI_{70} \right)^{0.202} \right]^2 - 504.160 \left(PI_{70} \right)^{0.202} + 269.260 \}$	0.27
			中游	$W_s = 22.100 \left(1 + F_{50}/F \right)^{1.004} \{ 236.690 \left[\left(PI_{70} \right)^{0.202} \right]^2 - 504.160 \left(PI_{70} \right)^{0.202} + 269.260 \}$	
			下游	$W_s = 222.100 \left(1 + F_{50}/F \right)^{1.004} \{ 642.860 \left[\left(PI_{70} \right)^{0.202} \right]^2 - 1\,368 \left(PI_{70} \right)^{0.202} + 728.410 \}$	

续表 6-2

河名	站名	模拟对象	暴雨落区	关系式	全流域拟合相关系数
清凉寺沟	杨家坡	Q_m	上游	$Q_m = 252.550(1 + F_{10}/F_总)^{5.061}(PI_{100})^{0.130}$	0.13
			中游	$Q_m = 0.400(1 + F_{10}/F_总)^{5.061}(PI_{100})^{0.820}$	
			下游	$Q_m = 2.740(1 + F_{10}/F_总)^{5.061}(PI_{100})^{0.320}$	
		W_w	上游	$W_w = 0.004(1 + F_{10}/F_总)^{5.061}(PI_{100})^{0.720}$	0.51
			中游	$W_w = 0.004(1 + F_{10}/F_总)^{5.061}(PI_{100})^{0.720}$	
			下游	$W_w = 0.003(1 + F_{10}/F_总)^{5.061}(PI_{100})^{0.940}$	
		W_s	上游	$W_s = 13.960(1 + F_{10}/F_总)^{11.426}\{0.026[(PI_{70})^{0.122}]^2 - 0.081(PI_{70})^{0.122} + 0.065\}$	0.38
			中游	$W_s = 13.960(1 + F_{10}/F_总)^{11.426}\{0.026[(PI_{70})^{0.122}]^2 - 0.081(PI_{70})^{0.122} + 0.065\}$	
			下游	$W_s = 13.960(1 + F_{10}/F_总)^{11.426}[0.014(PI_{70})^{0.122} - 0.019]$	
湫水河	林家坪	Q_m	上游	$Q_m = 367.590P^{0.005}[(1 + F_{25}/F_总)I_{80}]^{0.413}$	0.41
			中游	$Q_m = 335.472P^{0.005}[(1 + F_{25}/F_总)I_{80}]^{0.439}$	
			下游	$Q_m = 299.920P^{0.005}[(1 + F_{25}/F_总)I_{80}]^{0.439}$	
		W_w	上游	$W_w = 60.369P^{0.65}[(1 + F_{50}/F_总)I_{90}]^{0.369}$	0.52
			中游	$W_w = 178.980P^{0.65}[(1 + F_{50}/F_总)I_{90}]^{0.090}$	
			下游	$W_w = 58.707P^{0.65}[(1 + F_{50}/F_总)I_{90}]^{0.431}$	
		W_s	上游	$W_s = 62.318[P(1 + F_{50}/F_总)]^{0.483}I_{90}^{0.315}$	0.51
			中游	$W_s = 185.320[P(1 + F_{50}/F_总)]^{0.483}I_{90}^{0.035}$	
			下游	$W_s = 53.460[P(1 + F_{50}/F_总)]^{0.483}I_{90}^{0.453}$	
三川河	后大成	Q_m	上游	$Q_m = 43.363P^{0.904}[(1 + F_{50}/F_总)I_{70}]^{0.102}$	0.59
			中游	$Q_m = 43.363P^{0.904}[(1 + F_{50}/F_总)I_{70}]^{0.102}$	
			下游	$Q_m = 9.012P^{0.904}[(1 + F_{50}/F_总)I_{70}]^{0.620}$	
		W_w	上游	$W_w = \{106.750[(1 + F_{50}/F_总)I_{80}]^{0.056} - 106.26\}P^{1.606}$	0.89
			中游	$W_w = 4.016[(1 + F_{50}/F_总)I_{80}]^{0.245}P^{1.606}$	
			下游	$W_w = \{44.227[(1 + F_{50}/F_总)I_{80}]^{0.056} - 43.87\}P^{1.606}$	
		W_s	上游	$W_s = 6.617P^{1.45}[(1 + F_{50}/F_总)I_{80}]^{0.035}$	0.77
			中游	$W_s = 6.210P^{1.45}[(1 + F_{50}/F_总)I_{80}]^{0.020}$	
			下游	$W_s = 1.921P^{1.45}[(1 + F_{50}/F_总)I_{80}]^{0.457}$	
屈产河	裴沟	Q_m	上游	$Q_m = 189.478(PI_{60})^{0.202}(1 + F_{50}/F_总)^{1.444}$	0.40
			中游	$Q_m = 189.478(PI_{60})^{0.202}(1 + F_{50}/F_总)^{1.444}$	
			下游	$Q_m = 188.520(PI_{60})^{0.236}(1 + F_{50}/F_总)^{1.444}$	
		W_w	上游	$W_w = [616(PI_{60})^{0.258} + 647.550](1 + F_{50}/F_总)^{1.994}$	0.14
			中游	$W_w = [616(PI_{60})^{0.258} + 647.550](1 + F_{50}/F_总)^{1.994}$	
			下游	$W_w = 67.535(PI_{60})^{0.323}(1 + F_{50}/F_总)^{1.994}$	
		W_s	上游	$W_s = 58.002P^{0.692}[(1 + F_{50}/F_总)I_{50}]^{0.110}$	0.12
			中游	$W_s = 58.002P^{0.692}[(1 + F_{50}/F_总)I_{50}]^{0.110}$	
			下游	$W_s = 6.938P^{0.692}[(1 + F_{50}/F_总)I_{50}]^{0.910}$	

续表6-2

河名	站名	模拟对象	暴雨落区	关系式	全流域拟合相关系数
昕水河	大宁	Q_m	上游	$Q_m = 175.400\left[P\left(1 + F_{50}/F_{总}\right)\right]^{0.0416} I_{40}^{0.648}$	0.49
			中游	$Q_m = 35.180\left[P\left(1 + F_{50}/F_{总}\right)\right]^{0.0416} I_{40}^{1.181}$	
			下游	$Q_m = 240.630\left[P\left(1 + F_{50}/F_{总}\right)\right]^{0.0416} I_{40}^{0.4655}$	
		W_w	上游	$W_w = \left[435.570\left(PI_{40}\right)^{0.286} - 757.280\right]\left(1 + F_{50}/F_{总}\right)^{0.785}$	0.60
			中游	$W_w = 432.200\left(PI_{40}\right)^{0.286}\left(1 + F_{50}/F_{总}\right)^{0.785}$	
			下游	$W_w = 394.770\left(PI_{40}\right)^{0.286}\left(1 + F_{50}/F_{总}\right)^{0.785}$	
		W_s	上游	$W_s = \left[28.037\left(PI_{40}\right)^{0.232} + 148.850\right]\left(1 + F_{50}/F_{总}\right)^{0.429}$	0.42
			中游	$W_s = 147.890\left(PI_{40}\right)^{0.232}\left(1 + F_{50}/F_{总}\right)^{0.429}$	
			下游	$W_s = \left\{115.120\left[\left(1 + F_{50}/F_{总}\right)I_{40}\right]^{0.429} - 12.499\right\}P^{0.232}$	
清水河	吉县	Q_m	上游	$Q_m = \left[629.590\left(PI_{100}\right)^{0.076} - 489.400\right]\left(1 + F_{25}/F_{总}\right)^{0.739}$	0.28
			中游	$Q_m = 251.802\left(PI_{100}\right)^{0.037}\left(1 + F_{25}/F_{总}\right)^{0.739}$	
			下游	$Q_m = 217.370\left(PI_{100}\right)^{0.074}\left(1 + F_{25}/F_{总}\right)^{0.739}$	
		W_w	上游	$W_w = 13.780\left(PI_{90}\right)^{0.392}\left(1 + F_{50}/F_{总}\right)^{1.632}$	0.68
			中游	$W_w = 109.150\left(PI_{90}\right)^{0.167}\left(1 + F_{50}/F_{总}\right)^{1.632}$	
			下游	$W_w = 109.150\left(PI_{90}\right)^{0.167}\left(1 + F_{50}/F_{总}\right)^{1.632}$	
		W_s	上游	$W_s = 4.482\left(PI_{80}\right)^{0.441}\left(1 + F_{25}/F_{总}\right)^{1.274}$	0.62
			中游	$W_s = 69.981\left(PI_{80}\right)^{0.035}\left(1 + F_{25}/F_{总}\right)^{1.274}$	
			下游	$W_s = 64.963\left(PI_{80}\right)^{0.07}\left(1 + F_{25}/F_{总}\right)^{1.274}$	

同时,还以无母数统计方法(MWP)确定的水沙系列突变年划分各流域的基准年,并以"建站年~突变年"系列按前述方法建立支流暴雨因子与洪峰流量、洪量、洪沙量的第二套统计相关模型(因篇幅所限略列,简称第Ⅱ套洪水模型),并根据此套模型估算了场次洪水的洪峰流量、次洪量、次洪沙量的变化,以便于与第Ⅰ套模型计算结果进行佐证分析。

6.3　暴雨洪水泥沙变化分析

根据第Ⅰ套洪水模型估算的支流场次洪水的洪峰流量、次洪量、次洪沙量的变化结果见表6-3,其中,由于岚漪河裴家川水文站和蔚汾河碧村水文站的水文资料系列为1956～1985 年,故未参加计算结果的汇总。

表6-4 为依据第Ⅱ套洪水模型估算的陕西北片5 条支流及河龙区间各支流的洪水泥沙变化结果。

6.3.1　洪峰流量的变化

第Ⅰ套洪水模型的计算结果表明,1970 年之后,在水利水保措施的作用下,各支流入选场次洪水的洪峰流量均有不同程度的减少,平均减少33.6%。其中,河龙区间产洪产沙模数最大的5 条支流(皇甫川、孤山川、窟野河、秃尾河和佳芦河)洪峰削减程度平均为

23.7% ,相对较低。

表 6-3   河龙区间洪水变化分析成果(第 I 套洪水模型)

河名	站名	洪水参数	项目	建站年~1969年	1970~1979年	1980~1989年	1990~1999年	2000~2006年	1997~2006年	1970~2006年
皇甫川	皇甫	Q_m(m³/s)	计算	1 425	2 254	2 199	2 421	2 161	2 039	2 267
			实测	1 387	3 534	3 338	2 222	2 168	1 915	2 907
			减少(%)	2.7	−56.8	−51.8	8.2	−0.3	6.1	−28.2
		W_w(万 m³)	计算	2 121	2 688	2 475	3 009	3 619	3 037	2 866
			实测	1 939	4 161	2 906	2 243	1 667	1 748	2 884
			减少(%)	8.6	−54.8	−17.4	25.5	53.9	42.4	−0.6
		W_s(万 t)	计算	1 812	2 554	2 389	2 871	2 705	2 510	2 615
			实测	1 418	3 023	2 060	1 339	702	813	1 920
			减少(%)	21.7	−18.4	13.8	53.4	74.0	67.6	26.6
孤山川	高石崖	Q_m(m³/s)	计算	1 654	3 012	1 382	1 928	1 500	1 393	1 989
			实测	1 753	2 529	1 048	1 203	932	914	1 471
			减少(%)	−6.0	16.0	24.2	37.6	37.9	34.4	26.0
		W_w(万 m³)	计算	1 710	3 456	1 430	1 967	1 653	1 497	2 159
			实测	1 657	2 715	808	1 234	614	671	1 407
			减少(%)	3.1	21.4	43.5	37.3	62.9	55.2	34.8
		W_s(万 t)	计算	923	1 690	721	1 046	836	767	1 089
			实测	954	1 726	464	474	207	278	766
			减少(%)	−3.4	−2.1	35.6	54.7	75.2	63.8	29.7
窟野河	温家川	Q_m(m³/s)	计算	5 000	8 356	5 162	6 297	5 494	5 190	6 536
			实测	4 987	6 567	3 166	4 217	811	1 732	4 124
			减少(%)	0.3	21.4	38.7	33.0	85.2	66.6	36.9
		W_w(万 m³)	计算	10 593	17 762	10 129	13 264	12 340	11 479	13 768
			实测	9 169	11 077	5 406	6 404	1 436	3 071	6 794
			减少(%)	13.4	37.6	46.6	51.7	88.4	73.2	50.7
		W_s(万 t)	计算	5 175	7 167	4 664	5 589	3 185	3 466	5 453
			实测	5 254	7 067	3 196	3 522	296	1 448	4 016
			减少(%)	−1.5	1.4	31.5	37.0	90.7	58.2	26.4
秃尾河	高家川	Q_m(m³/s)	计算	990	1 203	886	1 163	1 036	1 022	1 086
			实测	1 156	1 470	571	912	347	488	914
			减少(%)	−16.8	−22.2	35.6	21.6	66.5	52.3	15.8
		W_w(万 m³)	计算	1 278	1 735	1 297	1 591	1 658	1 590	1 574
			实测	1 554	1 429	657	895	450	516	935
			减少(%)	−21.6	17.6	49.3	43.7	72.9	67.5	40.6
		W_s(万 t)	计算	883	1 092	751	1 027	813	864	945
			实测	1 064	1 060	359	544	138	229	597
			减少(%)	−20.5	2.9	52.2	47.0	83.0	73.5	36.8

续表6-3

河名	站名	洪水参数	项目	建站年~1969年	1970~1979年	1980~1989年	1990~1999年	2000~2006年	1997~2006年	1970~2006年
佳芦河	申家湾	Q_m(m³/s)	计算	1 293	1 734	1 324	1 008	995	971	1 339
			实测	1 248	1 276	308	450	218	250	669
			减少(%)	3.5	26.4	76.7	55.4	78.1	74.3	50.0
		W_w(万m³)	计算	1 126	1 555	1 182	954	804	829	1 199
			实测	1 061	997	287	448	205	254	563
			减少(%)	5.8	35.9	75.7	53.0	74.5	69.4	53.0
		W_s(万t)	计算	882	1 245	917	769	639	659	953
			实测	841	803	177	232	129	155	403
			减少(%)	4.6	35.5	80.7	69.8	79.8	76.5	57.7
无定河	白家川	Q_m(m³/s)	计算	1 733	1 837	2 159	1 817	1 940	1 795	1 923
			实测	1 822	1 436	865	1 496	1 039	1 008	1 256
			减少(%)	-5.1	21.8	59.9	17.7	46.4	43.8	34.7
		W_w(万m³)	计算	6 606	8 347	6 446	8 063	8 274	7 401	7 814
			实测	6 190	6 014	3 601	5 217	3 978	3 884	4 899
			减少(%)	6.3	28.0	44.1	35.3	51.9	47.5	37.3
		W_s(万t)	计算	4 688	6 075	4 634	5 912	5 827	5 263	5 654
			实测	4 523	4 397	1 937	2 974	1 825	1 916	3 009
			减少(%)	3.5	27.6	58.2	49.7	68.7	63.6	46.8
清涧河	延川	Q_m(m³/s)	计算	2 207	2 557	2 572	2 370	3 419	2 864	2 672
			实测	1 917	1 610	628	1 606	1 417	1 358	1 315
			减少(%)	13.1	37.0	75.6	32.2	58.6	52.6	50.8
		W_w(万m³)	计算	1 780	2 552	2 259	1 857	2 887	2 344	2 340
			实测	1 827	2 529	951	1 968	1 946	1 831	1 845
			减少(%)	-2.6	0.9	57.9	-6.0	32.6	21.9	21.2
		W_s(万t)	计算	1 303	1 776	1 448	1 139	1 507	1 278	1 457
			实测	1 253	1 767	510	1 180	1 505	1 323	1 220
			减少(%)	3.8	0.5	64.8	-3.6	0.1	-3.5	16.3
延河	甘谷驿	Q_m(m³/s)	计算	1 319	1 106	1 216	1 311	1 260	1 214	1 223
			实测	1 174	1 687	800	1 311	840	749	1 161
			减少(%)	11.0	-52.5	34.2	0.0	33.3	38.3	5.1
		W_w(万m³)	计算	2 815	2 311	3 136	2 975	2 883	2 622	2 842
			实测	2 603	2 855	1 834	2 542	1 378	1 251	2 184
			减少(%)	7.5	-23.5	41.5	14.6	52.2	52.3	23.2
		W_s(万t)	计算	1 682	1 489	2 031	2 002	2 157	1 906	1 916
			实测	1 647	2 047	1 045	1 472	820	737	1 360
			减少(%)	2.1	-37.5	48.5	26.5	62.0	61.3	29.0

续表6-3

河名	站名	洪水参数	项目	建站年~1969年	1970~1979年	1980~1989年	1990~1999年	2000~2006年	1997~2006年	1970~2006年
偏关河	偏关	Q_m(m³/s)	计算	847	1 002	813	1 017	1 145	1 006	963
			实测	820	606	509	362	219	305	468
			减少(%)	3.2	39.5	37.4	64.4	80.9	69.7	51.4
		W_w(万 m³)	计算	1 087	1 095	860	1 407	716	955	1 084
			实测	969	638	531	412	185	216	496
			减少(%)	10.9	41.7	38.3	70.7	74.2	77.4	54.2
		W_s(万 t)	计算	711	746	604	927	373	457	615
			实测	646	436	343	250	73	110	318
			减少(%)	9.1	41.6	43.2	73.0	80.4	75.9	48.3
朱家川	下流碛	Q_m(m³/s)	计算	724	721	510	785	398	710	647
			实测	682	328	194	368	107	159	279
			减少(%)	5.8	54.5	62.0	53.1	73.1	77.6	56.9
		W_w(万 m³)	计算	1 356	1 082	568	1 134	501	987	887
			实测	1 554	748	212	714	220	453	523
			减少(%)	-14.6	30.9	62.7	37.0	56.1	54.1	41.0
		W_s(万 t)	计算	859	674	345	684	279	629	548
			实测	978	469	91	255	35	150	248
			减少(%)	-13.9	30.4	73.6	62.7	87.5	76.2	54.7
岚漪河	裴家川	Q_m(m³/s)	计算	818	874	889				881
			实测	754	451	348				403
			减少(%)	7.8	48.4	60.9				54.3
		W_w(万 m³)	计算	1 550	1 695	1 625				1 662
			实测	1 612	920	420				687
			减少(%)	-4.0	45.7	74.2				58.7
		W_s(万 t)	计算	736	907	963				933
			实测	749	360	181				276
			减少(%)	-1.8	60.3	81.2				70.4
蔚汾河	碧村	Q_m(m³/s)	计算	622	631	945				722
			实测	606	521	248				386
			减少(%)	2.6	17.4	73.8				46.5
		W_w(万 m³)	计算	1 111	1 094	2 729				1 439
			实测	818	697	512				658
			减少(%)	26.4	36.3	81.2				54.3
		W_s(万 t)	计算	475	443	995				559
			实测	372	318	188				291
			减少(%)	21.7	28.2	81.1				47.9

续表 6-3

河名	站名	洪水参数	项目	建站年~1969年	1970~1979年	1980~1989年	1990~1999年	2000~2006年	1997~2006年	1970~2006年
清凉寺沟	杨家坡	Q_m(m³/s)	计算	382	794	423	434	790	827	581
			实测	425	303	180	285	91	219	249
			减少(%)	-11.3	61.8	57.4	34.3	88.5	73.5	57.1
		W_w(万m³)	计算	305	678	351	367	334	331	464
			实测	275	309	139	193	98	155	210
			减少(%)	9.8	54.4	60.4	47.4	70.7	53.2	54.7
		W_s(万t)	计算	165	487	157	266	199	249	307
			实测	144	160	66	83	25	63	99
			减少(%)	12.7	67.1	58.0	68.8	87.4	74.7	67.8
湫水河	林家坪	Q_m(m³/s)	计算	1 190	1 421	1 189	1 118	1 572	1 459	1 299
			实测	1 293	1 290	735	562	493	576	826
			减少(%)	-8.6	9.2	38.2	49.7	68.6	60.5	36.4
		W_w(万m³)	计算	1 685	2 423	1 644	1 279	2 388	2 039	1 685
			实测	1 670	1 860	794	664	600	692	1 066
			减少(%)	0.9	23.2	51.7	48.1	74.9	66.1	36.7
		W_s(万t)	计算	866	1 308	837	672	1 249	1 062	1 008
			实测	920	1 084	383	250	218	256	544
			减少(%)	-6.2	17.1	54.2	62.8	82.5	75.9	46.0
三川河	后大成	Q_m(m³/s)	计算	1 323	1 712	1 136	1 331	1 349	993	1 377
			实测	1 653	882	474	517	340	281	598
			减少(%)	-24.9	48.5	58.3	61.2	74.8	71.7	56.6
		W_w(万m³)	计算	2 869	4 075	2 080	2 564	1 724	1 488	2 803
			实测	3 471	1 576	857	914	459	399	1 048
			减少(%)	-21.0	61.3	58.8	64.4	73.4	73.2	62.6
		W_s(万t)	计算	1 371	1 685	951	1 094	707	623	1 192
			实测	1 732	742	357	341	143	130	446
			减少(%)	-26.3	56.0	62.5	68.8	79.8	79.1	62.6
屈产河	裴沟	Q_m(m³/s)	计算	899	1 160	607	811	1 120	957	957
			实测	1 000	686	415	600	577	632	576
			减少(%)	-11.2	40.9	31.6	26.0	48.5	34.0	39.8
		W_w(万m³)	计算	856	1 337	687	836	1 161	1 042	1 041
			实测	1 106	904	382	492	175	261	532
			减少(%)	-29.2	32.4	44.4	41.1	84.9	75.0	48.9
		W_s(万t)	计算	725	868	340	636	772	709	703
			实测	692	517	207	221	340	298	327
			减少(%)	4.6	40.4	39.1	65.3	56.0	58.0	53.5

续表6-3

河名	站名	洪水参数	项目	建站年~1969年	1970~1979年	1980~1989年	1990~1999年	2000~2006年	1997~2006年	1970~2006年
昕水河	大宁	Q_m(m³/s)	计算	878	1 237	1 400	1 123	1 352	1 128	1 275
			实测	1 002	879	464	485	287	263	546
			减少(%)	−14.1	28.9	66.9	56.8	78.8	76.7	57.2
		W_w(万 m³)	计算	2 048	2 515	2 162	2 359	2 818	2 298	2 428
			实测	1 946	1 517	744	970	826	638	1 022
			减少(%)	5.0	39.7	65.6	58.9	70.7	72.2	57.9
		W_s(万 t)	计算	712	882	750	734	977	839	823
			实测	742	678	295	300	208	168	381
			减少(%)	−4.2	23.1	60.7	59.1	78.7	80.0	53.7
清水河	吉县	Q_m(m³/s)	计算	399	406	392	356	385	382	387
			实测	424	448	161	102	56	73	245
			减少(%)	−6.3	−10.3	59.0	71.3	85.4	80.9	36.7
		W_w(万 m³)	计算	292	362	266	235	344	330	306
			实测	307	305	84	58	44	51	159
			减少(%)	−5.1	15.7	68.4	75.3	87.2	84.5	48.0
		W_s(万 t)	计算	112	115	117	95	94	99	108
			实测	162	150	43	20	10	13	75
			减少(%)	−44.6	−30.4	63.2	78.9	89.4	86.9	30.6
陕西北片5条支流总影响程度		Q_m(m³/s)	计算	10 362	16 559	10 953	12 817	11 186	10 615	13 217
			实测	10 531	15 376	8 431	9 004	4 476	5 299	10 085
			减少(%)	−1.6	7.1	23.0	29.7	60.0	50.1	23.7
		W_w(万 m³)	计算	16 828	27 196	16 513	20 785	20 074	18 432	21 566
			实测	15 380	20 379	10 064	11 224	4 372	6 260	12 583
			减少(%)	8.6	25.1	39.1	46.0	78.2	66.0	41.7
		W_s(万)	计算	9 675	13 748	9 442	11 302	8 178	8 266	11 055
			实测	9 531	13 679	6 256	6 111	1 472	2 923	7 702
			减少(%)	1.5	0.5	33.7	45.9	82.0	64.6	30.3
河龙区间总影响程度		Q_m(m³/s)	计算	22 263	30 512	23 370	25 290	25 916	23 950	26 521
			实测	22 743	25 531	13 856	16 698	9 942	10 922	17 604
			减少(%)	−2.2	16.3	40.7	34.0	61.6	54.4	33.6
		W_w(万 m³)	计算	38 527	53 973	36 972	43 861	44 104	40 269	45 260
			实测	37 298	39 634	20 193	25 368	14 281	16 091	26 567
			减少(%)	3.2	26.6	45.4	42.2	67.6	60.0	41.3
		W_s(万 t)	计算	22 869	29 853	21 656	25 463	22 319	21 380	25 386
			实测	22 970	26 126	11 533	13 457	6 674	8 087	15 729
			减少(%)	−0.4	12.5	46.7	47.2	70.1	62.2	38.0

表6-4　河龙区间洪水变化分析成果(第Ⅱ套洪水模型)

河名	站名	建站年份	突变年份	洪水参数	计算内容	建站年~突变年	突变年~2006年	1997~2006年	2000~2006年
皇甫川	皇甫	1953	1984	$Q_m(\text{m}^3/\text{s})$	计算	2 391	2 893	2 610	2 496
					实测	2 452	2 706	1 896	2 168
					减少(%)	-2.6	6.5	27.4	13.1
				$W_w(\text{万 m}^3)$	计算	2 993	3 204	3 042	3 141
					实测	2 828	2 497	1 826	1 667
					减少(%)	5.5	22.1	40.0	46.9
				$W_s(\text{万 t})$	计算	2 130	2 400	2 129	2 005
					实测	2 106	1 463	730	702
					减少(%)	1.1	39.0	65.7	65.0
孤山川	高石崖	1953	1979	$Q_m(\text{m}^3/\text{s})$	计算	2 147	1 429	1 359	1 559
					实测	2 030	1 079	854	932
					减少(%)	5.4	24.5	37.2	40.2
				$W_w(\text{万 m}^3)$	计算	2 093	1 420	1 309	1 494
					实测	2 035	923	607	614
					减少(%)	2.8	35.0	53.6	58.9
				$W_s(\text{万 t})$	计算	1 218	777	735	865
					实测	1 230	411	216	207
					减少(%)	-1.0	47.1	70.6	76.1
窟野河	温家川	1953	1992	$Q_m(\text{m}^3/\text{s})$	计算	4 967	4 296	4 307	4 349
					实测	5 076	2 339	1 245	811
					减少(%)	-2.2	45.6	71.1	81.4
				$W_w(\text{万 m}^3)$	计算	9 389	8 428	8 196	8 366
					实测	8 848	3 728	2 307	1 436
					减少(%)	5.8	55.8	71.9	82.8
				$W_s(\text{万 t})$	计算	5 778	4 962	5 161	5 361
					实测	5 307	1 696	640	296
					减少(%)	8.2	65.8	87.6	94.5
秃尾河	高家川	1955	1974	$Q_m(\text{m}^3/\text{s})$	计算	1 569	1 723	1 782	1 887
					实测	1 437	644	488	347
					减少(%)	8.4	62.6	72.6	81.6
				$W_w(\text{万 m}^3)$	计算	1 365	1 210	1 289	1 343
					实测	1 645	707	516	450
					减少(%)	-20.5	41.6	60.0	66.5
				$W_s(\text{万 t})$	计算	1 089	1 127	1 224	1 296
					实测	1 172	397	229	138
					减少(%)	-7.6	64.8	81.3	89.4

续表 6-4

河名	站名	建站年份	突变年份	洪水参数	计算内容	建站年~突变年	突变年~2006年	1997~2006年	2000~2006年
佳芦河	申家湾	1956	1977	$Q_m(\text{m}^3/\text{s})$	计算	1 591	1 358	1 183	1 364
					实测	1 336	333	250	218
					减少(%)	16.0	75.5	78.9	84.0
				$W_w(\text{万 m}^3)$	计算	1 096	874	645	576
					实测	1 088	323	254	205
					减少(%)	0.7	63.0	60.6	64.4
				$W_s(\text{万 t})$	计算	879	607	507	489
					实测	872	184	155	129
					减少(%)	0.8	69.7	69.4	73.6
陕西北片 5条支流 总影响程度				$Q_m(\text{m}^3/\text{s})$	计算	12 665	11 699	11 241	11 655
					实测	12 331	7 101	4 733	4 476
					减少(%)	2.6	39.3	57.9	61.6
				$W_w(\text{万 m}^3)$	计算	16 936	15 136	14 481	14 920
					实测	16 444	8 178	5 510	4 372
					减少(%)	2.9	46.0	62.0	70.7
				$W_s(\text{万 t})$	计算	11 094	9 873	9 756	10 016
					实测	10 687	4 151	1 970	1 472
					减少(%)	3.7	58.0	79.8	85.3
河龙区间 总影响程度				$Q_m(\text{m}^3/\text{s})$	计算	23 582	22 900	23 085	23 376
					实测	23 592	13 816	10 537	9 704
					减少(%)	-0.04	39.7	54.4	58.5
				$W_w(\text{万 m}^3)$	计算	39 150	37 186	38 584	37 618
					实测	37 075	20 878	16 198	14 654
					减少(%)	5.3	43.9	58.0	61.0
				$W_s(\text{万 t})$	计算	24 099	22 806	23 950	22 867
					实测	23 407	11 051	7 308	6 500
					减少(%)	2.9	51.5	69.5	71.6

分时段来看,河龙区间 1970~1979 年系列洪峰流量的减少程度最小,为 16.3%;2000~2006 年和 1997~2006 年减少程度最大,分别为 61.6% 和 54.4%。5 条支流的变化情况与河龙区间总体变化情况基本一致,1970~1979 年系列减少程度最小,为 7.1%;2000~2006 年和 1997~2006 年的减少程度分别达到 60.0% 和 50.1%。

从表 6-3 可见,1970 年之后,洪峰流量减少程度最大的支流为昕水河,减少 57.2%;最小为延河,仅为 5.1%。值得说明的是,皇甫川流域的计算值反而小于实测值,这是由于皇甫川流域 20 世纪 70 年代的降雨量较 1970 年前建模系列的降雨量明显增大,且发生了较大的暴雨洪水,在前述的模型系统误差的影响下,对于大的暴雨洪水,模型的计算值可能偏小。同时,根据分析,皇甫川流域水沙系列突变年份为 1984 年,即该流域水利水保措施明显起作用在 20 世纪 80 年代,因此这可能是 70 年代的计算值小于实测值的主要原因。例如,由表 6-4 可见,根据 1984 年作为突变点所计算的洪峰流量则是减小的,减幅为13.1%。由此也进一步说明,在分析水沙变化时,合理确定系列突变点对于评价精度影响很大。

2000～2006 年各条支流中洪峰流量减少程度最大的支流为清凉寺沟,减少 88.5%,最小的仍为皇甫川和延河,分别减少 -0.3% 和 33.3%。

由第 Ⅱ 套洪水模型计算的结果可知,1970 年之后,河龙区间的洪峰流量平均减少39.7%,其中 2000～2006 年和 1997～2006 年减少程度分别为 58.5% 和 54.4%;5 条支流的洪峰流量平均减少 39.3%,仍低于河龙区间的平均值。其中,2000～2006 年和 1997～2006 年分别减少 61.6% 和 57.9%。由此可以看出,两套模型对洪峰流量减少程度的评价结果是相近的。

虽然两套模型的计算结果接近,但其中对近年来河龙区间和 5 条支流的洪峰流量削减程度的计算有一定差异,第 Ⅱ 套模型的计算结果略大于第 Ⅰ 套模型的计算结果。这是由于河龙区间有些支流在 20 世纪 50 年代、60 年代所发生洪水的洪峰流量不大,而 20 世纪 70 年代河龙区间尤其是 5 条支流出现了几次较大的洪峰流量。如皇甫川流域的最大洪峰流量为 2 900 m³/s,而 1972 年却发生了 8 400 m³/s 的大洪水;又如温家川流域 1971年、1976 年和 1978 年都出现了 10 000 m³/s 以上的洪峰流量,因而这些大洪水使建模数据的高值区权重加大,导致第 Ⅱ 套洪水模型的计算结果较以 1970 年前系列所建的第 Ⅰ 套洪水模型的计算结果偏大。

综合考虑两套模型的计算结果,5 条支流水利水保措施对洪峰流量的削减程度与河龙区间的平均值基本相当,且略小于河龙区间的均值;1970～2006 年河龙区间和 5 条支流水利水保措施对洪峰流量的削减程度分别为 33.6% 和 23.7%;1997 年之后洪峰流量的削减程度基本在 50% 以上。

6.3.2　洪量变化

由第 Ⅰ 套洪水模型计算知,自 1970 年以来,入选场次洪水的次洪量均有不同程度的减少,平均减少 41.3%,其中 5 条支流次洪量削减程度平均为 41.7%。河龙区间次洪量的削减率大于洪峰流量的削减率,5 条支流的削峰程度与河龙区间的基本相当。

分时段来看,河龙区间 1970～1979 年次洪量的减少程度最小,为 26.6%;2000～2006年和 1997～2006 年减少程度最大,分别为 67.6% 和 60.0%。5 条支流的变化情况与河龙区间总体变化情况基本一致,1970～1979 年减少程度最小,为 25.1%;2000～2006 年和1997～2006 年减少程度最大,分别为 78.2% 和 66.0%。

从支流对比分析看,1970 年之后次洪量减少程度最大的支流为三川河,减少 62.6%;最小为皇甫川,近似为 0。2000～2006 年各支流中次洪量减少程度最大的支流为窟野河,减少 88.4%;最小的为清涧河,减少 32.6%。

由第 Ⅱ 套洪水模型的计算结果知,河龙区间的次洪量平均减少 43.9%,其中 2000～2006 年系列和 1997～2006 年系列分别减少 61.0% 和 58.0%;5 条支流的次洪量平均减少 46.0%,其中 2000～2006 年系列和 1997～2006 年系列分别减少 70.7% 和 62.0%。

两套模型计算结果接近,但第Ⅱ套洪水模型计算的近年洪量削减程度小于第Ⅰ套洪水模型的削减程度,同时 5 条支流的洪量削减计算结果也较第Ⅰ套模型稍小。

6.3.3 次洪沙量变化

由第Ⅰ套洪水模型计算结果看,自 1970 年以来,入选场次洪水的次洪沙量均有不同程度的减少,平均为 38.0%,其中 5 条支流次洪沙量削减程度平均为 30.3%,小于河龙区间平均削减程度。

分时段来看,河龙区间 1970~1979 年次洪沙量的减少程度最小,为 12.5%,小于同时段的次洪量减幅;2000~2006 年和 1997~2006 年的减少程度最大,分别为 70.1% 和 62.2%,略大于同时段的次洪量减幅。5 条支流的变化情况与河龙区间总体变化情况基本一致,1970~1979 年减少程度最小,为 0.5%;2000~2006 年和 1997~2006 年的减少程度最大,分别为 82.0% 和 64.6%。

从各支流对比知,1970 年之后次洪沙量减少程度最大的支流为岚漪河,减少 70.4%;最小为清涧河,减少 16.3%。2000~2006 年支流减少程度最大的为窟野河,减少 90.7%;最小的仍为清涧河,减少程度近似为 0,这主要与支流在该时段内是否发生过大沙年关系密切。

根据第Ⅱ套洪水模型的计算结果,自 1970 年以来,河龙区间的次洪沙量平均减少51.5%,其中 2000~2006 年系列和 1997~2006 年系列分别减少 71.6% 和 69.5%;5 条支流的次洪沙量平均减少 58.0%,其中 2000~2006 年系列和 1997~2006 年系列分别减少85.3% 和 79.8%。可以看出,第Ⅱ套洪水模型与第Ⅰ套洪水模型的计算结果在趋势上是一致的,前者的减少幅度比后者稍有增大。

6.3.4 计算结果合理性分析

根据第Ⅰ套洪水模型的计算成果,以河龙区间皇甫川、窟野河和无定河(其中皇甫川和窟野河是区间重要的产沙支流,而无定河是区间流域面积最大的支流)等作为合理性分析的代表性支流。1997~2006 年皇甫川、窟野河和无定河沙量的削减程度计算结果和与之对应的代表性河流新增治理面积见表 6-5。其中,无定河流域有约 1/3 的面积在风沙区,而风沙区内产水产沙量很少,因此在分析时不考虑风沙区面积。

表 6-5 典型支流洪水期减沙效益计算合理性分析

流域名称	水文站控制流域面积(km²)	流域总治理面积(km²)	治理面积占流域面积(%)	1997~2006 年新增治理面积(km²)	新增面积占流域面积(%)	模型计算减沙效益(%)
皇甫川	3 199	1 804	56.4	727	22.7	67.6
窟野河	8 645	3 719	43.0	1 686	19.5	58.2
无定河	29 662	10 046	33.9	3 940	13.3	63.6
无定河(不含风沙区)	约 20 000	10 046	50.2	3 940	19.7	63.6

在 3 条支流中,皇甫川的治理面积与新增治理面积占流域面积的百分比最高,依模型所计算的减沙效益也最高;在不考虑无定河风沙区情况下,窟野河的治理面积与新增治理面积占流域面积的百分比最低,其减沙效益也最低。从支流治理面积与模型计算的减沙效益对比分析可以看出,模型的计算结果是合理可信的。

6.4　典型支流及干流典型站洪水泥沙变化特点分析

本节重点分析皇甫川、窟野河等典型支流及干流龙门站的洪水泥沙变化特点。

6.4.1　皇甫川

皇甫水文站控制面积 3 199 km^2,皇甫川是河龙区间最为典型的暴雨洪水支流,也是产粗泥沙的主要支流之一。皇甫站 1953 年建站,迄今实测最大洪峰流量为 11 600 m^3/s,出现于 1989 年 7 月 21 日的大洪水。

6.4.1.1　年最大场次洪水变化

图 6-1 为皇甫站年最大场次洪水的洪峰流量变化过程。皇甫川流域年最大场次洪水的洪峰流量多年平均为 2 346 m^3/s。20 世纪 50 年代和 60 年代的洪峰流量均较小,而在 70~90 年代不仅洪峰流量大,而且发生大洪水的次数比较频繁。2000 年之后(不包含 2003 年,因为该年洪峰流量达到 6 700 m^3/s)年最大场次洪水平均洪峰流量 1 412 m^3/s,仅占多年均值的 60.2%,应该说是连续枯水段。不过 2003 年发生了洪峰流量为 6 700 m^3/s 的洪水,为建站以来第四大洪水,说明近期皇甫川洪水虽然基本偏枯,但也存在发生较大洪水的情形。

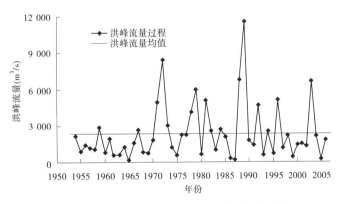

图 6-1　皇甫站年最大场次洪水洪峰流量过程

6.4.1.2　大中洪水发生频次的变化

作为对比分析,若取皇甫站最大一场洪水洪峰流量多年均值 2 346 m^3/s 的 50%,即 1 173 m^3/s 作为较大量级洪水的标准,取该均值的 25%,即 587 m^3/s 作为中量级洪水的标准,经统计,皇甫川流域中量级以上洪水年均发生 2.3 次,20 世纪 60 年代发生频次最高,年均为 3.1 次,2000 年后显著减少,仅 1.1 次,是整个系列的最小值。对于较大洪水,20 世纪 70 年代出现频次显著增大,年均 1.6 次,为多年均值的 1.4 倍。自 2000 年后,大洪水发生的频次明显减小,年均 0.7 次,仅为多年均值的 60%。总的来说,皇甫川流域进入 20 世纪 90 年代后洪水开始减少,2000 年后大中洪水发生频次的减小程度更为明显,为枯水时段。

6.4.1.3　暴雨洪水关系变化

分别对 1969 年以前、1970～1996 年和 1997～2006 年建立年最大场次洪水的洪峰流量、次洪量、次洪沙量与相应暴雨面平均雨量 P 和暴雨中心雨强 I 乘积(称之为降雨力)的关系(见图 6-2～图 6-4),结果表明,1997～2006 年与前两个时段相比,在相同暴雨的情况下,洪峰流量有所减小,尤其是中低强度降雨的洪峰流量减小较为明显,但降雨强度较大时,洪峰流量仍很大,基本与 1996 年前的相当,说明大暴雨下洪峰流量还会很大;次洪量减少不明显,基本上同前两个时段相当;次洪沙量有明显减小。由图 6-2 与图 6-4 对比可以看出,在降雨力较大时,如 PI 为 300 mm^2/h 左右,洪峰流量和次洪沙量仍会很大,各时段的水平基本相当。从次洪沙量与面平均降雨量关系(见图 6-5)看,点据分布总体偏下方,说明相同面雨量条件下的次洪沙量有所减小。

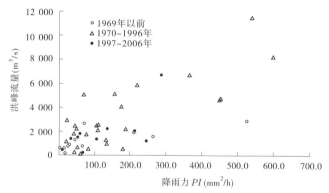

图 6-2　皇甫川年最大洪峰流量与降雨力关系

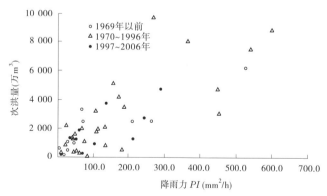

图 6-3　皇甫川年最大次洪量与降雨力关系

图 6-6 是次洪沙量与次洪量的关系。由此可见,与其他两个时段相比,1997～2006 年相同次洪量条件下的输沙量有所减少,尤其是当次洪量大于 2 000 万 m^3 时,次洪沙量减少更为明显。相反,次洪量较小时,次洪沙量反而减少不明显,对此现象值得进一步研究。

总之,皇甫川流域的洪水泥沙变化主要表现在以下三个方面:一是降雨强度有所降低,如 1996 年以前的降雨强度大,而 1997～2006 年大大降低。以 PI 为例,前者在 300

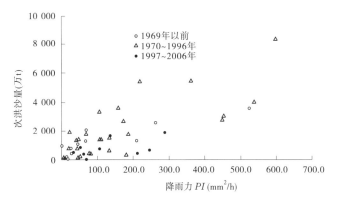

图6-4　皇甫川年最大次洪沙量与降雨力关系

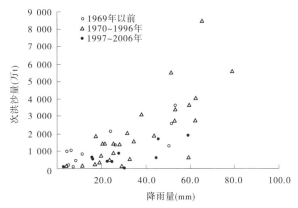

图6-5　皇甫川次洪沙量与降雨量关系

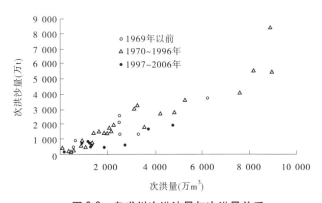

图6-6　皇甫川次洪沙量与次洪量关系

mm^2/h 以上,1997～2006 年的均小于 300 mm^2/h。二是相同降雨强度下,1997～2006 年与以前时段相比,单位降雨力的次洪量变化不大,而次洪沙量减少明显。对于洪峰流量,在降雨力较小时有所减小,降雨力较大时,洪峰流量仍然很大。三是相同次洪量条件下的输沙量大大减少,尤其是当次洪量大于 2 000 万 m^3 时,次洪沙量减少更为明显。但是,降雨洪水泥沙的函数形式并未改变,即不同时段点据分布的趋势线是基本一致的。

6.4.2 窟野河

温家川水文站控制面积 8 645 km^2,是河龙区间的第二大支流。温家川站建于 1953 年,迄今实测最大洪峰流量为 14 100 m^3/s,出现于 1959 年 8 月 3 日的大洪水。

6.4.2.1 年最大场次洪水变化

由温家川站每年最大一场洪水的洪峰流量过程(见图 6-7)可以看出,20 世纪 50 年代和 70 年代最大场次洪水的洪峰流量较大,尤其是 70 年代,均值为 7 079 m^3/s,是整个系列的最大值。进入 2000 年后,洪峰流量急剧减小,均值为 811 m^3/s,仅占多年均值的 19.7%。

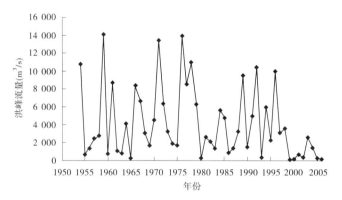

图 6-7 温家川站年最大场次洪水洪峰流量过程

6.4.2.2 大中洪水发生频次的变化

按上述大中洪水划分的方法,将温家川站洪峰流量 2 055 m^3/s 作为较大量级洪水,取洪峰流量 1 028 m^3/s 作为中量级洪水。分析可知,1954～2006 年窟野河流域中量级以上洪水年均发生 2.0 次,其中 20 世纪 70 年代最高,年均 2.9 次;较大流量级洪水年均发生 1.2 次,2000 年后显著减少,仅在 2003 年发生了 1 次,其余年份均未发生大于标准的洪水,说明窟野河流域 2000 年后为明显的枯水时段。

6.4.2.3 暴雨洪水关系的变化

分别建立窟野河流域 1969 年以前、1970～1996 年和 1997～2006 年最大场次洪水的洪峰流量、次洪量、次洪沙量与相应降雨力关系(见图 6-8～图 6-10),由此可见,在相同暴

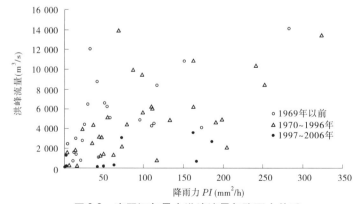

图 6-8 窟野河年最大洪峰流量与降雨力关系

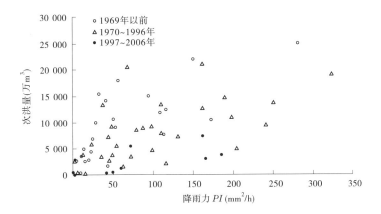

图 6-9 窟野河年最大次洪量与降雨力关系

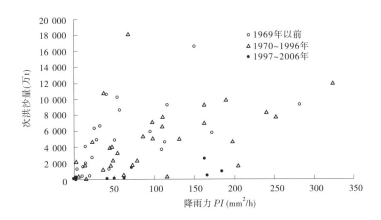

图 6-10 窟野河年最大次洪沙量与降雨力关系

雨的情况下,后一时段的洪峰流量、次洪量、次洪沙量均小于前两个时段,说明在人类活动影响下,相同暴雨的产洪产沙量已发生变化,而且减沙效益明显大于减洪效益。与图 6-2 ~ 图 6-4 相比,窟野河流域的减洪减沙效益要比皇甫川明显,这与表 5-22 所反映的人类活动因素对减水、减沙作用的影响也是基本相符的,同时,与前述表 6-3 所计算的结果也是一致的。

从次洪量与次洪沙量关系(见图 6-11)看,与其他两个时段相比,1997 ~ 2006 年的点据基本分布于点群的下方,说明相同次洪量下的输沙量已大大减少。但是,就函数形式来说,与前两个时段相比并未变化,即不同时段点据分布的趋势线是基本一致的。

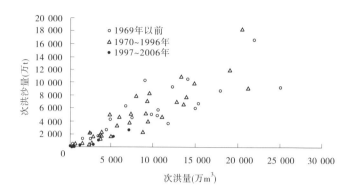

图 6-11　窟野河次洪沙量与次洪量关系

6.4.3　龙门站

重点分析龙门水文站洪峰流量大于 10 000 m³/s 的洪水。黄河北干流出口站龙门水文站洪水具有洪峰流量大、洪水历时短、含沙量高等特点。1954～2006 年的 53 a 间共出现大于 10 000 m³/s 的洪水 23 场（见表 6-6），而且大洪水主要来自河口镇至吴堡区间的支流。在 23 场大洪水中，吴堡站洪峰流量占到龙门站洪峰流量 50% 以上的就有 20 场，占大洪水总场次的 87.0%；5 条支流洪峰流量占到龙门站洪峰流量 50% 以上的就有 17 场，占大洪水总场次的 73.9%。

在 5 条支流中以窟野河洪水所占的比例最大，温家川站的洪峰流量占到龙门站洪峰流量 50% 以上的就有 9 场，有 6 次占到龙门站洪峰流量的 80% 以上。有时窟野河单独来水就可以形成龙门站最大洪峰。

对 1954 年以来龙门站大于 10 000 m³/s 的洪水输沙量的统计表明，龙门站 23 场大洪水中有 16 场洪水的泥沙主要来自河口镇至吴堡区间，占到龙门站大洪水泥沙来源的 69.6%；有 7 场洪水的泥沙主要来自吴堡至龙门区间，占到龙门站大洪水泥沙来源的 30.4%（见表 6-7）。

由图 6-12 和图 6-13 分析知，对于龙门站洪峰流量大于 1 000 m³/s 的洪水来说，20 世纪 70 年代以后在相同面雨量下，其洪峰流量相对于 20 世纪 50 年代、60 年代有所减小，但是 20 世纪 70 年代以后龙门站的洪量相对于 20 世纪 50 年代、60 年代，减小趋势并不明显。

另外，由图 6-14 知，20 世纪 70 年代以后，龙门站面平均雨量大于 30 mm 时，其洪水输沙量相对于 20 世纪 50 年代、60 年代有增加趋势。这是否说明当河龙区间面平均雨量达到一定程度时，龙门站的洪沙量是增大的，水利水保工程的作用是有限的，还很值得研究。因为河龙区间降雨能否形成龙门站的较大洪量过程，除与下垫面因素有关外，还与降雨地点、范围有关。

表6-6　龙门站洪峰流量大于 10 000 m³/s 的洪水来源组成

编号	时间（年-月-日 T时:分）	不同断面相应洪峰流量（m³/s）								5条支流之和（m³/s）	洪水来源组成分析
		龙门	吴堡	河口镇	皇甫	温家川	高石崖	高家川	申家湾		
1	1954-09-03T02:00	16 400	14 300			5 100				5 100	吴堡以上及 5 条支流来水
2	1958-07-13T22:00	10 800	12 600		514	2 760	550	2 040	3 980	9 844	吴堡以上及 5 条支流来水
3	1959-07-21T23:30	12 400	14 600	1 830		12 000		2 800	770	15 570	吴堡以上及 5 条支流来水
4	1959-08-04T17:00	11 300	9 140	1 330	2 900	14 100	2 730	555	235	20 520	吴堡以上及 5 条支流来水
5	1964-07-07T04:30	10 200	3 330	852			344	170	297	811	吴堡以下来水
6	1964-08-13T20:30	17 300	17 500	3 240	1 000	4 100	3 990	2 090	1 870	13 050	吴堡以上及 5 条支流来水
7	1966-07-29T14:54	10 100	11 100	1 280	1 620	8 380	1 190	369	653	12 212	吴堡以上及 5 条支流来水
8	1967-08-07T02:00	15 300	15 100	1 630	2 650	6 630	5 670	506		1 5456	吴堡以上及 5 条支流来水
9	1967-08-11T06:00	21 000	19 500	2 500	1 300	4 250	2 140	924		8 614	吴堡以上来水
10	1967-08-20T22:00	14 900	11 000	2 830		3 370		2 170	1 940	7 480	吴堡以上来水
11	1967-08-22T22:00	14 000	11 600	2 650	860			831	835	2 526	吴堡以上来水
12	1967-09-02T00:00	14 800	11 600	2 740	2 160	6 500	2 070	1 000	391	12 121	吴堡以上及 5 条支流来水
13	1970-08-02T21:03	13 800	17 000	73.1	1 550	4 330	2 700	3 500	5 770	17 850	吴堡以上及 5 条支流来水
14	1971-07-26T03:00	14 300	14 600	195（日均）	228	13 500	2 430	2 760	667	19 585	吴堡以上及 5 条支流来水
15	1972-07-20T19:30	10 900	11 600	1 710	8 400	6 260	668	457	885	16 670	吴堡以上及 5 条支流来水
16	1976-08-03T11:00	10 600	24 000	1 520	2 270	14 000	2 330			18 600	吴堡以上及 5 条支流来水
17	1977-07-06T17:00	14 500	4 770	800						0	延河、清涧河来水
18	1977-08-03T05:00	13 600	15 000	813	910	8 480	10 300	600	365	20 655	吴堡以上及 5 条支流来水
19	1977-08-06T15:30	12 700	4 700	760		496		875	169	1 540	吴堡以下来水
20	1979-08-12T03:30	13 000	11 900	2 180	4 660	6 300	2 310	600		13 270	吴堡以上及 5 条支流来水
21	1988-08-06T14:00	10 200	9 000	226	6 790	3 190	1 650	272		11 902	吴堡以上及 5 条支流来水
22	1994-08-05T11:36	10 600	6 230	1 130	1 320	6 060	310	75		7 765	吴堡上下混合来水
23	1996-08-10T13:00	11 100	9 700	903	5 110	10 000	992	900	408	17 410	吴堡以上及 5 条支流来水

注:1. 5条支流指皇甫川、孤山川、窟野河、秃尾河和佳芦河;2. 1954 年洪水来源组成分析根据暴雨等值线图判定。

表 6-7 龙门、吴堡站洪峰流量、次洪量及次洪沙量

序号	吴堡				龙门			
	洪峰出现时间（年-月-日 T 时:分）	洪峰流量（m³/s）	次洪量（亿 m³）	次洪沙量（亿 t）	洪峰出现时间（年-月-日 T 时:分）	洪峰流量（m³/s）	次洪量（亿 m³）	次洪沙量（亿 t）
1	1954-09-02T02:00	14 300	6.029	1.91	1954-09-03T02:00	16 400	8.984	2.92
2	1958-07-13T08:00	12 600	5.057	0.79	1958-07-13T22:00	10 800	5.288	1.01
3	1959-07-21T12:00	14 600	8.073	2.19	1959-07-21T23:30	12 400	11.35	2.26
4	1959-08-04T03:48	9 140	4.314	1.05	1959-08-04T17:00	11 300	5.572	1.41
5	1964-07-06T19:24	3 330	3.793	0.43	1964-07-07T04:30	10 200	8.558	3.77
6	1964-08-13T08:18	17 500	15.96	2.30	1964-08-13T20:30	17 300	11.88	2.02
7	1966-07-29T01:30	11 100	4.473	1.03	1966-07-29T14:54	10 100	7.238	1.69
8	1967-08-06T12:12	15 100	7.077	2.02	1967-08-07T02:00	15 300	8.445	1.86
9	1967-08-10T20:12	19 500	12.44	3.16	1967-08-11T06:00	21 000	13.32	3.57
10	1967-08-20T10:06	11 000	10.61	1.44	1967-08-20T22:00	14 900	8.195	1.35
11	1967-08-22T11:00	11 600	5.384	1.04	1967-08-22T22:00	14 000	12.03	2.25
12	1967-09-01T09:30	11 600	12.84	1.96	1967-09-02T00:00	14 800	8.891	1.87
13	1970-08-02T11:00	17 000	4.765	2.55	1970-08-02T21:03	13 800	8.882	5.23
14	1971-07-25T15:28	14 600	6.972	2.39	1971-07-26T03:00	14 300	8.452	3.12
15	1972-07-20T07:00	11 600	7.633	1.11	1972-07-20T19:30	10 900	9.345	1.61
16	1976-08-02T22:00	24 000	4.612	1.09	1976-08-03T11:00	10 600	5.739	0.67
17	1977-07-06T09:00	4 770	3.830	0.41	1977-07-06T17:00	14 500	7.715	3.22
18	1977-08-02T19:00	15 000	6.524	2.34	1977-08-03T05:00	13 600	7.421	2.21
19	1977-08-06T04:00	4 700	3.357	0.43	1977-08-06T15:30	12 700	14.32	5.97
20	1979-08-11T16:30	11 900	9.889	1.67	1979-08-12T03:30	13 000	8.375	1.18
21	1988-08-05T20:00	9 000	5.530	1.72	1988-08-06T14:00	10 200	8.292	2.78
22	1994-08-05T12:30	6 310	4.792	0.75	1994-08-05T11:36	10 600	11.04	3.04
23	1996-08-09T23:24	9 700	3.669	0.73	1996-08-10T13:00	11 100	6.621	1.54

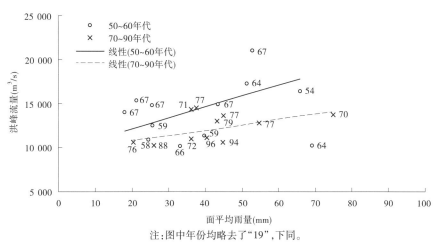

注:图中年份均略去了"19",下同。

图 6-12　龙门站大于 10 000 m³/s 洪水洪峰流量与河龙区间面雨量关系

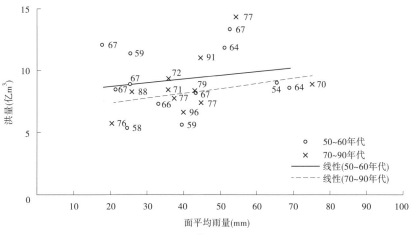

图 6-13　龙门站大于 10 000 m³/s 洪水洪量与河龙区间面雨量关系

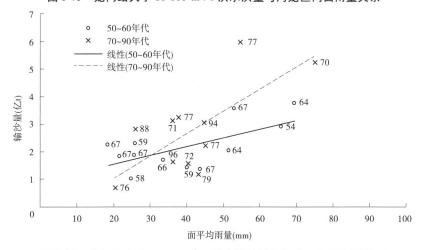

图 6-14　龙门站大于 10 000 m³/s 洪水输沙量与河龙区间面雨量关系

6.5 小 结

（1）1970～2006年河龙区间洪峰流量、次洪量、次洪沙量的削减程度分别为33.6%～39.7%、41.3%～43.9%和38.0%～51.5%，其中1997～2006年洪峰流量、次洪量、次洪沙量的削减程度分别为54.4%、60.0%～58.6%和62.2%～69.5%；皇甫川、孤山川、窟野河、秃尾河和佳芦河5条支流洪峰流量、次洪量、次洪沙量的削减程度分别为23.7%～39.3%、41.7%～46.0%和30.3%～58.0%，其中，1997～2006年洪峰流量、次洪量、次洪沙量的削减程度分别为50.1%～57.9%、66.0%～62.0%和64.6%～79.8%。可以看出，5条支流洪峰流量、次洪量和次洪沙量的削减程度总体上较河龙区间的平均值为低或与之持平。计算结果表明，水利水保措施对于洪量的削减程度最大，对沙量次之，对洪峰的削减程度最小。

另外，不同流域的降雨—洪水、泥沙关系变化程度并不相同。以皇甫川和窟野河流域为例，对于皇甫川流域，1997～2006年与1996年以前相比，在相同暴雨的情况下，皇甫川洪峰流量有所减小，但在降雨力较大时，洪峰流量并未减少，即在较大暴雨下，洪峰流量还会很大；次洪量减少不明显，基本与1996年以前时段相当；次洪沙量有明显减小，尤其是当次洪量大于2 000万m³时，次洪沙量减少更为明显，相同次洪量下的输沙量也有所减少。

对于窟野河流域，与1996年以前相比，在相同暴雨的情况下，1997～2006年最大场次洪水的洪峰流量、次洪量、次洪沙量均有所减少，而且减幅明显大于皇甫川。同时，相同次洪量下的输沙量也大大减少。

但是，就暴雨—洪水、泥沙函数关系及洪水—泥沙函数形式来说，不同时段相比并未发生明显变化，只是在函数坐标系中不同时段的点据带沿上下分布的位置有所变化。

（2）河龙区间和5条支流的水利水保措施影响程度基本相当，总体来说，水利水保措施对5条支流的影响略小于对河龙区间的影响。

（3）1997年之后水利水保措施对洪峰流量、次洪量和次洪沙量的削减程度均大于1997年之前，基本在50%以上。但必须指出的是，这样的影响是在近年来河龙区间降水连续相对偏枯的情况下产生的。以往的研究也表明[7]，水利水保措施对暴雨洪水的影响程度与降雨大小有关，当雨量和雨强小于某一值时，其作用较为显著，而当暴雨雨量和雨强较大时，水利水保措施的作用效果会有所下降。因此，在近年来河龙区间降水连续相对偏枯的情况下，水利水保措施的相对作用会更为突出。

（4）近年来河龙区间正处在一个连续的相对枯水时段。但是，鉴于2003年皇甫川发生了建站以来的第三大洪水，1994年、1996年龙门站发生了洪峰流量大于10 000 m³/s的大洪水等情况，河龙区间及其主要支流仍有发生较大洪水的可能。

从龙门站的暴雨洪水泥沙变化特点看，当面平均雨量或降雨强度达到一定程度时，水利水保措施对洪水的控制作用是有限的。从而应当认识到，从长时段平均和大范围来看，水利水保措施减洪减沙效益是不断增加的，但不能排除在局部地区某一短期内出现大洪水的现象。不过，由于某一断面或某一河段能否形成较大的洪水过程，除与流域的下垫面变化有关外，还取决于降雨地点与范围，因而对这一现象还需作进一步研究。

参考文献

[1]　胡汝南. 从陕北"84·7"暴雨的产流产沙看水土保持削洪减沙效益[J]. 中国水土保持,1985(1):28-31.

[2]　金争平,史培军,侯福昌,等. 黄河皇甫川流域土壤侵蚀系统模型和治理模式[M]. 北京:海洋出版社,1992.

[3]　中华人民共和国水利部. SL 460—2009 水文年鉴汇编刊印规范[S]. 北京:中国水利水电出版社,2009.

[4]　张维,李玉霜. 商业银行信用风险分析综述[J]. 管理科学学报,1998,1(3):20-27.

[5]　王青峰,万海晖,张维. 商业银行信用风险评估及其实证研究[J]. 管理科学学报,1998,1(1):68-72.

[6]　中国科学院计算中心概率统计组. 概率统计计算[M]. 北京:科学出版社,1979.

[7]　姚文艺,李占斌,康玲玲. 黄土高原土壤侵蚀治理的生态环境效应[M]. 北京:科学出版社,2005.

第7章

典型人类活动对黄河径流泥沙影响分析

黄河是一条受人类活动强烈干扰的河流,诸如大型水利枢纽运用、大型灌区引水灌溉和煤矿开采等人类活动对黄河水沙变化起着直接的胁迫作用。大型水利枢纽的运用可以改变其下游径流泥沙的时间分配过程;灌区引水可以减少干流的径流泥沙,并对其时间、空间的分配过程具有调整作用;煤矿开采等类型的人类活动直接扰动或破坏地形地貌和地表层,造成下垫面、土壤入渗、不透水层等状况发生变化,从而直接影响水循环过程,改变地表径流、河川基流、地下水的运动规律,使流域水沙发生变化。因此,分析典型人类活动对径流泥沙的影响是分析水沙变化原因的主要内容之一。本章重点就上中游大型水利枢纽运用、大型灌区引水和典型支流煤矿开采等典型人类活动对黄河水沙变化的影响作用进行探讨。

7.1 上中游引黄灌区引水对径流泥沙影响分析

本节以宁夏引黄灌区、内蒙古引黄灌区和陕西关中灌区为研究对象,就灌区引水对黄河干流和渭河的径流泥沙影响程度进行分析。

7.1.1 灌区概况

7.1.1.1 宁夏引黄灌区

宁夏引黄灌区是我国四大古老灌区之一,位于黄河上游下河沿—石嘴山河段。宁夏引黄灌区以青铜峡水利枢纽为界,其上游为卫宁灌区,下游为青铜峡灌区。由于黄河河道的自然分界,卫宁灌区又划分为河北灌区、河南灌区和固海灌区,青铜峡灌区又划分为河东灌区、河西灌区和盐环定灌区。

宁夏引黄灌区共有大中型干渠17条,设计灌溉面积28.4万hm²,有效灌溉面积31.53万hm²,设计供水能力816 m³/s,现状供水能力812 m³/s,总干渠引水能力866 m³/s。其中,卫宁灌区引水能力181 m³/s,灌溉面积5.8万hm²;青铜峡灌区引水能力685 m³/s,灌溉面积25.73万hm²。宁夏引黄灌区基本情况见表7-1。

表 7-1　宁夏引黄灌区基本情况

灌区名称		引水渠名称	水源	引水能力（m³/s）	灌溉面积（万 hm²）	2000 年引水量（亿 m³）	水文站或监测站
卫宁灌区	河北灌区	美利总干渠	黄河	45	2.77	4.87	下河沿
		跃进渠	黄河	28	1.63	2.71	胜金关
	河南灌区	七星渠	黄河	53	2.77	6.59	申滩
		羚羊寿渠	黄河	12	1.34	1.09	羚羊寿渠
		羚羊角渠	黄河	1	0.16	0.12	羚羊角渠
	固海灌区	固海扬水	黄河	25	6.75	2.12	泉眼山
青铜峡灌区	河东灌区	河东总干渠	黄河	115	0.04		青铜峡
		秦渠	河东总干渠	65.5	4.00	5.72	秦坝关
		汉渠	河东总干渠	28.5	2.00	2.75	余家桥（二）
		马莲渠	河东总干渠	21	0.66	1.49	余家桥（一）
		东干渠	黄河	38	2.20	4.65	东干渠
	河西灌区	河西总干渠	黄河	450	0.40		青铜峡
		西干渠	河西总干渠	57	4.30	7.14	西干渠
		唐徕渠	河西总干渠	150	12.10	16.17	大坝
		汉延渠	河西总干渠	80	5.70	7.90	小坝
		惠农渠	河西总干渠	94	11.50	10.83	龙门桥
		大清渠	河西总干渠	25	1.05	1.94	大坝
		泰民渠	河西总干渠	16	0.85	1.55	泰民渠
	盐环定灌区	盐环定扬水渠	东干渠	11	1.00	0.28	盐环定

　　宁夏引黄灌区排水条件好,排水能力强,共有排水沟 223 条(其中直接入黄一级排水沟 177 条,水文站以下二级排水沟 46 条),排水能力 600 m³/s。有水文站监测控制的排水沟 24 条,排水面积 4 363 km²。

7.1.1.2　内蒙古引黄灌区

　　内蒙古引黄灌区由河套灌区等 7 个灌区组成(见表 7-2),东西长约 480 km,南北宽 10~415 km,总面积约 2.13 万 km²,现状总灌溉面积 77.91 万 hm²。灌溉面积 2 万 hm² 以上大型灌区 4 处,灌溉面积 73.07 万 hm²,占内蒙古引黄灌区现状灌溉面积的 93.8%。

　　内蒙古引黄灌区共有 5 条总干渠,总的引水能力 180.3~720.3 m³/s;干渠 67 条,支渠达到 598 条。渠系水利用系数为 0.35~0.51(见表 7-3)。

　　内蒙古引黄灌区排水渠道主要分布在河套灌区。河套灌区排水系统分为七级,其中总排干沟 1 条,全长 228 km;干沟 12 条,全长 503 km;分干沟 59 条,全长 925 km;支沟 297 条,全长 1 777 km;斗、农、毛渠 17 322 条,全长 10 534 km。

表7-2 内蒙古引黄灌区基本情况

灌区名称	土地面积（万 hm²）	耕地面积（万 hm²）	现状灌溉面积（万 hm²）
河套灌区	111.95	93.02	57.44
黄河南岸灌区	47.99	17.80	9.31
磴口扬水灌区	12.79	9.77	4.23
民族团结灌区	4.98	3.07	1.50
麻地壕灌区	11.81	6.27	2.09
大黑河灌区	16.07	8.84	1.65
沿黄小灌区			1.69
合计	205.59	138.77	77.91

表7-3 内蒙古引黄灌区骨干渠系工程现状

灌区名称	渠道	数量（条）	长度（km）	衬砌长度（km）	引水能力（m³/s）	渠系水利用系数
河套灌区	总干渠	1	180.85		565.0～78.0	0.42
	干渠	13	779.74	55.86	93.0～2.6	
	分干渠	48	1 069	24.67	25.0～1.0	
	支渠	339	2 218.50	20	15.0～0.5	
黄河南岸灌区	总干渠	1	148.00		40.0～19.0	自流 0.35 提水 0.51
	干渠	45	446.65	16.5	4.5～0.7	
	支渠	122	328.15		2.5～0.5	
磴口扬水灌区	总干渠	1	18.05	6.3	50.0	0.51
	干渠	3	132.10		22.0～7.0	
	支渠	89	336.00		2.5～0.5	
民族团结灌区	总干渠	1	13.86		25.3	0.46
	干渠	3	98.30	22.7		
麻地壕灌区	总干渠	1	4.90	0	40.0～8.0	0.42
	干渠	3	47.29	10.5	18.0～8.0	
	分干渠	8	113.88	29.8	18.0～8.0	
	支渠	48	207.37	7.5	0.8～2.0	
总干渠合计		5	365.66	6.3		
干渠合计		67	1 504.08	105.56		
分干渠合计		56	1 182.88	54.47		
支渠合计		598	3 090.02	27.5		

宁夏、内蒙古引黄灌区分布见图7-1。

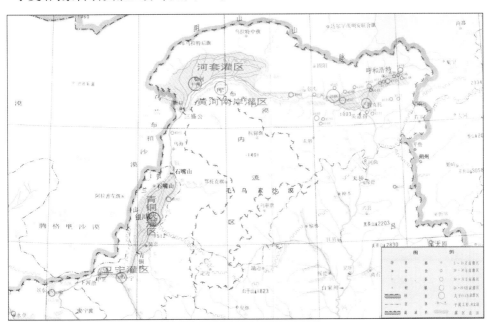

图7-1　宁夏、内蒙古引黄灌区分布示意图

7.1.1.3　关中灌区

陕西关中地区素有"八百里秦川"之称,土地面积3.5万 km²。截至2006年年底,关中地区有效灌溉面积91.07万 hm²,灌溉水源主要为渭河及其支流。关中灌区主要包括宝鸡峡引渭灌区、交口抽渭灌区、泾惠渠灌区、洛惠渠灌区、冯家山水库灌区、石头河水库灌区、羊毛湾水库灌区和桃曲坡水库灌区等8大灌区。

宝鸡峡引渭灌区位于陕西省关中西部渭河以北川塬地区,设计引水流量95 m³/s,设计灌溉面积19.77万 hm²。冯家山水库灌区位于渭河支流千河下游峡谷末端,引水地点在陕西省宝鸡县桥镇乡冯家山村。该灌区以千河为界,分为东西两部分,东灌区控制面积8.13万 hm²,西灌区控制面积1.013万 hm²,设计引水流量36 m³/s。交口抽渭灌区位于关中平原下游的渭南地区,抽水地点在临潼区油槐乡西楼村。全灌区共建抽水站34处,总装机2.94 kW。灌区范围上接泾惠渠灌区,西起石川河,东到北洛河,南到渭河,设计提水流量37 m³/s,设计灌溉面积8.40万 hm²。泾惠渠灌区引水地点在渭河与泾河汇合处的泾河泾阳县王桥乡张家山。引泾灌区始于公元前246年战国时代秦国修建的"郑国渠"。泾惠渠由我国现代水利先驱李仪祉先生主持修建,计划灌溉面积4.267万 hm²,实灌不到3.330万 hm²。目前,灌区东西长约70 km,南北宽约20 km,设计引水流量46 m³/s,设计灌溉面积9.034万 hm²。洛惠渠灌区总面积750 km²,原设计灌溉面积3.33万 hm²,开灌后经几次扩建改造,到20世纪70年代有效灌溉面积达5.17万 hm²,目前有效灌溉面积4.95万 hm²。渭河流域主要灌区分布见图7-2。

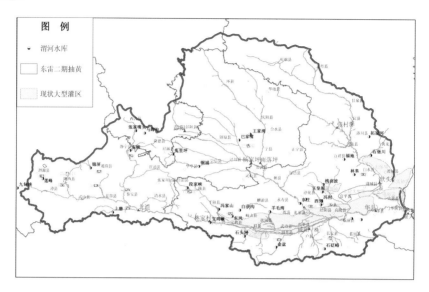

图 7-2　渭河流域主要灌区分布示意图

7.1.2　灌区引水排水特点分析

7.1.2.1　宁夏引黄灌区引水排水特点

1. 宁夏引黄灌区引水特点

1997～2006 年宁夏引黄灌区年均引水 75.89 亿 m³,占同期黄河下河沿水文站径流量的 33%。其中卫宁灌区年均引水 18.59 亿 m³,青铜峡灌区年均引水 57.30 亿 m³,分别占宁夏引黄灌区年平均引水量 75.89 亿 m³ 的 24.5% 和 75.5%(见表 7-4)。与 1950～1996 年平均引水量 67.02 亿 m³ 比较,1997～2006 年宁夏引黄灌区引水量增加了 8.87 亿 m³,增幅在 13% 以上。

表 7-4　宁夏引黄灌区不同时段年均引水量

时段	年均引水量(亿 m³)			1997～2006 年与其他时段的引水量比较					
	宁夏引黄灌区	卫宁灌区	青铜峡灌区	宁夏引黄灌区		卫宁灌区		青铜峡灌区	
				变化量(亿 m³)	比例(%)	变化量(亿 m³)	比例(%)	变化量(亿 m³)	比例(%)
1950～2006 年	64.75	15.62	49.13	11.14	17	2.97	19	8.17	17
1950～1969 年	49.24	13.09	36.15	26.65	54	5.50	42	21.15	59
1970～1979 年	66.82	16.06	50.76	9.07	14	2.53	16	6.54	13
1980～1989 年	71.29	15.30	55.99	4.60	7	3.29	22	1.31	2
1990～1996 年	80.74	18.38	62.36	-4.85	-6	0.21	1	-5.06	-8
1997～2006 年	75.89	18.59	57.30	0.00	0	0.00	0	0.00	0
1956～2005 年	67.71	16.21	51.50	8.18	12	2.38	15	5.80	11

1997～2006 年宁夏引黄灌区汛期平均引水量为 30.3 亿 m³,约占同期年均引水量 75.89 亿 m³ 的 40%,其中卫宁灌区汛期平均引水量 7.6 亿 m³,占该灌区同期年均引水量 18.59 亿 m³ 的 41%;青铜峡灌区汛期平均引水量为 22.7 亿 m³,占该灌区同期年均引水量57.30 亿 m³ 的 40%,与多年汛期平均引水量相比减少了 0.52 亿 m³。

1997～2006 年宁夏引黄灌区年内引水时段为 3～11 月,主要在 4～11 月。5 月引水量最大,占年均引水量 75.89 亿 m³ 的 20% 以上;10 月引水量最小,不足年均引水量的 3%。

2. 宁夏引黄灌区排水特点

灌区排水量包括监测的已控排水量和没有监测的未控排水量。目前宁夏引黄灌区有已控排水沟 24 条,控制排水面积为 4 363.9 km²,占灌区总排水面积的 74.8%。除此之外,还有 199 条未控排水沟,排水面积为 1 471.1 km²,占灌区总排水面积的 25.2%。

针对宁夏引黄灌区排水问题,黄委黄河上游水文水资源局和宁夏回族自治区水文局先后开展了"宁夏青铜峡河东灌区用水试验"和"宁夏引黄灌区灌溉回归水勘察研究"等项工作,借用邻近已控排水沟的排水模数计算了试验期间未监控排水沟的排水量。参考该项研究成果,在分析灌区未控排水影响的基础上,通过建立灌区月未控排水量与月引水量、月降水量的定量关系,计算灌区未控排水量。在此基础上,根据试验资料,建立了灌区月未控排水量与月已控排水量的定量关系(见图 7-3),进而计算灌区总排水量。

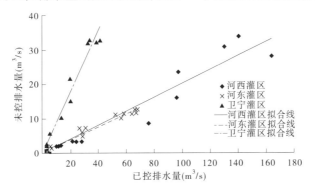

图 7-3　宁夏引黄灌区月未控排水量与月已控排水量关系

计算结果表明,1970 年以来宁夏引黄灌区总排水量呈现出先缓慢增大又快速减小的趋势。在 1998 年达到最大值 53.0 亿 m³,之后在 2003 年急剧下降到最小值 25.7 亿 m³,之后又小幅回升。

1997～2006 年宁夏引黄灌区总排水量平均为 39.38 亿 m³,占同期引水量 75.89 亿 m³ 的51.9%。在此期间,卫宁灌区总排水量 8.38 亿 m³,占 21%;青铜峡灌区总排水量 31.00亿 m³,占 79%。卫宁灌区和青铜峡灌区的排水比(排水量占总排水量的比例)分别为 24% 和 76%,引水比(引水量占总引水量的比例)与其基本相当。

与多年(1956～2005 年)平均相比,1997～2006 年宁夏引黄灌区排水量增加了 2.64 亿 m³,增幅为 7%(见表 7-5),但是,如前所述,该期间的引水量却增加了 8.18 亿 m³,引水增幅为 12.1%,高于排水增加的比例。

表7-5　宁夏引黄灌区年均排水量

时段	年均排水量（亿 m³）			1997～2006 年与其他时段的排水量比较					
	宁夏引黄灌区	卫宁灌区	青铜峡灌区	宁夏引黄灌区		卫宁灌区		青铜峡灌区	
				变化量（亿 m³）	比例（%）	变化量（亿 m³）	比例（%）	变化量（亿 m³）	比例（%）
1950～1969 年	23.82	10.04	13.78	15.56	65	-1.66	-17	17.22	125
1970～1979 年	38.02	11.65	26.37	1.36	4	-3.27	-28	4.63	18
1980～1989 年	38.22	10.15	28.07	1.16	3	-1.77	-17	2.93	10
1990～1996 年	47.69	11.14	36.55	-8.31	-17	-2.76	-25	-5.55	-15
1997～2006 年	39.38	8.38	31.00	0.00	0	0.00	0	0.00	0
1956～2005 年	36.74	10.34	26.40	2.64	7	-1.96	-19	4.60	17

宁夏引黄灌区年内各月均有排水，排水期在 4～11 月，与主要引水期吻合。1997～2006 年宁夏引黄灌区月均排水量 3.28 亿 m³，其中卫宁灌区为 0.70 亿 m³，青铜峡灌区为 2.58 亿 m³，分别占月均总排水量的 21.3% 和 78.7%。7 月排水量最大，2 月排水量最小。排水量随引水量的变化而增减。1999 年以前引水量呈增长趋势，1999 年以后引水量呈下降趋势。与此对应，排水量和排引比在 1998 年以前呈增长趋势，1998 年以后呈明显下降趋势（见图 7-4）。1997～2006 年宁夏引黄灌区排引比降到历史较低水平，为 0.52，其中有些年份只有 0.43。

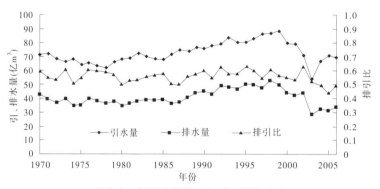

图 7-4　宁夏引黄灌区年引水排水过程

7.1.2.2　内蒙古引黄灌区引水排水特点

1. 内蒙古引黄灌区引水特点

1997～2006 年内蒙古引黄灌区年均引水 64.10 亿 m³，较 1972～1996 年增加 1.8 亿 m³，增幅约为 3%。汛期引水 39.0 亿 m³，占年总引水量 64.10 亿 m³ 的 60.8%。石三（石嘴山—三湖河口）河段分别占石头（石嘴山—头道拐）河段年均引水量和汛期引水量的 95.1% 和 96.8%（见表 7-6）。与 1972～1996 年平均相比，石三河段年引水增加 1.64 亿 m³，汛期引水增加 0.72 亿 m³。

表7-6　石头河段引黄灌区不同时段引水量

时段	石头河段引水			石三河段引水				三头河段引水			
	年均引水量（亿 m³）	汛期引水量（亿 m³）	汛期所占比例（%）	年均引水量（亿 m³）	比例（%）	汛期引水量（亿 m³）	比例（%）	年均引水量（亿 m³）	比例（%）	汛期引水量（亿 m³）	比例（%）
1972～1979 年	50.92	31.16	61.20	49.63	97.47	30.66	98.40	1.29	2.53	0.50	1.60
1980～1989 年	66.99	41.59	62.10	63.30	94.49	40.16	96.56	3.69	5.51	1.43	3.44
1990～1996 年	68.95	41.75	60.60	64.95	94.20	40.25	96.41	4.00	5.80	1.50	3.59
1997～2006 年	64.10	39.00	60.80	60.93	95.05	37.74	96.77	3.17	4.95	1.26	3.23
1972～2005 年	62.77	36.65	58.39	59.74	95.17	35.48	96.81	3.03	4.83	1.17	3.19

注：三头河段指三湖河口—头道拐河段。

从 1997～2006 年月均引水情况看,10 月引水最多,为 16.55 亿 m³,约占同期年均引水量 64.10 m³/s 的 25% 还多;3 月引水最少,为 0.03 亿 m³,不足年均引水量的 0.5%。

2.内蒙古引黄灌区排水特点

内蒙古引黄灌区排水主要通过河套灌区第二、三、四排水闸直接排泄入黄,部分由乌梁素海西山嘴及一些排水沟排水入黄。

由于石三河段年引水量占内蒙古引黄灌区引水量的 95% 以上,因而以石三河段灌区作为内蒙古引黄灌区的代表。1997～2006 年灌区平均排水量为 9.48 亿 m³,占同期引水量 64.10 亿 m³ 的 14.8%,远低于宁夏引黄灌区的比例 51.9%。其中,河套灌区排水量为 8.58 亿 m³,占石三河段引黄灌区总排水量的 90.5%;黄河南岸灌区平均排水量为 0.90 亿 m³,占总排水量的 9.5%（见表7-7）。

表7-7　石三河段灌区不同时段排水量

时段	年均排水量（亿 m³）			1997～2006 年排水量与其他时段比较					
	河套灌区	南岸灌区	合计	河套灌区		南岸灌区		合计	
				变化量（亿 m³）	比例（%）	变化量（亿 m³）	比例（%）	变化量（亿 m³）	比例（%）
1997～2006 年	8.58	0.90	9.48						
1970～1979 年	6.53	0.36	6.89	2.05	31	0.54	150	2.59	38
1980～1989 年	11.17	0.64	11.81	-2.59	-23	0.26	40	-2.33	-20
1990～1996 年	11.65	1.17	12.82	-3.07	-26	-0.27	-23	-3.34	-26
1962～2005 年	9.29	0.73	10.02	-0.71	-8	0.17	23	-0.54	-5

1997～2006 年石三河段灌区总退水量呈锯齿状涨落,年退水量最大值与最小值之比为 2.0（见图 7-5）。但自 2004 年以来,退水量逐年减少。

从 1997～2006 年的月排水情况看,9 月排水最多,为 2.40 亿 m³,占全年排水量 9.48 亿 m³ 的 25.3%;11 月排水最少,为 0.36 亿 m³,占全年的 3.8%。1997～2006 年汛期排

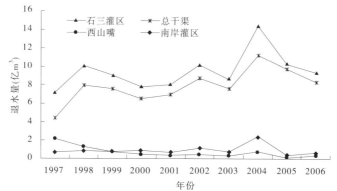

图 7-5　石三河段不同退水口排水过程

水量 5.38 亿 m^3，较多年平均值减少 0.81 亿 m^3。排水量随引水量的增减而增减（见图 7-6）。但自 2004 年以来，在引水量稍有增加的同时，排引比则急剧下降，由 2004 年的约 0.24 减至 2006 年的 0.14 左右。

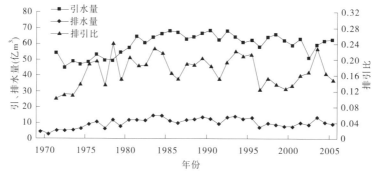

图 7-6　石三河段灌区年引水排水过程

7.1.2.3　关中灌区引水特点分析

1997 ~ 2006 年关中灌区年均引用水量为 13.22 亿 m^3，年最大引用水量为 15.72 亿 m^3（1997 年），年最小引用水量为 11.81 亿 m^3（2003 年）。年引用水量呈缓慢减小趋势（见图 7-7）。

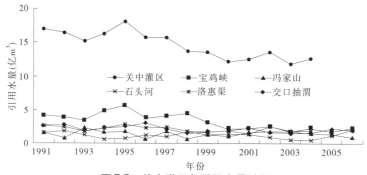

图 7-7　关中灌区年引用水量过程

7.1.3　灌区引沙排沙特点分析

7.1.3.1　宁夏引黄灌区引沙排沙特点

1.引沙特点

1997～2006 年宁夏引黄灌区年均引沙 2 574 万 t,占同期黄河下河沿站输沙量的 45%,其中卫宁灌区年均引沙 540 万 t,青铜峡灌区年均引沙 2 034 万 t,分别占宁夏灌区年均引沙量的 21% 和 79%,分别与相应引水量的比例 24.5% 和 75.5% 基本接近。

1997～2006 年宁夏引黄灌区年引沙量呈下降趋势,2000 年以后引沙量在 2 000 万 t 左右;1999 年引沙量最大,为 5 484 万 t,2004 年引沙量最小,为 1 313 万 t(见图 7-8)。与图 7-4 对比,引水过程与引沙过程有一定的对应关系。

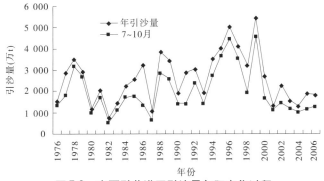

图 7-8　宁夏引黄灌区引沙量年际变化过程

根据 1997～2006 年资料分析,宁夏引黄灌区引沙量主要集中在 5～9 月,月引沙量在 200 万～1 000 万 t,引沙总量为 2 413 万 t,占年引沙总量的 94%。7 月引沙量最大,为 977 万 t,10 月引沙量最小,只有 12 万 t。

1997～2006 年宁夏引黄灌区汛期平均引沙量为 1 899 万 t,占同期年引沙量的 74%。 2000 年以来汛期引沙量保持在较低水平。

2.排沙特点

1997～2006 年宁夏引黄灌区年均排沙量 470 万 t,占同期灌区引沙量的 18%,远低于水量的排引比 51.9%,同时,10 a 内灌区年排沙量呈下降趋势(见图 7-9)。排沙量主要集中在每年的 5～8 月,总排沙量为 407 万 t,占年排沙量的 87%。

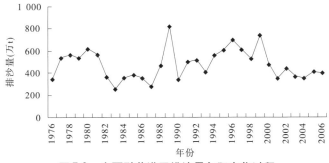

图 7-9　宁夏引黄灌区排沙量年际变化过程

7.1.3.2 内蒙古引黄灌区引沙排沙特点

1. 引沙特点

内蒙古引黄灌区 1972~2006 年多年平均引沙量为 1 586.3 万 t,其中汛期引沙量占年总引沙量的 79.8%。

1997~2006 年石头河段年均引沙 2 178.9 万 t,其中汛期引沙量为 1 682.7 万 t,占年总引沙量的 77.2%。石三河段年引沙量和汛期引沙量分别占石头河段相应时段的 96.1% 和 97.6%。与多年(1972~2006 年)平均引沙量 2 178.9 万 t 相比,1997~2006 年石头河段引沙量年均增加了 592.6 万 t,汛期增加了 417.4 万 t,占多年平均引沙量的比例分别为 27% 和 19%。三头河段年引沙量和汛期引沙量分别占石头河段相应时段的 3.9% 和 2.4%(见表 7-8)。

表 7-8 石头河段灌区不同时段引沙量

时段	石头河段			石三河段				三头河段			
	年均引沙量(万 t)	汛期引沙量(万 t)	汛期所占比例(%)	年均		汛期		年均		汛期	
				引沙量(万 t)	比例(%)	引沙量(万 t)	比例(%)	引沙量(万 t)	比例(%)	引沙量(万 t)	比例(%)
1997~2006 年	2 178.9	1 682.7	77.23	2 094	96.10	1 642	97.58	84.9	3.90	40.7	2.42
1972~1979 年	1 042.1	889.4	85.35	1 003	96.25	869	97.71	39.1	3.75	20.4	2.29
1980~1989 年	1 398.0	1 143.5	81.80	1 293	92.50	1 091	95.41	105.0	7.50	52.5	4.59
1990~1996 年	1 726.3	1 344.6	77.89	1 638	94.88	1 313	97.65	88.3	5.12	31.6	2.35
1972~2006 年	1 586.3	1 265.3	79.76	1 507	95.00	1 229	97.13	79.3	5.00	36.3	2.87

从 1997~2006 年月均引沙分配看,10 月引沙量最大,为 634 万 t,3 月最小,仅为 0.75 万 t。

2. 排沙特点

仍以石三河段灌区作为内蒙古引黄灌区的代表。1997~2006 年石三河段灌区年均排沙量为 301 万 t,与 1972~2006 年平均年排沙量 236 万 t 相比,增加 27.5%(见表 7-9)。

表 7-9 石三河段灌区不同时段排沙量

时段	年均排沙量(万 t)	汛期排沙量(万 t)	汛期所占比例(%)	1997~2006 年与其他时段的排沙量比较			
				年均		汛期	
				变化量(万 t)	比例(%)	变化量(万 t)	比例(%)
1997~2006 年	301	254	84.4				
1972~1979 年	187	163	87.2	114	61.0	91	55.8
1980~1989 年	203	169	83.3	98	48.3	85	50.3
1990~1996 年	241	198	82.2	60	24.9	56	28.3
1972~2006 年	236	198	83.9	65	27.5	56	28.3

1997~2006 年月均排沙最多的是 8 月,为 88.2 万 t,占全年排沙量的 29.3%;11 月排沙最少,为 3.13 万 t,约占全年的 1.0%。1997~2006 年汛期平均排沙量较 1972~2006 年汛期平均排沙量增加了 28.3%。

7.1.4 灌区引水对径流泥沙影响的分析方法

就一般概念而言,通过某一河段灌区的引水口和退水口实测引退资料,即可推算出引水对该河段径流量的影响作用。但实际上,引水除减少河段水量外,还必然在一定程度上改变该河段径流的演进过程或传递过程,从而对河段出口断面的径流量产生"附加干扰"作用。该"附加干扰"作用是相对于无引水条件而言的,此作用大小只能通过无引水期或称基准期上下断面的径流关系加以推算。对于泥沙而言亦是如此。为此,首先就灌区引水对径流泥沙影响的分析方法加以讨论。

7.1.4.1 上下断面关系法

1. 上下断面径流量关系法

根据受人类活动影响和不受人类活动干预条件下的水文资料,分别建立受干扰前后上下断面间的径流量关系,以定量分析人类活动对下断面径流量变化的影响程度。

宁蒙引黄灌区不受引水影响的资料相对较少,近似认为引水量较少时不足以改变河道径流过程,此时的径流量就作为不受引水影响的数据。根据目前的水文测验规范,断面流量单次测验总随机不确定度为不超过 ±5%(一类站),可认为上下断面水量在 10% 之内的变化不会改变上下断面间的径流过程。按此原则,考虑到宁蒙河段各水文断面来水和断面间的引水情况,制定以下资料选取标准:下石(下河沿—石嘴山)河段,区间月引水量 <3 亿 m^3 且引水占下河沿断面来水比例 <3%;下三(下河沿—三湖河口)、下头(下河沿—头道拐)河段,区间月引水量 <3 亿 m^3 且引水占下河沿断面来水比例 <10%。根据月引水情况,将月引水按照引水量 5 亿 m^3 以下、5 亿 ~ 10 亿 m^3、10 亿 ~ 15 亿 m^3、15 亿 ~ 20 亿 m^3、20 亿 ~ 25 亿 m^3、25 亿 m^3 以上分成 6 个等级。

利用宁蒙河段各断面实测径流量资料,回归统计不同河段上下断面之间的径流量关系(见表 7-10、表 7-11)。

表 7-10 不同引水量级上下断面径流量关系

区间	引水分级(亿 m^3)	关系式	相关系数
下石	基准样本	$W_{石} = 1.014\,8\,W_{下} + 0.236\,8$	0.995
	<5	$W_{石} = 1.018\,8\,W_{下} - 0.839\,0$	0.991
	5 ~ 10	$W_{石} = 1.061\,8\,W_{下} - 4.915\,5$	0.989
	10 ~ 15	$W_{石} = 1.010\,1\,W_{下} - 6.232\,5$	0.975
	≥15	$W_{石} = 0.922\,9\,W_{下} - 6.754\,0$	0.920
下三	基准样本	$W_{三} = 1.098\,4\,W_{下} - 2.028\,2$	0.979
	<10	$W_{三} = 0.999\,4\,W_{下} - 4.125\,9$	0.922
	10 ~ 15	$W_{三} = 0.971\,8\,W_{下} - 6.162\,9$	0.972
	15 ~ 20	$W_{三} = 1.061\,6\,W_{下} - 12.152\,0$	0.966
	20 ~ 25	$W_{三} = 1.046\,8\,W_{下} - 17.415\,0$	0.928
	≥25	$W_{三} = 0.900\,4\,W_{下} - 16.343\,0$	0.965

续表 7-10

区间	引水分级(亿 m³)	关系式	相关系数
下头	基准样本	$W_头 = 1.346\,7 W_下 - 8.084\,0$	0.989
	<10	$W_头 = 0.948\,5 W_下 - 2.979\,4$	0.888
	10 ~ 15	$W_头 = 1.050\,5 W_下 - 8.702\,5$	0.970
	15 ~ 20	$W_头 = 1.036\,6 W_下 - 11.966$	0.963
	20 ~ 25	$W_头 = 1.019\,5 W_下 - 17.234\,0$	0.907
	≥25	$W_头 = 0.881\,3 W_下 - 17.003\,0$	0.961

表 7-11　各月上下断面径流量关系

区间	月份	关系式	相关系数	月份	关系式	相关系数
下石	4	$W_石 = 1.018\,3 W_下 - 2.618\,8$	0.895	8	$W_石 = 1.012\,0 W_下 - 3.261\,6$	0.988
	5	$W_石 = 0.879\,1 W_下 - 6.386\,8$	0.923	9	$W_石 = 0.985\,3 W_下 + 0.459\,9$	0.997
	6	$W_石 = 1.005\,3 W_下 - 7.762\,4$	0.962	10	$W_石 = 0.996\,7 W_下 + 0.310\,5$	0.990
	7	$W_石 = 0.944\,6 W_下 - 4.417\,4$	0.991	11	$W_石 = 1.093\,9 W_下 - 5.805\,7$	0.969
下三	4	$W_三 = 0.951\,4 W_下 - 2.808\,9$	0.829	8	$W_三 = 0.993\,0 W_下 - 7.491\,7$	0.970
	5	$W_三 = 0.524\,4 W_下 - 7.016\,0$	0.554	9	$W_三 = 0.927\,3 W_下 - 4.882\,4$	0.980
	6	$W_三 = 0.812\,6 W_下 - 11.907\,0$	0.913	10	$W_三 = 0.924\,4 W_下 - 10.364\,0$	0.938
	7	$W_三 = 0.869\,2 W_下 - 11.518\,0$	0.967	11	$W_三 = 1.047\,6 W_下 - 6.429\,2$	0.862
下头	4	$W_头 = 0.935 W_下 - 1.887\,9$	0.988	8	$W_头 = 0.973\,3 W_下 - 7.414\,3$	0.961
	5	$W_头 = 0.383\,6 W_下 - 3.646\,0$	0.437	9	$W_头 = 1.008\,6 W_下 - 6.578\,5$	0.974
	6	$W_头 = 0.722\,2 W_下 - 10.947\,0$	0.874	10	$W_头 = 0.988\,5 W_下 - 12.739\,0$	0.936
	7	$W_头 = 0.844\,4 W_下 - 11.605\,0$	0.951	11	$W_头 = 0.935\,6 W_下 - 6.537\,6$	0.733

注:表 7-10、表 7-11 中,$W_石$、$W_三$和 $W_头$分别为石嘴山、三湖河口和头道拐径流量,亿 m³;$W_下$为下河沿径流量,亿 m³。

2. 区间引水关系法

河段下断面径流量与上断面来水量、区间支流来水量及区间引水排水量关系密切,采用逐步回归方法,得出下断面径流量与其显著影响因素的统计关系,揭示引水因素对下断面径流量的影响作用。利用 1972 ~ 2006 年宁蒙各河段资料,经过逐步回归,得出各河段下断面径流量与区间引水量因子关系式(见表 7-12)。

表 7-12 下断面径流量与上断面径流量和区间引水量关系式

区间	关系式	相关系数	说明
下石	$W_{石} = 1.028\,48W_{下} - 0.602W_{引} + 0.707\,0$	0.985	$W_{石}$、$W_{三}$、$W_{头}$ 和 $W_{下}$ 分别为石嘴山、三湖河口、头道拐和下河沿径流量,亿 m^3;$W_{引}$ 为区间引水量,亿 m^3
下三	$W_{三} = 1.004\,1W_{下} - 0.795W_{引} + 2.389\,7$	0.969	
下头	$W_{头} = 1.024\,0W_{下} - 0.845W_{引} + 2.388\,8$	0.957	

3. 区间水量差关系法

通过对各河段区间引水量与上下断面径流量差值进行相关分析,建立不同河段区间引水量与上下断面径流量差值关系式,进而用于分析区间引水对河段径流量的影响(见表 7-13)。

表 7-13 区间水量差与区间引水量关系式

区间	关系式	相关系数	说明
下石	$\Delta W = 0.588\,1W_{引} - 1.299\,4$	0.812	ΔW 为区间水量差,亿 m^3;$W_{引}$ 为区间引水量,亿 m^3
下三	$\Delta W = 0.794\,2W_{引} - 2.450\,9$	0.860	
下头	$\Delta W = 0.817\,3W_{引} - 2.347\,2$	0.839	

4. 上下断面输沙关系法

建立无引水和引水河段上下断面间的输沙关系,分析引水对河段下断面的输沙量影响。考虑到引水所引起的河道冲淤变化以及不同引水比例大小与引水前河道的冲淤状态关系十分密切,分别建立不同冲淤状态下无引水和不同引水比条件下上断面输沙量 + 支流输沙量与下断面输沙量关系,用上断面实测输沙资料推算受引水影响和不受引水影响时下断面的输沙量,进而分析引水影响造成的下断面输沙的变化量。

根据对宁蒙河段 1972 ~ 2006 年各月冲淤变化的分析,将河段冲淤划分为较大冲刷、一般冲淤和较大淤积三种状态(见表 7-14)。

表 7-14 宁蒙各河段冲淤状态划分

河段	不同程度冲淤量(万 t)		
	较大冲刷	一般冲淤	较大淤积
下石	< −600	−600 ~ 700	>700
下三	< −700	−700 ~ 1 000	>1 000
下头	< −700	−700 ~ 1 000	>1 000

注:表中数据为负表示冲刷,否则为淤积。

考虑到引水量占上游来水量比例很小时,引沙量很少,可近似认为该条件下的引水不会改变河道的水沙关系。因此,以无引水及引水量占上断面来水量比例很小情况下的实测输沙资料作为基础系列。其中,下石河段的基准样本按引水量占来水量比例小于3%进行控制,下三河段、下头河段控制在10%以内。

引水分级的划分原则上按引水量占来水量的百分比分为<20%、20%~40%、40%~60%、60%~80%、80%~100%和>100%等6个等级,但具体到不同河段则有所差异。

根据宁蒙河段各水文测验断面的输沙量资料,可建立各河段不同冲淤情况下不受引水影响(基准样本)和受不同引水比影响的上下断面输沙量关系式(见表7-15)。

表7-15 上下断面输沙量相关关系

河段	分类	引水分级(%)	关系式	相关系数
下石	较大冲刷	基准样本	$W_{sx} = 2.056\ 7W_{ss} + 696.58$	0.833
		<20	$W_{sx} = 0.884\ 9W_{ss} + 717.86$	0.999
		>20	$W_{sx} = 1.313\ 6W_{ss} + 668.08$	0.956
	一般冲淤	基准样本	$W_{sx} = 1.009\ 7W_{ss} + 243.61$	0.992
		<20	$W_{sx} = 0.720\ 4W_{ss} + 354.25$	0.954
		20~40	$W_{sx} = 0.472\ 0W_{ss} + 360.50$	0.837
		40~60	$W_{sx} = 0.324\ 5W_{ss} + 277.80$	0.782
		>60	$W_{sx} = 0.208\ 2W_{ss} + 192.24$	0.741
	较大淤积	基准样本	$W_{sx} = 0.849\ 0W_{ss} - 670.41$	0.949
		<30	$W_{sx} = 0.578\ 6W_{ss} - 118.40$	0.991
		30~50	$W_{sx} = 0.358\ 3W_{ss} + 27.16$	0.903
		50~60	$W_{sx} = 0.496\ 2W_{ss} - 596.39$	0.969
		>60	$W_{sx} = 0.486\ 7W_{ss} - 784.92$	0.957
下三	较大冲刷	基准样本	$W_{sx} = 2.096\ 8W_{ss} + 938.04$	0.957
		<30	$W_{sx} = 1.022\ 1W_{ss} + 1\ 323.40$	0.898
		30~40	$W_{sx} = 1.047\ 2W_{ss} + 996.87$	0.802
		>40	$W_{sx} = 0.696\ 7W_{ss} + 657.97$	0.974
	一般冲淤	基准样本	$W_{sx} = 0.829\ 8W_{ss} + 407.97$	0.934
		<40	$W_{sx} = 0.748\ 8W_{ss} + 435.83$	0.985
		40~60	$W_{sx} = 0.407\ 7W_{ss} + 356.59$	0.890
		60~80	$W_{sx} = 0.250\ 7W_{ss} + 189.38$	0.815
		80~100	$W_{sx} = 0.168\ 7W_{ss} + 87.61$	0.716
		>100	$W_{sx} = 0.127\ 8W_{ss} - 49.45$	0.800

续表7-15

河段	分类	引水分级(%)	关系式	相关系数
下三	较大淤积	基准样本	$W_{sx}=0.527\,5W_{ss}-35.26$	0.893
		<60	$W_{sx}=0.536\,5W_{ss}-367.66$	0.871
		60~70	$W_{sx}=0.218\,5W_{ss}+103.83$	0.900
		70~100	$W_{sx}=0.148\,2W_{ss}-97.14$	0.792
		>100	$W_{sx}=0.048\,9W_{ss}-30.90$	0.910
下头	较大冲刷	基准样本	$W_{sx}=1.824\,3W_{ss}+123\,3.40$	0.852
		<30	$W_{sx}=1.049\,4W_{ss}+1\,671.40$	0.899
		30~50	$W_{sx}=1.084\,4W_{ss}+919.71$	0.869
		>50	$W_{sx}=1.211\,7W_{ss}-30.22$	0.966
	一般冲淤	基准样本	$W_{sx}=0.937\,1W_{ss}+363.05$	0.992
		<40	$W_{sx}=0.766W_{ss}+323.03$	0.982
		40~60	$W_{sx}=0.509\,6W_{ss}+179.03$	0.906
		60~80	$W_{sx}=0.328\,8W_{ss}+114.28$	0.843
		80~100	$W_{sx}=0.146\,4W_{ss}+51.44$	0.779
		>100	$W_{sx}=0.082\,2W_{ss}-29.99$	0.758
	较大淤积	基准样本	$W_{sx}=0.720\,1W_{ss}-859.97$	0.908
		<60	$W_{sx}=0.566\,6W_{ss}-990.87$	0.880
		60~70	$W_{sx}=0.168\,4W_{ss}+101.16$	0.910
		70~100	$W_{sx}=0.144\,8W_{ss}-121.52$	0.785
		>100	$W_{sx}=0.088\,7W_{ss}-88.41$	0.732

注:式中W_{ss}表示上断面+支流输沙量,W_{sx}表示下断面输沙量。

7.1.4.2 水沙数学模型分析法

为分析灌区引水对干流水沙的影响,建立了宁蒙河段河道一维水沙数学模型。模型的控制方程主要有:

水流连续方程

$$B\frac{\partial Z}{\partial t}+\frac{\partial Q}{\partial x}=q \tag{7-1}$$

水流运动方程

$$\frac{\partial Q}{\partial t}+\frac{\partial}{\partial x}\left(\frac{\alpha Q^2}{A}\right)+gA\left(\frac{\partial Z}{\partial x}+\frac{Q|Q|}{K^2}\right)=0 \tag{7-2}$$

泥沙输移控制方程

$$\frac{\partial(QS_k)}{\partial x}+\frac{\partial(AS_k)}{\partial t}+K_s\alpha_*\omega_k B(f_s S_k-S_k^*)=S_l q_l \tag{7-3}$$

河床变形方程

$$\frac{\partial Z_{bij}}{\partial t} - \frac{K_{sij}\alpha_{*ij}\omega_{sij}}{\gamma_0}(f_{sij}S_{ij} - S_{ij}^*) = 0 \tag{7-4}$$

式中:t 为时间;x 为距离;B 为过水断面湿周;Q 为单宽流量;Z 为水深;q 为入流量;g 为重力加速度;A 为过水断面面积;K 为过流系数;ω_s 为泥沙沉降速度;角标 i 为断面号;角标 j 为子断面号,河床高程最低的子断面取 j 为 1,最高的取 j 为 m(m 为子断面数);S_k、S_k^* 和 ω_k 分别为第 k 组悬移质泥沙断面平均含沙量、挟沙力及有效沉降速度;S_l、q_l 分别为侧向入流含沙量和侧向入流量;K_s、α_* 及 f_s 是不平衡输沙理论引入的 3 个计算参数,分别表示第 k 粒径组泥沙的附加系数、平衡含沙量分布系数以及泥沙非饱和系数;Z_b 为河床冲淤厚度;γ_0 为淤积物干容重。

模拟区域为黄河干流下头河段,全长 985 km。模拟上边界为下河沿控制断面,下边界分别为石嘴山、三湖河口和头道拐站控制断面。模拟河段间的支流汇入、引退水口等作为内边界处理。计算时段为 1 a,空间步长 5 km,时间步长 10 min。根据宁蒙河段主要水文控制断面和区间引退水、支流汇入等情况,该水沙模型概化为 38 个节点,按空间步长将模拟河段划分为 197 个不同面积的等腰梯形。模拟断面采用 1997～2006 年汛前实测大断面资料概化。

为便于计算,将研究河段概化为 4 部分,即卫宁灌区段,概化引水节点 8 个;青铜峡灌区段,概化引水节点 18 个(含青铜峡水库);河套灌区段,概化引水节点 5 个;十大孔兑段,概化引水节点 7 个。依据下头河段 1997～2002 年的原始资料分河段对模型参数进行率定,用 2003～2006 年资料对率定参数进行检验。

模拟的出口流量过程线与相应实测过程线拟合程度高于输沙量;模拟河段越长,输沙量模拟过程与实测过程拟合程度相对越差。不过,从月流量模拟结果看,模拟值与实测值相对误差最大不超过 10%(见表 7-16),可以认为该模型能够较好地模拟出该河段的水流泥沙演进过程。

表7-16 1997～2006 年石嘴山、三湖河口、头道拐站月流量模拟误差

断面	各月模拟误差(%)											
	1	2	3	4	5	6	7	8	9	10	11	12
石嘴山	2.0	−1.0	−4.0	4.0	5.0	2.0	6.0	−1.0	−2.0	2.0	0	−1.0
三湖河口	2.0	−1.0	−5.0	4.0	4.0	2.0	5.0	−1.0	−2.0	2.0	0	−1.0
头道拐	3.0	−1.0	−8.0	7.0	5.0	3.0	5.0	−1.0	−3.0	3.0	0	−1.0

7.1.5 宁蒙引黄灌区引水对径流的影响

7.1.5.1 下石区间(宁夏引黄灌区)引水对石嘴山断面径流的影响

表 7-17 是通过不同方法得到的 1997～2006 年下石区间引水对石嘴山断面径流影响的分析结果。在 1997～2006 年引水期,由不同方法得出的石嘴山断面径流减少量介于

35.70 亿~39.41 亿 m³,区间引水引起石嘴山断面的径流减少量与引水量的比值(简称减引比)介于 0.47~0.52,即减水量占引水量的一半左右,或者说每引 1 亿 m³ 水,石嘴山断面径流量减少 0.47 亿~0.52 亿 m³。汛期区间引水量 30.27 亿 m³,石嘴山断面同期径流减少量 10.75 亿~15.68 亿 m³,汛期减引比 0.35~0.52。

表7-17 下石区间各月引水对石嘴山断面径流的影响

分析方法		指标	4 月	5 月	6 月	7 月	8 月	9 月	10 月	11 月	引水期	汛期
1997~2006 年统计		引水量(亿 m³)	5.83	15.60	14.43	13.94	11.16	2.97	2.20	9.76	75.89	30.27
上下断面径流量关系法	月关系法	减水量(亿 m³)	2.79	10.18	8.22	6.32	3.56	0.47	0.40	4.46	36.40	10.75
		减引比	0.48	0.65	0.57	0.45	0.32	0.16	0.18	0.46	0.48	0.35
	引水分级法	减水量(亿 m³)	3.58	7.79	7.08	7.57	5.83	1.31	0.97	5.15	39.28	15.68
		减引比	0.61	0.50	0.49	0.54	0.52	0.44	0.44	0.53	0.52	0.52
一维数学模型模拟		减水量(亿 m³)	3.49	8.58	7.82	5.14	4.40	0.38	0.96	4.93	35.70	10.88
		减引比	0.60	0.55	0.54	0.37	0.39	0.13	0.44	0.51	0.47	0.36
区间引水关系法		减水量(亿 m³)	2.79	8.56	7.90	7.60	5.93	1.00	0.50	5.13	39.41	15.03
		减引比	0.48	0.55	0.55	0.55	0.53	0.34	0.23	0.53	0.52	0.50
区间水量差关系法		减水量(亿 m³)	2.64	8.50	7.76	7.49	5.84	1.03	0.62	4.97	38.85	14.98
		减引比	0.45	0.54	0.54	0.54	0.52	0.35	0.28	0.51	0.51	0.49

注:汛期系指 7~10 月,下同。

综上分析,平均来说,近 10 a 下石区间引水量 75.89 亿 m³,受引水影响,石嘴山断面径流量相应减少 38.31 亿 m³,减引比约为 0.51。相当于下石区间每引 1 亿 m³ 水,石嘴山断面径流量将相应减少 0.51 亿 m³。

7.1.5.2 石三区间(内蒙古河套灌区)引水对三湖河口径流的影响

位于石三河段的内蒙古河套灌区和南岸灌区(简称为内蒙古河套灌区)为内蒙古的两大引黄灌区,其设计灌溉面积占到内蒙古引黄灌区的 86%,年均引水量占内蒙古引黄灌区引黄水量的 95%。因此,以石三区间径流变化分析内蒙古两大引黄灌区引水的影响。

不同方法得到的 1997~2006 年石三区间引水对三湖河口断面径流影响的分析结果见表7-18。1997~2006 年引水期,石三区间引水造成三湖河口断面径流减少量为 49.95

亿~51.01 亿 m³,减引比 0.82~0.84,即减水量占引水量的 80% 以上,达到每引 1 亿 m³ 水,三湖河口断面径流量减少 0.82 亿~0.84 亿 m³。汛期区间引水量 37.75 亿 m³,三湖河口断面同期径流量减少 29.20 亿~32.57 亿 m³,汛期减引比 0.77~0.86。

表 7-18　石三区间引水对三湖河口断面径流的影响

分析方法		指标	4 月	5 月	6 月	7 月	8 月	9 月	10 月	11 月	引水期	汛期
1997~2006 年统计		引水量(亿 m³)	3.12	10.97	8.48	8.94	3.81	9.52	15.48	0.62	60.94	37.75
上下断面径流量关系法	月关系法	减水量(亿 m³)	0.72	9.46	7.81	8.40	4.30	6.40	11.90	1.63	50.62	31.00
		减引比	0.23	0.86	0.92	0.94	1.13	0.67	0.77	2.63	0.83	0.82
	引水分级法	减水量(亿 m³)	1.59	10.22	7.28	7.58	2.30	8.48	10.84	1.66	49.95	29.20
		减引比	0.51	0.93	0.86	0.85	0.60	0.89	0.70	2.68	0.82	0.77
一维数学模型模拟		减水量(亿 m³)	1.37	9.89	7.79	8.11	3.82	6.57	10.96	2.26	50.77	29.46
		减引比	0.44	0.90	0.92	0.91	1.00	0.69	0.71	3.65	0.83	0.78
区间引水关系法		减水量(亿 m³)	2.03	9.59	7.18	7.64	2.72	8.24	13.97	-0.36	51.01	32.57
		减引比	0.65	0.87	0.85	0.85	0.71	0.87	0.90	-0.58	0.84	0.86
区间水量差关系法		减水量(亿 m³)	1.94	9.61	7.17	7.36	2.63	8.24	14.07	-0.49	50.80	32.57
		减引比	0.62	0.88	0.85	0.85	0.69	0.87	0.91	-0.79	0.83	0.86

综上分析,近 10 a 石三区间年平均引水量 60.94 亿 m³,受引水影响,三湖河口断面年平均径流量相应减少 50.80 亿 m³,减引比约为 0.83。相当于石三区间每引 1 亿 m³ 水,三湖河口断面径流量将相应减少 0.83 亿 m³。

7.1.5.3　下三区间(宁蒙河套灌区)引水对三湖河口径流的影响

宁蒙河套灌区的进出口断面分别为下河沿和三湖河口。1997~2006 年下三区间平均引水 136.82 亿 m³,净引水 91.09 亿 m³。在 1997~2006 年引水期,由不同方法得出的三湖河口断面径流减少量为 85.02 亿~90.85 亿 m³,与平均引水量 136.82 亿 m³ 相比,减引比为 0.62~0.66(见表 7-19),即宁蒙河套灌区每引 1 亿 m³ 水,三湖河口断面径流量减少 0.62 亿~0.66 亿 m³。汛期区间引水量 68.02 亿 m³,三湖河口断面同期径流量减少 41.49 亿~45.54 亿 m³,相应减引比为 0.61~0.67。

综上分析,平均来说,近 10 a 下三区间平均引水 136.82 亿 m³,三湖河口断面径流量相应减少 88.68 亿 m³,减引比为 0.65。也就是说,下三区间每引 1 亿 m³ 水,三湖河口断面径流量将相应平均减少 0.65 亿 m³。

表7-19 下三区间引水对三湖河口断面径流的影响

分析方法		指标	4 月	5 月	6 月	7 月	8 月	9 月	10 月	11 月	引水期	汛期
1997 ~ 2006 年统计		引水量 (亿 m³)	8.96	26.56	22.90	22.88	14.97	12.48	17.69	10.38	136.82	68.02
上下断面径流量关系法	月关系法	减水量 (亿 m³)	3.44	20.03	16.43	14.92	7.88	6.86	12.85	5.42	87.83	42.51
		减引比	0.38	0.75	0.72	0.65	0.53	0.55	0.73	0.52	0.63	0.63
	引水分级法	减水量 (亿 m³)	5.19	18.15	16.20	15.69	8.57	7.70	11.08	6.41	88.99	43.04
		减引比	0.58	0.68	0.71	0.69	0.57	0.62	0.63	0.62	0.65	0.63
一维数学模型模拟		减水量 (亿 m³)	4.76	18.09	15.56	14.32	8.62	7.14	11.41	5.51	85.41	41.49
		减引比	0.53	0.68	0.68	0.62	0.57	0.56	0.64	0.53	0.62	0.61
区间引水关系法		减水量 (亿 m³)	4.41	19.17	15.95	16.00	9.64	7.71	12.09	5.72	90.69	45.44
		减引比	0.49	0.72	0.70	0.70	0.64	0.62	0.68	0.55	0.66	0.67
区间水量差关系法		减水量 (亿 m³)	4.41	19.20	15.97	16.02	9.66	7.74	12.12	5.73	90.85	45.54
		减引比	0.49	0.72	0.70	0.70	0.65	0.62	0.69	0.55	0.66	0.67

7.1.5.4 下头区间(宁蒙引黄灌区)引水对头道拐径流的影响

宁蒙引黄灌区的进出口断面分别为下河沿和头道拐。由表 7-20 可以看出,在 1997 ~ 2006 年引水期下头区间平均引水 139.96 亿 m³ 条件下,头道拐断面径流量减少 89.60 亿 ~ 97.97 亿 m³,减引比 0.64 ~ 0.70;或者说,宁蒙引黄灌区每引 1 亿 m³ 水,头道拐断面径流量减少 0.64 亿 ~ 0.70 亿 m³。平均而言,头道拐断面径流量减少 93.60 亿 m³,减引比为 0.67。相当于下头区间每引 1 亿 m³ 水,头道拐断面径流量将相应减少约 0.67 亿 m³。汛期区间引水量 69.28 亿 m³,头道拐断面同期径流量减少 43.68 亿 ~ 49.26 亿 m³,汛期减引比为 0.63 ~ 0.71。总之,宁蒙引黄灌区引水对减少干流径流有显著影响,尤其是近年来减水比例较大。

表 7-20   下头区间引水对头道拐断面径流的影响

分析方法		指标	4 月	5 月	6 月	7 月	8 月	9 月	10 月	11 月	引水期	汛期
1997 ~ 2006 年统计		引水量（亿 m³）	9.25	27.02	23.46	22.98	15.01	12.53	18.76	10.95	139.96	69.28
上下断面径流量关系法	月关系法	减水量（亿 m³）	1.25	20.81	17.19	15.42	7.89	6.42	13.95	6.67	89.60	43.68
		减引比	0.13	0.77	0.73	0.67	0.53	0.51	0.74	0.61	0.64	0.63
	引水分级法	减水量（亿 m³）	4.25	19.97	16.97	16.03	8.85	7.90	13.09	6.15	93.21	45.87
		减引比	0.46	0.74	0.72	0.70	0.59	0.63	0.70	0.56	0.67	0.66
一维数学模型模拟		减水量（亿 m³）	3.52	19.22	17.01	17.27	10.28	8.15	13.56	8.96	97.97	49.26
		减引比	0.38	0.70	0.72	0.75	0.68	0.63	0.72	0.82	0.70	0.71
区间引水关系法		减水量（亿 m³）	3.18	20.82	16.75	16.58	9.61	7.68	13.75	5.23	93.60	47.62
		减引比	0.34	0.77	0.71	0.72	0.64	0.61	0.73	0.48	0.67	0.69
区间水量差关系法		减水量（亿 m³）	3.40	20.74	16.69	16.56	9.78	7.93	13.90	5.45	94.45	48.17
		减引比	0.37	0.77	0.71	0.72	0.65	0.63	0.74	0.50	0.67	0.70

图 7-10、图 7-11 为宁夏、内蒙古引黄灌区 1997 ~ 2006 年退引比（退水量占引水量的比例）变化过程。可以看出,自 1997 年以来,宁夏引黄灌区的退引比逐年减少,退引比由 1997 年的 0.54 减小到 2006 年的 0.45,减少近 17%,尤其是 2005 年基本上减至 0.40,说明在相同引水情况下,灌区排水量大幅度下降;内蒙古引黄灌区退引比相对较小,除 2004 年的 0.22 相对较高外,近期基本上在 0.12 ~ 0.16 之间波动,退水较少。

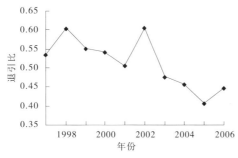

图 7-10   下石河段（宁夏引黄灌区）
退引比过程线

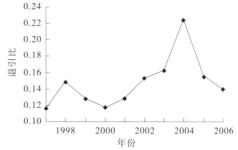

图 7-11   石三河段（内蒙古河套灌区）
退引比过程线

与此同时,1997~2006 年下石河段(宁夏引黄灌区)的减引比呈逐年上升趋势(见图 7-12),说明在相同引水的情况下,河道径流减少值逐年增大,或者说宁夏引黄灌区引水对河道径流的影响逐年加大;石三河段(内蒙古河套灌区)减引比为 0.81~0.84(见图 7-13),近几年仍有上升趋势。

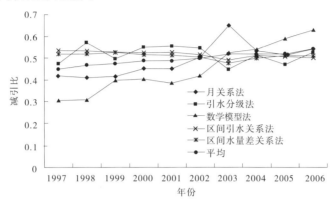

图 7-12 下石河段(宁夏引黄灌区)减引比过程线

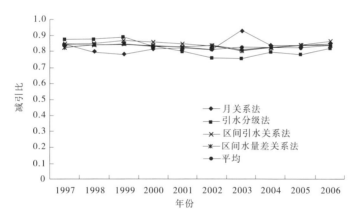

图 7-13 石三河段(内蒙古河套灌区)减引比过程线

7.1.6 宁蒙引黄灌区引水对泥沙的影响

7.1.6.1 下石区间(宁夏引黄灌区)引水对石嘴山断面输沙量的影响

表 7-21 是 1997~2006 年下石区间引水对石嘴山断面输沙量影响的分析结果。相应于 1997~2006 年引水期平均引水 75.89 亿 m³ 条件下(见表 7-17),石嘴山断面平均输沙量减少 2 174 万~3 229 万 t,引水减沙比为 2.86~4.25 kg/m³。下石区间汛期平均引水 30.27 亿 m³,造成石嘴山断面汛期平均输沙量减少 327 万~2 381 万 t,引水减沙比为 1.08~7.87 kg/m³。

表 7-21　下石区间引水对石嘴山断面输沙量变化的影响

分析方法	指标	4 月	5 月	6 月	7 月	8 月	9 月	10 月	11 月	引水期	汛期
1997~2006年统计	引水量(亿 m³)	5.83	15.60	14.43	13.94	11.16	2.97	2.20	9.76	75.89	30.27
上下断面输沙关系法	减沙量(万 t)	−11	398	444	1 171	1 091	−34	153	17	3 229	2 381
	引水减沙比(kg/m³)	−0.19	2.55	3.08	8.40	9.78	−1.14	6.95	0.17	4.25	7.87
水沙关系法	减沙量(万 t)	326	638	532	184	68.2	−6.98	81.9	351	2 174	327
	引水减沙比(kg/m³)	5.59	4.09	3.69	1.32	0.61	−0.24	3.72	3.60	2.86	1.08
一维数学模型模拟	减沙量(万 t)	57	201	309	991	793	−7.19	58.9	39.6	2 442	1 836
	引水减沙比(kg/m³)	0.98	1.29	2.14	7.11	7.11	−0.24	2.68	0.41	3.22	6.07

7.1.6.2　下三区间(宁蒙河套灌区)引水对三湖河口断面输沙量的影响

表 7-22 是 1997~2006 年下三区间引水对三湖河口断面输沙量影响的分析结果。在 1997~2006 年引水期平均引水 136.82 亿 m³ 条件下,三湖河口断面平均输沙量减少 4 560 万~6 107 万 t,引水减沙比为 3.33~4.46 kg/m³。下三区间汛期平均引水 68.02 亿 m³,造成三湖河口断面汛期平均输沙量减少 2 218 万~4 020 万 t,引水减沙比为 3.26~5.91 kg/m³。

表 7-22　下三区间引水对三湖河口断面输沙量变化的影响

分析方法	指标	4 月	5 月	6 月	7 月	8 月	9 月	10 月	11 月	引水期	汛期
1997~2006年统计	引水量(亿 m³)	8.96	26.56	22.90	22.88	14.97	12.48	17.69	10.38	136.82	68.02
上下断面输沙关系法	减沙量(万 t)	100	875	947	1 612	993	788	627	165	6 107	4 020
	引水减沙比(kg/m³)	1.12	3.29	4.14	7.05	6.63	6.31	3.54	1.59	4.46	5.91
水沙关系法	减沙量(万 t)	257	1 017	781	698	298	363	859	287	4 560	2 218
	引水减沙比(kg/m³)	2.87	3.83	3.41	3.05	1.99	2.91	4.86	2.76	3.33	3.26
一维数学模型模拟	减沙量(万 t)	213	505	418	810	643	673	1 293	170	4 726	3 419
	引水减沙比(kg/m³)	2.38	1.90	1.83	3.54	4.30	5.39	7.31	1.64	3.45	5.03

7.1.6.3　下头区间(宁蒙引黄灌区)引水对头道拐断面输沙量的影响

表 7-23 是 1997~2006 年下头区间引水对头道拐断面输沙量影响的分析结果。在 1997~2006 年引水期平均引水 139.96 亿 m³ 条件下,头道拐断面平均输沙量减少 5 570 万~6 686 万 t,引水减沙比为 3.98~4.78 kg/m³。下头区间汛期平均引水 69.28 亿 m³,造成头道拐断面汛期平均输沙量减少 2 759 万~4 347 万 t,引水减沙比为 3.98~6.27 kg/m³。

表 7-23 下头区间引水对头道拐断面输沙量变化的影响

分析方法	指标	4 月	5 月	6 月	7 月	8 月	9 月	10 月	11 月	引水期	汛期
1997~2006 年统计	引水量(亿 m³)	9.25	27.02	23.46	22.98	15.01	12.53	18.76	10.95	139.96	69.28
上下断面输沙关系法	减沙量(万 t)	259	909	939	1 560	1 228	729	830	232	6 686	4 347
	引水减沙比(kg/m³)	2.80	3.36	4.00	6.79	8.18	5.82	4.42	2.12	4.78	6.27
水沙关系法	减沙量(万 t)	301	1 122	857	778	456	478	1 047	531	5 570	2 759
	引水减沙比(kg/m³)	3.25	4.15	3.65	3.39	3.04	3.81	5.58	4.85	3.98	3.98
一维数学模型模拟	减沙量(万 t)	146	473	556	1 642	1 337	515	788	267	5 724	4 282
	引水减沙比(kg/m³)	1.58	1.75	2.37	7.15	8.91	4.11	4.20	2.44	4.09	6.18

通过上述分析可见,宁蒙引黄灌区引水对泥沙的影响是比较明显的,就石嘴山、三湖河口、头道拐的输沙量影响结果而言,每引 1 亿 m³ 水,输沙量将相应减少 39.8 万~47.8 万 t,即引水减沙比为 3.98~4.78 kg/m³。

7.1.7 关中灌区引水对径流的影响

7.1.7.1 林家村—咸阳河段灌区引水对咸阳断面径流的影响

1997~2006 年林家村—咸阳河段区间增水量为 10.97 亿 m³,其中支流下泄水量为 7.30 亿 m³,总引用水量为 5.50 亿 m³,水量不平衡差为 9.18 亿 m³。造成林家村—咸阳河段区间水量不平衡差的原因包括渭河沿线城镇排水、未控区间径流及干支流水利工程的调蓄运用等。

根据渭河林家村—咸阳河段干支流水量平衡分析结果,运用回归统计得出咸阳断面年径流量与林家村断面年径流量、支流下泄水量、引用水量的关系如下:

$$W_咸 = 1.287\,4W_林 + 1.855\,5W_支 - 0.908\,1W_引 \tag{7-5}$$

式中:$W_咸$ 为咸阳断面年径流量,亿 m³;$W_林$ 为林家村断面年径流量,亿 m³;$W_支$ 为林家村—咸阳河段部分支流下泄水量,亿 m³;$W_引$ 为林家村—咸阳河段区间引用水量,亿 m³。式(7-5)的相关系数为 0.99。应当说明的是,从林家村至下游咸阳还有金陵河、渭河等多条支流汇入,同时式(7-5)中的 $W_支$ 也仅考虑了咸阳以上(包括林家村上游)有水文站控制的支流入汇量,而除此之外还有众多无水文站控制的支流。因此,式(7-5)中 $W_林$、$W_支$ 的系数大于 1.0。

由式(7-5)可以看出,咸阳断面年径流量与林家村断面年径流量、支流下泄水量成正比,与区间引用水量成反比。区间引用水量越大,咸阳断面径流量越小。在干流区间上游断面来水量和区间泄流量不变的情况下,区间年引用水量每增大 1 亿 m³,咸阳断面年径流量就减小约 0.91 亿 m³。

7.1.7.2 泾惠渠灌区和交口抽渭灌区引水对华县断面径流的影响

近 10 a 泾惠渠灌区和交口抽渭灌区年均引水量为 5.30 亿 m³,其中泾惠渠灌区引水量最大,为 3.43 亿 m³,占区间总引水量的 64.7%;交口抽渭灌区年引水量为 1.87 亿 m³,

占区间总引水量的 35.3%。

从咸阳—华县区间各项水量近 10 a 变化过程(见图 7-14)可以看出,华县断面年实测径流量与咸阳断面来水量及区间支流入渭水量的变化趋势一致。

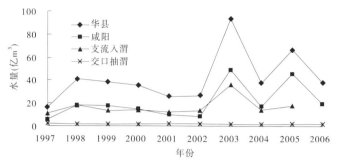

图 7-14 1997～2006 年渭河咸阳—华县区间水量变化过程

通过对华县站实测径流量与咸阳站来水量、泾河张家山站来水量、区间支流入渭及沿岸污水排入水量、泾惠渠灌区和交口抽渭灌区引水量进行多元回归,得到如下关系

$$W_{华} = 1.155\ 7W_{咸} + 0.518\ 8W_{泾} + 0.791\ 9W_{其他} - 0.794\ 0W_{引} - 0.287\ 9 \quad (7-6)$$

式中:$W_{华}$ 为华县站实测年径流量,亿 m^3;$W_{咸}$ 为咸阳站来水量,亿 m^3;$W_{泾}$ 为泾河张家山站来水量,亿 m^3,其值为张家山河道站和泾惠渠引水量之和;$W_{其他}$ 为区间其他支流入渭及沿岸污水排入水量,亿 m^3;$W_{引}$ 为泾惠渠灌区和交口抽渭灌区引水量,亿 m^3。式(7-6)的相关系数为 0.99。

由式(7-6)可以看出,华县径流量随咸阳来水、泾河张家山来水、区间支流入渭及沿岸污水排入水量的增加而增加,随泾惠渠灌区和交口抽渭灌区引水量的增加而减少。在咸阳来水及咸阳—华县区间各支流来水量不变的条件下,泾惠渠灌区和交口抽渭灌区每引水 1 亿 m^3,将造成华县断面径流量减小约 0.79 亿 m^3。

7.1.7.3 洛惠渠灌区引水对洑头断面径流的影响

北洛河洑头水文断面以上主要有洛惠渠灌区以无坝引水形式直接从北洛河引水。经分析,1997～2004 年北洛河洑头断面实测径流量为 7.03 亿 m^3,洛惠渠灌区引水量为 1.95 亿 m^3,北洛河入渭水量为 5.08 亿 m^3(见表 7-24)。

表 7-24 1997～2004 年北洛河(洑头断面)水量变化

年份	来水量(亿 m^3)	引水量(亿 m^3)	入渭径流量(亿 m^3)	入渭径流量减少百分数(%)
1997	5.24	2.42	2.82	46
1998	7.10	1.88	5.22	26
1999	6.24	1.65	4.59	26
2000	5.90	1.96	3.94	33
2001	6.25	1.42	4.83	23
2002	6.84	2.46	4.38	36
2003	12.58	1.81	10.77	14
2004	6.08	1.96	4.12	32
平均	7.03	1.95	5.08	28

注:2004 年以后无资料。

1997～2004 年由于洛惠渠灌区引水,北洛河洑头水文断面年径流量平均减少 1.95 亿 m^3,减少了 28%;汛期径流量平均减少 0.41 亿 m^3,减少了 13%。

7.1.7.4　关中灌区引水对渭河入黄水量的影响

关中灌区引水主要对林家村以下河段径流泥沙有影响。1997～2004 年渭河入黄水量年均为 44.78 亿 m^3,其中渭河林家村来水量为 8.60 亿 m^3,支流来水量为 44.69 亿 m^3,引用水量为 13.22 亿 m^3,城镇排水量为 6.55 亿 m^3,水量不平衡差为 1.84 亿 m^3,分别占渭河入黄水量的 19.2%、99.8%、29.5%、14.6% 和 4.1%。

根据林家村以下河段干支流水量平衡分析结果,得到渭河年入黄水量与林家村断面年径流量、支流年来水量、关中灌区年引用水量的关系为

$$W_{入黄} = 1.411\,8W_{林} + 0.986\,3W_{支} - 0.904\,5W_{引} \tag{7-7}$$

式中:$W_{入黄}$ 为渭河年入黄水量,亿 m^3;$W_{林}$ 为林家村断面年径流量,亿 m^3;$W_{支}$ 为林家村以下河段支流年来水量,亿 m^3;$W_{引}$ 为渭河关中灌区年引用水量,亿 m^3。式(7-7)的相关系数为 0.99。

可以看出,渭河年入黄水量与林家村断面年径流量、支流年来水量成正比,与关中灌区年引用水量成反比。关中灌区引用水量越大,渭河入黄水量越小。在干流上断面来水量和支流来水量不变的情况下,关中灌区年引用水量每增大 1 亿 m^3,渭河年入黄水量就减小约 0.90 亿 m^3。

7.1.7.5　综合分析

1997 年以来,关中灌区年平均引用水量 13.22 亿 m^3,是同期林家村来水量的 1.5 倍、区间产水量的 30%。表 7-25 给出了渭河华县和洑头不同时段实测径流量的对比。近 10 a 平均径流量分别为 41.87 亿 m^3 和 7.69 亿 m^3,分别较 1950～1996 年平均值减少了 33.55 亿 m^3 和 0.71 亿 m^3,即减少 44.5% 和 8.5%。近 10 a 渭河入黄水量(华县 + 洑头)平均值为 49.56 亿 m^3,较 1950～1996 年平均值 83.82 亿 m^3 减少了 34.26 亿 m^3。

表 7-25　渭河华县和洑头不同时段实测径流量对比

断面	不同时段实测径流量(亿 m^3)											
	1919～ 1929 年	1930～ 1939 年	1940～ 1949 年	1950～ 1959 年	1960～ 1969 年	1970～ 1979 年	1980～ 1989 年	1990～ 1999 年	2000～ 2006 年	1997～ 2006 年	1956～ 2000 年	1950～ 1996 年
华县	57.28	83.46	94.04	85.53	96.18	58.95	79.16	43.79	46.08	41.87	70.55	75.42
洑头	5.15	7.36	8.68	7.44	10.12	8.16	8.20	7.12	6.83	7.69	8.38	8.40

分析结果表明,灌区引用水造成的渭河干支流径流减少量与引水量的比值(减引比)为 0.76～1.00,整个关中灌区的减引比为 0.90。1997 年以来,关中灌区引水造成入黄水量年均减少 11.9 亿 m^3,占近 10 a 渭河入黄径流减少量 34.26 亿 m^3 的 35%。

与宁蒙引黄灌区一首制集中引水不同,关中灌区由渭河干支流多个灌区组成,渠首分散在干支流不同位置。除支流的冯家山、石头河、羊毛湾和桃曲坡 4 个灌区利用水库供水外,较大的宝鸡峡、泾惠渠、洛惠渠 3 个灌区的渠首只设有调蓄能力有限的坝、闸,交口抽渭灌区为提水灌溉,这 4 个灌区引水量占关中灌区引水量的 75%,但引水受河流来水影

响大、保证率低。关中灌区灌溉定额相对小,灌区退水量也小。根据《渭河流域重点治理规划》[1],关中灌区综合耗水量占引水量的比例在 0.81 左右。另据 1998～2006 年 9 a 的《黄河水资源公报》[2]统计,陕西省减引比为 0.82～0.91,其中,进一步统计渭河干支流综合耗水量占引水量的比例在 0.87 左右。因此,关中灌区的减引比为 0.90 左右应是可信的。

7.2 干流水库调节对其下游径流泥沙影响分析

考虑到黄河上中游干流大型水库的调节运用方式和对径流泥沙调控作用的大小等因素,本节主要以黄河上游龙羊峡、刘家峡水库(简称龙刘水库)为重点分析对象。

7.2.1 黄河上游干流水库概况

黄河上游龙羊峡至下河沿河段具有丰富的水力资源。该河段流经龙羊峡、积石峡、刘家峡、八盘峡、青铜峡等 20 个峡谷。目前,兰州以上有龙羊峡、刘家峡等已建大中型水利工程 8 座(见图 7-15)。

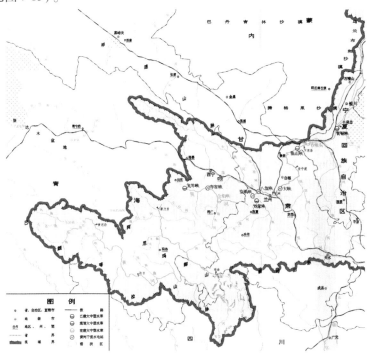

图 7-15 黄河兰州以上干流水库分布

7.2.1.1 龙羊峡水库

龙羊峡水库位于青海省共和县与贵德县之间的黄河干流上。龙羊峡水库是以发电为主,兼有防洪、灌溉、供水等多年调节的综合利用工程,与刘家峡水库联合运用,为我国西北部地区提供电力和灌溉用水。水库正常蓄水位 2 600 m,调节库容为 193.5 亿 m³,正常水位库容达 247 亿 m³。

龙羊峡水库于 1986 年 10 月 15 日下闸蓄水,其运用大致分为两个阶段,1986 年 10 月至 1989 年 10 月为初期蓄水阶段,1989 年 11 月以后为正常运用阶段。

1. 初期蓄水阶段

龙羊峡水库 1986 年 10 月 15 日下闸蓄水。自 1987 年 2 月 15 日开闸泄流至 1989 年 10 月为初期蓄水阶段,水位达 2 575 m。

2. 正常运用阶段

自 1989 年 11 月龙羊峡水库进入正常运用阶段,7~10 月以蓄水为主,11 月至次年 4 月以补水为主,5 月蓄、供水年份各占一半左右,6 月以蓄水为主,水库的调蓄量不大。龙羊峡水库蓄变量年际间变化很大,年蓄水最大为 93.0 亿 m³(2005 年),最小为 4.3 亿 m³(1997 年)。

7.2.1.2　刘家峡水库

刘家峡水库位于甘肃省兰州市上游约 100 km 的永靖县境内,距上游龙羊峡水库 334.5 km,是以发电为主,兼有防洪、灌溉、防凌、养殖等综合利用的工程。刘家峡水库于 1968 年建成蓄水运用,属年调节型水库。水库正常蓄水位 1 735 m,调节库容为 41.5 亿 m³,正常水位库容达 57 亿 m³。刘家峡水库年蓄变量变化不大,水量基本平衡,因此其年调节水量能力有限。

图 7-16 是龙刘水库历年蓄水量变化过程。1986 年以来龙刘水库联合运用,进入 20 世纪 90 年代以后,有 4 次蓄水高峰期,分别是 1989 年末的 189.2 亿 m³、1993 年末的 184.0 亿 m³、1999 年末的 195.3 亿 m³ 和 2005 年末的 261.4 亿 m³,其中龙羊峡水库相应蓄水量分别为 156.9 亿 m³、154.0 亿 m³、168.0 亿 m³ 和 231.0 亿 m³。

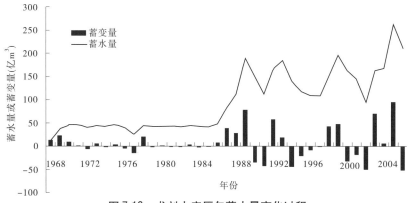

图 7-16　龙刘水库历年蓄水量变化过程

7.2.2　干流水库调节对径流的影响

7.2.2.1　对实测径流量年际分配的影响

以水库上下游水文站的径流变化作为分析水库调蓄对实测径流影响的依据。龙羊峡水库上游选择唐乃亥水文站,下游选择贵德水文站;刘家峡水库上游选择循化水文站,下游选择上诠水文站。

由表 7-26 可以看出,刘家峡水库投入运用前,贵德站多年平均径流量较唐乃亥站多 12.3 亿 m^3,而 1986 年至今却较唐乃亥站年平均偏少 6.2 亿 m^3;循化至上诠区间年实测径流量在刘家峡水库运用前后分别为 50.5 亿 m^3 和 54.1 亿 m^3,基本在 50 亿 m^3 上下波动;唐乃亥至兰州区间年实测径流在刘家峡水库运用前平均为 129.3 亿 m^3,自 1968 年刘家峡水库蓄水运用以来平均为 95.6 亿 m^3,减少了 26%。

表 7-26 龙刘水库上下游区间径流变化统计

时段	区间年均径流量(亿 m^3)							
	唐乃亥①	贵德②	②-①	循化③	上诠④	④-③	兰州⑤	⑤-①
1919~1967 年	191.1	203.4	12.3	219.2	269.7	50.5	320.4	129.3
1968~1985 年	221.8	224.9	3.1	234.0	294.2	60.2	330.6	108.8
1986~2006 年	178.7	172.5	−6.2	177.2	226.3	49.1	263.5	84.8
1968~2006 年	198.1	196.1	−2.0	202.8	256.9	54.1	293.7	95.6

7.2.2.2 对实测径流量年内分配的影响

刘家峡水库至 2006 年 12 月共蓄水 27.3 亿 m^3,年均蓄水 0.7 亿 m^3,6~10 月多年平均蓄水 16.4 亿 m^3,11 月至次年 5 月向下游补水 15.7 亿 m^3。龙羊峡水库至 2006 年 12 月共蓄水 183.0 亿 m^3,年均蓄水 8.7 亿 m^3,6~10 月多年平均蓄水 43.7 亿 m^3,11 月至次年 5 月向下游补水 35.0 亿 m^3。1986~2006 年龙刘水库联合调度,两库共蓄水 210.3 亿 m^3,年均蓄水 10.0 亿 m^3,6~10 月年均蓄水 50.3 亿 m^3,11 月至次年 5 月向下游补水 40.3 亿 m^3。显然,龙刘水库的联合运用对径流年内分配的调节作用是很大的,把 6~10 月的水量调节到 11 月至次年 5 月,削减了干流汛期的洪峰流量。

兰州站 1952~1967 年实测水量年均为 338.7 亿 m^3,7~10 月为 208.3 亿 m^3,占年水量的 61.5%。龙刘水库联合运用至 2006 年,实测水量年均为 263.5 亿 m^3,7~10 月水量为 110.7 亿 m^3,仅占年水量的 42.0%,较 1968 年前减少了近 20 个百分点(见表 7-27)。

表 7-27 兰州站不同时段径流年内分配

时段	项目	月径流量(亿 m^3)												年径流量(亿 m^3)	7~10月径流量(亿 m^3)
		1月	2月	3月	4月	5月	6月	7月	8月	9月	10月	11月	12月		
1952~1967 年	实测	8.3	7.6	10.1	14.5	25.1	30.9	56.7	52.6	54.3	44.7	21.9	12.0	338.7	208.3
	天然	8.3	7.6	10.9	15.3	26.7	32.3	57.9	53.5	54.8	45.4	23.1	12.0	347.8	211.6
1968~1985 年	实测	15.2	12.5	13.5	18.7	28.6	31.0	44.5	43.3	46.4	39.4	21.9	15.7	330.7	173.6
	天然	9.4	8.4	11.9	17.0	27.0	34.6	53.1	51.3	57.4	45.1	23.1	11.8	350.1	206.9
1986~2006 年	实测	14.3	11.9	13.0	19.5	29.8	27.1	29.8	29.5	25.7	25.6	21.4	15.9	263.5	110.6
	天然	8.1	7.5	10.6	15.6	25.8	36.7	47.4	42.3	38.4	33.7	18.8	10.1	295.0	161.8

注:天然径流量数据来自《黄河流域水资源调查评价》和《黄河水资源公报》成果。

把 1952～1967 年作为刘家峡水库运用前（简称"前期"），将 1986～2006 年作为龙刘水库联合运用期（简称"后期"），对比分析龙刘水库对兰州站 6～10 月水量调节的作用。

分析表明：

（1）兰州站"前期"6～10 月年均天然径流量为 243.9 亿 m^3，"后期"6～10 月年均实测径流量为 137.8 亿 m^3，"后期"较"前期"的径流量减少 106.1 亿 m^3，这是自然因素与水库运用综合作用的结果。

（2）兰州站"后期"6～10 月年均天然径流量为 198.5 亿 m^3，比"前期"6～10 月年均天然径流量 243.9 亿 m^3 减少了 45.4 亿 m^3，这是降雨蒸发和产汇流等自然因素影响的结果，占同期年均天然径流量减少量 52.8 亿 m^3（见表 7-27）的 86.0%，占 6～10 月总减水量 106.1 亿 m^3 的 42.8%。

（3）兰州站"后期"6～10 月实测径流量 137.7 亿 m^3，与"后期"6～10 月天然径流量 198.5 亿 m^3 相比，减少了 60.8 亿 m^3，这部分径流量为"后期"人类活动所致，占减水量的 57.3%。

（4）在"后期"6～10 月人类活动影响量 60.8 亿 m^3 中，8.1 亿 m^3 是水库蓄水量，10.5 亿 m^3 是灌溉耗水量，这两部分水量占总减水量的 17.5%，余下的 42.2 亿 m^3 是龙刘水库从 6～10 月调到 11 月至次年 5 月的调节径流量，占总减水量的近 40%（39.8%）。

总体上说，贵德—兰州河段 6～10 月减少的径流量 106.1 亿 m^3 中，自然因素约占 42.7%，干流水库调节等人类活动因素占 57.3%，其中水库从汛期调至非汛期的影响量占 39.8%，其他因素占 17.5%。

7.2.2.3　对洪水的影响

有实测资料以来，兰州站历年最大洪峰流量逐时段减少。如 1950～1967 年均值为 3 741 m^3/s，1968～1985 年为 3 329 m^3/s，后者较前者削减了 11%；1986～2006 年均值为 2 280 m^3/s，比 1968～1985 年又削减了 31.5%，约为 1950～1967 年的 61%。可以看出，随着刘家峡、龙羊峡水库的陆续修建和投入运用，最大洪峰流量随之减小。龙刘水库联合防洪运用可使兰州百年一遇洪峰流量由 8 110 m^3/s 减至 6 500 m^3/s。龙刘水库联合运用对中下游洪水的影响主要表现为洪峰流量削减，洪量减少，使大流量出现机会减少，中小流量出现的机会增加（见表 7-28），龙羊峡水库的削峰比随着流量的增加而增大。

表 7-28　1986～2006 年龙刘水库联合运用的削峰比

日均流量级（m^3/s）	龙刘水库联合运用削峰比	
	龙羊峡	刘家峡
<1 500	0.37	0
1 500～2 000	−0.02	0.02
2 000～2 500	0.37	0.20
2 500～3 000	0.50	0.40
>3 000	0.79	0.21

由于削峰作用,兰州站大流量级洪水的出现频次大为减少,如兰州站多年平均出现大于 2 000 m³/s 洪峰流量的频次在"前期"为 3.2 次,"中期"(1968~1985 年)为 2.1 次,而"后期"仅为 0.5 次;2 000~2 500 m³/s 洪峰流量的频次"前期"为 0.8 次,"中期"为 0.6 次,到"后期"只有 0.2 次;"后期"兰州站大于 3 000 m³/s 的洪峰流量年均出现 0.1 次,洪峰流量大于 4 000 m³/s 的次数为 0。

7.2.3 干流水库对输沙量的影响

7.2.3.1 实测输沙量的变化

兰州站在龙刘水库运用前实测年均输沙量为 1.102 亿 t(见表 7-29)。刘家峡水库运用后、龙羊峡水库运用前实测年均输沙量为 0.548 亿 t,较 1967 年以前减少 50.3%。龙羊峡水库运用后实测年均输沙量进一步减少至 0.418 亿 t,较 1967 年以前减少 62.1%。从 7~10 月输沙量来看,1968~1985 年较 1919~1967 年减少 47.1%,1986~2006 年为 3 182 万 t,较 1968~1985 年的 4 796 万 t 减少 33.7%。

表 7-29 兰州站不同时段输沙量年内分配

时段	月输沙量(万 t)												年输沙量(万 t)	7~10 月输沙量(万 t)
	1月	2月	3月	4月	5月	6月	7月	8月	9月	10月	11月	12月		
1919~1967 年	25	22	46	100	449	1 176	2 802	4 058	1 676	529	107	34	11 024	9 065
1968~1985 年	6	8	22	55	187	381	1 907	1 649	1 034	206	17	7	5 479	4 796
1986~2006 年	7	6	9	53	293	569	1 287	1 306	454	135	53	11	4 183	3 182

7.2.3.2 水库淤积量

1. 龙羊峡水库淤积量

唐乃亥站和贵德站 1950~1985 年的年输沙量具有如下相关关系(见图 7-17):

$$W_{s贵} = 0.923\ 3W_{s唐}^{0.610\ 8} \tag{7-8}$$

式中:$W_{s唐}$ 和 $W_{s贵}$ 分别为水库运用前唐乃亥站与贵德站的输沙量,亿 t。式(7-8)的相关系数为 0.905 1。

由于唐乃亥至贵德区间无大的引黄灌区,区间引沙量较少,因此可根据式(7-8)推算出贵德站 1986~2006 年相当于未修水库时的年输沙量为 2 301.67 万 t,与实测年输沙量 264.67 万 t 之差为 2 037.00 万 t,这部分沙量即应为龙羊峡水库的年淤积量。若取泥沙容重为 1.4 t/m³,则年均淤积量折合为 1 455 万 m³。

2. 刘家峡水库淤积量

在循化至上诠区间,引沙量也非常有限,因此区间的输沙量变化应为支流沙量变化和干流水库滞拦作用共同造成的。

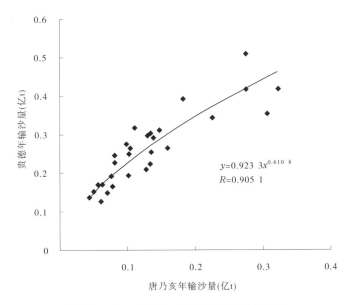

$y=0.923\ 3x^{0.610\ 8}$
$R=0.905\ 1$

图 7-17　唐乃亥站与贵德站输沙量相关关系

刘家峡库区有大夏河和洮河两大支流汇入。大夏河折桥站多年平均径流量 8.98 亿 m^3,输沙量 261 万 t;洮河红旗站多年平均径流量 45.94 亿 m^3,输沙量 2 389 万 t。近期两条支流来水来沙均有所减少,折桥站年均径流量 6.22 亿 m^3,输沙量 112 万 t,较多年均值分别减少 30.7% 和 57.1%;红旗站年均径流量 34.02 亿 m^3,输沙量 1 147 万 t,较多年均值分别减少 25.9% 和 52.0%。

目前刘家峡水库正常蓄水位 1 735 m 以下库容由原来的 57.01 亿 m^3 减少到 40.68 亿 m^3,水库淤积沙量为 16.33 亿 m^3。1968 年 11 月至 1986 年 10 月,刘家峡水库累计淤积 10.93 亿 m^3,年均淤积 0.607 亿 m^3。1986 年 11 月至今,累计淤积 5.40 亿 m^3,年均淤积 0.270 亿 m^3。

7.2.3.3　水库拦沙对兰州站输沙量的影响

1968 ~ 1985 年刘家峡水库单库运用时年均淤积量为 7 891 万 t,1986 ~ 2006 年龙刘水库联合运用后,两座水库年淤积 5 493 万 t(见表 7-30),占兰州站输沙量减少值的 80.3%。由此看出,水库拦沙对兰州站输沙量也有较大影响。

表 7-30　龙刘水库淤积对兰州站输沙量的影响

时段	年输沙量(万 t)	水库年均淤积量(万 t)			较 1919 ~ 1967 年减少量(万 t)	水库年均淤积量占减少量百分数(%)
		龙羊峡	刘家峡	合计		
1919 ~ 1967 年	11 022					
1968 ~ 1985 年	5 479		7 891	7 891	5 543	
1986 ~ 2006 年	4 183	1 983	3 510	5 493	6 839	80.3

7.3 典型支流煤矿开采对水循环的影响分析

7.3.1 黄河流域煤矿开采状况

全国煤炭资源的一半分布在黄河流域,全国所调用煤炭95%左右来自黄河流域。黄河流域煤炭资源分布集中,品种多,质量好。黄河流域炼焦煤储量占全国的64%,无烟煤储量占全国的53%(包括焦作储量),动力煤储量占全国的87%。在全国已探明的16处100亿t以上的煤田中,黄河流域有9处,包括山西西山煤田、霍西煤田、沁水煤田,黄河北干流河(曲)保(德)偏(关)煤田,内蒙古准格尔煤田、神府煤田、东胜煤田,陕西黄陇煤田、灵武煤田等。其中内蒙古神府-东胜煤田是世界八大煤田之一,煤炭保有储量占全国的25.6%,也是我国最大的煤田。黄河流域煤炭资源主要分布在中游及上游地区。上中游地区煤炭探明储量4 392.0亿t,占全国总储量的43.6%。黄河上中游五大煤炭基地(指表7-31中前5个煤炭基地,下同)探明储量达4 131.9亿t,占全国总储量的41%[3-5]。黄河下游煤炭资源主要分布在山东的新泰、莱芜、肥城、淄博、历城、济宁、巨野等县(市),探明储量41.4亿t。

1996年黄河流域煤炭产量2.87亿t,主要集中在黄河上中游五大煤炭基地,五大煤炭基地煤炭年产量合计约2.76亿t(见表7-31)。

表7-31　1996年黄河流域煤炭储量及产量状况

煤炭基地	探明储量(亿t)	年产煤量(万t)	年排水量(万m³)
银川-石嘴山煤炭化工建材基地	350.3	2 043	613
晋陕蒙黄河峡谷煤炭基地	529.2	2 400	720
神府-东胜煤炭基地	2 236.2	3 600	1 080
晋中、晋西南煤炭基地	529.8	10 300	3 098
晋陕豫煤炭基地	486.4	9 246	2 774
其他地区煤炭基地	360.5	1 412	424
合计	4 492.4	29 001	8 709

从陕西、内蒙古、山西等省(区)年煤炭总产量变化过程可以看出(见图7-18),进入2000年以后,随着经济的飞速发展,煤炭需求迅速增大,煤炭开采量迅速增加。

但随着煤炭的开采,其周围环境会受到不同程度的影响,尤其是对水环境的影响更大。对典型采煤区域的研究表明,由于采煤改变了水文地质条件,水资源的产、汇、补、径、排等过程发生变化,直接表现为河川径流减少,地下水存蓄量遭到破坏。由于黄河流域尤其是黄土高原地区水资源匮乏,煤炭开采量大,因而随着能源重化工基地的建设,其对未来入黄水量的影响会是巨大的。本节以窟野河、沁河流域作为典型,分析了煤炭开采对地表径流、地下水的影响作用。

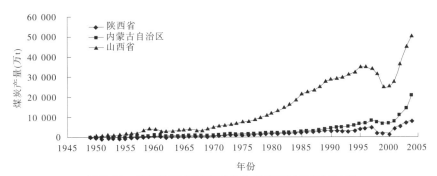

图 7-18　黄河流域主要产煤省份煤炭开采量变化过程

7.3.2　煤矿开采对水循环的影响机理

图 7-19 是煤矿开采区水循环过程框图。煤矿开采排水,一是改变了采区的地下水补给、径流、排泄(简称补、径、排)关系;二是局部改变了地下水的流场、流向,在矿井"三带"(指冒落带、裂隙带和整体移动带)影响范围内,地下水流入矿井;三是局部改变了降水与地面水、地下水的转化关系,在自然条件下,降水补给河水,河水补给地下水,而在矿井影响范围内"三水"均补给矿井水;四是由于矿井长期排水,开采区水井水位下降,井泉流量减少,进而影响当地人畜饮水;五是由于煤矿开采"三带"的影响,煤系各含水层发生了水力联系,引起含水层的水位下降,水量发生变化。

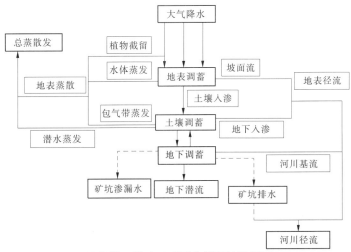

图 7-19　煤矿开采区水循环过程框图

7.3.3　煤矿开采对地表径流的影响

黄河流域煤炭资源的一个重要特点是煤水资源共生,煤层、含水层与隔水层一般为同期沉积,三者共同赋存于一个地质体中。煤炭开采首先产生裂隙,破坏原有的含水层、隔水层,形成了以矿井为中心的降落漏斗。当地下煤层的开采破坏了上覆岩层原有的力学平衡状态,顶板及周围的岩层失去支撑时就会向采空区垮落沉降,引起地表下沉和水平移动。当这些变形大于地表的允许变形时,便产生不同程度的裂缝,随着裂缝的不断扩大,部分地段缓慢下沉。由采煤引起的地面裂缝和塌陷,直接或间接地破坏了煤系地层以上的所有储水构造,破坏了地表径流的排泄条件,最终造成河川径流大量渗漏,径流量明显减少。

如神府-东胜矿区,煤层埋藏浅且厚度大,所形成的采空区范围大,加之上覆地层结构疏松,地形破碎,暴雨多,使该地区采煤塌陷具有易发性,在神府-东胜矿区已发现塌陷3处。如大柳塔煤矿地裂缝十分发育,最宽达2 m多,深10 m多,最大塌陷深度6.5 m。1993年7月该地区塌陷面积仅0.8 hm^2,到1997年4月时已发展到8 hm^2;地裂缝沿主巷垂直方向延伸200 m,间距0.5~1.5 m,裂缝宽度一般为0.25~0.45 m,平均错位0.2~1.0 m;与原地面比较,最大沉陷深度达6.5 m。地面裂缝和塌陷必然引起区域性地表水泄漏,地下水水位下降,严重破坏了矿区及周边地下水均衡系统,甚至使河流断流。例如窟野河支流母河沟、王渠、三不拉沟等较大支沟从1997年以来陆续干涸断流,致使窟野河在2000年断流75 d,在2001年断流106 d。

7.3.4 煤矿开采对地下水的影响

煤矿开采对地下水的影响可分为两个阶段。在开采之前,为保证安全采矿,对威胁矿井安全生产的地下水进行预先排水,导致裂隙水大量排出,地下水水位下降;在开采过程中,采动引起的裂隙在覆岩中形成新的导水通道,或破坏隔水层的隔水性能,局部改变了自然条件下降水与地表水和地下水之间的转化关系,改变了采区范围内地下水的补、径、排条件,使地下水的流场、流向发生变化,使亿万年所形成的地下水与地表水的动态平衡和时空分布被打破。

以窟野河流域为例,该流域地下水是一种类似于山涧盆地的小型含水盆地,每一个含水盆地有一个泉眼,一旦这些泉眼断流,各支流自然干涸。大柳塔煤矿范围内的母河沟泉域是一个完整的第四系地下含水盆地,开采的煤层赋存在泉域下部,煤层厚度6~7 m,埋深80~90 m,采厚4 m。萨拉乌苏组是泉域唯一的含水岩层,泉域汇水面积4.25 km^2,接受大气降水的入渗补给,自然下渗,除少量越流补给下部的弱含水层外,地下水汇集到母河沟沟口。母河沟侵蚀下切到含水层使地下水溢出地表,以下降泉的形式排泄补给地表水,泉平均流量为5 961 m^3/d。矿区开发初期,一直以母河沟泉域地下水为矿区的供水水源。1996年以后,该泉域地下水含水层不断下降,1997年探测的地下水水位已下降到基岩面附近,表明萨拉乌苏组地下水已被基本疏干,母河沟泉流量也不断减少,主泉口已断流,2002年4月测得流量只有1 680 m^3/d,衰减达70%以上,无法再提供水源。另外,煤矿开采还有外排地下水的影响。

当一个煤层开采后,其上部岩层移动时,如果裂隙带达到地表,就会使地表水与井下连通。如果裂隙带达不到地表,但达到了煤系地层中某一含水层,就会使该含水层破坏,改变其径流特征,使水漏入井下,形成矿坑水。为保证煤矿安全运行,则必须外排矿坑水。根据山西省于2001年7月至2001年10月对煤矿排水调查的结果(见表7-32),调查的5 403个煤矿总生产能力为25 819.13万t,年排水量达到22 490.87万m^3。从调查分析结果可以看出,开采25 819.13万t煤,要排掉地下水近2.25亿m^3,相当于每吨煤排水

$0.87 \ \mathrm{m}^3$。

表 7-32　山西省各煤田煤矿排水调查情况统计

煤田	统配及外资			国　有			集　体			个　体		
	数量 （个）	生产 能力 （万 t）	排水量 （万 m³/a）	数量 （个）	生产 能力 （万 t）	排水量 （万 m³/a）	数量 （个）	生产 能力 （万 t）	排水量 （万 m³/a）	数量 （个）	生产 能力 （万 t）	排水量 （万 m³/a）
大宁	31	6 337.1	2 000.40	108	1 273.60	461.88	828	1 472.90	1 286.80	23	14.20	1.37
西山	16	2 143.5	1 521.30	17	200.48	31.75	421	748.94	521.47	12	8.07	4.26
霍西	15	1 017.0	779.92	20	235.86	406.81	697	1 239.90	452.33	69	42.70	11.20
河东	2	90.0	30.66	49	577.86	450.57	676	1 202.50	1 578.50	11	6.81	3.25
沁水	18	3 722.0	4 253.80	107	1 261.80	1 957.20	2 140	3 806.90	6 629.30	28	17.30	29.90
其他 煤产地				21	247.65	66.70	82	145.87	11.32	12	6.19	0.18
全省 总计	82	13 309.6	8 586.08	322	3 797.25	3 374.91	4 844	8 617.01	10 479.72	155	95.27	50.16

7.3.5　典型支流煤矿开采对水循环影响评价实例

7.3.5.1　窟野河流域

窟野河发源于内蒙古自治区鄂尔多斯市东胜区巴定沟,流向东南,经内蒙古伊金霍洛旗和陕西省府谷县境,于神木县沙峁头村注入黄河,干流长 242 km,流域面积 8 706 km²（见图 7-20）。窟野河流域地下水按其赋存特征可分为松散堆积层裂隙－孔隙水、基岩孔隙－裂隙水、潜水和基岩承压水[6]。

窟野河流域有丰富的优质煤资源。据地质勘探部门查明,神府－东胜煤田分布面积达 26 565 km²,流域内储量 1 922 亿 t,占全国已探明储量的 1/4[7],占黄河流域已探明储量的42.79%,于 1987 年开发。根据统计资料,窟野河流域在 20 世纪 80 年代年均煤炭开采量约为 29 万 t,到了 90 年代,年均煤炭开采量增加到 520 万 t,而到 21 世纪前 5 a,年均开采量迅速增加到 5 452 万 t。

根据窟野河入黄控制断面温家川水文站 1955～2006 年的径流量 5 a 滑动平均分析（见图 7-21）,径流逐年衰减的趋势是十分明显的。在 20 世纪 80 年代以后,径流量的减少不仅受降雨、水利水保措施的影响,而且还受到开矿等其他人类活动的影响（见表 7-33）。根据水利部黄河水沙变化研究基金第二期项目研究结果分析,在 1987～1996 年期间,窟野河流域由于降雨减少及水利水保措施的作用,径流量减少 1.712 亿 m³。该时期相对基准期的径流减少总量为 2.23 亿 m³,显然,另外 0.518 亿 m³ 是由于包括煤矿开采等在内的其他人类活动共同引起的。

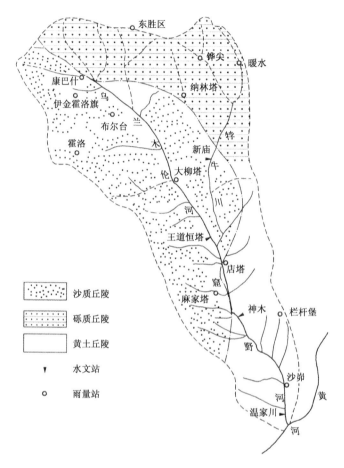

图 7-20　窟野河流域图

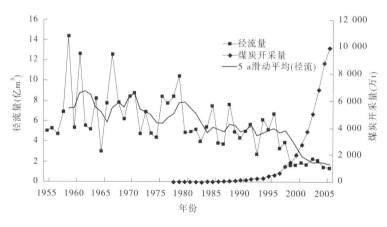

图 7-21　温家川水文站径流量与窟野河流域煤炭开采量变化过程线

表 7-33 温家川不同系列年平均实测径流量

时段	实测径流量(亿 m^3)	减少量(亿 m^3)	减少百分比(%)
1955~1979 年	7.287		
1980~1996 年	5.070	2.217	30.4
1997~2006 年	2.005	5.282	72.5

另外,对温家川站年均径流系列用 Mann-Kendall 统计检验方法(非参数秩次相关检验法)进行趋势分析表明,1979 年窟野河流域径流开始呈现逐步减少的趋势(见图7-22),特别是 1997 年以后,径流减少趋势比较明显,平均 MK 值为 − 3.27,远远超过显著性 $\alpha = 0.05$ 时的临界值 − 1.96。而在 1997 年以后窟野河流域煤炭开采量大幅度增加,显然,同期径流的变化与窟野河流域煤矿开采具有一定的对应关系。

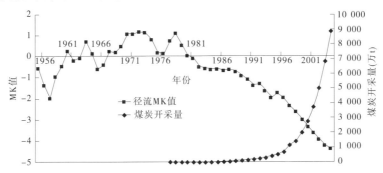

图 7-22 温家川站年均径流系列 MK 变化趋势与煤炭开采量双轴曲线

以往分析表明,在 20 世纪 80 年代,径流量明显减少的原因主要是水利水保措施发挥了较大的作用。如根据焦恩泽分析[8],20 世纪 80 年代窟野河流域水利水保措施减水量约为 1.6 亿 m^3,占多年平均径流量的 24%。但在 1997 年后煤矿开采对径流的影响变得越来越显著。

1.对基流变化趋势的分析

采用"BFI 法"分析基流变化。"BFI 法"就是逐日平均流量过程线法。该方法是在年内日流量过程图上按给定时间间隔分割成 365/N 个时段,其中 N 为间隔日数,并由此确定出每个时段的流量最小值,然后与相邻时段流量最小值进行比较,如果该流量的最小值与拐点检验因子的积小于相邻时段的最小流量值,则可确定该点为拐点,在拐点间连线,连线以下面积即为基流量。

计算结果表明,窟野河流域在 1980 年前的基流量较大,随后呈显著下降趋势,特别是在 1980~1996 年期间,基流减少了 38.3%,而在煤炭开采量大幅度增加的 1997 年以后,基流衰减程度又急剧增加,仅剩 0.54 亿 m^3,比 1980~1996 年减少了 64.9%。

在 1980~1996 年期间,窟野河流域基流突然减少的主要原因应当是水利水保措施和降雨的共同影响。1980~1996 年为煤炭资源开采的发展阶段,总体采煤量维持在 1 000 万 t 以下,基流变化总体来说幅度不大。而 1997 年以后基流大幅度减少的原因显然应该与 1997 年后煤炭资源开采量直线上升、对基流产生极大影响有关。另外,在此期间由于经济社会的发展,地下水的开采量也有较大上升。

2. 对地表径流的影响分析

流域水文过程的变化是环境变化的结果,环境变化主要指气候变化(波动)和流域内的人类活动。根据"水文法"原理,可以分析评估煤矿开采对地表径流的影响程度。利用"水文法"分析评估气候变化和人类活动对流域地表径流的影响,首先要假定人类活动和气候变化是影响径流变化的两个相互独立的因子。评价的关键包括两个方面,其一为基准时期的确定,其二是人类活动影响期间天然径流量的还原。首先根据流域内人类活动状况,将水文序列按时序划分为"天然阶段"和"人类活动影响阶段"。把"天然阶段"作为基准期,则气候变化指人类活动影响期间的气候要素较基准期的变化。

以流域"天然阶段"的实测径流量作为基准值,则人类活动影响时期的实测径流量与基准值之间的差值包括两部分:一为人类活动影响部分,该部分可以由人类活动影响期间还原的天然径流量与相应时期的实测径流量计算得到;二为气候变化影响部分,该部分为人类活动影响期间还原的天然径流量与基准值之间的差值。

窟野河流域降雨量自 20 世纪 70 年代以来明显减少(见图 7-23),且减少的幅度较大。从降雨的变化过程分析(见表 7-34),1955~1979 年平均降雨量为 411.4 mm,1980~1996 年平均降雨量只有 358.9 mm,比 1955~1979 年偏少 52.5 mm,减幅达 12.8%;1997~2006 年平均降雨量只有 352.9 mm,较 1955~1979 年偏少 58.5 mm,减幅为 14.2%。从 10 a 滑动平均值可以看出,20 世纪 80 年代以后,降雨量总体变化不大。1993 年流域降雨量不足 190 mm,仅次于 1965 年降雨量 138.7 mm 的历史最低值。

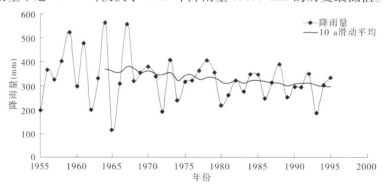

图 7-23　窟野河流域平均降雨量

表 7-34　温家川水文站不同系列年降雨量

时段	实测面雨量(mm)	减少量(mm)	减少百分比(%)
1955~1979 年	411.4		
1980~1996 年	358.9	52.5	12.8
1997~2006 年	352.9	58.5	14.2

通过 YRWBM 模型[9]模拟,考虑气候变化对径流的影响,将 1955~1979 年作为没有人类活动影响时期进行参数率定,还原 1980~2006 年的径流量,结果见表 7-35。

表 7-35　气候变化和人类活动对窟野河流域径流的影响

时段	实测径流深（mm）	天然径流深（mm）	总减水量（mm）	气候因素		人类活动	
				减少量（mm）	占总减水量百分数(%)	减少量（mm）	占总减水量百分数(%)
1955~1979 年	84.28						
1980~1996 年	59.89	74.20	24.39	10.08	41.3	14.31	58.7
1997~2006 年	24.67	70.89	59.61	13.39	22.5	46.22	77.5
1980~2006 年	42.28	72.55	42.01	11.74	27.9	30.27	72.1

由表 7-35 可以看出,窟野河流域 20 世纪 80 年代以后的实测径流量和天然径流量较 80 年代以前的明显减少,相比而言,实测径流量递减率更为明显。气候变化对径流的相对影响量呈现递减趋势,而人类活动的相对影响量呈现递增趋势。在 1980~1996 年期间,气候变化的相对影响量为 41.3%,到 1997~2006 年降低到 22.5%;人类活动的相对影响量则由 1980~1996 年的 58.7% 上升到 1997~2006 年的 77.5%。就 1980~2006 年的平均状况而言,气候因素和人类活动对径流的影响量分别占径流减少总量的 27.9% 和 72.1%,可见,人类活动是窟野河流域径流减少的主要影响因素。

1980~1996 年窟野河流域的人类活动主要为水利水保综合治理,径流变化量主要为水利水保措施的作用结果。由表 7-35 可知,年均减水 14.31 mm,约 1.25 亿 m^3。

以 1980~1996 年作为基准期,用 YRWBM 模型模拟 1980~1996 年的径流量,再用该阶段的参数值还原计算出 1997~2006 年包含水利水保措施和开矿影响的径流量,结果见表 7-36。

由表 7-36 可以看出,1997~2006 年煤矿开采对径流的影响急剧增大,该阶段对径流影响的平均值达到 32.07 mm,约 2.8 亿 m^3,占到该时期人类活动减水量 46.22 mm 的 69% 之多。据不完全统计,在 1997~2006 年期间窟野河流域煤炭开采量年平均大约为 5 500 万 t,那么,在 1997~2006 年窟野河流域开采吨煤对径流的影响大约为 5 m^3。

表 7-36　窟野河流域煤矿开采对径流的影响

时段	实测径流深（mm）	天然径流深（mm）	总减水量（mm）	煤矿开采减水量（mm）
1980~1996 年	59.89			
1997~2006 年	24.67	56.74	35.22	32.07

7.3.5.2　沁河流域

沁河是黄河三门峡至花园口区间两大支流之一,发源于山西省长治市沁源县霍山南麓的二郎神沟,干流全长 485 km,由北向南流经山西省的沁源、安泽、晋城、阳城和河南省

的沁阳、武陟等县(市),于武陟县南贾村汇入黄河(见图 7-24)。沁河流域面积 13 532
km²,其中山西境内 12 304 km²,占 90.9%。丹河是沁河最大的一条支流,出口断面为山
路平水文站,流域面积为 3 152 km²,占沁河流域面积的 23%,其中山西省境内 2 962 km²,
占 94%。

图 7-24　沁河流域水系示意图

　　沁河流域地下水的分布在水平方向和垂直方向存在着不均匀性。北高而南低的地形
使得流域内地下水的流向由北向南。在流域的中北部和北部,主要为巨厚的二叠系和三
叠系陆相碎屑岩沉积物,构成了流域内广泛的层间裂隙水分布区;在流域的中南部和南
部,广为出露的碳酸盐岩类岩石,又为裂隙岩溶水的发育奠定了基础,而一系列褶断带构
成的新生盆地和黄沁河冲积平原,由于堆积了厚度不等的松散沉积物,又为流域内孔隙水
的分布和储存创造了条件。

　　流域内水文地质条件比较简单,从岩性来看,含水岩系中的水主要有松散岩类孔隙
水、碎屑岩类裂隙水、碎屑岩夹碳酸盐岩类裂隙岩溶水及碳酸盐岩类岩溶裂隙水等类型。

　　在沁河流域,晋城是主要煤炭开采区域,含煤面积达 5 350 km²,总储量 808 亿 t,其中
已探明储量 271 亿 t,占全国无烟煤的 1/4 多,占山西省的 1/2 多。1985~2005 年晋城原
煤产量年均增长 6.3%,到 2005 年全市煤炭产量近 7 000 万 t。2006 年晋城无烟煤年产量

8 000 万 t 左右,占全国无烟煤产量的近 50%,全市 70% 以上的工业增加值和 65% 以上的财政收入来自煤炭开采和洗选业[10]。

1. 煤矿开采对地下水的影响

沁河流域煤矿开采对地下水的影响取决于煤层赋存的地质特征。沁河流域主要矿区的煤层主要位于山西组与太原组地层,其与地表的距离为 300 ~ 1 000 m[11]。

煤炭开采以后,煤层顶板塌陷,上覆盖岩层因应力的改变而崩塌与破裂,其有效裂隙带深度 h_n 的计算公式为

$$h_n = 0.71 \sqrt[4]{\frac{K_p Lbm}{\gamma \cos \alpha}} \qquad (7-9)$$

式中:h_n 为裂隙带深度,m;K_p 为顶板岩层的抗张强度,t/m²;L 为采面倾向长度,m;b 为刀柱法回采煤层的宽度,m;m 为回采煤层的厚度,m;γ 为顶板岩石的容重,t/m³;α 为煤(地)层倾角。

根据调查,沁河流域晋城、潞安等煤矿的综合带厚度一般在 150 m 左右,而流域范围内煤层埋深一般在 300 ~ 1 000 m,所开采煤层距离地表 150 m 以上,一般不会引起地表的塌陷。但随着采煤的进行,综合带不断扩大,沟通了断裂构造和裂隙,加上采煤过程中地应力的重新分布以及下组煤系地层裂隙水的疏干,而造成裂隙水和岩溶水之间的水动力平衡被破坏等因素,在局部地带,将形成以矿井为中心的降落漏斗,改变了原有的补、径、排条件,畅通了地下水的水力联系,部分含水层由承压转为无压。

因此,沁河流域煤矿开采对地下水的影响体现在三个方面:一是在以矿井为中心的局部地带,改变了原有的补、径、排条件,畅通了地下水的水力联系;二是破坏了地下水的静储量;三是破坏了地下水的动储量。

流域地下水静储量、动储量的计算公式分别为

$$Q_{静} = \sum_{i=1}^{n} H_i f_i \mu_i \qquad (7-10)$$

$$Q_{动} = \sum_{i=1}^{n} f_i M_i \qquad (7-11)$$

式中:$Q_{静}$ 为流域采煤破坏的含水层静储量,万 m³;H_i 为各煤田采煤破坏的含水层厚度,m;f_i 为各煤田采空区面积,万 m²;μ_i 为各含水层的给水度;$Q_{动}$ 为流域采煤破坏的地下水动储量,万 m³;M_i 为各煤田采煤破坏的地下水模数,m³/m²。

依据式(7-10)和式(7-11)估算,沁水煤田破坏地下水静储量 3.581 6 亿 m³,动储量为 3.575 8 亿 m³。由于沁河流域煤田面积只占沁水煤田的 1/2 左右,则沁河流域开矿破坏的地下水静储量约为 1.790 8 亿 m³,动储量约为 1.787 9 亿 m³。

此外,以 1999 年为例,利用 MODFLOW 模型对沁河流域地下水受煤矿开采的影响程度进行了分析。MODFLOW 模型(the Modular Finite – Difference Groundwater Flow Model)是由美国地质调查局(USGS)开发的,可用于模拟计算非均质、各向同性、空间三维结构和非稳定地下水流系统的补给量、排泄量及储存量的变化,是基于达西定律和地下水质量平衡的具有物理意义的三维地下水模拟模型。通过 MODFLOW 模型对沁河流域地下水系统均衡要素进行分析计算,结果表明,在沁河流域地下水补给来源中,占主导地位的是降

水入渗、河渠入渗、沁河侧渗和灌溉回渗,占总补给量的98.2%,其中以降水入渗所占比例最高,占到52.4%(见表7-37)。

表7-37 沁河流域年平均地下水资源补给量

补给项	补给量(万 m³)	比例(%)
降水入渗	39 565	52.4
河渠入渗	18 578	24.6
沁河侧渗	11 002	14.6
灌溉回渗	4 976	6.6
湖库渗漏	688	0.9
洪水滩地淹没入渗	435	0.6
边界流入	245	0.3
合计	75 489	100

沁河流域地下水资源的排泄项主要为蒸发、工农业用水、煤矿开采引起的渗漏以及其他因素引起的地下水资源排泄等。模拟计算表明,蒸发、工农业用水、煤矿开采引起的渗漏等地下水资源排泄量约占地下水资源总排泄量的93.7%,其中煤矿开采引起的渗漏量占到22.6%,达2.02亿 m³(见表7-38)。

表7-38 沁河流域年平均地下水资源排泄量

排泄项	排泄量(万 m³)	比例(%)
蒸发	42 564	47.6
工农业用水	21 035	23.5
煤矿开采引起的渗漏	20 236	22.6
其他	5 647	6.3
合计	89 482	100

地下水系统均衡模拟计算表明,地下水资源补给量与排泄量之间还存在含水层储存变化量。1999年沁河流域地下水含水层储存量变化为 -1.399 3亿 m³,即约减少1.4亿 m³。因此,在因煤矿开采造成的沁河流域地下水资源排泄量2.02亿 m³条件下,即使工农业用水增加不大,但地下水资源损失量仍以1.4亿 m³/a的速度急剧减少。

2. 基流变化趋势分析

利用沁河干流五龙口水文站与支流丹河山路平水文站历年河川径流量实测结果,根据径流形成原理,采用最小月流量法、冬季四个月平均流量法和斜线分割法,把沁河流域的河川径流人为地分为地表径流和地下径流两个部分。图7-25为利用基流分割方法对沁河基流量的计算结果。可以看出,尽管三种方法的分割结果有一定差异,但变化趋势却是一致的,近年来的基流量显著减少,尤其是进入21世纪后,随着煤炭开采量的剧增,沁河基流量逐年减少。图7-26为按最小月流量法计算的基流量滑动平均过程线,由此可以看出,自 20 世纪 70 年代以来,基流呈不断减少趋势,尤其是从 90 年代后期开始,基流急剧减少。

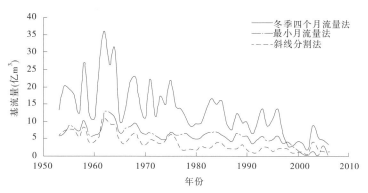

图 7-25　沁河流域基流分割结果对比分析

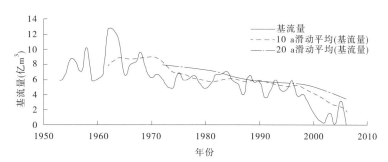

图 7-26　沁河流域(五龙口 + 山路平)基流量变化趋势

由沁河基流量累积差积曲线(见图 7-27)知,1985 年累积差积值达到最大,此后自 1990 年开始明显减少,表明在气候因素的协同作用下,人类活动对基流量的影响明显增大。

图 7-27　沁河流域(五龙口 + 山路平)基流量累积差积曲线

3. 对地表径流的影响分析

五龙口和山路平站不同系列年实测径流量见表 7-39。根据 1953 年 7 月 ~ 1986 年 6 月 33 a 径流资料系列分析,五龙口站多年平均实测年径流量为 13.67 亿 m³。将系列延长到1998年,组成1953年7月~1998年6月的45 a系列,则五龙口站多年平均实测年径流量为11.93亿 m^3,比1953年7月~1986年6月实测年径流量减小1.74亿 m^3。1953年7月~1998年6月山路平站多年平均实测年径流量为2.68亿 m^3,比1953年7月~1986年6月的33 a系列3.05亿 m^3减小0.37亿 m^3。五龙口和山路平合计减小2.11亿 m^3,约占五龙口、山路平以上1953年7月~1986年6月总水量的12.6%。其中1986年7月~1998年6月实测年径流量减少幅度较大,五龙口站平均径流量为7.16亿 m^3,山路平站平均径流量为1.64亿 m^3,两站合计平均径流量为8.80亿 m^3,比1953年7月~1986年6月实测年径流量16.72亿 m^3减少了7.92亿 m^3,减少幅度达47.4%。而1998~2006年五龙口+山路平站多年平均实测年径流量为6.50亿 m^3,比1953年7月~1986年6月实测年径流量减少了10.22亿 m^3,减少幅度达61.1%。

表7-39 沁河流域不同时段代表站实测年径流量

站名	面积(km^2)	不同时段实测径流量(亿 m^3)			
		1953~1986年	1953~1998年	1986~1998年	1998~2006年
五龙口	9 245	13.67	11.93	7.16	5.89
山路平	3 049	3.05	2.68	1.64	0.61
五龙口+山路平	12 294	16.72	14.61	8.80	6.50

沁河流域天然径流量的变化趋势与实测径流量相同(见图7-28)。以五龙口+山路平的天然径流过程为例,1953年7月~1986年6月天然径流的均值为17.01亿 m^3,1986年7月~1998年6月天然径流的均值仅有9.87亿 m^3,比前一系列偏少7.14亿 m^3,减幅达42%,天然径流的衰减幅度比降水量的减少幅度大(见图7-29)。上述分析说明,径流量的衰减除与流域降雨偏枯具有一定的关系外,还受到煤矿开采等其他人类活动的影响。

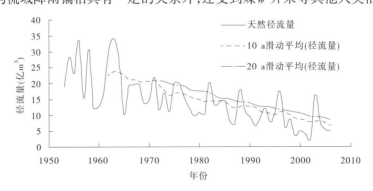

图7-28 沁河流域(五龙口+山路平)天然径流量变化过程

自1985年煤矿开采幅度加大以来,晋城煤炭年产量由1985年的2 062万t增加到2006年的8 000万t,约增加了2.88倍。图7-30为煤炭开采量与径流量关系,表7-40为1981年以来煤炭产量与基流减少量关系。可以明显看出,五龙口+山路平径流量减少与煤矿开采是有较大关系的。

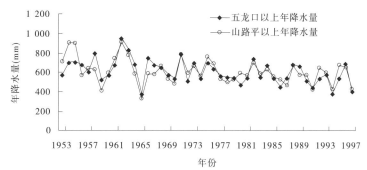

图 7-29　沁河流域五龙口和山路平以上历年降水量过程线

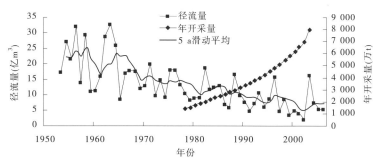

图 7-30　沁河流域煤炭产量与五龙口 + 山路平径流量关系

表 7-40　沁河流域煤炭产量与五龙口 + 山路平基流逐年减少量关系

时段	基流量(亿 m³)	基流减少量(亿 m³)	煤炭产量(亿 t)
1955 ~ 1979 年	7.47		
1980 ~ 1986 年	6.02	1.45	0.18
1987 ~ 1996 年	5.12	0.9	0.31
1997 ~ 2006 年	1.82	3.3	0.58

　　由 1953 ~ 1998 年降水径流累积关系(见图 7-31)知,自 1985 年以来,在降水量累积增加的同时,径流的累积值增幅逐年降低,这表明 1985 年以后降水与径流的累积关系明显改变。

　　对比 1953 ~ 1984 年降水径流累积关系(见图 7-32)与 1985 ~ 1998 年降水径流累积关系(见图 7-33)可以看出,1985 年以后降水径流的累积关系曲线趋于平缓,斜率大大降低,约为 1985 年之前的 1/2。根据图 7-32 中年降水径流累积关系曲线的实际斜率,计算 1997 ~ 2006 年的径流变化量,得到应产生的径流量为 101.5 亿 m³,则与 1997 ~ 2006 年累积径流量 142.5 亿 m³ 相比,可推知 1997 ~ 2006 年因人类活动减少的径流量为 41 亿 m³,年均减少 4.1 亿 m³。

　　除煤矿开采外,地下水开采以及其他人类活动,如水土保持、人工集雨和工农业耗水等都对径流造成影响。沁河流域总体上植被情况良好,近年来水土保持的投资也十分有

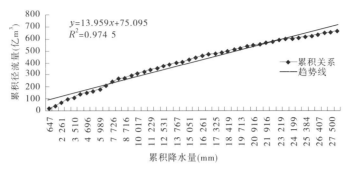

图 7-31　1953~1998 年降水径流累积关系曲线(五龙口 + 山路平)

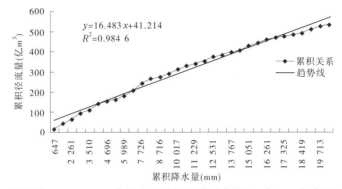

图 7-32　1953~1984 年降水径流累积关系曲线(五龙口 + 山路平)

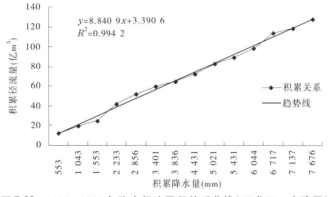

图 7-33　1985~1998 年降水径流累积关系曲线(五龙口 + 山路平)

限,治理进展不明显。因此,作为估计,该流域的水土保持因素可不予考虑。

此外,根据 1999 年统计,沁河流域共建人工集雨工程 15 466 处(眼),发展灌溉面积 590 hm²,耗水量计约 0.33 亿 m³。1997~2006 年工农业耗水年均增量约为 0.91 亿 m³。因此,可以推得 1997~2006 年人类活动年均减少的 4.10 亿 m³ 径流量中,煤矿开采减少的径流量为 2.86 亿 m³,占总减水量 4.10 亿 m³ 的 69.8%。1997~2006 年煤炭年均开采量为 5 720 万 t,那么,1997~2006 年每生产 1 t 煤减少的径流量约为 5 m³。

7.4　小　结

典型分析表明,大型水利工程运用、引黄灌溉和煤矿开采等人类活动对径流泥沙的影响是很大的。

(1)宁蒙引黄灌区引水对河道径流影响作用明显,各河段影响程度存在差异。

1997~2006年下石区间(宁夏引黄灌区)每引1亿 m^3 水,石嘴山断面径流量将相应减少0.47亿~0.52亿 m^3;石三区间(内蒙古引黄河套灌区)每引1亿 m^3 水,三湖河口断面径流量将相应减少0.82亿~0.84亿 m^3;下三区间(宁蒙河套灌区)每引1亿 m^3 水,三湖河口断面径流量将相应减少0.62亿~0.66亿 m^3;下头区间(宁蒙引黄灌区)每引1亿 m^3 水,头道拐断面径流量将相应减少0.64亿~0.70亿 m^3。

近年来,宁蒙引黄灌区退水量逐年减少,与1997年相比,2006年宁夏引黄灌区退引比减少17%,说明在相同引水情况下,灌区排水量大幅度下降。同时,宁夏引黄灌区减引比逐年增大,说明在相同引水的情况下,河道径流减少值逐年增大,引水对河道径流的影响加大。内蒙古河套灌区退水量较少,近期退引比基本上在0.12~0.16之间波动,即减引比为0.81~0.84。

(2)宁蒙引黄灌区引水对河道泥沙变化有较大的影响作用。

1997~2006年下石区间(宁夏引黄灌区)每引1亿 m^3 水,石嘴山断面输沙量将相应减少28.6万~42.5万t,引水减沙比为2.86~4.25 kg/m^3;下三区间(宁蒙河套灌区)每引1亿 m^3 水,三湖河口断面输沙量将相应减少33.3万~44.6万t,引水减沙比为3.33~4.46 kg/m^3;下头区间(宁蒙引黄灌区)每引1亿 m^3 水,头道拐断面输沙量将相应减少39.8万~47.8万t,引水减沙比为3.98~4.78 kg/m^3。

(3)关中灌区引水造成渭河河道径流及入黄径流量不同程度地减少。

1997~2006年林家村—咸阳区间年引用水量每增大1亿 m^3,咸阳断面径流量就减小约0.91亿 m^3;咸阳—华县区间泾惠渠灌区和交口抽渭灌区年引用水量每增大1亿 m^3,将造成华县断面径流量减小约0.79亿 m^3;关中灌区年引用水量每增大1亿 m^3,渭河年入黄水量就减小约0.90亿 m^3。

1997年以来,关中灌区引水造成入黄水量年均减少11.9亿 m^3,是同期渭河入黄水量的27%,占近10 a渭河入黄径流减少量34.26亿 m^3 的35%。

(4)通过对兰州站6~10月径流量的变化分析认为,"后期"与"前期"相比,总减水量为106.1亿 m^3,其中龙刘水库从6~10月调节至11月至次年5月的径流量为42.2亿 m^3,占总减水量106.1亿 m^3 的39.8%;降雨蒸发和产汇流等自然因素影响的减水量为45.4亿 m^3,占6~10月总减水量的42.8%;引耗水和水库蓄水引起的减水量占总减水量的17.5%。

(5)水库拦沙对兰州站输沙量的减少有较大的作用。1968~1985年刘家峡水库单库运用时年均淤积量为7 891万t。1986年以来龙刘水库共淤积5 493万t,占兰州站输沙量减少值的80.3%。

(6)对典型采煤区域的研究表明,由于采煤改变了水文地质条件,水资源的产、汇、

补、径、排等循环过程发生变化,直接表现为河川径流减少,地下水存蓄量遭到破坏。以窟野河流域为例,在煤炭开采量大幅度增加的 1997 年以后,基流衰减程度急剧增加,与1980～1996 年相比,基流减少了 64.9%。从沁河的分析结果看,该流域蒸发、工农业用水、煤矿开采引起的渗漏等地下水资源排泄量约占地下水资源总排泄量的 93.7%,其中煤矿开采渗漏量就占到 22.6%。

窟野河开采吨煤对径流的影响约为 5 m^3,沁河流域开采吨煤对径流的影响也大约为5 m^3。

参考文献

[1] 水利部黄河水利委员会. 渭河流域重点治理规划[R]. 2005.

[2] 水利部黄河水利委员会. 黄河水资源公报[R]. 1998～2006.

[3] 靳小钊. 黄河晋陕峡谷区域能源及矿产资源综合开发利用的约束及生产力布局[J]. 生产力研究,2004(3):71-73.

[4] 陈守建,王永,伍跃中. 西北地区煤炭资源及开发潜力[J]. 西北地质,2006,39(4):40-56.

[5] 田山岗,唐辛,王永康,等. 煤炭资源有效供给能力态势概略分析[J]. 中国煤田地质,2001(s1):4-50.

[6] 王洪亮,李维均,陈永杰. 神木大柳塔地区煤矿开采对地下水的影响[J]. 陕西地质,2002,20(2):89-96.

[7] 张胜利,张利铭. 神府东胜煤田开发对水沙变化影响的研究[M]//汪岗,范昭. 黄河水沙变化研究(第一卷,上册). 郑州:黄河水利出版社,2002:562-574.

[8] 焦恩泽. 窟野河水沙变化趋势初步分析[M]//汪岗,范昭. 黄河水沙变化研究(第一卷,上册). 郑州:黄河水利出版社,2002:538-550.

[9] 王国庆,荆新爱,李皓冰. 流域水文模型在清涧河流域的比较[J]. 灌溉排水学报,2005(3):28-31.

[10] 清华大学水利水电工程系,水利部黄河水利委员会勘测规划设计研究院. 沁河流域地表水和地下水转换规律[R]. 2005.

[11] 水利部黄河水利委员会勘测规划设计研究院. 沁河流域水资源利用修订规划[R]. 2002.

第 8 章

黄河上中游水沙变化趋势分析

本章通过天然径流量序列重建、数学模型模拟和"水保法"估算等方法对 2007~2050 年黄河上中游水沙变化趋势进行了预测评价,并重点对 2020 年、2030 年和 2050 年等典型年的黄河上中游水沙变化趋势进行了定量预测和展望。以黄河花园口作为黄河上中游水沙变化趋势分析的控制断面。

8.1　分析方法

本章主要采用天然径流量序列重建预测方法、数学模型模拟预测方法和"水保法"估算预测方法对黄河上中游水沙变化趋势进行分析。

(1)天然径流量序列重建预测方法。以花园口站现有天然径流量序列为本底,收集研究区域及相同气候区内古树年轮资料、历史旱涝等级资料,分析其与花园口站汛期天然径流量的关系,重建花园口站数百年汛期天然径流量序列,并根据历史演变规律,对花园口站天然径流量未来变化趋势进行分析。

(2)数学模型模拟预测方法。利用统计降尺度技术,结合黄河上中游特殊的产流侵蚀环境,对 SWAT(Soil and Water Assessment Tool)模型进行改进,用以模拟预测典型支流在未来不同侵蚀环境下的产水产沙量,并基于不同侵蚀分区水沙量占花园口径流泥沙量的权重及其对应的面积权重,综合推算未来花园口的径流量和泥沙量。

(3)"水保法"估算预测方法。根据已有水土保持措施减水减沙研究成果,遴选水土保持措施减水减沙指标,依据黄河上中游地区淤地坝、梯田、林地、草地等水土保持措施规划成果,在分析论证的基础上,确定用于预测不同典型年的水土保持措施数量和不同降水条件下水土保持措施减水减沙指标,进而推求未来不同典型年的水土保持措施减水减沙量。

8.2　基于天然径流量序列重建的径流量变化趋势分析

桃花峪为黄河中下游的分界断面,位于河南省郑州市黄河花园口断面附近。黄河花园口水文站上游的汇流面积达 72.97 万 km², 占黄河流域总面积 75.24 万 km² 的 97.0%,

因而该站来水量的多少,基本代表了黄河上中游的来水总量,并基本反映了黄河水量的丰平枯变化趋势。因此,选择花园口站天然径流量(简称径流量或水量)为统计对象,以分析黄河上中游未来天然径流量变化趋势。

8.2.1 花园口天然径流量特征

采用的基本资料主要为黄河水文水资源科学研究院提供的 1919~2003 年花园口站历年各月天然径流量。对于 2003 年以后的天然径流量,则依据 2004~2007 年度的报汛资料,结合近期天然径流量的还原计算进行估算而得。

在气象部门,习惯上将黄河上中游的 6~9 月称为汛期,而水文部门则将 7~10 月称为汛期。据此,结合天然径流量年内分配情况,在天然径流量序列重建中,将 6~10 月统称为汛期,但在未来变化趋势预测分析中,仍以 7~10 月为汛期。

8.2.1.1 天然径流量时间分配特点分析

表 8-1 和表 8-2 为 1919~2007 年黄河花园口天然径流量的年内、季节分配特征值。

表 8-1 花园口天然径流量及上中游降水量年内分配特征值

降水径流特征值	1月	2月	3月	4月	5月	6月	7月	8月	9月	10月	11月	12月
径流量(亿 m³)	14.1	15.5	27.1	28.6	38.2	45.5	77.3	90.3	79.4	71.0	39.7	17.4
占全年的比例(%)	2.6	2.8	5.0	5.3	7.0	8.4	14.2	16.6	14.6	13.0	7.3	3.2
降水量(mm)	3.5	5.6	13.7	25.3	42.7	57.3	98.2	95.4	62.8	31.5	10.2	2.9
占全年的比例(%)	0.8	1.3	3.0	5.6	9.5	12.8	21.9	21.2	14.0	7.0	2.3	0.6

表 8-2 花园口天然径流量及上中游降水量季节分配特征值

降水径流特征值	全年	6~10月	非汛期	春	夏	秋	冬
径流量(亿 m³)	544.1	363.5	180.6	93.8	213.1	190.1	47.1
占全年的比例(%)	100.0	66.8	33.2	17.2	39.2	35.0	8.6
降水量(mm)	449.1	345.2	103.9	81.7	250.8	104.5	12.1
占全年的比例(%)	100.0	76.9	23.1	18.2	55.8	23.3	2.7

根据资料分析,大体可以将花园口径流量的年内分配归纳为以下几个特点:

(1)花园口天然径流量年内分配与上中游降水量的分配趋势基本一致,即年内以盛夏 7 月、8 月为最大,以冬季的 12 月和 1 月为最小,但由于产汇流滞后的原因,其随月份变化的过程相应较降水量迟缓一些。

(2)全年天然径流量主要集中在 6~10 月,该时段天然径流量占到全年总量的 66.8%。

(3)按照上述关于汛期、非汛期的划分约定,非汛期为 11 月、12 月和 1 月、2 月、3 月、4 月、5 月共 7 个月,其天然径流量只占年总量的 1/3,说明黄河上中游径流量的集中程度很高。

(4)就天然径流量的季节分配而言,全年夏季(6~8 月)最多(接近年总量的 40%),秋季(9~11 月)次之,春季(3~5 月)较少,冬季最少(占年总量比例不足 10%)。

8.2.1.2　天然径流量时程变化特点

以 1919～2007 年花园口站天然径流量为对象,分析花园口站年、季节天然径流量年际和年代之间的变化特点。

表 8-3 和表 8-4 给出了花园口站年、季、月和汛期、非汛期天然径流量的年代变化特征值,通过分析,大体可以将天然径流量的时程变化归纳为以下几个特点:

表 8-3　花园口全年各月天然径流量特征值

年代	特征值	1 月	2 月	3 月	4 月	5 月	6 月	7 月	8 月	9 月	10 月	11 月	12 月
20 世纪 20 年代	径流量(亿 m³)	12.5	13.6	20.4	22.4	27.6	38.9	68.3	79.4	57.9	54.0	32.3	13.0
	距平(%)	-11.2	-12.2	-24.6	-21.7	-27.6	-14.5	-11.7	-12.1	-27.1	-23.9	-18.7	-25.3
20 世纪 30 年代	径流量(亿 m³)	13.6	14.9	22.5	25.0	27.8	40.8	81.8	106.3	85.2	73.2	40.5	16.7
	距平(%)	-3.7	-3.8	-16.9	-12.6	-27.1	-10.3	5.8	17.7	7.3	3.1	2.0	-3.6
20 世纪 40 年代	径流量(亿 m³)	16.1	17.6	26.7	26.4	35.2	42.2	83.3	101.4	102.5	80.9	44.4	21.5
	距平(%)	14.3	14.1	-1.2	-7.4	-7.7	-7.2	7.8	12.2	29.1	14.0	11.8	24.1
20 世纪 50 年代	径流量(亿 m³)	16.1	17.5	26.1	30.8	36.2	44.6	88.5	114.0	85.1	71.9	45.5	20.9
	距平(%)	14.0	13.0	-3.7	8.0	-5.2	-2.0	14.5	26.2	7.2	1.3	14.6	20.7
20 世纪 60 年代	径流量(亿 m³)	19.3	18.0	31.7	38.0	53.9	45.8	80.1	97.8	95.6	98.1	55.0	23.9
	距平(%)	37.0	16.4	17.0	33.0	41.2	0.7	3.6	8.3	20.4	38.2	38.6	37.7
20 世纪 70 年代	径流量(亿 m³)	14.7	15.8	29.9	28.9	44.1	40.4	70.4	86.2	90.3	70.6	45.8	15.7
	距平(%)	3.9	2.4	10.6	1.1	15.7	-11.1	-8.9	-4.5	13.8	-0.5	15.4	-9.4
20 世纪 80 年代	径流量(亿 m³)	14.2	16.0	29.3	29.0	45.5	54.6	89.4	90.2	88.9	86.4	42.2	16.4
	距平(%)	0.7	3.6	8.4	1.6	19.2	20.1	15.7	-0.1	11.9	21.8	6.3	-5.6
20 世纪 90 年代	径流量(亿 m³)	9.9	15.3	32.6	32.1	38.2	45.7	64.8	73.6	57.9	46.5	22.7	13.5
	距平(%)	-29.7	-0.9	20.5	12.4	0.2	0.6	-16.1	-18.5	-27.1	-34.5	-42.8	-22.5
2000～2007 年(近 8 a)	径流量(亿 m³)	10.1	9.8	25.3	25.4	36.4	59.7	62.0	55.3	48.0	55.6	27.7	14.8
	距平(%)	-28.3	-36.6	-6.6	-11.2	-4.5	31.2	-19.8	-38.7	-39.6	-21.6	-30.2	-14.8

(1)2000～2007 年(以下简称近 8 a)平均天然径流量偏少最显著。该期间不仅年径流量较常年偏少 2 成多,而且汛期 8 月、9 月负距平创历史最高,分别达 -38.7% 和 -39.6%。

(2)20 世纪 20 年代平均持续偏少时间最多,年天然径流量较常年偏少 19% 还多。

(3)20 世纪 30 年代平均天然径流量的年内分配非常特殊。该年代自上年冬季 12 月至当年初夏 6 月持续 7 个月偏枯,盛夏和秋季则每个月均偏多,尽管其年径流总量接近常年均值,略偏多 0.8%,但该年代天然径流量年内分配很容易形成前期干旱、后期洪涝的现象。

（4）20世纪90年代不仅年天然径流量较常年偏少，而且年代平均全年有8个月较常年偏少，这也是仅次于近8 a和20年代的偏枯年代。

（5）20世纪60年代是1919~2007年水量最丰段。该年代年均天然径流量较常年约偏多20%以上，且全年12个月均为正距平，其中汛前期5月和汛后期10月、11月偏多近40%，为历史之最，但主汛期6~9月则出现除9月偏多20%以上外，其余月份均偏多不足10%的现象。因此，该年代水量丰，而洪水并不大。例如，有径流量观测记录以来出现的两个大于800亿 m³ 的丰水年（1964年988.6亿 m³ 和1967年850.1亿 m³）都在该年代内，而黄河历史最大洪水（1958年7月17日花园口洪峰流量22 300 m³/s）和次大洪水（1982年花园口洪峰流量15 300 m³/s）都不在该年代内。该年代仅出现如1964年9 430 m³/s 和1966年8 480 m³/s 的中等偏大洪水。

（6）尽管汛期、非汛期和四季天然径流量的年代距平都与年总量不相一致，但总体上呈现出前期（20世纪20年代）和近期（20世纪90年代以来）偏少、其余年代偏多（或正常居多）的特点。

表8-4　不同时段天然径流量特征值

年代	特征值	全年	6~10月	非汛期	春	夏	秋	冬
20世纪20年代	径流量（亿 m³）	440.3	298.5	141.8	70.4	186.6	144.2	39.1
	距平（%）	-19.1	-17.9	-21.4	-24.9	-12.4	-24.1	-17.2
20世纪30年代	径流量（亿 m³）	548.3	387.3	161.0	75.3	228.9	198.9	45.2
	距平（%）	0.8	6.5	-10.8	-19.7	7.4	4.6	-3.0
20世纪40年代	径流量（亿 m³）	598.2	410.3	187.9	88.3	226.9	227.8	55.2
	距平（%）	10.0	12.9	4.3	-5.7	6.5	19.9	20.7
20世纪50年代	径流量（亿 m³）	597.2	404.1	193.1	93.1	247.1	202.5	54.5
	距平（%）	9.8	11.2	7.0	-0.7	16.0	6.6	12.6
20世纪60年代	径流量（亿 m³）	657.2	417.4	239.8	123.6	223.7	248.7	61.2
	距平（%）	20.8	14.8	32.9	31.7	5.0	30.8	31.2
20世纪70年代	径流量（亿 m³）	552.8	357.9	194.9	102.9	197.0	206.7	46.2
	距平（%）	1.6	-1.5	8.1	9.8	-7.5	8.8	-3.0
20世纪80年代	径流量（亿 m³）	602.1	409.5	192.6	103.8	234.2	217.5	46.6
	距平（%）	10.7	12.7	6.8	10.7	9.9	14.4	3.3
20世纪90年代	径流量（亿 m³）	452.8	288.5	164.3	102.9	184.1	127.1	38.7
	距平（%）	-16.8	-20.6	-8.9	9.8	-13.6	-33.1	-23.7
2000~2007年（近8 a）	径流量（亿 m³）	430.1	280.6	149.5	87.1	177.0	131.3	34.7
	距平（%）	-20.9	-22.8	-17.1	-7.1	-16.9	-30.9	-22.4

8.2.1.3　天然径流量年际变化特点

图8-1、图8-2和图8-3分别给出了1919~2007年花园口站全年和四季天然径流量的

时间变化曲线,其中图 8-1 还同时给出了年天然径流量距平累积曲线。

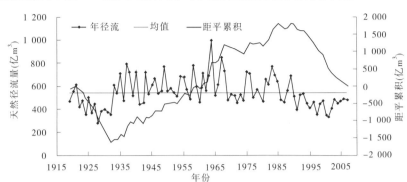

图 8-1　花园口站年天然径流量及距平累积过程线

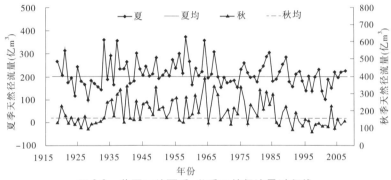

图 8-2　花园口站夏季、秋季天然径流量过程线

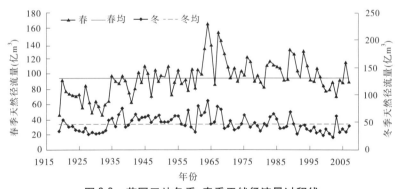

图 8-3　花园口站冬季、春季天然径流量过程线

结合资料分析,对于花园口站天然径流量的年际变化,大体可归纳为以下几个特点:

(1)年天然径流量变化明显呈现出 20 世纪 20 年代和自 80 年代中期以来偏枯,其余时间偏丰的特点。尤其从距平累积曲线上可以清楚地看到 1932~1933 年和 1985~1986 年的两个转折点,前者负距平累计值达到有史以来的最低点 -1 617.2 亿 m³,而后者距平累计值则达到有史以来的最高点 1 810.2 亿 m³。在这两个转折点之间,则是以正距平为主的曲线持续上升段。

(2)夏、秋季天然径流量的变化趋势与年径流量较为相似,大致也呈现出 20 世纪 20

年代和自 80 年代中期以来偏枯、其余时间相对偏丰的特点,但还是存在各自的一些特点。如夏季天然径流量在进入自 1922 年开始的枯水段前出现有 1919 年和 1921 年的丰水年,两者季水量分别为 262.2 亿 m³ 和 312.5 亿 m³,其正距平达到 49.1% 和 99.5%;秋季天然径流量的变化,则在 2003 年出现了季水量为 223.9 亿 m³ 的丰水年(较常年偏多 30%以上)。

(3)春季天然径流量的变化呈现出 1961 年前偏枯,1961～2007 年偏丰的特点。前期的 42 a 里只有 1945 年、1948 年和 1952 年的正距平超过 10%,其余年份都是偏枯或者正常年;而后期 47 a 里只有 1981 年、2000 年、2001 年和 2003 年的负距平超过 10%,其余年份都是偏丰或者正常年。

(4)冬季天然径流量变化总体呈现小幅波动。近 89 a 来,冬季天然径流量除 1922～1933 年出现持续性偏枯外,其余年份总体上呈小幅波动变化。据统计,冬季天然径流量 89 a 的均方差不到 14 亿 m³,仅占均值的 29.8%,其变幅之小是其他时段都不及的。

8.2.2　序列重建选取的基本资料与因子

分析水量历史变化规律的基本条件是具有足够长度的资料序列。但是,黄河流域最早的观测资料始于 1919 年,至 2008 年才 90 a,而要分析未来 50 a 的水量变化趋势,显然仅仅利用现有资料是远远不够的。

根据以往经验,采用黄河流域及相同气候区内的径流量相关因子资料,并依据其与水量的关系,建立天然径流量计算公式,进而重建数百年长度的天然年径流量序列,乃是目前较为广泛使用的方法。

研究表明,为重建天然年径流量序列而选取相关因子乃是前期工作的重要内容。而且所选因子的质量好坏,即所选因子是否与花园口站天然年径流量之间存在真正的内在联系,就成为本次序列重建成败的关键。

为此,本次研究收集并利用黄河上中游及相邻区域内的古树年轮和旱涝等级等资料作为因子优选的基本资料,并通过与花园口站天然年径流量的相关分析,从中选取两者相关显著、相互关联意义明确的要素作为序列重建的因子。

8.2.2.1　天然径流量资料

花园口站的天然年径流量除近期受到流域综合治理的局部影响外,通常情况下,与主要受自然条件变化影响的相关因素应存在相应的关系,例如古树年轮和旱涝等级等。据此,统计分析相关主要因素,建立径流量计算公式,进而重建天然径流量序列。

依据前述的 1919～2007 年逐月天然径流量,取花园口站天然年径流量作为序列重建的基本资料。

8.2.2.2　旱涝等级

由中央气象局气象科学研究院主编、地图出版社出版(1981 年)的《中国近五百年旱涝等级分布图集》[1],给出了我国 120 站 1470～1979 年的旱涝分布图和旱涝等级(即 1 级为涝、2 级为偏涝、3 级正常、4 级偏旱、5 级为旱)序列表,后来又由中国气象科学研究院张得二等先后两次将其续补到了 2000 年[2,3]。该资料在区域干旱(或旱涝)系列的建立、历史干旱(或旱涝)演变规律的探讨,以及据此重建水文气象要素序列等方面都得到了较为广泛的应用。

从文献《中国近五百年旱涝等级分布图集》中摘取了 1470～1977 年黄河上中游玛多、达日、玛曲、兰州、西宁、鄂托克、陕坝、榆林、延安、太原、临汾、天水、平凉、西安、洛阳、郑州等 16 站的旱涝等级。对于其中缺少的年、站旱涝等级,主要依据黄河流域水旱灾害资料[4]、沿黄各省(区)资料及地方史料进行了插补,最后建立了历史上各年的 16 站旱涝等级和序列,作为花园口代表站天然径流量序列重建的相关因子。

经对该旱涝等级和 1919～1977 年的 59 a 序列与花园口站天然径流量的相关计算,其相关系数达 -0.68,两者的相关关系远超过了 $\alpha = 0.001$ 的置信度。

8.2.2.3 古树年轮

树木年轮资料是过去全球变化(PAGES)研究重要的技术途径之一。树木年轮气候学(Dendroclimatology)是树木年代学的分支学科,是一门利用经过定年的树木生长轮来重建和评价过去及现在气候变化的科学。树木年轮气候学以植物生理学为基础,以树木生长特点为依据,通过研究环境变化对树木生长的影响,试图获取气候代用资料来重建环境变化的历史。与其他气候代用资料相比,树木年轮具有定年准确、分辨率高、连续性强和分布范围广等特点,是研究数十年和百年尺度气候变化的首选代用资料,在全球变化研究中已成为获取气候变化信息的重要手段之一[5]。国外树木年轮气候学研究进展很快,不仅广泛应用树木年轮资料重建长序列的气温、降水等资料,而且根据树木年轮结构(包括宽度、密度等)随气候变化的生理学机制,建立起了树木年轮气候学模式。目前,在我国很多地区较为广泛地建立了树木年轮年表,利用宽度指标重建了过去气候变化序列。

研究表明,树木年轮与水文变化之间存在一定的关系,因此可依据这一关系推算出过去某一时段与气候相关联的水文要素值及其变化量,进而重建相应期间水文要素的历史序列。早在 1956 年,黄河规划委员会就根据在黄河上游所采集的一些古树年轮资料,了解分析黄河历年的水量变化[6]。随着时间的推移,这一方面的研究越来越多[7-11],而且在很多方面取得了良好的效果。

据 1919～2007 年资料统计,黄河上游兰州以上多年平均天然径流量占黄河天然径流总量的比例为 65.8%,是黄河天然径流量的主要来源区。因此,根据黄河天然径流量来源空间分布的这一重要特性,在建立黄河花园口站过去数百年天然年径流量序列的预测模型时,应当加大黄河上游天然径流量自变因子的权重,增加变量因子对该区域的空间代表性,使所建模型能反映黄河天然径流量预测的物理基础。为此,在古树年轮取样分布设计时,需要加大黄河兰州以上的布点率。另外,在确定包括旱涝等级等在内的模型变量因子集时,黄河上游物理变量的比重也应较大。

为重建黄河花园口站过去数百年天然径流量序列,除在黄河上游阿尼玛卿山(采样地点为青海省海南藏族自治州同德县河北乡和江群林场,圆柏)、甘肃省卓尼县卡车林场(柏树、冷杉)、陕西省黄陵县双龙林场(油松)、陕西省周至县厚畛子保护站(冷杉)等地采取古树样本(见图8-4),建立古树年轮年表外,还广泛收集了流域及相邻范围内数十个古树年轮年表。经对年轮指数与 1919～1977 年花园口站天然年径流量的相关分析,最后选取了其中部分年轮资料。通过相关计算与分析,其中以下几组古树年轮的相关性和序列长度基本符合要求,兹分述如下。

图 8-4　采取古树年轮样本现场

1. 乌兰圆柏

应用乌兰古树采样及其年轮资料开展研究工作的已有很多[12-14]。本次采用的是由青海省气候资料中心和中国气象科学研究院联合于 1986 年和 1987 年采样,并由中国气象科学研究院完成交叉定年、测量及年表研制的序列资料(年表长度共 823 a,即 1163 ~ 1985 年)。该树轮宽度定年年表的样本采自青海省乌兰县境内,采样地位于北纬 37°02′、东经 98°37′附近,海拔 3 000 ~ 3 700 m,38 个样本全部采集于祁连圆柏。该区景观为干旱荒漠草原,属大陆性气候,年平均温度 2 ~ 4 ℃,年降水量为 150 ~ 200 mm。

经对 1919 ~ 1977 年该年轮指数的 59 a 序列与花园口站天然年径流量的相关计算,两者的相关性接近 $\alpha = 0.02$ 的置信度。

2. 陕西黄帝陵圆柏

陕西省气象局等于 1975 年 6 月 27 日对陕西省黄陵县(离县城十余里)桥山乡梨园古墓地北侧的古树进行了采样。该地海拔 990 m,坡向东偏北,坡度 35°,古树胸径约 60 cm。截取高度为上坡 20 cm、下坡 70 cm,读取年轮数 507 个,建立序列的起止年为 1470 ~ 1974 年。

为了使该树木年轮年表的终止年与其他序列相一致,对于 1975 ~ 1977 年的树木年轮指数依据 1975 年前树木年轮指数与黄陵县降水量的关系进行了插补。经对 1919 ~ 1977 年该年轮指数的 59 a 序列与花园口站天然年径流量的相关计算,两者的相关性也达到 $\alpha = 0.02$ 的置信度。

3. 华山西峰顶华山松

据《华山松树木年轮对气候响应的模拟分析》和《华山树木年轮年表的建立》[15,16]介绍,华山松树木年轮取自陕西省华山,具体位置是东经 110°5′、北纬 34°29′,海拔 1 900 ~ 2 050 m,树种为华山松,取样时间为 1990 年 5 月。从样本中选取部分生长较为典型、年轮纹印较为清晰的 5 个钻芯作为模拟分析的对象,建立了 1466 ~ 1984 年的 519 a 树木年轮年表。

通过对 1919 ~ 1977 年该年轮指数的 59 a 序列与花园口站天然年径流量的相关计

算,两者之间的相关性接近 $\alpha = 0.02$ 的置信度。

4. 河南孟津侧柏

由已故中国科学院地理科学与资源研究所吴祥定教授提供的河南省孟津县刘秀墓[17]古树样本,其概况如表 8-5 所示。

表 8-5　河南省孟津县刘秀墓取样概况一览表

取样地点及时间	经纬度	海拔（m）	树种及树况	样本数（株）	序列长度
孟津县白鹤乡,1988 年 4 月	E:112°45′ N:34°50′	100	侧柏,小片侧柏林	21	1234 ~ 1987 年

通过对 1919 ~ 1977 年该年轮指数的 59 a 序列与花园口站天然年径流量的相关计算,两者之间的相关系数高达 0.45,说明刘秀墓侧柏的年轮宽度与花园口站的天然年径流量变化具有显著的关联性,两者的相关关系超过了 $\alpha = 0.001$ 的置信度。无疑,这一相关因子的选取必将为花园口站天然年径流量的重建增加可信度。

5. 黄河上游阿尼玛卿山圆柏

对黄河上游唐乃亥以上主要产流区的阿尼玛卿山圆柏进行了采样。环境条件为高寒区,土壤瘠薄,腐殖质含量低,有岩石裸露,亚高山植被成分,优势祁连圆柏林,林相稀疏,较多孤立木,树干较低矮,多枯枝,林下植被稀疏。采样地及样本概况如表 8-6 所示。

表 8-6　阿尼玛卿山取样概况

取样地点	经纬度（°）	海拔（m）	树种及树况	样本数（株）	序列长度
青海省海南藏族自治州同德县河北乡	E:100.81 N:34.76	3 239 ~ 3 400	圆柏,健康主木	23	1442 ~ 2005 年
青海省海南藏族自治州同德县江群林场	E:100.35 N:35.02	3 576 ~ 3 676	圆柏,健康主木	25	1465 ~ 2005 年

通过对 1919 ~ 1977 年该年轮年表的 59 a 数据与花园口站天然年径流量进行相关统计分析,两者的相关性达到 $\alpha = 0.10$ 的置信度。

8.2.2.4　通天河直门达站年径流量

除收集整理上述旱涝等级和古树年轮资料外,还收集了文献[10]提供的通天河直门达水文站 1485 ~ 2002 年径流量序列。文献[10]给出了 2002 年在黄河源相邻的长江源通天河畔青海省玉树藏族自治州曲麻莱县东风乡(东经 96°08′、北纬 33°48′)和治多县立新乡(东经 96°17′、北纬 33°43′)采集的散生原始大果圆柏的树轮样本。曲麻莱县采样点树龄最长为 523 a,治多县采样点树龄最长达 629 a。统计发现,1919 ~ 1977 年的 59 a 序列与花园口站天然径流量的相关性接近 $\alpha = 0.02$ 的置信度。因此,采用该站径流量序列作为花园口站天然径流量序列延长的因子,具有较好的可信度。

8.2.3 天然径流量序列的延长与检验

8.2.3.1 天然径流量序列的延长

考虑到上述所选用的天然径流量相关因子资料序列起止时间的一致性,天然径流量序列延长计算的母体样本取值于 1919～1977 年。

根据上述所介绍的旱涝等级和数组树木年轮资料的具体情况,通过对 1919～1977 年的 59 a 资料回归分析,得到花园口站天然年径流量(W)的计算公式为

$$W = 494.15 - 11.94X_1 + 61.85X_2 + 38.56X_3 + 146.91X_4 + 59.04X_5 + 78.83X_6$$

$$(8\text{-}1)$$

式中:X_1 为黄河上中游的玛多、西宁、兰州、太原、西安、郑州等 16 站旱涝等级;X_2 为青海乌兰圆柏年轮指数;X_3 为河南孟津刘秀墓侧柏年轮指数;X_4 为黄河上游阿尼玛卿山圆柏的年轮指数;X_5 为华山西峰顶华山松的年轮指数;X_6 为陕西黄帝陵圆柏的年轮指数。该方程式的复相关系数为 0.888 8,相关置信度达到了 $\alpha = 0.001$。

花园口站天然径流量的计算值与实际值的拟合情况如图 8-5 所示,可见两者拟合效果甚好,不仅近 59 a 的变化趋势基本一致,而且其主要峰、谷年的吻合也较好。经统计,两者之间相对误差大于 15% 的仅 1 a,平均相对误差仅为 6.9%,远高于水文序列趋势外延计算误差小于 15% 的基本要求。

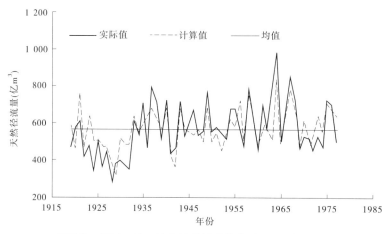

图 8-5　花园口站天然径流量计算值与实际值对比过程线

特别值得指出的是,黄河干流水文站有实测记录以来最受人关注的 1922～1932 年 11 a 枯水段的拟合情况也比较理想。尽管由于统计学方法的弊病,低谷段计算值往往会比实际值偏大,但本次计算值较实际值仅偏大 13.1 亿 m³,尤其是其中最枯的谷点 1929 年,两者不但基本吻合,而且计算值与实际值的绝对误差也只有 12.8 亿 m³,相对误差为 8.3%。因此,所建立的公式用于花园口站天然径流量重建计算,具有较好的可信度。

8.2.3.2 天然径流量序列的一致性检验

将上述 1470～1918 年因子数据代入式(8-1),即可获得延长的 1470～1918 年花园口

站天然径流量。再将 1977 年以来花园口站的天然径流量与延长序列相连接,就可以得到花园口站重建 1470~2007 年的 538 a 天然径流量序列(见图 8-6)。

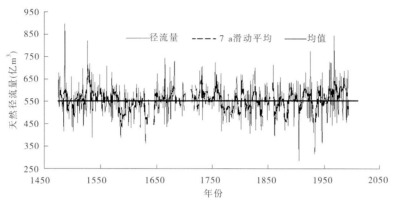

图 8-6　花园口站天然径流量(细线)及 7 a 滑动平均曲线(虚线)

对于延长的花园口站天然径流量序列是否具有使用价值,以及该序列的可信度如何,需要通过"U_r"(U_r 为统计量)检验加以判别。

花园口站 1919~1977 年天然径流量平均值 $W_{x0} = 564.4$ 亿 m³,均方差 $a_0 = 136.95$;由延长的 449 a(n)天然径流量求得平均值 $W_{x_2} = 555.0$ 亿 m³,故统计量为

$$U_r = \frac{W_{x_2} - W_{x_0}}{a_0 / \sqrt{n}} = -1.454 \qquad (8-2)$$

因花园口站天然径流量序列延长的年数较多($n = 449$),所以在 H_0 成立的条件下,可以认为统计量 U_r 近似地服从正态分布 $N[0,1]$,对于给定置信度 $\alpha = 0.05$,查得 $U_r = 1.645$。由于延长的天然径流量系列所求得的 $|U_r| = 1.454 < 1.645$,故接受 H_0,表明延长的 449 a 天然径流量重建值来自于这个总体,即与现有的 1919 年以来天然径流量序列具有较好的一致性。

8.2.4　天然径流量变化特点及趋势分析

为了对花园口站未来天然径流量变化趋势进行分析,首先根据上述重建的花园口站天然径流量序列进行分级,对其历史变化的阶段性和周期性进行讨论。

8.2.4.1　天然径流量分级

对于水文、气象序列等级的划分,过去已有较多的研究,但大部分是针对研究区的降水量多寡和旱涝程度进行分级的。本次分级考虑到黄河上中游年水量变化和防汛、水量调度的实际,仍然将重建的 538 a 序列分为丰、偏丰、平、偏枯和枯 5 个等级,并参考文献[1]中的等级划分指标,经比选后确定的丰、平、枯年份等级的指标评定标准为:

1 级(丰水年):$R_i > (\bar{R} + 1.18\sigma)$;

2 级(偏丰年):$(\bar{R} + 0.46\sigma) < R_i \leqslant (\bar{R} + 1.18\sigma)$;

3 级(平水年): $(\bar{R} - 0.46\sigma) < R_i \leq (\bar{R} + 0.46\sigma)$；

4 级(偏枯年): $(\bar{R} - 1.18\sigma) < R_i \leq (\bar{R} - 0.46\sigma)$；

5 级(枯水年): $R_i \leq (\bar{R} - 1.18\sigma)$。

式中, $\bar{R}$ 为花园口站多年平均天然径流量；R_i 为逐年天然径流量；σ 为标准差。

根据上述分级标准,逐年对照花园口站天然径流量,得到 1470 年以来 538 a 等级序列(见表 8-7)。

表 8-7 花园口站 1470 年以来天然径流量分级成果

年份	0	1	2	3	4	5	6	7	8	9	年份	0	1	2	3	4	5	6	7	8	9
1470	3	1	3	3	2	2	3	3	4	3	1740	4	4	2	4	2	2	3	4	4	3
1480	5	3	2	1	3	2	4	2	5	5	1750	3	1	2	1	3	2	1	2	3	5
1490	4	2	3	1	2	5	5	3	5	3	1760	3	1	5	3	3	4	2	4	4	4
1500	4	4	1	2	3	4	3	3	2	4	1770	5	4	4	3	3	3	4	4	4	4
1510	2	3	4	2	3	1	5	3	4	2	1780	4	3	3	4	2	4	2	1	4	2
1520	3	4	2	1	1	3	2	1	4	2	1790	2	2	4	3	4	4	5	5	1	3
1530	1	5	3	2	1	3	2	2	4	3	1800	1	2	3	4	3	4	3	4	3	2
1540	2	3	3	2	1	3	2	2	4	3	1810	4	2	4	5	4	2	4	5	4	1
1550	4	2	3	2	4	3	3	1	3	3	1820	2	2	1	1	5	2	3	3	4	3
1560	3	3	4	2	2	4	2	1	4	1	1830	2	4	2	4	5	3	4	5	4	4
1570	1	2	4	2	2	3	3	4	3	3	1840	3	2	3	3	2	5	5	4	2	2
1580	2	5	5	4	3	4	5	3	4	2	1850	1	2	2	1	1	1	5	4	4	5
1590	4	4	3	1	2	5	2	3	4	3	1860	3	4	2	2	3	4	2	4	2	3
1600	4	5	3	3	2	3	4	2	2	5	1870	3	2	2	2	4	4	5	5	4	4
1610	4	2	3	1	2	3	5	5	2	3	1880	3	5	3	3	2	3	3	2	3	1
1620	3	2	3	4	2	3	5	3	5	3	1890	2	4	5	2	3	3	2	1	3	3
1630	5	4	5	4	2	2	3	2	1	4	1900	5	5	2	2	4	2	3	3	3	3
1640	5	5	4	2	2	3	2	1	4	4	1910	2	2	3	1	1	4	4	2	3	2
1650	3	4	2	3	3	4	3	4	2	1	1920	4	1	2	2	4	4	4	5	5	5
1660	2	5	1	3	3	5	2	4	3	3	1930	4	4	2	2	2	4	1	2	3	3
1670	3	1	4	2	3	3	3	2	2	1	1940	2	5	5	1	3	3	3	4	1	1
1680	4	3	3	3	2	3	5	3	4	2	1950	4	2	4	2	2	1	4	1	2	2
1690	4	4	3	2	2	4	3	3	2	4	1960	5	3	4	4	2	1	2	4	4	4
1700	2	2	1	2	3	3	2	1	1	3	1970	2	4	2	3	1	3	3	3	3	3
1710	3	5	3	3	4	2	2	2	3	2	1980	4	2	2	1	1	2	4	4	3	1
1720	5	4	5	3	1	1	3	1	2	4	1990	4	2	2	4	4	4	4	5	5	4
1730	2	2	3	3	3	3	1	2	2	3	2000	5	5	5	4	5	4	4	5		

经对表 8-7 所列逐年花园口站天然径流量丰、偏丰、平、偏枯和枯 5 个等级的统计,就可以得到花园口站近 538 a 来各级水量发生的气候概率(见表 8-8)。

表 8-8　花园口站 538 a 天然径流量丰、枯划分临界值及特征值

丰枯等级	丰枯类型	临界值	年数(a)	发生概率(%)	平均径流量(亿 m³)	距平(%)
1	丰水年	$R_i > 665.6$	65	11.9	707.7	+28.0
2	偏丰年	$583.3 < R_i \le 665.6$	130	24.2	618.4	+10.6
3	平水年	$522.8 < R_i \le 583.3$	140	26.0	555.1	+0.4
4	偏枯年	$447.6 < R_i \le 522.8$	137	25.5	487.7	-13.4
5	枯水年	$R_i \le 447.6$	67	12.4	406.7	-36.0

由表 8-8 可以看出,近 538 a 黄河上中游水量变化过程中,出现丰水年共 64 a,占总年数的 11.9%,花园口站丰水期年平均天然径流量为 707.7 亿 m³,较多年均值(553.0 亿 m³)还偏多 28.0%;出现枯水的年份共 67 a,较丰水年份多 3 a,占总年数的 12.4%,其年平均天然径流量仅为丰水年的 57.5%,且较多年均值 553.0 亿 m³ 还偏少 26.5%;偏丰年和偏枯年分别占总年数的 24.2% 和 25.5%。出现平水年的次数相对较多,共 140 a,其发生概率为 26.0%,即每逢 10 a 就约有 7.5 a 不是丰水年或偏丰年就是枯水年或者偏枯年。

由此可见,黄河上中游的天然径流量不仅存在年内分配不均的特点,而且年际间的丰、枯变化也十分频繁。

8.2.4.2　水量丰、枯变化的阶段性分析

自 1470 年以来的 538 a 内,大体经历了 11 个枯水段和 10 个丰水段。依据各个阶段内花园口站的年均天然径流量,统计出各个阶段天然径流量的特征值,见表 8-9。

依据图 8-6、表 8-9 并结合多年均值等资料,可以认识到重建系列后花园口站天然年径流量有以下几个特点:

(1)对于近 538 a 的 11 个枯水段来说,其平均持续时间为 26.7 a,最长为 66 a,最短仅 9 a;枯水段平均的天然年径流量为 522.1 亿 m³,较常年偏少 5.6%。出现枯水(包括偏枯)年的概率是丰水(包括偏丰)年的 2.3 倍,而丰水年出现的概率只有 5.4%,两者差异较明显。

(2)就花园口站天然径流量 10 个丰水段而言,其平均持续时间为 24.4 a,最长 56 a,最短仅 8 a。丰水段年平均天然径流量为 600.0 亿 m³,较常年平均值偏多近 10%,其中出现偏丰(包括丰水)年的概率是偏枯(包括枯水)年的 3.7 倍。

综上可见,花园口站天然径流量年际间变化的阶段性特征十分明显。同时还可以看到,目前尚处于 1986 年开始的枯水段,至 2007 年已持续 22 a,已经接近枯水段平均的持续时间 26.7 a,但与历史上的其他几个持续时间较长的枯水段(如持续 66 a、52 a 和 40 a)相比,目前的枯水段正处于居中的状况。因此,目前还很难断定很快就转入丰水段。

表 8-9　花园口站 538 a 重建天然径流量丰、枯时段特征值

枯水段							丰水段						
时段	各级出现概率(%)					径流量 (亿 m³)	时段	各级出现概率(%)					径流量 (亿 m³)
	1 级	2 级	3 级	4 级	5 级			1 级	2 级	3 级	4 级	5 级	
1470 ~ 1521 年	9.6	21.2	36.5	19.2	13.5	558.5	1522 ~ 1577 年	21.4	26.8	25.0	23.2	3.6	585.1
1578 ~ 1643 年	3.0	18.2	22.7	27.3	28.8	505.1	1644 ~ 1660 年	11.8	47.1	17.6	23.5	0.0	580.7
1661 ~ 1672 年	16.6	8.3	41.7	16.7	16.7	553.1	1673 ~ 1688 年	6.3	37.5	49.9	6.3	0.0	597.0
1689 ~ 1697 年	0.0	33.3	22.2	44.5	0.0	547.1	1698 ~ 1710 年	30.8	38.4	30.8	0.0	0.0	617.8
1711 ~ 1722 年	0.0	33.3	25.0	16.7	25.0	526.6	1723 ~ 1757 年	25.7	25.7	34.3	11.4	2.9	596.9
1758 ~ 1797 年	5.0	12.5	25.0	45.0	12.5	522.1	1798 ~ 1823 年	19.2	26.9	19.2	27.0	7.7	568.1
1824 ~ 1847 年	0.0	20.8	33.4	25.0	20.8	519.7	1848 ~ 1855 年	50.0	50.0	0.0	0.0	0.0	668.8
1856 ~ 1881 年	0.0	23.1	19.2	38.5	19.2	512.4	1882 ~ 1914 年	12.1	27.3	42.4	9.1	9.1	572.2
1915 ~ 1932 年	5.6	16.7	5.6	61.0	11.1	508.9	1933 ~ 1940 年	12.5	62.5	12.5	12.5	0.0	604.8
1941 ~ 1953 年	15.4	0.0	38.4	30.8	15.4	529.8	1954 ~ 1985 年	25.0	34.4	15.6	21.9	3.1	609.0
1986 ~ 2007 年	4.5	0.0	9.1	45.5	40.9	459.2	平均	21.5	37.7	24.7	13.5	2.6	600.0
平均	5.4	17.0	25.3	33.7	18.6	522.1							

8.2.4.3　天然径流量变化的周期性

水文气象要素年际变化的周期性是已被许多研究和实际资料所证实了的一种自然规律。《气象中的谱分析》[18]介绍的功率谱分析和《气象站数理统计预报方法》[19]介绍的方差分析是目前水文、气象界在分析要素时间变化主要周期时经常采用的方法。

1. 功率谱分析

功率谱分析是以傅里叶变换为基础的频域分析方法,其意义是将时间序列的总能量分解为不同频率上的分量,根据不同频率波的方差贡献诊断出序列的主要周期,从而确定出周期的主要频率,即序列所隐含的显著周期。

根据上述文献中有关提取序列显著周期的方法,对花园口站天然径流量序列进行了计算分析。考虑到本次计算分析的序列长度(n)为 538 a,根据取最大滞后长度 m 为 $n/3 \sim n/10$ 的经验,并通过比较分析,最后确定 m 为 120 a。其中周期值 T 与波数 K 之间有如下的关系

$$T = 2m/K \tag{8-3}$$

经计算,得到 1470 ~ 2007 年花园口站天然径流量的功率谱值如图 8-7 所示。由图 8-7 可以看出,花园口站天然径流量序列的功率谱值分布较有规律,尤其是对照置信度取 $\alpha = 0.05$ 的红噪声临界值(虚线),在多处显示出谱值大于临界值,即表示其中有置信度达到或者超过 $\alpha = 0.05$ 红噪声标准的显著周期。

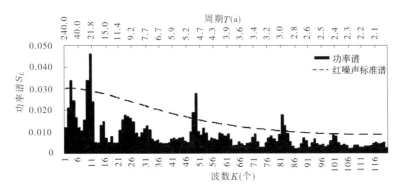

图 8-7 花园口站天然径流量功率谱(实线)及 $\alpha = 0.05$ 的红噪声标准谱(虚线)

在周期长度为 78 a、21 ~ 25 a、4.9 ~ 5.3 a 和 2.9 ~ 3.1 a 处,分别有功率谱估计值明显超过 $\alpha = 0.05$ 红噪声标准谱的峰值,说明天然径流量的历史变化存在较为明显的近 80 a 长周期、准 22 a 中尺度周期以及 5 a、3 a 左右的短周期。

2. 方差分析

采用 F 检验的方差分析法对花园口站天然径流量历史变化的周期性进行了佐证分析,计算结果列于表 8-10。

表 8-10 花园口站天然径流量方差分析成果

序号	周期(a)	F 值	F 比值	序号	周期(a)	F 值	F 比值
1	10	2.47	1.542	6	74	1.564	1.303
2	8	2.410	1.420	7	33	1.526	1.174
3	5	2.258	1.188	8	231	1.458	1.215
4	11	2.234	1.396	9	95	1.404	1.170
5	21	2.09	1.493	10	182	1.348	1.226

注:F 比值为不同周期长度下径流量序列的 F 检验值与满足一定置信度要求所对应 F 值的比值。此表中置信度取 $\alpha = 0.05$。

由上述分析可知,采用不同方法分析均发现花园口站 538 a 天然径流量序列中存在较为明显的周期性,其中置信度超过 $\alpha = 0.05$(即 F 比值 > 1.20)的主要显著周期为 10 a、8 a、11 a、21 a、74 a、182 a 和 231 a 等。同时对照图 8-7 不难看出,在上述显著周期中还明显地包含由功率谱分析方法计算的主要周期。两种方法的计算结果在总体上具有一致性,这充分说明了上述周期的显著性和稳定性。

8.2.4.4 未来变化趋势分析

根据黄河流域长期水文气象预报的经验,并查阅国内外大量文献资料,可以说,目前对于未来水沙量变化趋势的预测还没有很成熟的方法。因此,本次研究将首先依据上述分析所获得的显著周期,采用文献[20]中周期叠加外推的方法,对花园口站天然径流量进行计算,并外延至2055年,进而结合阶段性分析的结论,对未来变化趋势进行分析。

经过统计对比分析,发现其中取10 a、182 a、21 a、8 a、11 a、95 a和74 a的7个显著周期进行叠加的拟合效果较好,1470~2007年的538 a相关系数高达0.85。图8-8给出了花园口站天然年径流量1930~2007年的计算值与实际值的拟合情况。

由图8-8不难看出,不但两者趋势基本一致,而且主要峰谷年都十分吻合,说明采用该方法对未来趋势进行外推分析具有一定的可信度。

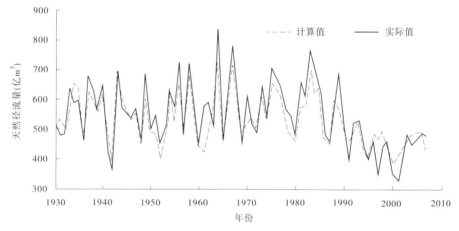

图8-8 花园口站天然径流量拟合曲线

根据周期叠加拟合成果,推求花园口站未来逐年天然径流量,并以7 a滑动平均的方法,统计出2020年、2030年、2040年和2050年等4个典型年天然径流量,见表8-11。

表8-11 花园口站未来4个典型年天然径流量

2020 年		2030 年		2040 年		2050 年	
天然径流量 (亿 m³)	距平 (%)	天然径流量 (亿 m³)	距平 (%)	天然径流量 (亿 m³)	距平 (%)	天然径流量 (亿 m³)	距平 (%)
513.7	-5.5	534.8	-1.7	563.5	3.6	537.0	-1.3

由表8-11并结合资料分析知,未来数十年花园口站天然径流量的变化仍然表现出较为明显的阶段性,与1919~2007年均值543.8亿 m³相比,2020年为枯水年,2030年属于平偏枯,2040年属于偏丰年,2050年属于平偏枯。

8.2.4.5 未来天然径流量趋势预测的合理性分析

根据黄委2008年编制的《黄河流域水资源综合规划报告(征求意见稿)》和2009年编制的《黄河流域综合规划》(以下简称《规划》),1956~2000年全河(即利津断面)多年平均天然径流量为534.8亿 m³,《规划》预测2020年和2030年黄河天然径流量将较目前分别减少 15 亿 m³ 和 20 亿 m³,即《规划》预测的 2020 年和 2030 年黄河天然径流量分别为 519.8 亿 m³ 和 514.8 亿 m³。根据多年平均统计结果,花园口断面天然径流量约占全河天然径流量的 98%,由此可以推知,《规划》按 1956~2000 年系列给出的花园口断面天然径流量应约为 524.1 亿 m³,因而花园口站 2020 年和 2030 年天然径流量为 509.4 亿 m³ 和 504.5 亿 m³。与本次预测的结果相比可见,两者量值差异比较小。本次预估的花园口站天然径流量 2020 年为 513.7 亿 m³,2030 年为 534.8 亿 m³,较《规划》预测的天然径流量分别偏大 0.8% 和 6.0%。另外,本次预测的趋势呈现出丰枯交替的现象,而《规划》预测的呈递减趋势。

关于黄河流域未来降水、径流变化趋势预测研究已有不少成果,但认识相差较大。目前,对未来径流预测的气候背景多采用两种情景:一是人口快速增长、经济发展相对缓慢,称 A2 情景;二是强调社会技术创新,称 B2 情景。根据张光辉[21]的预测,2006~2035 年、2036~2065 年和 2066~2095 年 A2 情景下,黄河流域多年平均天然径流量的变化分别为 5.0%、11.7% 和 8.1%;B2 情景下相应为 7.2%、−3.1% 和 2.6%。於凡等[22]分析认为,在 A2 情景下,2010~2039 年、2040~2069 年和 2070~2099 年黄河流域的年径流量变化分别为 2.7%、2.4% 和 −6.7%,其水量变化为 17.3 亿 m³、15.0 亿 m³ 和 −42.1 亿 m³;B2 情景下相应的变化为 5.6%、5.7% 和 4.8%,其水量变化为 35.4 亿 m³、36.1 亿 m³ 和 30.1 亿 m³。施雅风等[23]提出西北气候可能正由暖干向暖湿转型,并划分出显著转型区、轻变转型区和未转型区。而王国庆等[24]分析认为,黄河未来几十年径流量呈减少趋势,汛期和年径流量分别减少 25.4 亿 m³ 和 35.7 亿 m³。由于以上分析者是按照黄河流域多年平均径流量 580 亿 m³ 推算的,因而,未来几十年径流量可能在 544 亿 m³ 左右。刘春蓁[25]采用多个 GCM 模型和水文模型预测 2030 年黄河流域径流量总体上也是减少的。

近期,高治定等[26]分析认为,到 2020 年、2050 年、2070 年和 2100 年沿黄各省(区)气温可能平均变暖 1.4 ℃、2.7 ℃、4.2 ℃ 和 5.0 ℃,黄河流域相应的降水量变化为 −1%~0%、4%~5%、8%~9% 和 11%~12%。刘绿柳等[27]对 A2 情景下黄河流域降水量的变化分析表明,2010~2039 年、2040~2069 年和 2070~2099 年的降水量变化率为 −1.3%、5.3% 和 13.3%。《气候变化国家评估报告》[28]预测,到 2020 年全国平均降水量将增加 2%~3%,2050 年增加 5%~7%。降水日数在北方显著增加,南方变化不大。黄河流域上中游地区 2070 年平均气温将上升 2.7 ℃,平均降水量会有所增加,但是在未来 50 a 到 80 a,流域蒸发量将增加 15% 左右。

根据张建云等[29]对黄河流域气温、降水、径流关系的研究,黄河中游若气温升高 1 ℃,年径流量将减少 3.7%~6.6%;若降水增加 10%,河川径流量将增加 17%~22%。由此可知,黄河流域径流变化是对气温、降水的复杂响应,也反映了对其预测具有很多的不确定性。

从上述研究成果来看,虽然目前对黄河流域降水、径流的预测成果相对比较多,但是结果仍有较大差异,有些甚至在趋势上就是相反的。由此说明,在目前的预测理论和方法发展水平及对黄河流域降水径流过程演变规律的认识条件下,降水径流变化趋势的预测仍是一项非常复杂、难度很大的命题。

从目前多家对黄河流域水沙变化预测的总体情况看,可以初步归纳为以下几点:一是至2020年,降水量有可能呈总体减少趋势,减幅在1%~1.3%,估计到2030年黄河流域缺水量可达到121.2亿 m^3 [26]。二是到2050年,气温呈增高趋势,同时降水量增加4%~5%;从2050年到2100年,气温呈持续增高走势,同时降水量增加10%左右,但是,黄河流域蒸发量可能增加12%~19% [21,30]。因此,2050年的径流量仍会减少。三是对径流变化趋势预测的差异较大,如对2020~2030年或近几十年的预测在定性上就不相同,有的认为是增加的,增幅在3%~7%,有的认为是减少的,减幅为3%~6%。到2050年,有的认为是将增加2%~12%,有的认为可能减少,减幅为2%~3%。

从本次预测结果看,与上述两个规划中给出的花园口1956~2000年平均天然径流量524.1亿 m^3 相比,2020年、2030年和2050年的变化率分别为-2.0%、2.0%和2.4%;同现有研究成果相比,本次预测变化率均在相应的变化范围之内。另外,本次预测结果的变幅具有一定的波动调整性,这也符合天然径流具有振荡性变化的基本规律。如果按高治定[26]、张建云[29]预测的气温、降水及其与径流变化之间的关系推估,2020年和2050年花园口天然径流量约为509.1亿 m^3 和515.6亿 m^3,与本次预测的513.7亿 m^3 和537.0亿 m^3 的差别为-0.89%和-3.99%,应当说是比较接近的。同时2050年较2020年有所增加,这同现有分析成果相比,在趋势上也是一致的。

总之,就现有研究成果而言,本次预测的天然径流量变化趋势应当具有一定的参考价值。

8.3 基于分布式产流产沙数学模型的水沙变化趋势分析

利用统计降尺度技术,结合黄河上中游特殊的产流产沙环境,对SWAT(Soil and Water Assessment Tool)模型[31,32]进行改进,用以模拟预测典型支流在未来不同侵蚀环境下的产水产沙量,并基于不同侵蚀分区水沙量占花园口断面径流量、泥沙量的权重及其对应的面积权重,综合推算未来花园口站径流量和泥沙量。

8.3.1 预测模型简介

预测模型由统计气候降尺度模型和改进的SWAT模型构成,前者用于分析未来气温、降水变化,后者用于预测未来相应的径流、泥沙变化。建模平台为ArcView3.3。

8.3.1.1 未来气候情景构建

全球平均地表温度在过去的100 a(1906~2005年)升高了0.74 ℃±0.18 ℃[33],而最近50 a增温的速率是过去100 a的2倍,分别为0.13 ℃±0.03 ℃/10 a和0.07 ℃±0.02 ℃/10 a。《气候变化国家评估报告》[28]预测在2070年中国地区的地表气温将明显上升,上升幅度一般为2.2~3.0 ℃,其中黄河流域上中游地区平均上升约2.7 ℃。许吟隆等利用PRECIS分析SRES B2情景下中国区域2071~2100年的气候变化结果显示,黄河流域上中游地区未来地面平均气温的变化值在3.0~4.0 ℃,降水量变化值在0~1.5 mm/a。

全球气候模式(GCM)已经被证明是预估未来气候变化的一种非常可靠的工具,特别是在大尺度方面,且其预估气温变化的可靠程度要高于降水。但是,GCM并不能很好地模拟区域尺度的许多物理过程,所以在区域尺度气候变化研究方面,降尺度技术得到广泛应用[34]。目前的降尺度技术主要有动力降尺度和统计降尺度两种:动力降尺度方法是一种基于物理机制的、将全球气候模式和区域气候模式嵌套到区域尺度气候信息的方法;统计降尺度是由大尺度气候信息获取小尺度气候信息的有力工具,通过确立大尺度气候要素和小尺度气候要素间的经验统计关系实现尺度转换[35]。已有研究表明[36],动力降尺度方法和统计降尺度方法在模拟当前气候时的效果较为相似,因此两种方法在构建未来气候情景时也不会出现太大的差别。但是,统计降尺度模型比动力降尺度模型适应性强,参数相对少且更容易与水文模型结合[37]。

综合以上分析,根据黄河上中游实际情况,选择统计降尺度模型(SDSM)。基于站点实测数据和美国国家环境预报中心(NCEP)再分析数据建立模型,然后将英国气象局哈德利中心(Hadley Center)的海气耦合气候模式(HadCM3)数据降尺度到黄河流域上中游地区站点尺度上,进而利用 Kriging 内插方法,分析黄河流域上中游地区未来(2010～2099年)的气候变化情景。

1. 统计降尺度技术简介

统计降尺度是基于实测数据建立不同尺度数据间的经验统计关系,并将此关系应用到气候模式数据中的一种模拟技术。统计降尺度的核心是建立大尺度的大气环流变量(预报因子)与站点实测的地表变量(预报量)之间的统计关系,通常可用下式表示

$$R_t = f(X_T) \quad (T \leqslant t) \tag{8-4}$$

式中:R_t 为第 t 时间的预报量,即站点实测序列;X_T 为预报因子;f 表示建立统计关系的方法。

统计降尺度技术主要有三种:天气分类方案、回归模型和天气发生器。

天气分类方案就是根据相似的天气状态,将连续数据序列分成有限个数的离散序列。首先,基于相邻数据或参考数据对天气类型进行分类,然后,基于最为普遍的天气状态,应用重分类或回归方程构建变化环境下的预报量数据。根据其在大气场中定义天气状态方法的不同,可分为聚类分析和环流分型分析两种,分别表示为

$$R_t = f_R(S_t) \tag{8-5}$$

和

$$S_t = f_S(X_T) \quad (T \leqslant t) \tag{8-6}$$

式中:S_t 为第 t 时间的天气状态;f_R、f_S 分别表示定义不同天气状态的方法。

回归模型是利用概念性的方法描述预报量和大尺度大气强迫因子之间的线性关系或非线性关系,可表示为

$$R_t = f_Y(X_T, \theta) \quad (T \leqslant t) \tag{8-7}$$

式中:θ 表示参数库;f_Y 表示线性或非线性的回归方程,常用的方程有多元回归、典型相关分析、人工神经网络等。

天气发生器是以大尺度环流因子或天气状态作为条件基础的一种降尺度方法,模拟的是时间序列的统计特征值而非序列本身。通过 Markov 过程的干湿日天数或干湿间隔天数描述降水发生概率;基于降水发生概率,应用一定的条件模拟二次变量(如湿日降水量、气温及太阳辐射等),可表示为

$$R_t = f_W(\theta | X_T) \quad (T \leq t) \tag{8-8}$$

式中:θ 表示参数库;f_W 为天气发生器。

2. 统计降尺度模型 SDSM 简介

SDSM 是综合应用了多元回归(属于转移函数)和天气发生器(属随机方法)两种方法的统计降尺度模型。模型的研发应用内容主要包括数据检验与转换,选择预报量和预报因子,建立模型,率定模型,天气发生器模拟,生成未来气候情景等。

SDSM 主要通过季节相关分析、部分相关分析和散点图的结果来确定预报因子。选定预报量和预报因子后,SDSM 根据有效的对偶单纯形法建立因子之间的统计模型。模型建立后,应用预报因子的观测数据(或 NCEP 的再分析数据),天气发生器可以模拟预报量的日序列,比较模拟值与实测值就可以进行模型率定与验证过程。最后,将 GCM 输出的未来气候情景输入 SDSM,生成预报量的未来序列,从而进行预报量的未来变化趋势分析。

8.3.1.2 水沙过程模型 SWAT 简介

SWAT(Soil and Water Assessment Tool)模型由美国农业部农业研究中心(USDA-ARS)开发。SWAT 模型用来预测和评估无测站流域内径流、泥沙和农业化学品管理所产生的影响。该模型主要用于长期预测,对单一洪水事件的演算能力不强。模型主要由 8 个部分组成:水文、气候、泥沙、土壤温度、作物生长、营养物、农业管理和杀虫剂。

SWAT 模型从开发至今经历了数次较大的改进,目前正式的版本为 SWAT2005,其主要特征是对以前版本中的一些错误进行了纠正,值得一提的是增加了日以下时段步长的降水量生成器和允许用户定义天气预测期。前者为 SWAT 模型的短期预报打下了基础,后者允许用户在模拟降水时,预测期之前降水采用多年平均值,而预测期降水采用预测期平均值来模拟,这种改进对评价流域内预测天气的影响非常有用。

SWAT 模型有一定的适用范围,在具体应用时要进行改进和提高,目前其主要的改进形式有 SWIM、SWATMOD、SWAT-G、ESWAT 及 SWAT-VSA 等。SWIM 模型的开发目的是为中尺度流域(100 ~ 10 000 km^2)水文和水质模拟提供一个综合性的工具,主要基于 SWAT 模型和 MATSALU 模型(Krysanova, et al. ,1989),并且与 GRASS 集成。SWIM 利用 MATSALU 提供的三种层次流域分解方法和 N 模块,使之在区域尺度上更易于应用并且增强了模拟能力。由于 SWAT 模型在地下水模块采用的是集总式的,因此 1998 年 Krysanova 等人结合 SWAT 模型和 MODFLOW 模型的长处,开发出 SWATMOD 模型,应用于美国 Kansas 的 Rattlesnake Creek 流域。2001 年 Eckhardt 等人在研究德国中部低山地区时,基于研究区域主要为陡坡和浅层土壤含水层覆盖在坚硬的岩石上,地下水对径流的贡献相对较小,产流形式以壤中流为主的特点,修正了 SWAT 模型中渗透和壤中流的计算公式,开发出了 SWAT-G 模型。2001 年 Van Griensven 等人在研究比利时的 Dender 流域时,把 Qua12E 模型集成到 SWAT 中,增强了 SWAT 模型的水质模拟功能,开发出了 ES-WAT 模型。

SWAT 模型主要由水文过程子模型、土壤侵蚀子模型和污染负荷子模型等构成。

1. 水文循环的陆地阶段

SWAT 模型对水文循环陆地阶段模拟的构件主要由 8 个部分组成:气候、水文、泥沙、

作物生长、土壤温度、营养物、杀虫剂和农业管理。模拟的水文循环基于水量平衡方程

$$SW_t = SW_0 + \sum_{i=1}^{t} (p_{day} - Q_{surf} - E_a - W_{seep} - Q_{gw}) \tag{8-9}$$

式中：SW_t 为土壤最终含水量，mm；SW_0 为土壤前期含水量，mm；t 为时间步长，d；p_{day} 为第 i 天降雨量，mm；Q_{surf} 为第 i 天地表径流深，mm；E_a 为第 i 天蒸发量，mm；W_{seep} 为第 i 天土壤剖面底层的渗透量和侧流量，mm；Q_{gw} 为第 i 天地下水含量，mm。

(1)天气和气候：SWAT 需要的气候变量有日降水、最高/最低温度、太阳辐射、风速和相对湿度。SWAT 模型采用偏态马尔科夫链模型或指数马尔科夫链模型生成日降水，气温和太阳辐射采用正态分布产生，修正指数方程用来生成日平均风速，相对湿度模型采用三角分布，并且气温、辐射和相对湿度均根据干湿日进行调整。SWAT 模型根据日平均气温将降水分为雨或雪，并允许子流域按照高程带分别计算积雪覆盖面积和融化量。

(2)水文过程：包括降水植被冠层截留、土壤入渗、蒸散发、再分配、侧向地下径流、地表径流和回归流等过程。

(3)土地利用/植被生长：采用简化的 EPIC 植物生长模型，能够区分一年生和多年生植物。一年生植物从种植日期到收获日期，或直到累积的热量单元等于植物的潜在热量单元。多年生植物全年维持其根系系统，在冬季月份中进行休眠；当日平均温度超过基温时，重新开始生长。植物生长模型用来评价水分和营养物质从根系区的迁移、蒸发及生物产量。

(4)土壤侵蚀：土壤侵蚀量采用修正的通用土壤流失方程（RUSLE）计算：

$$W_e = 11.8(Qq)^{0.56} KCPLS \tag{8-10}$$

式中：W_e 为土壤侵蚀量，t；Q 为地表径流量，mm；q 为洪峰流量，m³/s；K 为土壤侵蚀因子；C 为植被覆盖和作物管理因子；P 为保持措施因子；LS 为地形因子。

2.河道演算阶段

SWAT 模型水文循环的河道演算分为主河道演算和水库演算两部分。主河道演算包括河道洪水演算、河道沉积演算、河道营养物质和杀虫剂演算等，水库演算包括水库水平衡演算、水库泥沙演算、水库营养物质和农药演算。

(1)主河道演算：随着水流向下游流动，一部分水量通过蒸发及在河道中的传播而损失，另一部分通过农业或人类用水而消耗。水流可以通过直接降水或点源排放得到补充。河道的流量演算可以采用变量存储系数法或 Muskingum 法。

(2)水库演算：水库水平衡演算包括入流、出流、降水、蒸发、库区渗漏、引水和回归水、泥沙沉积、营养物质及农药扩散和运移等。

8.3.1.3 对 SWAT 模型的改进

SWAT 模型主要适用于蓄满产流机制，而在黄土高原地区多为超渗产流机制。为此，重点对地表产流机制和地下产流机制进行了改进。

1.对地表产流机制的改进

结合黄河中游地区的产流特点和流域特征，对 SWAT 产流机制的修改吸纳了 CHDF 模型（Coupled Hortonian and Danne Flow Model）[38]地表径流模拟方法，主要对 SWAT2005 中 SCS 曲线数法计算地表径流的模块加以改进。

CHDF 模型中上层土壤划分为暴雨产流区,该层模块有两部分:一个线性水库和一个与线性水库相关的起反馈调节作用的水箱(见图 8-9)。

该层土壤蓄水容量的变化表现为线性水库中水量的变化,以单位面积上的产水量表示,任意时刻为 $S_S(t)$。任意给定时刻饱和地表产流量 $Q_S(t)$ 和下渗到土壤深层的水量 $q_S(t)$ 分别表示为

$$Q_S(t) = \alpha_S[S_S(t) - S_m] \qquad (8\text{-}11)$$
$$q_S(t) = \beta_S S_S(t) \qquad (8\text{-}12)$$

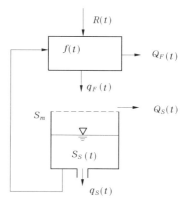

图 8-9 CHDF 模型上层
土壤产流模拟结构图

式中:α_S、β_S 为模型参数;S_m 为线性水库的最大蓄水量。

假设起调节作用的水箱在任意时刻的 $f(t)$ 值为 $S_S(t)$ 的函数,通过反馈作用发挥其调节功能,这两个状态变量之间呈反比例线性关系。调节水箱中受到的调节量 $f(t)$ 为

$$f(t) = a - b S_S(t) \qquad (8\text{-}13)$$

式中:a、b 为模型的参数。

调节元件的输出取决于其状态 $f(t)$ 和其输入 $p(t)$,$p(t)$ 为截留层的输出,即扣除截留的降水。调节元件的两个输出——超渗产流量 $Q_F(t)$ 和进入表层土壤层的降水量 $q_F(t)$ 的关系式如下:

当 $p(t) \leqslant f(t)$ 时

$$q_F(t) = p(t);Q_F(t) = 0$$

当 $p(t) > f(t)$ 时

$$q_F(t) = f(t);Q_F(t) = p(t) - f(t)$$

在上述关系中,$Q_F(t)$ 在实际环境里对应于超渗产流,$Q_S(t)$ 对应于饱和地面径流。线性水库蓄变率是和调节水箱的输入与线性水库的输入密切相关的,这些状态变量之间的关系可以从质量守恒角度用下式表示

$$\frac{\mathrm{d}S_S(t)}{\mathrm{d}t} = \sum Q_S(t) + q_F(t) - Q_S(t) - q_S(t) \qquad (8\text{-}14)$$

从暴雨产流区的产流结构与演算关系可以看出,线性水库含水量的增加使得调节水箱下渗容量减少,同时线性水库的下渗速率也随之增加,只要 $q_F(t) > q_S(t)$,土壤含水量就会增加;当 $S_S(t) = S_m$ 时,下渗 $f(t)$ 达到了最小值,也就是稳定下渗率 f_c。

调节水箱代表的是上层土壤最顶层部分,决定着平均下渗能力。在实际情况下,当上层土壤水分蒸散发耗尽时,下渗能力达到了最大值,即初始下渗率,$f(t) = f_0$;当含水量达到最大时,$S_S(t) = S_m$,下渗能力达到最小值,$f(t) = f_c$。调节模块的作用就是将有效降雨划分为下渗量 $q_F(t)$ 和超渗地表径流量 $Q_F(t)$。

由上述关系和推理,在干旱半干旱地区,由于不饱和含水层相对较厚,近似认为饱和水力传导度 K_{sat} 与稳定下渗能力相当,饱和地表径流的产流能力等于饱和水力传导度,最大蓄水量为饱和含水量,由此可以得到超渗地表径流和饱和地表径流产流关系与饱和土壤含水量、稳定下渗率与初始下渗率的关系。通过与 SWAT 模型产流过程、土壤参数相

结合,则有

$$f(t) = a - bS_S(t) = f_0 - \frac{(f_0 - f_c)S_S(t)}{S_m} \tag{8-15}$$

$$Q_S(t) = \alpha_S[S_S(t) - S_m] = K_{sat}[S_S(t) - S_m] \tag{8-16}$$

通过上述改进,即引入 CHDF 模型后,就可以克服 SWAT 模型原来所引进的 SCS 不能够区分超渗地表径流或是蓄满地表径流的问题,使 SWAT 模型对地表径流的模拟更接近黄河流域超渗产流地区的实际。

2. 对壤中流和地下水产流机制的改进

SWAT 模型壤中流和地下水产流计算虽然很简单实用,但存在着两大问题:一是不饱和土壤剖面的模拟与饱和含水层的模拟相互分离,二是将地下水蒸发量作为潜在蒸散发的一个固定不变部分。为此,采用了罗毅[39]的改进方法,对壤中流和地下水产流机制进行了改进。

SWAT 模型产流机制改进之后在窟野河流域建模中得到了验证。从模拟结果看,地表径流产流部分改观比较明显,较原始模型相比,能够反映出黄河中游地区干旱半干旱流域地表径流的特征。

8.3.2　黄河上中游流域未来气候情景分析

8.3.2.1　未来气候情景设定

未来气候情景的设定采用的是联合国政府间气候变化专门委员会(IPCC)评估报告[34]中推荐的 SRES 情景,见图 8-10。

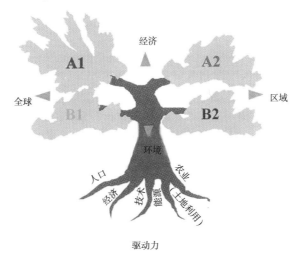

图 8-10　SRES 排放情景

A1 的示意线和情景组合描述了一个经济快速发展的未来世界,全球人口在 21 世纪中叶达到顶峰后开始下降,新的以及更高效的技术被迅速采用。

B1 的示意线和情景组合描述了一个趋于一致的世界。在 21 世纪中叶,全球人口达到顶峰后开始下降,这同 A1 示意线一样。但经济结构趋向于向服务和信息经济方面迅速变化,材料密集程度下降,并且采用了清洁和高效能源技术。强调经济、社会和环境的持续性,包括增加平等性等方面的全球性解决方案。

A2 情景描述了一个组成非常不均一的世界,主题是自给自足以及地方性的保护,区域之间的生产力非常缓慢地趋于一致,进而导致持续性人口增长。经济的发展主要是地区主导型的,人均经济的增长和技术更新的变化较其他情景缓慢且零散。

B2 情景描述了一个重点集中于经济、社会和环境持续发展的地方性方案。随着低于 A2 速率的持续性的全球人口增长,经济发展则处于中等水平,与 B1 和 A1 相比,技术变更的速度缓慢且种类增多。当然,该情景也趋向于环境保护和社会公平性,但主要强调地方性和区域性水平的层次。

采用 IPCC 第四次评估报告成果,并选取其中的 A2 和 B2 情景来进行降尺度以构建未来气候变化情景。

8.3.2.2 数据资料与研究方法

1. 数据资料

站点实测数据:气象站点观测数据来自中国气象科学数据共享服务网。经过数据预处理,最终选取了黄河流域上中游地区 64 个气象站点 1961~2000 年共 40 a 的数据序列,包括日最高气温 T_{max}、日最低气温 T_{min} 和日降水量。

NCEP 再分析数据:包括覆盖黄河流域上中游地区且有实测站点的 12 个网格的数据序列,序列年限为 1961~2000 年,其中包含了 26 个大气环流因子(地表、850 hPa 和 500 hPa 不同高度场的气压、比湿等)。网格大小由 1.875°×1.875° 转换为 2.5°×3.75°。

GCM 数据:采用英国气象局哈德利中心(Hadley Centre)海气耦合气候模式(HadCM3)的数据,包括 A2 和 B2 两种气候情景,序列年限为 1961~2099 年,包含的网格和预报因子与 NCEP 相同,网格大小为 2.5°×3.75°。

2. 研究方法

选取日最高气温、日最低气温和日降水量作为预报量,根据预报量(站点数据)和预报因子(NCEP 再分析数据)之间的统计关系,从 NCEP 的再分析数据中选择合适的预报因子;根据预报量和选择的预报因子,应用统计降尺度模型 SDSM,率定和验证模型;将 HadCM3 的未来数据(包括 A2、B2 两种情景)输入到 SDSM,分别模拟各预报量在 A2、B2 两种情景下的未来日序列,以分析黄河流域上中游地区未来最高气温、最低气温与降水量在两种情景下的变化趋势。

在进行未来气候变化分析时,采用国际上普遍使用的世界气象组织(WMO)推荐的方法,选用 1961~1990 年为基准期。同时以 30 a 为时段将未来时段分为 2010~2039 年、2040~2069 年和 2070~2099 年三个时期进行研究。

将 1961~2000 年站点数据和 NCEP 再分析数据的序列分成 1961~1990 年与 1991~2000 年两个时段,分别用于模型率定和验证。最后根据率定的 SDSM 模型,将 HadCM3 数据输入模型,分别生成 A2、B2 情景下黄河流域上中游地区各个气象站点的未来气候要素日序列。同时,根据各站点的面积权重,计算流域平均的未来气候要素日序列。

8.3.2.3 基于 A2、B2 情景的黄河流域未来气候变化与趋势分析

1. 日最高气温分析

日最高气温选用的预报因子有 p500（500 hPa 位势高度）、temp（平均气温）、p850（850 hPa 位势高度）和 shum（地表比湿）等，数量在 1~3 个。各站点选用较多的因子是 p500 和 temp。

将 A2 和 B2 两种气候情景下的 GCM 输出数据输入确定好的 SDSM，以模拟日最高气温未来日序列。在 2010~2039 年和 2040~2069 年两个时期，日最高气温在 A2 情景和 B2 情景下变化较为一致，只是前者升高幅度比后者略高。但到 2070~2099 年，日最高气温在 A2 情景下升高幅度比在 B2 情景下高出 1.4 ℃，不同情景下日最高气温变化差异较为明显。黄河流域在 2010~2039 年、2040~2069 年与 2070~2099 年三个时期，日最高气温平均增量分别为 0.4~0.7 ℃、1.9~2.2 ℃和 4.0~4.4 ℃（见表 8-12），与全国平均变化趋势基本相符。

图 8-11 为黄河流域日最高气温与基准期相比在未来不同时期增量的空间分布。可以看出，日最高气温增量在 A2 和 B2 两种情景下的时空分布基本一致，且都为正值，总体上看，西部增温强度要明显高于东部。西部地区在各个时期的最高气温增量分布较为一致，且都形成了以甘肃景泰站为中心的强势增温中心，其平均增量在 2010~2039 年、2040~2069 年和 2070~2099 年三个时期分别为 2.3 ℃、4.2 ℃和 6.7 ℃。东部地区在 2040~2069 年和 2070~2099 年两个时期最高气温增量空间分布较为一致，都呈由其东南部和西北部向中部逐渐减少的趋势。2010~2039 年，日最高气温在 A2 和 B2 情景下的增量相差不大，全区增量在 0.6 ℃与 2.4 ℃之间变化，东部增量大都在 1 ℃以下，西部大多数地区增量则在 2 ℃以上；2040~2069 年全区各个地区日最高气温在 A2 情景下的增量普遍比在 B2 情景下高约 0.5 ℃，全区增量在 1.8 ℃与 4.8 ℃之间变化；2070~2099 年，各个地区的增量在 A2 情景下比 B2 情景下约高 1 ℃，全区增量在 2.7 ℃与 7.7 ℃之间变化。

表 8-12 黄河流域未来不同时期最高气温、最低气温和降水量

模拟参数	基准期	A2 情景下增量			B2 情景下增量		
		2010~2039 年	2040~2069 年	2070~2099 年	2010~2039 年	2040~2069 年	2070~2099 年
日最高气温（℃）	13.5	0.7	2.2	4.4	0.4	1.9	4.0
日最低气温（℃）	0.6	0.7	1.8	2.9	0.5	1.6	2.7
年降水量（mm）	451.3	−5.9	23.6	60.4	−81.9	−32.2	−41.3

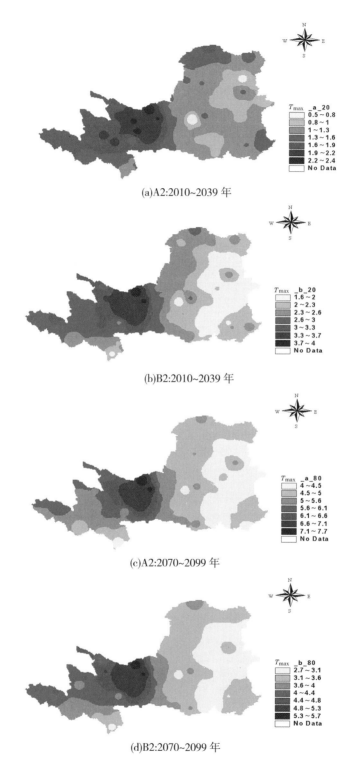

(a)A2:2010~2039 年

(b)B2:2010~2039 年

(c)A2:2070~2099 年

(d)B2:2070~2099 年

图 8-11　未来不同时期相比基准期日最高气温增量的空间分布

2. 日最低气温分析

日最低气温选用的预报因子有 temp、p500、shum、r850(850 hPa 高度相对湿度)和 mslp(平均海平面气压)等,数量在 1~5 个。各站点选用较多的因子是 temp。

日最低气温与日最高气温在两种情景下的变化趋势大致相同(见表 8-12),但最低气温升高幅度普遍较最高气温要小,与文献[40]模拟的结果相反。2010~2039 年、2040~2069 年和 2070~2099 年三个时期,日最低气温平均增量分别为 0.5~0.7 ℃、1.6~1.8 ℃ 和 2.7~2.9 ℃,与全国平均变化趋势基本相符[40]。

3. 年降水量分析

年降水量由收集的日降水量计算。黄河流域上中游地区未来年降水量变化十分明显,A2、B2 两种情景下的年降水量增量为 -81.9~60.4 mm,增率为 -18.1%~13.4%。年降水量增幅在 A2 情景下越来越大,但在 B2 情景下越来越小。在 B2 情景下,未来年降水量呈减少的趋势;在 A2 情景下,2010~2039 年时期的年降水量呈减少趋势,2040~2069 年和 2070~2099 年两个时期的年降水量却呈增加的趋势(见表 8-12),这与前述基于天然径流量序列重建法所预测的天然径流量变化趋势是一致的,从而也佐证了对天然径流量预测结果的合理性。

8.3.2.4 结果与讨论

SDSM 模型在模拟最高和最低气温时,其解释方差 R^2 分别在 0.63 和 0.64 以上,模型率定和验证结果(日序列)的相关系数均大于 0.80。各个站点降水量模拟效果普遍比气温要差,模型的解释方差 R^2 在 0.08~0.20。模型率定和验证结果(月序列)的效率系数 E_{ns} 在率定阶段和验证阶段的平均值分别为 0.99 和 0.94,各个站点确定性系数 D_c 值在率定阶段为 0.87~0.96,且大多数站点为 0.85~0.90,在验证阶段大多数为 0.70~0.92。

应用 SDSM 模型模拟的结果表明:

(1)从整体上看,两种情景下的日最高气温和日最低气温都呈现出较为明显的上升趋势,但最高气温的升高幅度普遍高于最低气温,这与《气候变化国家评估报告》[28]所预测的趋势相一致。降水量在不同区域变化趋势不同,其中河源区及渭河中下游降水量呈减少趋势。

(2)在时间尺度上,日最高气温和日最低气温在不同时期均呈升高趋势,在 2010~2039 年和 2040~2069 年,A2 和 B2 两种情景下的变化差别不大,但在 2070~2099 年,不同情景下气温变化差异较为明显。流域年降水量变化较为明显,A2、B2 两种情景下的年降水量增量为 -81.9~60.4 mm,增率为 -18.1%~13.4%。

(3)在空间尺度上,西部日最高气温的增温强度明显高于东部,且形成甘肃景泰增温强势中心;日最低气温呈由东西两边地区向中部地区逐渐增加的变化趋势,形成山西河曲增温强势中心。

8.3.3 黄河上中游流域未来水沙变化趋势分析

8.3.3.1 黄河兰州以上区域径流模拟分析

由于兰州站受水库调节的影响比较大,因缺乏水库的实测资料,因而只对唐乃亥水文站的未来流量过程进行模拟分析,见图 8-12。分析结果表明,未来不同水平年年均模拟值相对于基准期将减少 20%~32%。可见,随着时间的推移,径流量减少幅度越来越大。

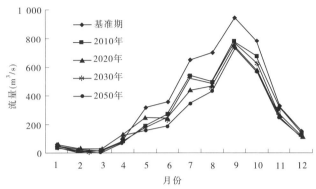

图 8-12　唐乃亥水文站未来不同水平年流量模拟

8.3.3.2　黄河中游地区代表支流水沙模拟分析

1. 窟野河

窟野河流域未来不同水平年月均流量模拟预测结果见表 8-13。从未来不同水平年看,年总径流量略有减少,未来不同水平年冬季的径流量相对现状有所增加,约在 15%,而汛期的水量有所减少,约在 10%。未来情况下,2020 年、2030 年都呈现减少趋势,而 2050 年相对现状有所增加。

表 8-13　窟野河流域未来不同水平年来水量预测值

月份	2010 年		2020 年		2030 年		2050 年	
	月均流量 (m³/s)	变化率 (%)	月均流量 (m³/s)	变化率 (%)	月均流量 (m³/s)	变化率 (%)	月均流量 (m³/s)	变化率 (%)
1	1.44	5.3	1.42	3.8	1.54	12.3	1.69	23.2
2	1.84	1.4	1.97	8.5	2.01	10.8	1.96	8.0
3	7.38	6.2	6.42	-7.6	7.11	2.4	9.59	38.0
4	5.69	6.2	5.63	5.0	6.17	15.0	5.63	5.0
5	1.31	-2.0	1.23	-8.0	1.19	-11.0	1.31	-2.0
6	3.92	-6.0	3.94	-5.3	3.54	-15.0	4.37	5.0
7	11.20	-2.5	9.64	-15.9	9.17	-20.0	10.9	-5.0
8	13.10	-6.2	12.3	-12.0	10.9	-22.0	13.1	-6.0
9	8.56	-8.4	8.74	-6.4	7.47	-20.0	10.3	10.0
10	7.79	-3.4	7.05	-12.5	6.61	-18.0	6.61	-18.0
11	4.74	-3.7	4.82	-2.0	4.52	-8.0	5.02	2.0
12	2.61	2.5	2.60	2.3	2.71	6.3	3.39	33.0
年均	5.80	-2.5	5.48	-7.8	5.25	-11.7	6.15	3.6

2. 三川河

表 8-14 为相应于未来气候情景下,三川河流域对应年份的来水量预测值。据此得到的各水平年输沙量见表 8-15。

表 8-14 三川河流域未来不同水平年来水量预测值

月份	基准期月均值（m³/s）	2010 年		2020 年		2030 年		2050 年	
		月均流量（m³/s）	变化率（%）	月均流量（m³/s）	变化率（%）	月均流量（m³/s）	变化率（%）	月均流量（m³/s）	变化率（%）
1	2.26	3.11	37.6	2.42	7.1	2.49	10.2	2.12	−6.2
2	2.74	3.23	17.9	2.91	6.2	2.36	−13.9	2.54	−7.3
3	2.80	3.75	33.9	3.20	14.3	3.31	18.2	2.91	3.9
4	3.31	3.92	18.4	3.77	13.9	4.42	33.5	4.01	21.1
5	3.78	4.31	14.0	4.56	20.6	4.87	28.8	4.18	10.6
6	5.53	4.46	−19.3	5.03	−9.0	5.28	−4.5	4.72	−14.6
7	7.23	9.78	35.3	6.13	−15.2	6.54	−9.5	5.59	−22.7
8	5.59	7.95	42.2	7.46	33.5	5.88	5.2	6.88	23.1
9	4.72	6.94	47.0	5.67	20.1	5.37	13.8	4.97	5.3
10	3.99	5.06	26.8	5.20	30.3	4.66	16.8	4.07	2.0
11	2.47	4.92	99.2	2.36	−4.5	3.78	53.0	2.87	16.2
12	1.81	2.55	40.9	1.51	−16.6	3.78	108.8	1.75	−3.3
年均	3.85	5.00	29.9	4.19	8.8	4.40	14.3	3.88	0.8

表 8-15 三川河流域未来不同水平年输沙量预测值

月份	基准期输沙量（万 t）	2010 年		2020 年		2030 年		2050 年	
		输沙量（万 t）	变化率（%）	输沙量（万 t）	变化率（%）	输沙量（万 t）	变化率（%）	输沙量（万 t）	变化率（%）
1	7.32	8.32	13.7	9.58	30.9	7.68	4.9	8.46	15.6
2	8.27	12.5	51.1	10.9	31.8	9.56	15.6	8.56	3.5
3	10.5	14.1	34.3	11.9	13.3	11.9	13.3	9.34	−11.0
4	16.2	12.0	−25.9	12.4	−23.5	13.7	−15.4	11.8	−27.2
5	26.5	34.4	29.8	12.3	−53.6	19.0	−28.3	14.0	−47.2
6	128	173	35.2	198	54.7	298	132.8	107	−16.4
7	355	472	33.0	416	17.2	390	9.9	303	−14.6
8	290	277	−4.5	302	4.1	184	−36.6	427	47.2
9	23.6	12.6	−46.6	12.7	−46.2	11.4	−51.7	21.4	−9.3
10	18.3	10.8	−41.0	12.5	−31.7	10.6	−42.1	13.6	−25.7
11	10.8	9.48	−12.2	11.8	9.3	10.4	−3.7	8.11	−24.9
12	9.77	9.49	−2.9	11.0	12.6	9.17	−6.1	8.85	−9.4
合计	904.26	1 045.69	15.6	1 021.08	13.0	975.41	7.9	941.12	4.1

3. 无定河

模拟的无定河流域未来不同水平年来水量过程见表 8-16。从未来不同水平年来看,年径流量呈明显的减少趋势,汛期减少量尤为突出。2010 年、2020 年、2030 年、2050 年都呈现减少趋势,2050 年相对减少趋势最为明显。

表 8-16　无定河流域未来不同水平年来水量预测值

月份	基准期月均值 (m³/s)	2010 年		2020 年		2030 年		2050 年	
		月均流量 (m³/s)	变化率 (%)	月均流量 (m³/s)	变化率 (%)	月均流量 (m³/s)	变化率 (%)	月均流量 (m³/s)	变化率 (%)
1	21.3	20.6	-3.3	20.1	-5.6	19.3	-9.4	21.3	0
2	31.1	30.3	-2.6	29.4	-5.5	27.9	-10.3	31.8	2.3
3	33.2	31.5	-5.1	32.0	-3.6	30.3	-8.7	27.1	-18.4
4	15.6	15.8	1.3	14.9	-4.5	13.8	-11.5	13.2	-15.4
5	14.0	14.4	2.9	13.8	-1.4	12.1	-13.6	6.93	-50.5
6	11.7	12.0	2.6	12.0	2.6	10.6	-9.4	13.1	12.0
7	22.6	21.2	-6.2	23.1	2.2	21.0	-7.1	14.0	-38.1
8	36.3	35.5	-2.2	34.4	-5.2	31.5	-13.2	23.5	-35.3
9	28.8	26.8	-6.9	29.5	2.4	27.2	-5.6	20.5	-28.8
10	25.8	25.8	0	25.0	-3.1	23.7	-8.1	26.7	3.5
11	26.4	27.3	3.4	25.4	-3.8	22.6	-14.4	26.9	1.9
12	22.3	23.0	3.1	21.7	-2.7	21.2	-4.9	12.3	-44.8
年均	24.1	23.7	-1.7	23.4	-2.9	21.8	-9.5	19.8	-17.8

无定河流域对应于未来降水的输沙量计算结果见表 8-17。从未来不同水平年来看,除 2010 年输沙量略有增加外,2020 年、2030 年、2050 年各水平年输沙量明显减少,2010年汛期的输沙量有所增加,其余各水平年汛期输沙量明显减少。

4. 渭河

由渭河流域基于现状模拟的未来不同水平年来水量过程(见表 8-18)可以看出,未来情景下的年径流量在 2010 年、2020 年呈现减少趋势,在 2030 年、2050 年略有增加。从各月情况来看,冬季月份的流量有所增加,增幅均在 10% 左右;2020 年、2030 年汛期流量均有减少的趋势,而武山站和咸阳站 2050 年 6 月和 9 月流量都有增加,增幅在 5% ~ 10%。

表 8-19 为渭河流域在未来情景下的年输沙量变化趋势。在 2020 年、2030 年两个水平年输沙量都有递增的趋势,而 2050 年有些月份增加较大,但总体上相对于 2030 水平年有减少的趋势。

表 8-17　无定河流域未来不同水平年输沙量预测值

月份	基准期输沙量（万 t）	2010 年		2020 年		2030 年		2050 年	
		输沙量（万 t）	变化率（%）	输沙量（万 t）	变化率（%）	输沙量（万 t）	变化率（%）	输沙量（万 t）	变化率（%）
1	—	—	—	—	—	—	—	—	—
2	—	—	—	—	—	—	—	—	—
3	50.6	50.8	0.4	53.3	5.3	49.9	−1.4	31.3	−38.1
4	54.8	55.1	0.6	55.4	1.1	56.6	3.3	50.9	−7.1
5	72.0	65.8	−8.6	71.0	−1.4	73.3	1.8	70.8	−1.7
6	1.11	1.13	1.8	0.8	−27.9	0.5	−55.0	1.11	0
7	693	862	24.4	712	2.7	676	−2.5	52.2	−92.5
8	10 950	11 189	2.2	10 726	−2.0	10 596	−3.2	10 143	−7.4
9	418	420	0.5	419	0.2	363	−13.2	82.6	−80.2
10	43.5	41.2	−5.3	44.2	1.6	45.8	5.3	24.9	−42.8
11	15.8	17.4	10.1	14.4	−8.9	21.5	36.1	15.7	−0.6
12	5.59	5.71	2.1	5.96	6.6	10.1	80.7	6.79	21.5
合计	12 304.4	12 708.14	3.3	12 102.06	−1.6	11 892.7	−3.3	10 479.3	−14.8

表 8-18　渭河流域未来不同水平年各站来水量预测值

站点	基准期流量（m³/s）	2010 年		2020 年		2030 年		2050 年	
		预测值（m³/s）	变化率（%）	预测值（m³/s）	变化率（%）	预测值（m³/s）	变化率（%）	预测值（m³/s）	变化率（%）
秦安	2.47	2.44	−1.2	2.28	−7.7	2.78	12.6	2.60	5.3
武山	7.17	6.80	−5.2	6.58	−8.2	7.53	5.0	7.50	4.6
雨落坪	18.8	17.5	−6.9	17.6	−6.4	18.8	0	18.1	−3.7
咸阳	69.8	68.4	−2.0	64.9	−7.0	77.0	9.4	72.4	3.7

表 8-19　渭河流域未来不同水平年各站输沙量预测值

站点	基准期输沙量（t/d）	2010 年		2020 年		2030 年		2050 年	
		预测值（t/d）	变化率（%）	预测值（t/d）	变化率（%）	预测值（t/d）	变化率（%）	预测值（t/d）	变化率（%）
秦安	766	759	−0.9	832	8.6	974	27.2	922	20.4
武山	501	510	1.8	539	7.6	728	45.3	537	7.2
雨落坪	4 895	4 800	−1.9	5 190	6.0	6 235	27.4	5 950	21.6
咸阳	21 500	19 900	−7.4	21 600	−0.5	25 700	19.5	24 300	13.0

5.伊洛河流域水沙模拟及情景分析

根据研究区卢氏水文站上游流域的水文气象特征,采用具有物理机制的半分布式新安江模型进行水文模拟。新安江模型是分散性模型。基于数字高程模型(DEM)把全流域分成若干单元流域,对每个单元流域分别作产汇流计算,得出各单元流域的出口流量过程,再分别进行出口以下的河道洪水演算至流域出口断面,把同时刻的流量相加即可求得流域出口的流量过程。根据流域水系情况,将伊洛河卢氏上游流域划分为 33 个子流域分别进行坡面汇流计算,最后由河道汇流计算演算至出口断面并得到流量过程。

模型验证结果表明,年径流相对误差 R_e 在 10% 之内,达到精度要求。模型率定期和验证期的径流模拟确定性系数 D_c、年径流相对误差和效率系数 E_{ns} 见表 8-20。

表 8-20　伊洛河卢氏上游流域模拟结果

参数	率定期(1990~1994 年)	验证期(1995~1996 年)
确定性系数 D_c	0.600	0.672
年径流相对误差(%)	1.10	8.07
效率系数 E_{ns}	0.802	0.830

模拟未来时期伊洛河卢氏上游流域流量过程见表 8-21。从未来不同水平年来看,年均径流量略有减少,汛期径流量减少 30% 左右。未来情景下,汛期洪峰均呈现减少趋势,而冬季则呈现出有所增加的趋势。

从整个黄河流域未来气候情景模拟结果对比来看,不同水平年的流量变化与 B2 情景下的最高、最低气温和降水变化趋势是比较吻合的。从气候情景方面分析,未来 2010年、2020 年、2030 年和 2050 年等四个不同水平年的月平均径流变化趋势和降水变化趋势一致。

表 8-21　伊洛河卢氏上游流域未来不同水平年流量模拟结果

月份	基准期月均值（m³/s）	2010 年		2020 年		2030 年		2050 年	
		月均流量（m³/s）	变化率（%）	月均流量（m³/s）	变化率（%）	月均流量（m³/s）	变化率（%）	月均流量（m³/s）	变化率（%）
1	177	268	51.4	262	48.0	270	52.5	268	51.4
2	154	160	3.9	157	1.9	162	5.2	160	3.9
3	202	160	−20.8	156	−22.8	161	−20.3	160	−20.8
4	231	165	−28.6	160	−30.7	167	−27.7	165	−28.6
5	236	203	−14.0	197	−16.5	205	−13.1	203	−14.0
6	556	268	−51.8	260	−53.2	271	−51.8	268	−51.8
7	760	460	−39.5	445	−41.4	465	−38.8	460	−39.5
8	598	615	2.8	597	−0.2	621	3.9	615	2.8
9	974	774	−20.5	751	−22.9	783	−19.6	774	−20.5
10	560	640	14.3	710	26.8	750	33.9	640	14.3
11	478	502	5.0	570	19.2	613	28.2	502	5.0
12	171	506	195.9	490	186.5	511	198.8	506	195.9
年均	424.8	393.4	−7.4	396.3	−6.7	414.9	−2.3	393.4	−7.4

8.3.3.3　黄河上中游地区水沙趋势估算

基于 SWAT 分布式模型和新安江模型,对黄河上中游地区 6 个区域未来的水沙趋势进行了预测(见图 8-13)。6 个区域包括了黄河上中游的主要产流产沙区,其中大约控制了 80% 以上的河川产流区,并涵盖了头道拐到花园口之间的大部分产沙区,控制了黄河流域 80% 左右的泥沙来源区。因此,这些研究区域的未来水沙趋势对于整个黄河流域未来不同水平年的来水来沙情况具有一定的代表性。为了得到黄河花园口以上区域未来不同典型年的来水来沙趋势,需要把典型支流的变化趋势外推到花园口以上区域。

结合所研究的典型支流地理位置特征、气候特征和水文特征,将花园口以上区域划分为 5 个区域,即兰州以上区域(兰州)、兰州—头道拐区间(简称兰头区间)、头道拐—龙门区间(简称头龙区间)、龙门—三门峡区间(简称龙三区间)、三门峡—花园口区间(简称三花区间)。为了预测花园口以上区域来水来沙趋势,首先要求得不同分区未来的来水来沙变化率,以及基准期不同分区多年实测平均来水来沙量,在此基础上推算不同分区未来不同水平年的来水来沙量,线性叠加后得到花园口未来不同水平年的来水来沙量。对于分区内有多个典型流域的区域,按照面积比例得到不同典型流域的权重,由不同典型流域的变化率及权重得到整个区域的变化率。

在来水量外推方面,兰头区间没有典型流域,而这一区域产流很小,以耗水为主,所以整体上没有考虑这一区域。在来沙量外推方面,由于兰州以上、兰头区间、三花区间的产

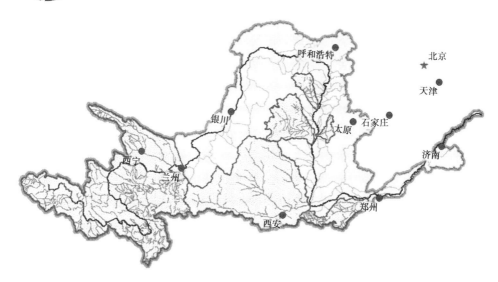

图 8-13   基于 SWAT 模型的研究区域分布

沙比重较小(多年平均约占 11.3%),这三个区域均没有进行来沙量模拟和预测,外推方法上与来水量类似。表 8-22 和表 8-23 为各控制站点和区间的控制参数。

表 8-22   黄河流域不同测站径流泥沙多年均值

测站	多年实测径流量(亿 m³)(1956~2000 年)[1]	多年天然径流量(亿 m³)(1956~2000 年)[2]	多年实测输沙量(亿 t)(1956~2000 年)[3]
兰州	313.08	329.89	0.72
头道拐	222.04	331.75	1.08
龙门	272.82	379.12	7.68
三门峡	357.78	482.72	11.13[4]
花园口	390.65	532.78	9.72

注:数据(1)和(2)来自《2005 年黄河水资源公报》;数据(3)来自《2005 年中国河流泥沙公报》;数据(4)为潼关站多年实测输沙量。

由典型流域水量变化率外推到整个区域时,按照流域面积百分比权重计算得到分区的变化百分率,据此得到不同分区不同水平年的变化率。在 1998~2005 年各分区控制站点的实测径流量基础上推算出各个分区的径流量,然后累加并扣除兰头区间多年平均耗水量,这样就可以得到未来不同水平年的来水量。考虑到未来水土保持措施的新增情况,参照"水保法"结果(见 8.4 节)对来水量作了必要的修正,得到未来不同水平年的来水量。未来不同水平年来沙量的外推方法与来水量的类似,不同之处在于外推的基准为各区间 1956~2000 年的多年平均来沙量,由头龙区间、龙三区间外推到整个花园口以上地区(见表 8-24)。

表 8-23 黄河流域不同区间径流泥沙量及权重

区间	面积 （km²）	面积 权重	区间天然径流量 （亿 m³）	天然径流量 权重	区间输沙量 （亿 t）	输沙量 权重
兰州以上	222 551	0.304 8	329.89	0.619 2	0.715	0.057 0
兰头	145 347	0.199 1	1.86	0.003 5	0.368	0.029 3
头龙	129 654	0.177 6	47.37	0.088 9	7.68	0.612 4
龙三	190 869	0.261 5	103.6	0.194 4	3.45	0.275 1
三花	41 615	0.057 0	50.06	0.094 0	0.328 1	0.026 2

表 8-24 花园口站未来不同水平年来水来沙量预测值

2020 年		2030 年		2050 年	
来水量 （亿 m³）	来沙量 （亿 t）	来水量 （亿 m³）	来沙量 （亿 t）	来水量 （亿 m³）	来沙量 （亿 t）
229.12	9.96	236.25	8.61	234.46	7.94

由表 8-24 可以看出，未来 2020 年、2030 年和 2050 年的来水量变化幅度不是很大。来水量在 229.12 亿～236.25 亿 m³ 之间，而来沙量在 7.94 亿～9.96 亿 t 之间。

8.4 基于"水保法"的水沙变化趋势分析

根据已有水土保持措施减水减沙研究成果，遴选水土保持措施减水减沙指标，依据黄河上中游地区淤地坝、梯田、林地、草地等水土保持措施规划成果，在分析论证的基础上，确定用于预测的水土保持措施数量和不同降水条件下水土保持措施减水减沙指标，进而推求未来不同典型年的水土保持措施减水减沙量。

从以上有关章节的分析可知，黄河上中游地区降水存在着丰枯相间的周期性变化规律。黄河上中游各区域 1997～2006 年平均降水量与 1970～1996 年平均降水量相比，减少了 3%～11%，但径流量和泥沙量的减幅比降水量的减幅要大。从对树木年轮、历史资料及观测资料的分析结果看，未来数十年花园口站天然径流量的变化仍然表现出较为明显的阶段性。与 1919～2007 年均值 543.8 亿 m³ 相比，2020 年为枯水年，2030 年属于平偏枯年，2040 年属于偏丰年，2050 年属于平偏枯年。因此，在减水减沙指标选取和水沙变化趋势预测中，也考虑了未来丰枯系列的变化。

另外，对坝库工程减水减沙作用的分析表明，随着时间的推移，其作用会有所衰减。新建淤地坝的减水减沙作用大，只要有足够的库容，来多少洪水泥沙就可以拦多少洪水泥沙，但随着坝地的淤积，如果不能新建淤地坝和对已有淤地坝进行加高加固，继续保持或增加库容，减水减沙效益将大为降低。因此，在趋势预测中，对淤地坝拦沙效益的评估应反映这一规律。

再者，20 世纪 80 年代，由于陡坡开荒、毁林毁草、破坏天然植被等新增水土流失量占总输沙量的 13% ~ 14% ,而 90 年代初开矿、修路、建房(窑)等人类活动强度较大,导致一些地区新增水土流失加剧,其新增水土流失量约占总输沙量的 20% ,这表明新增水土流失有发展蔓延之势。这些认识为根据"水保法"预测未来黄河上中游地区水沙变化趋势提供了重要依据。

8.4.1 趋势分析数据指标来源

(1)未来不同时段水土保持措施量采用《黄河流域综合规划》[41](2009 年 10 月)中的数据。花园口以上黄河取水量、耗水量预测结果引自《黄河流域水资源综合规划报告》[42]。

(2)水土保持措施减水减沙指标参考前述的"八五"国家科技攻关计划重点项目、黄委绥德水土保持科学试验站坡面径流场试验等相关成果,并结合本次水沙变化成因分析所采用的减水减沙指标综合确定。

(3)根据前述分析结果,1997 ~ 2006 年黄河中游地区水土保持措施年均减水 38.38 亿 m³,年均减沙 4.19 亿 t(见表 5-16),考虑到黄河上中游地区水沙变化的特点,结合已有相关成果,经分析确定本次"水保法"的水沙变化趋势分析中,水土保持措施现状减水减沙量采用年均减水 35.00 亿 m³、年均减沙 4.00 亿 t。

8.4.2 水土保持措施规划指标的选取

8.4.2.1 水土保持措施规划成果

《黄河流域综合规划》以 2007 年为基准年,根据黄河流域水土流失区预测的农业人口粮食需要等因素,给出了 2008 ~ 2030 年黄河上中游地区不同水土保持措施和基本农田规划的结果。结合研究区域范围,本次研究综合给出了黄河上中游地区 2008 ~ 2030 年水土保持措施和基本农田规划的结果(见表 8-25 ~ 表 8-28)。

表 8-25 黄河上中游各省(区)规划淤地坝规模

省(区)	2008 ~ 2020 年座数(座)			2021 ~ 2030 年座数(座)			2008 ~ 2030 年座数(座)		
	骨干坝	中小型坝	小计	骨干坝	中小型坝	小计	骨干坝	中小型坝	小计
青海	429	857	1 286	101	202	303	530	1 059	1 589
甘肃	2 633	7 899	10 532	1 275	3 824	5 099	3 908	11 723	15 631
宁夏	585	1 756	2 341	292	875	1 167	877	2 631	3 508
内蒙古	604	1 452	2 056	530	1 349	1 879	1 134	2 801	3 935
山西	1 709	6 836	8 545	1 018	4 072	5 090	2 727	10 908	13 635
陕西	2 725	8 176	10 901	2 751	8 253	11 004	5 476	16 429	21 905
河南	465	930	1 395	113	228	341	578	1 158	1 736
合计	9 150	27 906	37 056	6 080	18 803	24 883	15 230	46 709	61 939

表 8-26　黄河上中游各省(区)规划基本农田规模

省(区)	2008~2020 年措施量(万 hm²)				2021~2030 年措施量(万 hm²)				2008~2030 年措施量(万 hm²)			
	梯田	坝地	水地	小计	梯田	坝地	水地	小计	梯田	坝地	水地	小计
青海	20.39	0.23		20.62	13.70	0.06		13.76	34.09	0.29		34.38
甘肃	48.48	2.03		50.51	37.99	1.00		38.99	86.47	3.03		89.50
宁夏	11.29	0.45		11.74	10.88	0.23		11.11	22.17	0.68		22.85
内蒙古	23.67	0.39	5.17	29.23	20.34	0.35		20.69	44.01	0.74	5.17	49.92
山西	37.69	1.33	0.08	39.10	27.83	0.80		28.63	65.52	2.13	0.08	67.73
陕西	34.42	2.20	1.79	38.41	28.50	2.15		30.65	62.92	4.35	1.79	69.06
河南	17.56	0.25		17.81	12.76	0.07		12.83	30.32	0.32		30.64
合计	193.50	6.88	7.04	207.42	152.00	4.66		156.66	345.50	11.54	7.04	364.08

表 8-27　黄河上中游各省(区)规划林草措施规模

省(区)	2008~2020 年措施量(万 hm²)					2008~2030 年措施量(万 hm²)				
	水保林	经济林	人工种草	生态修复	小计	水保林	经济林	人工种草	生态修复	小计
青海	20.51	0.19	2.15	34.53	57.38	37.03	0.35	3.88	62.35	103.61
四川	6.61			5.09	11.70	11.70			9.00	20.70
甘肃	123.39	27.25	50.91	35.24	236.79	218.24	48.20	90.04	62.32	418.80
宁夏	60.67	11.51	32.44	13.64	118.26	106.28	20.16	56.82	23.89	207.15
内蒙古	107.97	5.29	37.74	66.77	217.77	191.91	9.40	67.09	118.69	387.09
山西	123.35	30.41	39.90	124.74	318.40	218.80	53.93	70.77	221.27	564.77
陕西	197.10	49.96	63.32	67.21	377.59	348.16	88.26	111.85	118.68	666.95
河南	13.20	5.07	2.03	33.39	53.69	23.56	9.06	3.62	59.62	95.86
合计	652.80	129.68	228.49	380.61	1 391.58	1 155.68	229.36	404.07	675.82	2 464.93

表 8-28　黄河上中游各省(区)规划新增小型水土保持工程规模

省(区)	2008~2020 年座数(万座)						2008~2030 年座数(万座)					
	沟头防护	谷坊	水窖	涝池	其他	小计	沟头防护	谷坊	水窖	涝池	其他	小计
青海	0.83	2.48	0.58	0.08		3.97	1.38	4.13	0.96	0.14		6.61
甘肃	6.6	6.6	8.91	0.33		22.44	11	11	14.85	0.55		37.40
宁夏	0.45	0.75	1.5	0.29		2.99	0.75	1.25	2.5	0.48		4.98
内蒙古	1.43	2.85	5.7	0.29	1.74	12.01	2.38	4.75	9.5	0.48	2.9	20.01
山西	4.13	8.25	8.25	0.83	20.67	42.13	6.88	13.75	13.75	1.38	34.46	70.22
陕西	4.8	9.6	9.6	0.96		24.96	8	16	16	1.6		41.60
河南	0.41	0.83	0.83	0.08		2.15	0.69	1.38	1.38	0.14	0.41	4.00
合计	18.65	31.36	35.37	2.86	22.41	110.65	31.08	52.26	58.94	4.77	37.77	184.82

8.4.2.2 水土保持措施量分析

根据《黄河流域综合规划》实施进度,推得黄河上中游地区 2007～2010 年、2011～2020 年、2021～2030 年、2031～2050 年等时段新增水土保持措施数量(见表 8-29)。根据《黄河流域综合规划》中的实施进度,到 2020 年可治理的基本农田面积已经治理一遍,2030 年的基本农田治理面积是指对现状窄幅梯田整修为宽幅梯田的措施面积,因此本次计算自 2021 年后不再增加基本农田面积。

表 8-29　黄河上中游地区未来不同时段综合治理措施规划规模

时段	梯田 (万 hm²)	水保林 (万 hm²)	经济林 (万 hm²)	人工种草 (含生态修复) (万 hm²)	小型水土保持 集雨工程 (万处)	坝地 (万 hm²)	骨干坝 (座)	淤地坝 (座)
2007～2010 年	61.70	200.86	39.90	187.42	34.05	2.12	2 815	8 586
2011～2020 年	135.24	440.22	87.45	410.75	83.88	4.64	6 770	20 930
2021～2030 年		414.38	82.14	387.94	73.76	3.84	6 080	18 803
2031～2050 年				539.00	147.52	7.68	12 160	37 606

根据《黄河流域综合规划》,到 2020 年底,黄河上中游地区综合治理面积达到 38.12 万 km²,其中含巩固治理面积 1.52 万 km²,在进行水土保持措施面积计算时,扣除巩固治理面积;2021～2030 年实际治理面积为 8.88 万 km²。根据《黄河流域综合规划》,截至 2030 年底,黄河上中游以上地区在内蒙古、四川等省(区)还有部分水土流失面积没有治理,本次预测分析中将未治理面积列入 2031～2050 年的治理任务中,考虑到内蒙古、四川两省(区)的立地条件等实际情况,将采取封禁治理或者草灌治理的形式进行水土流失治理。

由于各项水土保持措施的规划数量与未来实施数量往往存在一定的差异,而且水土保持措施减水减沙作用还存在时效性和滞后性等因素,因此计算未来水土保持措施减水减沙效益所采用的水土保持措施数量需要进行合理调整。根据 2006 年水土保持措施现状资料测算,实际治理面积为规划治理面积的 43.6%,考虑到后期投入可能加大、进度可能加快等因素,最后将 2007～2050 年实际治理面积确定为规划治理面积的 45%。

按照确定的治理面积和水土保持措施有效面积比例,结合《黄河流域综合规划》,同时考虑到林草措施保持水土作用的滞后性等诸多因素,经综合分析计算,2007～2050 年不同时段各类水土保持措施有效面积见表 8-30。

表 8-30　2007～2050 年不同时段各类水土保持措施有效面积

时段	梯田、坝地、水地 (万 hm²)	水保林 (万 hm²)	经济林 (万 hm²)	人工种草 (万 hm²)
2007～2010 年	19.44	42.48	8.44	33.73
2011～2020 年	20.39	93.11	18.50	73.94
2021～2030 年	44.69	87.64	17.37	69.83
2031～2050 年	1.73	0	0	97.02

8.4.3　水土保持措施减水减沙指标

8.4.3.1　坡面水土保持措施减水减沙指标的确定

黄委绥德水土保持科学试验站通过对各地坡面径流场试验资料的系统整理,结合梯田、林地、草地的减水减沙机理,引入径流、泥沙水平和质量概念,分析得出了径流小区不同质量的梯田、林地、草地在不同径流泥沙水平下的减水减沙指标(见表 8-31)。

表 8-31　不同质量、不同径流泥沙水平下径流小区水土保持措施减水减沙指标

措施及质量		枯水年(>75%)		平水年(25%~75%)		丰水年(<25%)		多年平均	
		减水(%)	减沙(%)	减水(%)	减沙(%)	减水(%)	减沙(%)	减水(%)	减沙(%)
梯田	Ⅰ类	100.0	100.0	100.0	99.5	78.0	48.7	94.5	86.9
	Ⅱ类	100.0	100.0	98.0	95.3	69.8	43.6	91.5	83.6
	Ⅲ类	99.0	100.0	90.0	93.8	59.3	38.0	84.6	76.4
	Ⅳ类	95.0	88.0	76.0	56.2	46.9	33.3	73.5	58.4
林地	覆盖度70%	100.0	100.0	100.0	98.0	76.5	57.7	94.1	88.4
	覆盖度60%	100.0	100.0	96.5	92.9	72.2	51.0	91.3	84.2
	覆盖度50%	99.0	99.0	90.1	86.9	64.2	46.2	85.9	79.8
	覆盖度40%	94.0	96.0	73.2	69.8	48.8	33.3	72.3	67.2
	覆盖度30%	80.0	89.0	52.0	48.2	28.4	19.2	53.1	51.2
	覆盖度20%	55.0	73.0	26.7	20.2	11.1	6.4	29.8	30.0
草地	覆盖度70%	100.0	100.0	96.3	94.4	64.8	50.0	89.4	84.7
	覆盖度60%	100.0	100.0	92.6	89.9	59.3	45.1	86.1	81.2
	覆盖度50%	98.0	99.0	83.7	82.5	51.2	40.0	79.2	76.0
	覆盖度40%	86.0	95.0	62.8	66.5	37.7	30.0	64.8	64.5
	覆盖度30%	72.0	85.0	42.7	41.8	22.1	16.9	44.9	46.4
	覆盖度20%	45.0	69.0	19.5	18.6	8.2	5.9	23.1	28.0

在将小区坡面水土保持措施减水减沙指标移用到大面积计算时,需视实际情况加以修正。根据调查分析,黄河上中游地区梯田平均质量可以按照Ⅲ、Ⅳ类考虑,林地、草地枯枝落叶层基本没有,平均覆盖度在 35% 以下,但考虑到今后水土保持治理力度的加大和治理质量的提高,因而计算大面积坡面治理措施减水减沙作用时,梯田质量采用Ⅱ类,林地、草地覆盖度采用 40%,由此可得到大面积坡面水土保持措施减水减沙指标(见表 8-32)。

根据黄河上中游不同河段丰、平、枯代表年份,计算不同时段不同降水条件下的区域平均输沙模数。根据研究,流域输沙模数一般为坡面产沙模数的 1.3~1.6 倍,由此可反推求出坡面产沙模数;结合前述"八五"国家科技攻关计划重点项目所采用的减水减沙指标,经分析得到不同降水条件下坡面水土保持措施的减沙指标(见表 8-33、表 8-34)和减

水指标(见表8-35)。

表8-32 大面积坡面水土保持措施减水减沙指标

措施	枯水年		平水年		丰水年		多年平均	
	减水 (%)	减沙 (%)	减水 (%)	减沙 (%)	减水 (%)	减沙 (%)	减水 (%)	减沙 (%)
梯田	100	100	98	95.3	69.8	43.6	91.5	83.6
林地	94	96	73.2	69.8	48.8	33.3	72.3	67.2
草地	86	95	62.8	66.5	37.7	30.0	64.8	64.5

表8-33 黄河上中游地区主要水土流失类型区减沙指标

类型区	水平年	不同措施减沙指标(t/hm^2)				
		梯田	林地	草地	水地	坝地
黄丘一副区	丰水年	88.5	79.5	66.0	88.5	150
	平水年	67.5	63.0	57.0	67.5	120
	枯水年	31.5	28.5	25.5	31.5	60
黄丘二副区	丰水年	48.0	43.5	36.0	48.0	90
	平水年	42.0	39.6	35.6	42.0	75
	枯水年	18.0	16.5	15.0	18.0	30
黄丘五副区	丰水年	33.0	28.5	24.0	33.0	60
	平水年	25.5	24.0	21.0	25.5	45
	枯水年	13.5	12.0	10.5	13.5	30
黄土塬区	丰水年	36.5	32.4	27.0	36.5	75
	平水年	30.0	28.5	25.5	30.0	60
	枯水年	18.0	16.5	15.0	18.0	30

表8-34 黄河上中游地区不同降水条件下坡面水土保持措施减沙指标

降水条件	梯田(t/hm^2)	林地(t/hm^2)	草地(t/hm^2)
丰水年	51.0	42.0	37.5
平水年	46.5	39.0	34.5
枯水年	30.0	24.0	19.5

表8-35 黄河上中游地区不同降水条件下坡面水土保持措施减水指标

降水条件	梯田(m^3/hm^2)	林地(m^3/hm^2)	草地(m^3/hm^2)
丰水年	468.0	394.5	351.0
平水年	334.5	283.5	264.0
枯水年	79.5	69.0	64.5

8.4.3.2　坝地减水减沙指标

按照库容大小可将淤地坝分为三类,即小型淤地坝(库容为 1 万～10 万 m³)、中型淤地坝(库容为 10 万～50 万 m³)和骨干坝(库容一般为 50 万～100 万 m³,个别为 500 万 m³)。中小型淤地坝的主要作用是拦泥淤地,骨干坝的主要作用是"上拦下保",即拦截上游洪水泥沙,保护下游中小型淤地坝的安全。

目前,关于淤地坝的减沙效益计算主要有两种方法,一种是根据淤地面积和单位坝地面积拦泥量的乘积计算减沙量,另一种方法是利用单坝拦泥量计算其减沙量。用前一种方法计算淤地坝淤平后的拦泥量比较准确,但在未淤平时,由于单位坝地面积拦泥量与淤泥高度有关,会产生一定的误差。用后一种方法计算不需要量算坝地面积,只要有淤地坝规划数量,用其计算淤积量比较方便。经综合考虑,本次采用前一种方法计算坝地的减沙效益。一般来说,淤地坝的规划淤积年限为 5～10 a,而且主要以淤地为主,如按时段内每年建坝座数相同、淤地坝淤积年限为 10 a 推算,规划实施后,时段末淤地坝拦泥量为新增坝地总面积乘以单位坝地面积平均拦泥量再除以淤积年限。考虑到水毁等因素,时段内拦泥量按总拦泥量的 90% 加以折减。至于骨干坝的拦泥作用,因为要考虑保持一定的防洪库容,应尽量减少淤积,其拦泥可按中小型淤地坝计算。

淤地坝减水量按照下式进行计算

$$\Delta W_b = MF \tag{8-17}$$

式中:ΔW_b 为淤地坝减水量;M 为单位坝地面积年均减水量,M 值的确定采用水利部黄河水沙变化研究基金项目的研究成果,即每亩坝地年均减水量 300 m³;F 为计算时段新增坝地面积。

8.4.3.3　小型集雨工程减水减沙指标

根据调查,一般小型集雨工程的平均容积、每年蓄水量和拦沙量分别为 50 m³、100 m³ 和 10 t,因此将小型集雨工程减水和减沙指标确定为 100 m³/(处·a)和 10 t/(处·a)。

8.4.4　水资源利用指标

取水量是指直接从黄河干、支流引(提)的地表水量。耗水量是指取水量扣除其回归到黄河干、支流河道水量后的水量。黄河上中游地区取水量、耗水量预测结果引自《黄河流域水资源综合规划报告》[42]。

8.4.4.1　2010 年取、耗水量预测

2010 年黄河上中游地区地表水取、耗水量预测见表 8-36。2010 年黄河上中游地区总取水量为 281.30 亿 m³,地表水总耗水量为 224.65 亿 m³。

8.4.4.2　2020 年取、耗水量预测

2020 年取、耗水预测分不考虑引汉(江)济渭(河)(简称无引汉济渭)调水和考虑引汉(江)济渭(河)(简称有引汉济渭)调水两种方案。2020 年黄河上中游地区地表水取、耗水量预测见表 8-37、表 8-38。

表 8-36 2010 年黄河上中游地区地表水取、耗水量预测

区域	流域内需水量（亿 m³）	流域内地表水取水量（亿 m³）	流域内地表水耗水量（亿 m³）	向流域外供水量（亿 m³）	地表水总耗水量（亿 m³）
龙羊峡以上	2.57	2.41	2.09	0.00	2.09
龙羊峡至兰州	44.18	34.97	27.56	0.40	27.96
兰州至河口镇	190.24	132.57	94.53	1.60	96.13
河口镇至龙门	21.34	13.88	11.57	0.00	11.57
龙门至三门峡	142.40	74.64	62.09	0.00	62.09
三门峡至花园口	31.81	22.83	14.49	10.32	24.81
花园口以上	432.54	281.30	212.33	12.32	224.65

表 8-37 2020 年黄河上中游地区地表水取、耗水量预测（无引汉济渭）

区域	流域内需水量（亿 m³）	流域内地表水取水量（亿 m³）	流域内地表水耗水量（亿 m³）	向流域外供水量（亿 m³）	地表水总耗水量（亿 m³）
龙羊峡以上	2.63	2.43	2.14	0.00	2.14
龙羊峡至兰州	48.19	33.49	26.36	0.40	26.76
兰州至河口镇	200.26	135.26	96.45	1.60	98.05
河口镇至龙门	26.20	15.85	12.45	5.47	17.92
龙门至三门峡	150.93	77.38	65.61	0.00	65.61
三门峡至花园口	37.72	20.02	15.94	10.58	26.52
花园口以上	465.93	284.43	218.95	18.05	237.00

表 8-38 2020 年黄河上中游地区地表水取、耗水量预测（有引汉济渭）

区域	流域内需水量（亿 m³）	流域内地表水取水量（亿 m³）	流域内地表水耗水量（亿 m³）	向流域外供水量（亿 m³）	地表水总耗水量（亿 m³）
龙羊峡以上	2.63	2.43	2.14	0.00	2.14
龙羊峡至兰州	48.19	33.57	25.89	0.40	26.29
兰州至河口镇	200.26	135.22	96.42	1.60	98.02
河口镇至龙门	26.20	15.86	12.46	5.47	17.93
龙门至三门峡	150.93	89.15	75.57	0.00	75.57
三门峡至花园口	37.72	20.25	15.99	10.58	26.57
花园口以上	465.93	296.48	228.47	18.05	246.52

8.4.4.3 2030 年取、耗水量预测

2030 年黄河上中游地区地表水取、耗水量预测分不考虑南水北调西线工程调水及引汉（江）济渭（河）（简称无西线无引汉济渭）调水和考虑南水北调西线工程调水及引汉（江）济渭（河）（简称有西线有引汉济渭）调水两种方案。2030 年黄河上中游地区地表水取、耗水量预测见表 8-39、表 8-40。

表 8-39 2030 年黄河上中游地区地表水取、耗水量预测(无西线无引汉济渭)

区域	需水量 (亿 m³)	地表水引水量 (亿 m³)	地表水耗水量 (亿 m³)	向区域外供水量 (亿 m³)	地表水总耗水量 (亿 m³)
龙羊峡以上	3. 39	3. 13	2. 84	0. 00	2. 84
龙羊峡至兰州	50. 68	30. 89	24. 81	0. 40	25. 21
兰州至河口镇	205. 63	125. 26	95. 86	1. 60	97. 46
河口镇至龙门	32. 37	16. 91	13. 56	5. 60	19. 16
龙门至三门峡	158. 29	74. 85	63. 66	0. 00	63. 66
三门峡至花园口	40. 98	22. 26	18. 17	10. 36	28. 53
花园口以上	491. 34	273. 30	218. 90	17. 96	236. 86

注:地表水总耗水量 = 地表水耗水量 + 向区域外供水量。

表 8-40 2030 年黄河上中游地区地表水取、耗水量预测(有西线有引汉济渭)

区域	需水量 (亿 m³)	地表水引水量 (亿 m³)	地表水耗水量 (亿 m³)	向区域外供水量 (亿 m³)	地表水总耗水量 (亿 m³)
龙羊峡以上	3. 39	3. 21	2. 92	0. 00	2. 92
龙羊峡至兰州	50. 68	37. 43	30. 08	0. 40	30. 48
兰州至河口镇	205. 63	167. 10	130. 39	5. 60	135. 99
河口镇至龙门	32. 37	20. 31	16. 84	5. 60	22. 44
龙门至三门峡	158. 29	98. 35	82. 41	0. 00	82. 41
三门峡至花园口	40. 98	22. 64	18. 50	10. 72	29. 22
花园口以上	491. 34	349. 04	281. 14	22. 32	303. 46

注:地表水总耗水量计算同表 8-39。

8.4.5 水沙变化趋势分析

考虑未来不同降水条件下水土保持措施作用的差异,分平水年、丰水年和枯水年三种情况进行分析。

8.4.5.1 平水年预测结果

取现状 2007 年减沙量为 4.0 亿 t,得到各典型年的预测减沙量见表 8-41。预测结果表明,2020 年、2030 年和 2050 年黄河上中游水土保持措施减沙量分别为 5.80 亿 t、6.65 亿 t 和 7.54 亿 t。

表 8-41 平水年不同时段末减沙量预测结果

时段末	基准年减沙量(亿 t)	新增措施减沙量(亿 t)	时段末减沙量(亿 t)
2020 年	4. 44	1. 36	5. 80
2030 年	5. 31	1. 34	6. 65
2050 年	6. 24	1. 30	7. 54

表 8-42 为 2020 年、2030 年和 2050 年的减水量预测结果,黄河上中游水资源利用量分别为 283.97 亿 m^3、290.48 亿 m^3 和 296.34 亿 m^3(按 2030 年耗水总量考虑)。

表 8-42   平水年不同时段末减水量预测结果

时段末	基准年减水量 (亿 m^3)	新增措施减水量 (亿 m^3)	耗水总量 (亿 m^3)	时段末减水量 (亿 m^3)
2020 年	38.28	8.69	237.00	283.97
2030 年	44.88	8.74	236.86	290.48
2050 年	51.90	7.58	按 2030 年耗水总量考虑	296.34

8.4.5.2   丰水年预测结果

表 8-43、表 8-44 给出了丰水年情况下不同时段末减沙减水情况。可以看出,在丰水年情况下,2020 年末减沙量为 5.89 亿 t,减水量为 287.24 亿 m^3;2030 年末减沙量为 6.82 亿 t,减水量为 296.12 亿 m^3;而到 2050 年末,减沙量达到 7.73 亿 t,减水量为 302.84 亿 m^3。

表 8-43   丰水年不同时段末减沙量预测结果

时段末	基准年减沙量 (亿 t)	新增措施减沙量 (亿 t)	时段末减沙量 (亿 t)
2020 年	4.47	1.42	5.89
2030 年	5.41	1.41	6.82
2050 年	6.41	1.32	7.73

表 8-44   丰水年不同时段末减水量预测结果

时段末	基准年减水量 (亿 m^3)	新增措施减水量 (亿 m^3)	耗水总量 (亿 m^3)	时段末减水量 (亿 m^3)
2020 年	39.40	10.84	237.00	287.24
2030 年	48.15	11.11	236.86	296.12
2050 年	57.54	8.44	按 2030 年耗水总量考虑	302.84

8.4.5.3   枯水年预测结果

表 8-45 及表 8-46 给出了枯水年状况下,未来不同时段末黄河上中游地区减沙减水量。可以看出,枯水年状况下未来不同水平年减水减沙量明显比平水年、丰水年要小。到预测时段末,即 2050 年减沙量为 6.58 亿 t,减水量达到 282.92 亿 m^3。

表 8-45　枯水年不同时段末减沙量预测结果

时段末	基准年减沙量 （亿 t）	新增措施减沙量 （亿 t）	时段末减沙量 （亿 t）
2020 年	4.28	1.04	5.32
2030 年	4.84	1.00	5.84
2050 年	5.43	1.15	6.58

表 8-46　枯水年不同时段末减水量预测结果

时段末	基准年减水量 （亿 m^3）	新增措施减水量 （亿 m^3）	耗水总量 （亿 m^3）	时段末减水量 （亿 m^3）
2020 年	36.02	4.30	237.00	277.32
2030 年	38.23	3.96	236.86	279.05
2050 年	40.46	5.60	按 2030 年耗水总量考虑	282.92

8.4.6　与已有成果的对比及合理性分析

目前,有关黄河上中游地区未来不同水平年水土保持措施减水量的计算分析成果较多[43]（见表 8-47）。从表 8-47 可以看出,本次研究（2020 年为枯水年,2030 年、2050 年为平偏枯的计算结果）与已有研究成果的各年减水量相比偏大,主要是本次计算时采用的现状年减水量为年总减水量,考虑了非汛期减水量,这一点有别于以前的研究。若按照汛期减水量占年总减水量的 75% 考虑进行换算,则未来 2020 年、2030 年以及 2050 年减水量分别为 30.24 亿 m^3、40.21 亿 m^3 和 44.61 亿 m^3,基本介于以往研究成果之间。从总体预测趋势看,未来不同典型年预测的减水量应当是比较合理的。

表 8-47　黄河上中游地区未来不同水平年水土保持措施减水量分析成果汇总

序号	分析	分析方法	各水平年减水量（亿 m^3）		
			2020 年	2030 年	2050 年
1	"黄河的重大问题及对策"研究组	按径流组成		30	40
2	黄河水利科学研究院	按水土保持措施规划	25 ~ 30		
3	景　可	按水土保持措施规划			60
4	—	按水土保持措施规划		41	
5	—	按规划减沙目标		41	54
6	徐建华等	综合	30	40	50
7	本次研究	按黄河流域综合规划	40.32（30.24）	53.62（40.21）	59.48（44.61）

注:1. 表中编号 1 ~ 6 的成果摘自徐建华、吴发启等编著的《黄土高原产流产沙机制及水土保持措施对水资源和泥沙影响的机理研究》,黄河水利出版社 2005 年出版。

2. 括号内数字为只考虑汛期的年减水量。

有关黄河上中游地区未来不同水平年水土保持措施减沙量的计算分析成果还比较少。将前述的"八五"国家重点科技攻关计划项目中对黄河上中游地区 2010 年、2020 年水土保持措施减沙量研究成果[44]与本次研究结果列于表 8-48,对比可以看出,与"八五"国家重点科技攻关计划项目研究成果(规划年治理进度 2%)相比,2010 年和 2020 年水土保持措施减沙量计算值是很接近的。

表 8-48   未来不同水平年水土保持措施减沙量分析

成果编号	项目	分析方法	分析时间	各水平年减沙量(亿 t)		
				2010 年	2020 年	2030 年
1	"八五"国家重点科技攻关计划项目	按规划年治理进度为 2%	1998 年	4.03	5.18	—
2	本次研究	按黄河流域综合规划	2008 年	4.84	5.32	6.65

综合分析认为,本次研究计算结果是在综合已有的计算方法、采用最新规划成果的基础上得出的,较为合理,具有一定的参考价值。必须指出的是,黄河流域水沙变化趋势预测由于受到多种不确定因素的影响,今后仍需根据变化的情况考虑多种可能条件,进行深入研究,并有待于未来实际水沙变化结果的验证。

8.5   黄河上中游水沙变化趋势综合分析

8.5.1   黄河上中游未来水沙变化趋势分析

表 8-49 是对未来不同水平年黄河上中游地区水沙变化趋势的综合预测结果。需要首先说明的是,表 8-49 中来沙量是以黄河多年平均输沙量 16 亿 t 作为基准进行推算的。

表 8-49   黄河上中游未来水沙变化趋势预测结果

方法	项目	2020 年	2030 年	2050 年
SWAT 模型法	来水量(亿 m³)	229.12	236.25	234.46
"水保法"	来水量(亿 m³)	236.42	244.31	240.63
SWAT 模型法	来沙量(亿 t)	9.96	8.61	7.94
"水保法"	来沙量(亿 t)	10.88	9.56	8.66
	减沙量(亿 t)	5.32	6.65	7.54

根据 SWAT 模型法和"水保法"的预测结果可知,黄河流域未来不同水平年的来沙量总体处于不断减少的趋势;两种方法预测的未来不同水平年的来沙量存在一定差异,其中,"水保法"比 SWAT 模型法预测的 2020 年和 2030 年、2050 年来沙量结果分别偏大 0.92 亿、0.95 亿 t 和 0.72 亿 t。

根据"水保法"的计算结果,未来不同典型年水土保持措施的减水量呈现逐渐增大的趋势。在充分考虑未来不同水平年天然径流量的预测结果,即 2020 年为枯水年、2030 年和 2050 年为平偏枯(按平水年减水减沙指标计算)的条件下,黄河上中游地区不同水平年的来水量变化范围仅为 236.42 亿 ~244.31 亿 m³。对比 SWAT 模型法和"水保法"的预测结果可以看出,两种方法预测的黄河上中游地区未来不同水平年的来水量比较接近。

但必须说明的是,尽管预测的水平年来水量变化范围为 236.42 亿 ~244.31 亿 m³,但由于降雨等条件的不确定性,并不能排除期间个别年份或连续几年的来水量大于预测上限的情况。

此外,由"水保法"的预测结果可知,水沙变化的趋势与流域水土保持治理程度密切相关。以平水年为例,随着水土保持生态工程建设规划和淤地坝建设规划的实施,水土保持治理程度愈高,减水减沙幅度愈大。例如,2020 年水土保持措施减水 46.97 亿 m³,减沙 5.80 亿 t,2030 年水土保持措施减水 53.62 亿 m³,减沙 6.65 亿 t,均比现状水土保持措施减水 35.00 亿 m³ 和减沙 4.00 亿 t 有显著增加。同时,水沙变化的趋势与流域降水丰枯变化密切相关。同为 2020 年,丰平枯不同条件下减水分别为 50.24 亿 m³、46.97 亿 m³ 和 40.32 亿 m³,减沙分别为 5.89 亿 t、5.80 亿 t 和 5.32 亿 t。可见,不同来水情况下减沙量也是不一样的,来水越多,来沙越多,减沙也越多。

8.5.2　黄河上中游未来水沙变化趋势合理性分析

8.5.2.1　对计算方法的分析

SWAT 模型法是通过对黄河上中游典型支流的观测资料的耦合模拟,建立不同支流的水沙系列预报模型,结合未来气候、流域下垫面等变化情况对未来不同水平年来水来沙情况进行预测,最终按照面积权重法将来水量、来沙量推算到整个花园口以上流域。其不足之处主要表现为:一是 SWAT 模型主要适用于蓄满产流机制,而在黄土高原地区多为超渗产流机制,尽管本次进行了改进,但仅仅是一次尝试;二是资料缺乏;三是在按照面积权重进行外推时,存在系统计算误差。

"水保法"预测是在确定预测水平年的水土保持措施数量和水土保持措施减水减沙指标的基础上,进而推求未来不同水平年的水土保持措施减水减沙量。本次"水保法"预测中,未来不同水平年的水土保持措施量采用最新的《黄河流域综合规划》中的数据,减水减沙指标充分考虑了不同措施质量、不同降水条件(丰水年、平水年、枯水年)等情况,目前这种计算方法在分析水土保持措施减水减沙效益中已得到广泛应用,同 SWAT 模型法相比,计算结果应当较为可靠。

8.5.2.2　与已有成果的对比

根据《黄河流域水资源综合规划报告》及《黄河流域综合规划》,正常来水情况下 2020 年、2030 年的来水来沙量分别为 277.4 亿 m³、10.5 亿 ~11.0 亿 t,281.8 亿 m³、9.5 亿 ~10.0 亿 t;与 SWAT 模型法和"水保法"的预测结果对比发现,规划中预测成果偏大,主要是由于规划中 2020 年、2030 年的耗水量没有考虑到未来水土保持措施减水量。若考虑规划中与本次计算的天然径流量的差异,以及水土保持措施的减水量(2020 年为 40.32 亿 m³、2030 年为 53.62 亿 m³),两者对未来两个水平年来水量的预测结果还是基本接近的。如考虑水土保持措施减水量后,规划的 2020 年、2030 年来水量应分别为

237.0 亿 m³ 和 228.2 亿 m³，与本次"水保法"对相应时段预测的 236.4 亿 m³ 和 244.3 亿 m³ 之差小于 7%。

8.5.2.3 对未来水沙变化趋势的判析

通过前述章节的计算结果可知，未来黄河上中游地区各区间降水量普遍减少，减少幅度在 3%～11%。根据树木年轮法对未来不同年份来水量的预测分析表明，天然径流量的周期变化较为明显，在经历平枯变化后，到 2050 年将为平偏枯。而随着中游水土保持措施实施面积及实施质量的提高，对水土流失的控制作用明显增强。综合来看，黄河上中游地区未来的来水将受丰平枯周期的影响而变化，来沙将呈现总体减小的趋势。这与"水保法"对未来不同典型年来水来沙预测的变化趋势是一致的。

综上所述，本次黄河上中游地区水沙预测结果推荐"水保法"的计算结果，即 2020 年、2030 年、2050 年的来水量和来沙量分别为 236.42 亿 m³、10.88 亿 t，244.31 亿 m³、9.56 亿 t，240.63 亿 m³、8.66 亿 t。从宏观上分析，对未来水沙变化的趋势预测为，2020 年之前的十多年内，黄河上中游地区来水量总体可能处于偏枯阶段，来沙量可能在 11 亿 t 左右；2021 年到 2050 年的 30 a 内，黄河上中游地区来水量总体可能处于相对平偏丰阶段，来沙量可能在 8 亿 t 左右。

最后需要说明的是，水沙变化趋势预测由于受到降雨，水土保持、水利工程建设，开发建设项目实施等多种不确定因素的影响，结果是否合理可信还有待于未来实际水沙变化结果的进一步验证。

8.6 小 结

通过 SWAT 模型法和"水保法"两种方法对 2007～2050 年黄河上中游地区水沙变化趋势进行了预测评价，并重点对典型年 2020 年、2030 年和 2050 年的水沙变化趋势进行了定量预测和展望。

(1)自 1986 年开始的枯水段至 2007 年已持续 22 a，接近于枯水段平均持续时间 26.7 a，但与历史上几个持续时间较长的枯水段(如持续 66 a、52 a 和 40 a)相比，目前枯水段只是处于居中水平，因此很难说是否会很快转入丰水段。

(2)黄河上中游地区未来天然年径流量呈波动趋势，并总体上呈前期偏少、后期偏多的特点，2020 年属于枯水年、2030 年属于平偏枯年、2040 年属于偏丰年、2050 年属于平偏枯年。

(3)根据 SWAT 模型和"水保法"预测，未来 2020 年、2030 年和 2050 年上中游来水量估计分别在 229 亿～236 亿 m³、236 亿～244 亿 m³ 和 234 亿～241 亿 m³。"水保法"预测表明，未来 2020～2050 年来沙量具有较为明显的阶段性特点，其中 2020 年、2030 年、2050 年的年输沙量分别为 10.88 亿 t、9.56 亿 t 和 8.66 亿 t。

(4)应当说明的是，对于通过天然径流量序列重建、SWAT 模型法和"水保法"估算获得的黄河上中游地区未来天然径流量、来水量、来沙量结果来说，不能完全排除期间会出现特丰(多)或者特枯(少)的年份。另外，黄河流域水沙变化趋势预测是一项非常困难和复杂的课题，对于黄河流域水沙变化趋势预测方法还应进一步加强研究。

参考文献

[1] 中央气象局气象科学研究院. 中国近五百年旱涝等级分布图集[M]. 北京:地图出版社,1981.

[2] 张得二,刘传志. 中国近五百年旱涝等级分布图集续补(1980～1992)[J]. 气象,1993,19(11):41-46.

[3] 张得二,李小泉,梁有叶. 中国近五百年旱涝等级分布图集的再续补(1993～2000)[J]. 应用气象学报,2003,14(3):379-388.

[4] 黄河流域及西北片水旱灾害编委会. 黄河流域水旱灾害[M]. 郑州:黄河水利出版社,1996.

[5] 魏本勇,方修琦.树轮气候学中树木年轮密度分析方法的研究进展[J].古地理学报,2008,10(2):193-202.

[6] 黄河规划委员会. 从树木年轮了解黄河历年水量变化[M]//水利部北京水利科学研究院水文研究所.水文计算经验汇编. 北京:水利出版社,1958.

[7] 刘禹,杨银科,蔡秋芳. 以树木年轮宽度资料重建湟水河过去248 a来6～7月份河流径流量[J]. 干旱区资源与环境,2006(6).

[8] 王亚军,陈发虎,勾晓华. 黑河230 a以来3～6月径流的变化[J]. 冰川冻土,2004,26(2):202-206.

[9] 康兴成,程国栋,康尔泗,等. 利用树轮资料重建黑河近千年出山口径流量[J]. 中国科学(D辑),2002,32(8).

[10] 秦宁生,靳立亚,时兴合,等. 利用树轮资料重建通天河流域518 a径流量[J]. 地理学报,2004,59(4).

[11] 王云璋,吴祥定. 黄河中游水沙系列的延长及其变化阶段性、周期性探讨[C]//黄河水利委员会水利科学研究院.科学研究论文集(第四集,泥沙·水土保持). 北京:中国环境科学出版社,1993.

[12] 汪青春,周陆生,秦宁生,等. 利用乌兰树木年轮重建托托河冬季气温序列[J]. 高原气象,2003,22(5):518-523.

[13] 张志华,吴祥定. 采用青海两个树木年轮年表重建局地过去降水的初步分析[J]. 应用气象学报,1992,3(1):61-69.

[14] 周陆生,汪青春,等. 青海湖流域全新世以来气候变化的初步探讨[M]//孙国武.中国西北干旱气候研究. 北京:气象出版社,1997.

[15] 尹训钢,吴祥定. 华山松树木年轮对气候响应的模拟分析[J]. 应用气象学报,1995,6(3):257-264.

[16] 邵雪梅,吴祥定. 华山树木年轮年表的建立[J]. 地理学报,1994,49(2):174-181.

[17] 湛绪志,吴祥定,王邨,等. 黄河中游河南孟津的一个树木年轮年表的建立[M]//吴祥定.黄河流域环境演变与水沙运行规律研究文集(第二集). 北京:地质出版社,1991.

[18] 黄嘉佑,李黄. 气象中的谱分析[M]. 北京:气象出版社,1984.

[19] 谭冠日. 气象站数理统计预报方法[M]. 北京:科学出版社,1978.

[20] 勾晓华,杨梅学,彭剑峰,等. 树轮记录的阿尼玛卿山区过去830 a夏半年最高温变化[J]. 第四纪研究,2006,26(6).

[21] 张光辉. 全球气候变化对黄河流域天然径流量影响的情景分析[J]. 地理研究,2006,25(2):268-275.

[22] 於凡,张光辉,柳玉梅. 全球气候变化对黄河流域水资源影响分析[J]. 水文,2008,28(5):52-56.

[23] 施雅风,沈永平,李栋梁,等. 中国西北气候由暖干向暖湿转型问题评估[M]. 北京:气象出版社,2003.

[24] 王国庆,王云璋,尚长昆. 气候变化对黄河水资源的影响[J]. 人民黄河,2000,22(9):40-41,45.

[25] 刘春蓁. 气候变化对我国水文水资源的可能影响[J]. 水科学进展,1997,8(3):220-225.

[26] 高治定,雷鸣,王莉,等. 21世纪黄河流域气候变化预测及其影响[N]. 黄河报,2009-08-20(3).

[27] 刘绿柳,刘兆飞,徐宗学. 21世纪黄河流域上中游地区气候变化趋势分析[J]. 气候变化研究进展,2008,4(3):167-172.

[28] 气候变化国家评估报告编写委员会. 气候变化国家评估报告[M]. 北京:科学出版社,2007.

[29] 张建云,王国庆,贺瑞敏,等. 黄河中游水文变化趋势及其对气候变化的响应[J]. 水科学进展,2009,20(2):153-158.

[30] 史忠海,王国庆,余辉,等. 气温变化对黄河流域蒸发能力的影响[J]. 河南气象,2006(1):31-32.

[31] Arnold J G,Srinivasan R,Muttiah R S,et al. Large area hydrologic modeling and assessment. Part I,model development[J]. Journal of the American Water Resource Assciation,1998,34(1):73-89.

[32] 贾仰文,王浩,倪广恒,等. 分布式流域水文模型原理与实践[M]. 北京:中国水利水电出版社,2005:25-32.

[33] Trenberth K E,Jones P D,Ambenje P,et al. Observations:Surface and Atmospheric Climate Change[M] // Solomon S,Qin D,Manning M,et al. Contribution of Working Gronp I to the Fourth Assessment Report of the Intergovernmental Panel on Climate Change. Cambridge and New York:Cambridge University Press,2007:237-238.

[34] IPCC. Climate Change 2007:The Physical Science Basis[M] // Solomon S,Qin D,Manning M,et al. Contribution of Working Group I to the Fourth Assessment Report of the Intergovernmental Panel on Climate Change. Cambridge and New York:Cambridge University Press,2007:117-118.

[35] Wilby R L. A comparison of downscaled and raw GCM output:implications for climate change scenarios in the San Juan River basin,Colorado[J]. Journal of Hydrology,1999,225:67-91.

[36] Wilby R L,Hay L E,Gutowski W J J,et al. Hydrological Responses to Dynamically and Statistically Downscaled Climate Model Output[J]. Geophysical Research Letters,2000,27:1199-1202.

[37] 丁一汇. 中国西部环境演变评估(第二卷)中国西部环境变化的预测[M]. 北京:科学出版社,2002.

[38] Xu Z X,Takeuchi K,Ishidaira H. A conceptually-based distributed rainfall – runoff model applied in arid regions[C]. International Conference on Urban Hydrology for the 21st Century,2002:45-60.

[39] Luo Y,He C S,Marios Sophocleous M,et al. Assessment of cropgrowth and soil water modules in SWAT2000 using extensive field experiment data in an irrigation district of the Yellow River Basin[J]. Journal of Hydrology. 2008,352:139-156.

[40] 丁一汇,任国玉,石广玉,等. 气候变化国家评估报告(I):中国气候变化的历史和未来趋势[J]. 气候变化研究进展,2006,2(1):3-8.

[41] 黄河水利委员会. 黄河流域综合规划[R]. 2009.

[42] 黄河勘测规划设计有限公司. 黄河流域水资源综合规划报告[R]. 2008.

[43] 徐建华,吴发启,等. 黄土高原产流产沙机制及水土保持措施对水资源和泥沙影响的机理研究[M]. 郑州:黄河水利出版社,2005.

[44] 张胜利,李倬,赵文林,等. 黄河中游多沙粗沙区水沙变化原因及发展趋势[M]. 郑州:黄河水利出版社,1998.

第9章

水沙变化评价理论与方法研究

　　水沙变化是对产汇流、侵蚀、产沙、输沙环境变化的一种复杂响应,对其变化量及变化原因的准确评价和分析是非常困难的。长期以来,人们对其评价方法做过不少研究,但对评估黄河水沙变化的应用而言,仍存在不少问题。结合本项研究的目的,对水沙变化评价理论与方法进行了专门探讨,包括坡面产沙过程等水沙变化评价的基本理论问题、水沙系列突变点划分方法和水土流失数学模型等。

9.1　坡面水力产沙关键过程研究

　　本节利用室内径流冲刷实体模型试验的方法,研究了坡面产生细沟、浅沟的径流临界剪切力,径流动能消耗途径,径流动能与剥蚀率的定量关系,以及坡面径流输沙能力,为建立水蚀预报模型提供理论依据。

9.1.1　试验设计

9.1.1.1　试验装置

　　坡面产沙模型为由钢板焊接而成的长 6 m(有效槽长为 5 m)、宽 3 m、高 0.6 m 的钢槽,用 PVC 板隔成 3 个单元小区,每个单元小区宽 1 m。为使试验土的透水性及下渗接近天然状况,在钢槽底部设有透水孔,且人为增加了底部钢板的粗糙度,以降低填土和钢板之间的边界差别。通过液压变坡装置将钢槽升至一定坡度后,锁定液压锁,同时在钢槽的下方用一定高度的钢管柱支撑作为二次保护。钢槽可调坡度为 5°~45°。本研究的坡度选为 10°、20°和 30°。

　　试验用土为郑州邙山表层黄土。填土前先在下部铺填 10 cm 厚的天然沙,以保持试验土壤的透水状况接近天然坡面,然后在其上铺填过筛的邙山黄土 20 cm 厚,再用木板轻拍土壤,使其容重达到 1.2 g/cm³,之后按此方法以 15 cm 为控制厚度分三次填土。模型沙颗粒组成如表9-1所示。试验下垫面为均质裸坡。

表 9-1　供试土样各级粒径组成

粒径(mm)	>1	1~0.25	0.25~0.05	0.05~0.01	0.01~0.005	0.005~0.001	<0.001
百分比(%)	0	1.05	35.45	43.40	3.20	6.40	10.50

坡面侵蚀实体模型钢槽见图9-1。

图9-1　坡面侵蚀实体模型钢槽

9.1.1.2　试验方案

坡面上方来水系统由水箱、阀门和稳流槽等部分组成。通过水泵将水抽入水箱,水箱设有溢流孔,保持水位水压稳定,流量通过进水管的开关阀门进行控制与率定。坡面上部稳流槽深50 cm,在设计流量条件下保证水面平稳和坡面小区上方来水均匀。为避免稳流池与坡面顶部接合处因边壁作用导致的土壤下陷,顶部断面铺设20 cm长的塑料薄膜。试验开始前将填土洒水至土壤饱和含水量,放置一夜后于第二天开始试验。

本次共模拟了7个流量过程,即$Q = 1$ L/min、2 L/min、3 L/min、4 L/min、5 L/min、7.5 L/min和10 L/min,相当于降雨强度$i = 0.2$ mm/min、0.4 mm/min、0.6 mm/min、0.8 mm/min、1.0 mm/min、1.5 mm/min、2.0 mm/min。

将坡面从上至下每隔1 m划分为5段(见图9-2),分别测定各段水力学参数。产流后,每隔2 min用集流桶接一次径流泥沙全样,并测取各段的坡面流水动力学参数,如流速、流宽及流深等。用测尺和数字摄像机观测记录坡面侵蚀形态演变过程,同时记录坡面产生细沟和浅沟的时间。用置换法计算侵蚀产沙特征参数。

图9-2　坡面侵蚀土槽分断面概化模型

测量数据包括流速及坡面形态、产水产沙量、径流沿程含沙量和试验结束后的坡面侵蚀沟参数等。从接取泥沙样开始,将径流冲刷时间延续 30 min 后试验结束。每场试验做 3 个重复,共完成 90 余场试验。

9.1.2　产生细沟、浅沟的径流临界剪切力

径流剪切力是导致坡面侵蚀的主要作用力。径流剪切力可以用下式计算

$$\tau = \gamma RJ = \rho gR\sin\theta \tag{9-1}$$

$$R = \frac{bh}{2b + h} \tag{9-2}$$

式中:τ 为径流剪切力;γ 为水体容重;R 为水力半径;J 为径流能坡;ρ 为水体密度;g 为重力加速度,取 $g = 9.8$ m/s^2;b 为径流宽;h 为径流深;θ 为地面坡度。

9.1.2.1　不同坡度下剪切力与输沙率关系

图 9-3 为 10°、20°和 30°裸坡坡面在 5 L/min 流量级试验条件下坡面径流剪切力和输沙率的散点分布。由此可见,3 种坡度坡面径流输沙率(单位时间输沙量)均随径流剪切力的增加而增加。通过统计分析,得到 5 L/min 径流冲刷条件下,坡面平均剪切力和输沙率的关系为

$$g_s = 123.445\ 7\tau - 60.074\ 0 \tag{9-3}$$

式中:τ 为剪切力,Pa;g_s 为输沙率,g/min。

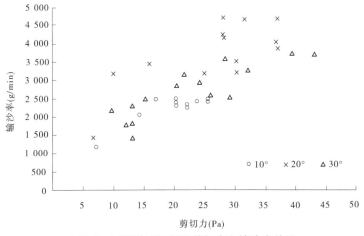

图9-3　不同坡度下径流剪切力和输沙率关系

式(9-3)的相关系数达到 0.843 3。由式(9-3)可知,当输沙率为 0 时,坡面径流剪切力为 0.486 6 Pa。

图 9-4 为 5 L/min 径流冲刷条件下 3 种坡度坡面径流剪切力随试验历时的变化过程。从图 9-4 中可以看出,径流剪切力随时间总体呈波动上升趋势。根据试验观测,坡面径流剪切力第一个上升阶段往往为细沟产生和发育的阶段。由表 9-2 可知,坡面产生细沟的时间多在全坡面产生径流后 11 s 之前。当细沟发育到一定程度后,剪切力变化过程呈现

出较为稳定的状态(缓升),而后在径流持续冲刷下,径流深度迅速增加,对应剪切力再次呈现出陡增趋势,进入浅沟产生、发育阶段。

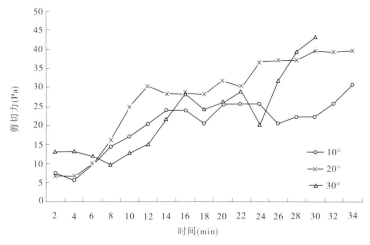

图 9-4　不同坡度坡面径流平均剪切力过程线

表 9-2　流量 5 L/min 时的细沟、浅沟产生时间

坡度(°)	地表形态	径流参数	断面 1	断面 2	断面 3	断面 4	断面 5
10	细沟	产生时间(min-s)	2-25	6-00	5-03	5-41	7-17
		剪切力(Pa)	6.70	16.47	8.37	16.51	11.62
20	细沟	产生时间(min-s)	1-42	4-42	9-27	10-46	10-30
		剪切力(Pa)	9.94	8.74	9.94	9.94	9.94
	浅沟	产生时间(min-s)	22-55	39-25	35-20	35-23	
		剪切力(Pa)	28.73	38.67	38.67	38.67	
30	细沟	产生时间(min-s)	2-24	2-50	6-16	6-29	6-44
		剪切力(Pa)	13.13	14.57	20.42	19.60	23.71
	浅沟	产生时间(min-s)	31-05				28-56
		剪切力(Pa)	24.69				23.21

　　由表 9-2 统计知,10°坡面细沟产生于试验历时 2 ~ 7 min 时段内,剪切力临界值不大于 17 Pa。由于水流沿程分布及侵蚀形态的空间差异,产生细沟的临界剪切应力并不相同,在试验条件下,其变化范围为 7.0 ~ 16.5 Pa。在细沟发育过程中,坡面径流剪切力呈阶梯式平缓增加,剪切力最大可以达到 30 Pa,但在试验历时内并未产生浅沟;对于 20°坡面的各坡段,一般在试验历时 2 ~ 11 min 内产生细沟,所对应的临界剪切力在 10 Pa 左右,在 22 min 前后剪切力呈现陡增趋势,产生浅沟时的剪切力临界值介于 30 ~ 39 Pa;30°坡面细沟产生在试验历时 2 ~ 7 min 时段,剪切力临界值为 13 ~ 24 Pa,在 28 min 之后浅沟产

生,其临界剪切力为 25 Pa 左右。由此可见,坡度不同,所对应的地表形态发育状况不同,临界剪切力也有较大差异。

另外,进一步分析可知,在流量一定的条件下,3 种坡度最早产生细沟的时间差异并不大,均在 2 min 左右。但是,坡度较缓时细沟产生时的临界剪切力则大于陡坡的。

由表 9-3 可见,产生细沟的临界剪切力随坡度增加而增加。经多次反复试验,10° 坡面一般不会产生浅沟;20° 坡面产生浅沟的临界剪切力大于 30° 坡面的临界剪切力。含沙量、输沙率及坡面产沙量和坡度、临界剪切力呈正相关关系,坡度越陡,坡面径流含沙量、输沙率和总产沙量越大。与 10° 坡面相比,20° 坡面细沟产生时的临界剪切力、坡面径流平均含沙量、径流平均输沙率和坡面产沙总量分别为 10° 坡面对应参数的 1.50 倍、1.38 倍、1.39 倍和 1.40 倍,30° 坡面细沟产生时的临界剪切力、坡面径流平均含沙量、径流平均输沙率和坡面产沙总量分别为 10° 坡面对应参数的 2.10 倍、1.61 倍、2.52 倍和 2.50 倍。

表 9-3　坡面发育程度及对应径流、侵蚀特征

流量 (L/min)	坡度 (°)	发育程度	临界剪切力 (Pa)	含沙量 (g/mL)	输沙率 (kg/min)	产沙量 (kg)	径流深 (mm)	流速 (m/s)
5	10	细沟产生	6.70	0.42	2.20	66.49	4.0	0.29
5	20	细沟产生	9.94	0.58	3.05	93.16	3.0	0.30
		浅沟产生	30.30				11.0	0.52
5	30	细沟产生	14.13	0.68	5.55	166.54	4.0	0.58
		浅沟产生	23.95				5.9	0.59

9.1.2.2　陡坡径流剪切力和输沙率关系

以 30° 作为陡坡条件,图 9-5 为由试验资料得到的不同流量级坡面径流剪切力和输沙率散点图。从图中可以看出,小流量(1 L/min、2 L/min、3 L/min)的数据集中分布在图下方且分布带的斜率较缓,较大流量(4 L/min 和 5 L/min)的数据点集中分布在图的左端靠上方且斜率较大,大流量(7.5 L/min 和 10 L/min)的数据点则主要分布在图的右上方,但较大流量和大流量的点据基本沿同一趋势带分布,为此分别探讨 3 L/min 以下和 4 L/min 以上两个流量组的剪切力和输沙率关系(见图 9-6 和图 9-7)。

经统计分析,3 L/min 以下小流量剪切力和输沙率关系满足 $g_s = 166.7\tau - 1\,895.2$,相关系数 $R = 0.915\,2$;对于 4 L/min 以上的大流量,剪切力和输沙率的关系满足对数形式:$g_s = 4\,816.9\ln\tau - 8\,774.5$,相关系数 $R = 0.807\,0$。由其剪切力和输沙率相关关系可以求得各流量级的径流临界剪切力,3 L/min 以下和 4 L/min 以上流量级坡面产生侵蚀的临界剪切力分别为 11.37 Pa 和 6.18 Pa。

表 9-4 和表 9-5 分别为 30° 坡面各断面产生细沟、浅沟的临界剪切力,其中剪切力 1 指细沟产生的临界剪切力,剪切力 2 指浅沟产生的临界剪切力。如前所述,在 1 L/min 和

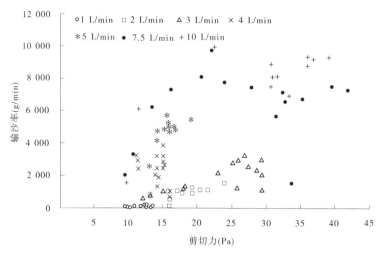

图9-5 不同流量级坡面径流剪切力和输沙率关系

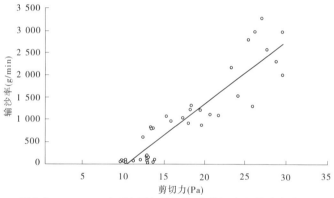

图9-6 3 L/min 以下流量级坡面径流剪切力和输沙率关系

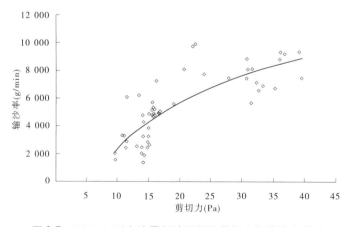

图9-7 4 L/min 以上流量级坡面径流剪切力和输沙率关系

2 L/min 流量级条件下只有细沟产生,试验历时中没有产生浅沟。

表9-4　30°坡面各流量级细沟产生时间及其临界剪切力

径流参数	流量（L/min）	断面 1	断面 2	断面 3	断面 4	断面 5
产生时间 （min-s）	1	4-06	11-47			
	2	2-10		33-50	23-16	12-09
	3	3-54	4-16			
	4	2-06	3-42	3-58		7-48
	5	2-24	2-50	6-16	6-29	6-44
	7.5	2-24	2-01	3-51	10-30	4-15
	10	1-30	2-39	1-52	5-19	7-15
剪切力 1 （Pa）	1	9.48	9.53			
	2	14.05			13.87	13.94
	3	14.34	14.36			
	4	14.36	14.39	14.37		14.20
	5	13.13	14.57	20.42	19.60	23.71
	7.5	23.21	14.55	14.54	18.00	19.26
	10	9.71	9.68	14.17	14.37	22.75

表9-5　30°坡面各流量级浅沟产生时间及其临界剪切力

径流参数	流量（L/min）	断面 1	断面 2	断面 3	断面 4	断面 5
产生时间 （min-s）	1					
	2					
	3	31-40	49-15			
	4	40-22				
	5	31-05	34-02	39-55	28-56	
	7.5	15-27	26-37	31-10	37-13	42-24
	10	21-19	23-39	23-59	26-40	26-55
剪切力 2 （Pa）	1					
	2					
	3					
	4	14.25				
	5	24.69	13.87	13.94	23.21	
	7.5	20.42	24.50	37.90	48.86	54.44
	10	36.65	40.09	62.48	36.30	51.53

由表9-4和表9-5统计各流量级坡面产生细沟的临界剪切力(剪切力1)和坡面产生浅沟的临界剪切力(剪切力2),以及所对应的输沙率和流量关系(见图9-8)可见,径流输沙率随流量级的增大而增加。产生细沟的临界剪切力在小流量级(1 L/min、2 L/min和3 L/min)时随流量增加而增加,在大流量级(4 L/min、5 L/min、7.5 L/min、10 L/min)时,随流量增加其总体上却呈现减小趋势,其原因有待进一步研究。3 L/min流量级产生细沟的临界剪切力最大,4 L/min以上流量级产生浅沟的临界剪切力和流量级呈正相关。

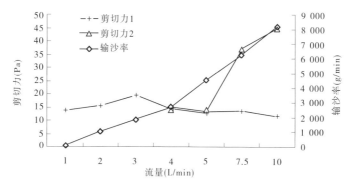

图9-8　径流剪切力及输沙率随流量的变化过程

9.1.2.3　临界剪切力与径流参数关系

通过多元回归得出坡面产生细沟的临界剪切力满足以下关系

$$\tau_c = 0.10Q + 0.38\theta + 1.52h + 3.77V - 4.96 \tag{9-4}$$

式中:τ_c为坡面临界剪切力,Pa;Q为流量,L/min;θ为模拟坡度(°);h为坡面径流深,mm;V为坡面平均流速,m/s。

图9-9为式(9-4)的拟合情况,从总体趋势而言,各坡面产生细沟的临界剪切力计算值和实测值拟合情况较好,最大拟合误差绝对值不超过27%。

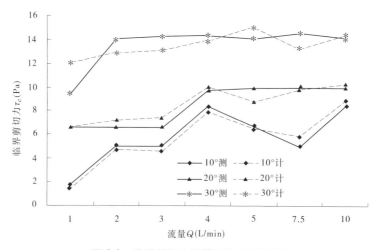

图9-9　临界剪切力计算值和实测值拟合

9.1.2.4　产沙参数与临界剪切力的关系

1.含沙量和剪切力的关系

将含沙量与剪切力、坡度和流量等因子进行多元回归分析得

$$S = 0.001(6.57\tau + 61.61Q + 1.49\theta - 17.27) \tag{9-5}$$

式中:S 为含沙量,g/mL;τ 为剪切力,Pa;Q 为流量,L/min;θ 为坡度(°)。

式(9-5)的相关系数为0.91,拟合关系见图9-10和图9-11,其最大拟合误差绝对值为50%。

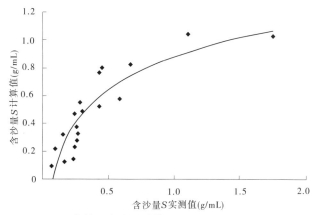

图 9-10　含沙量计算值和实测值的拟合

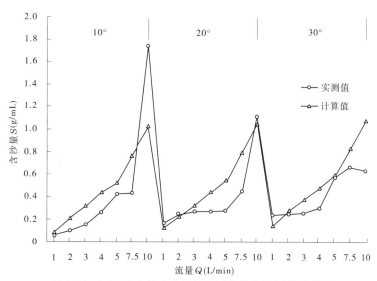

图 9-11　不同坡度的含沙量过程计算值与实测值的拟合

2.产沙量和剪切力的关系

将产沙量与剪切力 τ、坡度 θ 和流量 Q 等因子进行多元回归分析得

$$W_s = 25.17Q + 3.52\theta + 0.22\tau - 105.40 \tag{9-6}$$

式中:W_s 为产沙量,kg;其他符号意义同前。式(9-6)的相关系数为0.895。

9.1.3 径流动能与沟蚀剥蚀率的关系

9.1.3.1 径流动能消耗途径及径流动能变化

关于坡面流能量问题,国内外许多研究者都开展过相关研究。Hortan R E 从摩阻力概念出发,提出在恒定流条件下,水流流过单位面积的坡面时,单位时间内克服摩阻力所作的功(P)为

$$P = \gamma_s \frac{h_x}{1\,000} V\sin\theta \tag{9-7}$$

式中:γ_s 为含沙水流重率,kg/m^3;h_x 为距分水岭 x 处的径流深,mm;V 为 x 处的流速,m/s;θ 为坡度(°)。

因为单位时间内所作的功等于作用力与速度的乘积,所以,消耗在单位面积上与坡面平行的作用力 F_1 为

$$F_1 = \frac{P}{V} = \gamma_s \frac{h_x}{1\,000}\sin\theta \tag{9-8}$$

该式表明,冲刷力的大小主要受径流量(或径流深)、坡度、坡长的影响。周佩华[1]、江忠善[2]、李占斌[3]、Wischmeier W H 和 Smith D D[4]等都在侵蚀动能方面作了大量的研究和统计工作。丁文峰[5]、李勉[6]等还通过径流冲刷试验方法研究了坡面流的能耗问题。

设单宽径流在坡面顶端所具有的势能为

$$E_P = \rho QgL\sin\theta \tag{9-9}$$

动能为

$$E_K = \frac{1}{2}\rho QV_1^2 \tag{9-10}$$

在理想情况下,单宽径流到达坡面出流断面时的总能量 E_T 应为

$$E_T = \rho QgL\sin\theta + \frac{1}{2}\rho QV_1^2 \tag{9-11}$$

可根据实测的任意断面处水流的平均流速、径流量来计算该断面的实际总能量,即

$$E_{xT} = \rho q'g(L-x)\sin\theta + \frac{1}{2}\rho q'V_x^2 \tag{9-12}$$

因此,坡面上径流从坡顶到坡面上任意断面处的能量耗损为

$$E_e = E_T - E_{xT} \tag{9-13}$$

对上式进行时间和长度上的积分,得

$$\sum E_e = \int_0^T\int_0^L (E_T - E_{xT})\,\mathrm{d}x\mathrm{d}t \tag{9-14}$$

把式(9-11)、式(9-12)代入式(9-14)得

$$\sum E_e = \int_0^T\int_0^L [\rho QgL\sin\theta + \frac{1}{2}\rho QV_1^2 - \rho q'g(L-x)\sin\theta - \frac{1}{2}\rho q'V_x^2]\,\mathrm{d}x\mathrm{d}t \tag{9-15}$$

式中:Q 为流量,L/s;ρ 为水的密度,g/cm^3;g 为重力加速度,9.8 m/s^2;θ 为试验土槽坡面

坡度(°);L 为试验土槽的坡长,m;x 为坡面任一断面到坡顶的平均距离,m;V_1 为坡顶水流流速,m/s;q' 为到坡顶距离为 x 的断面处的径流量,L/s;V_x 为到坡顶距离为 x 的断面处的含沙水流平均流速,m/s;T 为试验所持续的时间,s;$\sum E_e$ 为坡面径流出口处在整个试验过程中消耗的总能量,J。

分析表明,在不同流量下,坡面径流能耗相差很大,如 1 L/min 流量的能耗率只有 9 J/min 左右,约是 2 L/min、3 L/min、4 L/min、5 L/min、7.5 L/min 和 10 L/min 的 1/2、1/3、1/4、1/5、1/7 和 1/9。同时,各个流量级的径流能耗都处于波动稳定的状态,随着试验的进行并无太大的波动和变化。

分析表明,不同坡度下坡面径流能耗相差很大,如对于 3 L/min 的流量,10°坡面径流能耗只有 25.3 J/min 左右,约是 20°坡面的 51%,是 30°坡面的 35%。

在同一坡度下,坡面径流量越大,能耗也相对越大。尽管不同流量下能耗有较大差别,但在同坡度级范围内相对差值却都是基本相同的,即各流量级 10°坡面的能耗率占 20°、30°坡面能耗率的比例均基本一样,分别为 51% 和 35%。

通过多元统计回归分析,得到坡面径流能耗率与流量、坡面坡度之间的统计关系为

$$E_e = 16.35Q + 3.71\theta - 73.85 \tag{9-16}$$

式中:Q 为流量,L/min;θ 为坡度(°);E_e 为能耗率,J/min。

式(9-16)的相关系数为 0.95;F 检验表明,回归方程在 0.01 水平上高度显著($F = 78.19, F_{0.01} = 0.001$)。

9.1.3.2　径流动能与沟蚀剥蚀率的关系

利用模糊贴近度分析了不同坡度(3°到 30°)、5 个流量级(2.5 L/min 到 6.5 L/min)冲刷试验下,水动力学参数与土壤剥蚀率的贴近程度。对于坡度为 3°、6°的缓坡和 27°、30°的陡坡,土壤剥蚀率与单宽能耗和水流功率的相关关系不明显;对于在 9°~24°坡度范围内,在流量相同的情况下,单宽能耗对土壤剥蚀率的影响最大,其次是水流功率、剪切力和单位水流功率。单宽能耗和水流功率之间具有很好的线性相关关系,说明可以用单宽能耗和水流功率分别建立与土壤剥蚀率的预测关系式[7]。

根据 20°坡面剥蚀率与径流能耗的关系分析(见图 9-12),两者具有如下关系

$$D_r = 12.57E_e - 288.56 \tag{9-17}$$

式中:D_r 为剥蚀率,g/(m² · min);E_e 为能耗率,J/min。式(9-17)的相关系数为 0.989 9。

进一步建立 20°坡面剥蚀率与径流动能的关系(见图 9-13)

$$D_r = 772E_V \tag{9-18}$$

式中:D_r 为剥蚀率,g/(m² · min);E_V 为径流动能率,J/min。式(9-18)的相关系数为 0.883 1。

9.1.4　坡面径流挟沙能力

表 9-6 为坡面水流含沙量过程达到基本稳定时的平均值,将其称之为临界含沙量,亦可认为此时所对应的即为水流挟沙能力,用 S_* 表示。此条件下单位时间的输沙量亦可称之为输沙能力,用 G_{S_*} 表示。

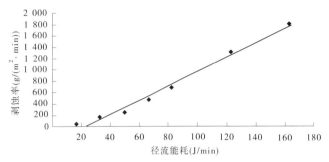

图 9-12 20°坡面剥蚀率与径流能耗的关系

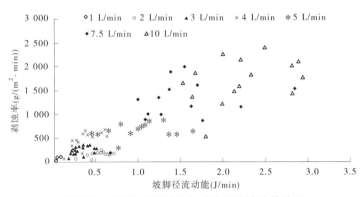

图 9-13 20°坡面剥蚀率与坡脚径流动能的关系

表 9-6 坡面径流临界含沙量

坡度(°)	各流量级的临界含沙量(g/L)						
	1 L/min	2 L/min	3 L/min	4 L/min	5 L/min	7.5 L/min	10 L/min
10	22	52	174	289	390	354	467
20	294	399	480	576	594	500	574
30	458	599	523	599	759	486	581

通过多元统计回归分析,得到置信水平为95%时坡面径流输沙能力为

$$G_{s_*} = 558.067Q^{1.31}\theta^{0.40} \tag{9-19}$$

式中:G_{s_*} 为输沙能力,g/min;Q 为流量,L/min;θ 为坡度(°)。式(9-19)的相关系数为 0.975 7。

也可以表达为

$$G_{s_*} = 6.61h^{0.963}V^{1.754}J^{0.879} \tag{9-20}$$

式中:h 为水深,mm;V 为流速,m/s;J 为水力坡降,$J = \tan\theta$。

由资料进一步分析,试验条件下的坡面径流挟沙能力 S_* 符合

$$S_* = k\frac{V^3}{gh\omega}$$

的形式,其中 ω 为泥沙沉降速度。根据试验结果率定,得到

$$S_* = (98.96Q + 1.36\theta + 318)\left(\frac{V^3}{gR}\right) \tag{9-21}$$

结合以往相关试验数据对式(9-21)进行了验证。图 9-14 和表 9-7 为验证结果,由此可见,计算值与实测值是比较吻合的,其误差范围为 -23.1% ~ 23.7%。

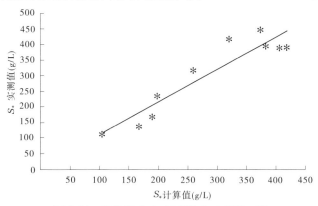

图 9-14 挟沙能力 S_* 计算值与实测值对比

表 9-7 挟沙能力 S_* 实测值与计算值比较

坡度 (°)	流量 $Q(\text{L/min})$	平均流速 $V(\text{m/s})$	水力半径 $R(\text{m})$	S_* 计算值 (g/L)	S_* 实测值 (g/L)	相对误差 (%)
20	1	0.28	0.003 54	168.29	136.05	23.7
20	2	0.28	0.003 86	188.73	166.85	13.1
20	3	0.29	0.004 83	198.10	234.54	-15.5
20	4	0.32	0.005 70	260.30	314.20	-17.2
20	5	0.34	0.006 30	320.21	416.25	-23.1
20	7.5	0.35	0.007 63	373.36	445.17	-16.1
20	10	0.34	0.008 40	381.62	395.62	-3.5
15	5	0.23	0.005 90	104.84	112.60	-6.9
25	5	0.37	0.006 44	406.59	387.30	5.0
30	5	0.36	0.005 83	417.37	389.40	7.2

9.2 水沙系列突变点划分方法研究

自 20 世纪中期以来,在对黄河水沙变化的一系列研究中,大多依据流域面平均雨量与径流量、输沙量的双累积曲线确定水沙系列突变点,将突变后的系列作为流域治理影响时段,从而对比分析水沙系列突变前后的水沙变化量,或水利水保措施的减水减沙效益。在黄河中游一般将水沙系列的突变点确定为 1970 年[8-11]。

进一步分析认为,将黄河流域各主要支流的水沙变化突变点均视为1970年是不完全合理的。一方面,由于黄河中游支流水文站都是1953年以后陆续设立的,到1970年,建模系列一般不足16 a,而用该系列所建模型评价1970~2006年人类活动对水沙的影响,其被评价系列长达36 a,是建模系列的2.25倍,必然造成插补展延的误差;另一方面,由于黄河中游下垫面的区域差异和人口分布差异,黄河中游各支流水利水保措施的实施并非同步,实施程度也千差万别,因而表现出各支流的水沙系列突变点并不尽相同。为了能够客观说明黄河中游人类活动对水沙变化的影响程度,有必要进一步对黄河中游各支流的水沙系列突变点开展研究,进一步提高预测预报的精度。

9.2.1 对双累积曲线法的探讨

双累积曲线(Double Mass Curve,DMC)方法是由美国学者 Merriam C F[12]于1937年提出的。所谓双累积曲线方法,就是在直角坐标系中绘制同期内一个变量的时段累积值与另一个变量相应时段累积值的关系线,根据累积关系曲线分析两个变量之间响应关系的变化趋势,并判断其变化时间和变化量。双累积曲线法的理论基础是自变量的累积值与因变量的累积值成正比,在直角坐标上可以表示为一条直线,其斜率为两要素对应点的比例常数。如果双累积曲线的斜率发生突变,则意味着两个变量之间的比例常数发生了改变,或者其对应的累积值的比例可能根本就不是常数。若两个变量累积值之间直线斜率发生改变,那么斜率发生突变点所对应的年份就是两个变量累积关系出现突变的时间。Kohler M A[13]指出,双积累曲线方法应用的条件是:第一,比较分析的要素具有高度的相关性;第二,所分析的要素具有正比关系;第三,作为参考变量(或基准变量),观测数据在整个观测期内都具有可比性。

在水沙变化分析中,目前一般是利用累积降雨量与累积径流量(或累积输沙量)关系曲线的斜率变化评判水沙系列变化的趋势,如果斜率发生转折,即认为人类活动改变了流域下垫面的产水产沙水平,由此确定水沙系列突变点。但以皇甫川流域年降雨、径流、泥沙双累积曲线为例可以看出(见图9-15),在累积降雨量—径流量关系中,存在1964年、1988年和1996年3个转折点。同理,在累积降雨量—输沙量关系中,存在1961年、1967年、1979年、1988年和1996年等5个转折点。显然,在累积降雨量—径流量和累积降雨量—输沙量的曲线中不仅存在的转折点数量不等,且转折点也并非完全相同,这就很难判断究竟哪一年为流域水沙系列的突变点。

究其原因,一方面是双累积曲线法具有模型误差问题,若自变量与因变量为线性关系,一次双累积后仍为线性关系,反之为非线性关系。同时,因变量与自变量服从指数关系时,若指数大于1,一次双累积后指数仍大于1;若指数小于1,则一次双累积后指数仍小于1,但都在向1靠近(见图9-16)。而水沙系列的变化也可能仅是量的改变,但降雨—径流关系、降雨—泥沙关系可能并未变化,或者仅是某一个关系发生了变化。在此情况下,就难以在相应的双累积曲线中得到反映,必然出现双累积曲线拐点的不同步性或不唯一性;另一方面,由于水沙关系的复杂性,仅从双累积关系曲线分析得出的突变点往往具有不确定性,即会出现多个不同的突变点。

正是考虑到现行划分方法的缺陷,本章将独立同分布检验、MWP两种方法用于确定

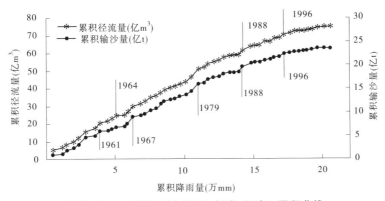

图 9-15　皇甫川流域年降雨、径流、泥沙双累积曲线

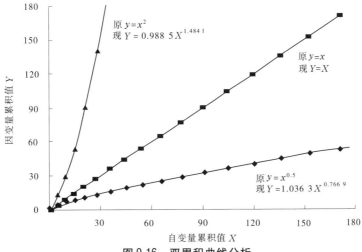

图 9-16　双累积曲线分析

时序突变点,试图找到更为准确的划分突变点的方法。

9.2.2　独立同分布检验划分方法

9.2.2.1　资料选择

作为分析实例,选择河龙区间三川河、皇甫川、窟野河、无定河、延河等 5 条典型支流 2000 年以前的径流、泥沙连续观测资料,系列长度均在 45 a 以上。

9.2.2.2　独立性检验

径流、泥沙可以看做是一阶自回归序列,即序列中的各项只与前一项有关,其一阶自相关系数的计算公式为

$$r = \frac{\sum_{i=1}^{n-1} (x_i - \bar{x})(x_{i+1} - \bar{x})}{\sum_{i=1}^{n} (x_i - \bar{x})^2} \tag{9-22}$$

式中:r 为自相关系数;n 为资料序列长度;$\bar{x}$ 为序列均值;x_i 为第 i 年的年径流量(万 m^3)

或年输沙量(万 t);$i = 1,2,\cdots,n$。

在小样本时,所得的相关系数是有偏差的,其偏差可用下式进行修正

$$r' = \frac{r + \frac{1}{n}}{1 - \frac{4}{n}} \tag{9-23}$$

$$U_r = r' \sqrt{n-1} \tag{9-24}$$

式中:r'可视为总体相关系数的渐进无偏估计值,对r'进行相关检验,即检验r'和零的差异是否显著;U_r为统计量。

由于统计量U_r渐进服从标准正态分布,据此对r'进行检验。选择显著性水平 $\alpha = 0.05$,则$U_{\alpha/2} = 1.96$,若$|U_r| < U_{\alpha/2}$,则r'与零无显著性差异,序列中的各项相互独立,反之则不独立。计算结果见表9-8 和表9-9。

表9-8　年径流量独立性检验计算成果

流域	自相关系数 r	修正相关数 r'	统计量$|U_r|$	是否通过独立性检验
三川河	0.325	0.378	2.564	否
皇甫川	0.014	0.039	0.262	是
窟野河	0.127	0.162	1.096	是
无定河	0.538	0.615	4.080	否
延　河	-0.191	-0.186	1.288	是

表9-9　年输沙量独立性检验计算成果

流域	自相关系数 r	修正相关数 r'	统计量$|U_r|$	是否通过独立性检验
三川河	0.231	0.276	1.875	是
皇甫川	-0.114	-0.102	0.690	是
窟野河	-0.057	-0.039	0.267	是
无定河	0.281	0.333	2.209	否
延　河	-0.078	-0.063	0.436	是

9.2.2.3　同分布检验

序列中各项若不属于同一分布,则至少具有两个分布不同的样本序列。将原序列分割为两个样本序列 $x_1, x_2, \cdots, x_t$ 及 $x_{t+1}, x_{t+2}, \cdots, x_n$,并假定前一个样本的边际分布为 $F_1(x)$,后一个样本的边际分布为 $F_2(x)$。如果在时间分割点前后边际分布无变化,则 $F_1(x)$ 与 $F_2(x)$ 同分布,反之则不同分布。上述 x_t 为序列中 t 时刻的样本变量。

1. 样本序列分割

采用有序聚类分析法对样本序列进行分割。该方法在不打乱原序列次序的前提下,寻求最优的分割点,使同类之间的离差平方和较小,而类与类之间的离差平方和较大。

设可能的时间分割点为 $t(1 \leqslant t \leqslant n-1)$,则分割前后的离差平方和为

$$V_t = \sum_{i=1}^{t} (x_i - \bar{x}_t)^2 \tag{9-25}$$

$$V_{n-t} = \sum_{i=t+1}^{n} (x_i - \bar{x}_{n-t})^2 \tag{9-26}$$

其中

$$\bar{x}_t = \frac{1}{t} \sum_{i=1}^{t} x_i \tag{9-27}$$

$$\bar{x}_{n-t} = \frac{1}{n-t} \sum_{i=t+1}^{n} x_i \tag{9-28}$$

总的离差平方和为

$$S_n(t) = V_t + V_{n-t} \tag{9-29}$$

最小的离差平方和 $S_n(t)$ 所对应的 t 即为最可能的分割点,记为 W_{t_0}。

2.分割样本的分布检验

采用秩和检验法进行分割样本的分布检验。

将两个样本的数据按大小次序排列并统一编号,规定每个数据在排列中所对应的序数为该数的秩。容量小的样本个数的秩和为 W,构造服从标准正态分布的统计量

$$U_w = \frac{W - \dfrac{n_1(n+1)}{2}}{\sqrt{\dfrac{n_1 n_2 (n+1)}{12}}} \tag{9-30}$$

式中:n_1 为小样本容量,$n_1 + n_2 = n$。

选择上述显著性水平对年径流量、年输沙量进行同分布检验(见表 9-10 和表 9-11)。可以看出,若以惯用的 1970 年为界划分序列,三川河、无定河的年径流量、年输沙量均符合序列划分的要求,而皇甫川年输沙量、窟野河年输沙量、延河年输沙量及年径流量则通过了同分布检验,不符合要求,应对样本序列重新进行划分。采用样本序列分割计算的最小离差平方和 S_n 所对应的点即为最可能分割点。据此可综合划定各支流的分割年份为:皇甫川 1974 年、窟野河 1979 年、三川河 1970 年、无定河 1970 年、延河 1972 年。由于延河调整分割点后仍通过了同分布检验,因此仅分析年径流量、年输沙量尚无法确定延河的分割年份,还需通过分析其他指标如径流系数、产沙系数等确定。

表 9-10　年径流量同分布检验计算成果

流域	分割年份	统计量 $|U_w|$	是否通过同分布检验	是否独立同分布
三川河	1970	2.649	否	否
皇甫川	1970	2.088	否	否
窟野河	1970	2.290	否	否
无定河	1970	4.585	否	否
延　河	1970	0.913	是	是

表 9-11　年输沙量同分布检验计算成果

流域	分割年份	统计量 $\vert U_w \vert$	是否通过同分布检验	是否独立同分布
三川河	1970	3.300	否	否
皇甫川	1970	1.257	是	是
窟野河	1970	0.763	是	是
无定河	1970	2.872	否	否
延　河	1970	1.493	是	是

独立同分布检验法的结果表明,并非所有的支流水沙时序突变点都为 1970 年,其是不一致的,甚至相差较大。

9.2.3　MWP 划分方法

9.2.3.1　分析方法简介

MWP(Mann-Whitney-Pettitt) 检定法是无母数统计(Non-parametric Statistics) 理论中的一种统计方法[14],该方法不受限于资料母群体的分布,可应用于各种概率分布数据的分析,故又可称为与分布无关的统计方法。

MWP 检定法是 Pettitt 在 1979 年提出的一种根据时间序列找出突变点,并检定该点前后时段资料之累积分布函数是否有显著差异的非参数统计检验方法。假设 T 为序列长度,先假设序列中最可能的变化点为 t 时刻,因此考虑将该序列分成前后两部分,即 x_1, $x_2,\cdots,x_t$ 和 $x_{t+1},x_{t+2},\cdots,x_T$,Pettitt 定义的统计量 U_t 为

$$U_t = \sum_{i=1}^{t}\sum_{j=t+1}^{T} sign(x_i - x_j) \quad (1 \leqslant t \leqslant T) \tag{9-31}$$

其中

$$当\ x_i - x_j > 0\ 时,sign(x_i - x_j) = 1$$
$$当\ x_i - x_j = 0\ 时,sign(x_i - x_j) = 0$$
$$当\ x_i - x_j < 0\ 时,sign(x_i - x_j) = -1$$

上述 $t = 1,2,\cdots,T$,由 $U_1,U_2,\cdots U_T$ 中的 $\vert U_t \vert$ 最大值可以确定可能发生的突变点位置。MWP 检定序列时,依据顺序统计量(Order Statistics) 的理论,进而引用 K-S 两样本检定,检定两样本累积分布函数最大差值的累积概率计算式见式(9-32),此即为该序列中由 $\vert U_t \vert$ 的最大值找到的可能发生突变点位置的累积概率 P

$$P(k_T \leqslant \alpha) = 1 - \exp\left(\frac{-6K_T^2}{T^3 + T^2}\right) \tag{9-32}$$

式中,$K_T = \max\limits_{1 \leqslant t \leqslant T} \vert U_t \vert$。

若累积概率 P 值越接近 1,则存在突变点的趋势越明显。若令 α 为置信度,当 $P > P_\alpha$ 时,则表示存在突变点的趋势明显。

9.2.3.2　资料的选择及处理

选用黄河中游河龙区间皇甫川、窟野河和延河等 21 条主要支流 2005 年以前的降雨、

径流、泥沙的月、年资料作为分析序列。为消除降雨因素的波动影响,增加了径流系数(径流量/降雨量)和产沙系数(输沙量/降雨量)为判定因子。支流序列最长的为 56 a,最短的为 29 a。

鉴于河龙区间雨量站分布相对较密,采用算术平均法计算各支流面平均降雨量,采用历年逐月实测资料分别统计出各支流的年、汛期(6~9 月)以及主汛期(7~8 月)的径流量和输沙量。产沙系数用 $\beta = V_{泥沙}/V_{降雨} = V_{泥沙}/(pF)$ 计算,其中 β 为产沙系数,用百分数表示;$V_{泥沙}$ 为泥沙体积($V_{泥沙} = W_{泥沙}/\gamma_s$,式中 $W_{泥沙}$ 为泥沙质量;γ_s 为泥沙重率,取 $\gamma_s = 2.7$ t/m^3);$V_{降雨}$ 为降雨量体积,pF 为降雨量 p 与流域面积 F 的乘积。

9.2.3.3　判定指标及原则

1. 判定指标

当 $P > P_\alpha$(α 为置信度)时存在突变点,反之,未出现突变点。累积概率 P 值越接近 1,说明存在突变点的趋势越明显。并且认为,当 P 值大于 $P_{0.05}$ 时,表示存在显著性突变点,当 P 值大于 $P_{0.01}$ 时,表示存在极显著性突变点。

2. 判定原则

若年、汛期(6~9 月)和主汛期(7~8 月)系列突变点不一致,视多数而定;若突变年份不一致,看 P 值所对应的最大 U_t 值相应的年份;当多个因子的判定结果不一致时,则采用径流系数和产沙系数综合判定;在综合判定时,如果径流系数和产沙系数不一致,用最早发生突变的年份作为其综合判定的突变点。

9.2.3.4　水沙变化突变点分析

1. 径流突变点判析

从河龙区间 21 条支流不同时期径流量的 MWP 检定结果(见表 9-12)看,除皇甫川、延河、清涧河、屈产河和岚漪河、云岩河流域在年、汛期和主汛期的综合检定未达到 $\alpha = 5\%$ 的检定要求外,其余支流均表现出显著性突变,大部分达到 $\alpha = 1\%$ 的检定要求,表现为极显著突变。21 条支流年、汛期和主汛期径流量突变点判定结果不完全一致的有偏关河、窟野河、无定河、朱家川、三川河、云岩河、清水河和仕望川,其余各支流不同时间尺度的判定结果是完全一致的。

表 9-12　河龙区间主要支流不同时期径流量 MWP 检定结果

支流名称	水文站	全年			汛期			主汛期			判析突变点
		突变点	最大 P 值	结果	突变点	最大 P 值	结果	突变点	最大 P 值	结果	
浑　河	放牛沟	1982	1.00	X	1982	1.00	X	1982	1.00	X	1982
皇甫川	皇　甫	1984	1.00	X	1984	0.98	X	1984	0.92	O	1984
孤山川	高石崖	1979	1.00	X	1979	0.99	X	1979	0.96	X	1979
偏关河	偏　关	1981	1.00	X	1982	1.00	X	1982	1.00	X	1982
窟野河	温家川	1979	1.00	X	1979	0.99	X	1985	0.98	X	1979
秃尾河	高家川	1979	1.00	X	1979	1.00	X	1979	1.00	X	1979

续表 9-12

支流名称	水文站	全 年			汛 期			主汛期			判析突变点
		突变点	最大 P 值	结果	突变点	最大 P 值	结果	突变点	最大 P 值	结果	
佳芦河	申家湾	1978	1.00	X	1978	1.00	X	1978	1.00	X	1978
无定河	白家川	1979	1.00	X	1971	1.00	X	1979	1.00	X	1971
朱家川	桥 头	1982	0.99	X	1982	0.98	X	1971	0.97	X	1982
延 河	甘谷驿	1996	0.86	O	1996	0.86	O	1970	0.69	O	—
清涧河	延 川	1996	0.75	O	1996	0.53	O	1979	0.82	O	—
昕水河	大 宁	1979	1.00	X	1979	1.00	X	1979	1.00	X	1979
屈产河	裴 沟	1981	0.95	O	1981	0.89	O	1981	0.92	O	—
三川河	后大成	1981	1.00	X	1981	1.00	X	1979	1.00	X	1981
蔚汾河	碧 村	1981	1.00	X	1981	1.00	X	1981	1.00	X	1981
岚漪河	岢 岚	1971	0.97	X	1971	0.77	O	1971	0.90	X	—
清凉寺沟	杨家坡	1978	1.00	X	1978	0.99	X	1978	1.00	X	1978
湫水河	林家坪	1978	1.00	X	1978	1.00	X	1978	1.00	X	1978
云岩河	新市河	1994	0.99	X	1994	0.98	X	1982	0.82	O	1994
清水河	吉 县	1980	1.00	X	1979	1.00	X	1979	1.00	X	1979
仕望川	大 村	1985	1.00	X	1985	1.00	X	1984	0.99	X	1985

注:O 为接受;X 为拒绝。

以皇甫川为例进行分析,该流域 20 世纪 60 年代以前年径流量为 2.1 亿 m³,70 年代降为 1.8 亿 m³,80 年代为 1.3 亿 m³,90 年代以后仅为 0.7 亿 m³,实测径流量呈逐年代下降的趋势。从 U_t 的变化过程线来看(见图 9-17 和图 9-18),该流域年、汛期突变点判定结果是完全一致的,均为 1984 年。

图 9-17 皇甫川流域年径流量 U_t 变化过程

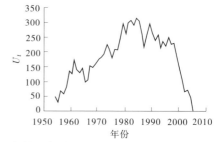

图 9-18 皇甫川流域汛期径流量 U_t 变化过程

2. 泥沙突变点判析

表 9-13 给出了河龙区间 21 条支流年、汛期和主汛期输沙量 MWP 检定突变点的 P 值及 $\alpha = 5\%$ 的统计检定结果。可以看出,除延河、屈产河和云岩河流域在年、汛期和主汛期的综合检定未达到 $\alpha = 5\%$ 的检定要求外,其余支流均表现出显著性突变,大部分达到

$\alpha=1\%$ 的检定要求,表现为极显著突变。

表 9-13 河龙区间主要支流不同时期输沙量 MWP 检定统计

支流名称	水文站	全 年			汛 期			主汛期			判析突变点
		突变点	最大P值	结果	突变点	最大P值	结果	突变点	最大P值	结果	
浑 河	放牛沟	1982	1.00	X	1974	1.00	X	1974	1.00	X	1974
皇甫川	皇 甫	1982	0.99	X	1982	0.99	X	1984	0.98	X	1982
孤山川	高石崖	1979	1.00	X	1979	1.00	X	1979	0.99	X	1979
偏关河	偏 关	1983	1.00	X	1983	1.00	X	1983	1.00	X	1983
窟野河	温家川	1979	0.99	X	1979	0.99	X	1979	0.99	X	1979
秃尾河	高家川	1978	1.00	X	1978	1.00	X	1978	1.00	X	1978
佳芦河	申家湾	1977	1.00	X	1977	1.00	X	1977	1.00	X	1977
无定河	白家川	1971	1.00	X	1971	1.00	X	1971	1.00	X	1971
朱家川	桥 头	1982	1.00	X	1982	1.00	X	1982	1.00	X	1982
延 河	甘谷驿	1971	0.89	O	1971	0.87	O	1971	0.88	O	—
清涧河	延 川	1979	0.95	O	1979	0.95	O	1979	0.98	X	1979
昕水河	大 宁	1979	1.00	X	1979	1.00	X	1979	1.00	X	1979
屈产河	裴 沟	1981	0.93	O	1982	0.93	O	1982	0.95	O	—
三川河	后大成	1978	1.00	X	1978	1.00	X	1978	1.00	X	1978
蔚汾河	碧 村	1981	1.00	X	1981	1.00	X	1981	1.00	X	1981
岚漪河	岢 岚	1979	0.99	X	1979	1.00	X	1980	1.00	X	1979
清凉寺沟	杨家坡	1978	1.00	X	1978	1.00	X	1978	1.00	X	1978
湫水河	林家坪	1978	1.00	X	1978	1.00	X	1978	1.00	X	1978
云岩河	新市河	1982	0.99	X	1982	0.98	X	1982	0.89	O	1982
清水河	吉 县	1980	1.00	X	1980	1.00	X	1980	1.00	X	1980
仕望川	大 村	1982	1.00	X	1982	1.00	X	1982	1.00	X	1982

注:O 为接受;X 为拒绝。

年、汛期和主汛期输沙量突变点判定结果不完全一致的有浑河、皇甫川和岚漪河,其余各支流不同时间尺度的判定结果是完全一致的。突变点大都发生在20世纪70年代末和80年代初,最早的为1971年(无定河),最晚的为1983年(偏关河)。

3. 径流系数突变点判析

一般来说,多年平均径流系数是相对稳定的。径流系数主要受降雨量和地形地貌等因素的影响。

年、汛期和主汛期径流系数MWP检定突变点的P值及$\alpha=5\%$的统计检定结果表明,清涧河流域径流系数的MWP检定未达到$\alpha=5\%$的检定要求;浑河、皇甫川、偏关河、蔚汾河和岚漪河等5条支流年、汛期和主汛期的MWP检定结果完全一致。

20世纪70年代发生突变的支流有孤山川、秃尾河、无定河、延河、昕水河、三川河、岚漪河、湫水河、清凉寺沟和清水河,80年代发生突变的支流有浑河、皇甫川、偏关河、佳芦河、朱家川、屈产河、蔚汾河和仕望川,90年代发生突变的支流有窟野河和云岩河。

窟野河流域年突变点发生在1980年,汛期和主汛期发生在1992年,依据采取多数和P值最大的原则,将1992年作为窟野河流域的径流系数突变点。秃尾河流域年突变点发生在1983年,汛期和主汛期发生在1974年,不论采取多数原则或者P值最大原则,都可将1974年作为秃尾河流域的径流系数突变点。无定河流域年突变点发生在1980年,汛期发生在1972年,主汛期发生在1971年,由MWP检定的P值均接近1,但从检定的P值大小来看,汛期>主汛期>年,因此将1972年作为无定河流域的径流系数突变点。同理,将1979年作为三川河流域的径流系数突变点。

4. 产沙系数突变点判析

产沙系数是指同一流域面积、同一时段内降雨量和泥沙量的比值,综合反映了流域自然地理因素对产沙的影响。产沙系数主要受降雨量和下垫面等因素的影响。一般来讲,在相同的下垫面条件下,随着降雨量的增大,产沙量也相应增大,反之则变小。

依据年、汛期和主汛期产沙系数MWP检定突变点的P值及$\alpha=5\%$的统计检定结果,屈产河流域产沙系数的MWP检定未达到$\alpha=5\%$的检定要求;浑河、孤山川、偏关河、秃尾河、佳芦河、朱家川、昕水河、三川河和湫水河等9条支流年、汛期和主汛期的MWP检定结果完全一致;延河仅有汛期达到$\alpha=5\%$的检定要求;其余支流依据多数原则和P值最大原则,判定其产沙系数的突变点。20世纪70年代发生突变的支流有浑河、孤山川、秃尾河、佳芦河、无定河、延河、清涧河、昕水河、三川河、岚漪河、清凉寺沟和湫水河,80年代发生突变的支流有皇甫川、偏关河、朱家川、蔚汾河、云岩河、清水河和仕望川,90年代发生突变的支流只有窟野河。

综上分析知,径流系数和产沙系数突变点一致的支流有皇甫川、孤山川、无定河、延河、昕水河、蔚汾河、清凉寺沟和湫水河等8条流域,其水沙突变点是完全同步的;其余的支流出现了径流系数和产沙系数不一致的情况。

MWP方法的判别结果同样表明,无论用何种水沙参数,均表现出在时序分界点上各支流并非都是1970年的特点,其差异也是很大的。

另外,MWP方法的判别结果与独立同分布检验划分方法的对应结果并非完全一致,由此可以看出水沙系列突变点精确划分的困难性。为此,在划分过程中,除有必要采取多种方法相结合外,还很有必要结合外业调查,根据流域下垫面等边界条件变化的实际,综合分析加以确定。

9.3　水土流失评价预测数学模型

9.3.1　研究对象概况

研究对象为孤山川流域(见图 9-19[9])。孤山川流域位于黄河粗泥沙集中来源区,发源于内蒙古自治区准格尔旗,在府谷县庙沟门乡沙梁村进入陕西境内,于府谷县城西侧汇入黄河。干流全长 75 km,流域面积 1 272 km²。流域内有 5 个雨量站,高石崖站为流域出口水文站。孤山川流域属中温带半干旱大陆性季风气候,年平均气温 9.1 ℃,年均降水量为 439.5 mm。流域多年平均径流量 1.1 亿 m³,7~9 月占 70%,多年平均流量 3.48 m³/s。水蚀、风蚀严重,多年平均输沙模数高达 19 700 t/(km²·a)。

孤山川流域分为黄土丘陵沟壑区、长城沿线风沙区和黄河沿岸土石山区,土壤类型有盖沙土、黄绵土、红黏土和砒砂岩,其中黄绵土分布最广。

图 9-19　孤山川流域水系图

9.3.2　模型结构

设流域产沙量为降雨、土壤、地形、水土保持措施及沟蚀等因子的函数,有

$$M_e = f(R, K, LS, BET, G) \tag{9-33}$$

$$\overline{M}_e = \frac{\sum_{c=1}^{n} M_e F_c}{\sum_{c=1}^{n} F_c} \tag{9-34}$$

$$W_s = F\overline{M}_e = \sum_{c=1}^{n} M_e F_c \tag{9-35}$$

式中:M_e 为计算单元年土壤侵蚀模数,t/(km^2·a);$\overline{M}_e$ 为流域多年平均土壤侵蚀模数,t/(km^2·a);F_c 为计算单元面积;F 为流域面积;W_s 为计算流域的年产沙量,t/a;R 为气候的作用,用降雨侵蚀力表示,MJ·mm/(hm^2·h·a);K 为土壤可蚀性因子,参照通用土壤流失方程(USLE)[15]中 K 因子计算方法表示;LS 表示地形对土壤侵蚀的影响;BET 表示水土保持措施对土壤的影响;G 表示沟蚀对土壤侵蚀强度的影响,根据江忠善等的研究[16-18],可用一个系数表示。

9.3.3　主要参数及其计算方法

9.3.3.1　降雨侵蚀力

采用章文波等[19]给出的站点半月平均、月平均、逐年、多年平均降雨侵蚀力计算方法,由 Kriging 方法进行降雨侵蚀力空间插值

$$\overline{R} = \frac{1}{n} \sum_{i=1}^{n} R_{年i} \tag{9-36}$$

$$R_{半月} = \alpha \sum_{k=1}^{m} (P_k)^{\beta} \tag{9-37}$$

$$R_{年} = \sum_{i=1}^{24} R_{半月i} \tag{9-38}$$

$$\beta = 0.836\,3 + \frac{18.144}{P_{d12}} + \frac{24.455}{P_{y12}} \tag{9-39}$$

$$\alpha = 21.586\beta^{-7.189\,1} \tag{9-40}$$

式中:$k=1,2,\cdots,m$,是某半月内侵蚀性降雨日数,取降雨标准为 12 mm[20];P_k 是半月内第 k 天的日雨量;P_{d12} 是一年内侵蚀性降雨日雨量的平均值(即一年中大于等于 12 mm 日雨量的总和与相应日数的比值);P_{y12} 是侵蚀性降雨年总量的多年平均值(即大于等于 12 mm 日雨量年累加值的多年平均)。降雨侵蚀力单位为公制单位(MJ·mm/(hm^2·h·a))。

9.3.3.2　土壤可蚀性因子

采用 Williams 等在侵蚀/生产力影响模型(EPIC)中拓展的土壤可蚀性因子 K 值的估算方法[14],用已有试验观测数据进行订正和补充[15-18]

$$K = \{0.2 + 0.3\exp[0.025\,6SAN(1 - SIL/100)]\}(\frac{SIL}{CLA + SIL})^3$$
$$[1.0 - \frac{0.25CI}{CI + \exp(3.72 - 2.95CI)}][1.0 - \frac{0.7SN1}{SN1 + \exp(-5.51 + 22.9SN1)}] \tag{9-41}$$

式中:SAN、SIL、CLA 和 CI 是砂粒、粉粒、黏粒和有机碳含量(%);$SN1 = 1 - SAN/100$。

9.3.3.3 地形因子

采用刘宝元通过试验得到的坡度、坡长因子计算公式[25,26],计算方法为

$$J = \begin{cases} 10.8\sin\theta + 0.03, \theta < 5° \\ 16.8\sin\theta - 0.05, 5° \leqslant \theta < 14° \\ 21.91\sin\theta - 0.96, \theta \geqslant 14° \end{cases} \tag{9-42}$$

$$L = (\lambda/22.1)^{\alpha} \tag{9-43}$$

式中:J 为坡度因子;θ 为坡度值;L 为坡长因子;λ 为由 DEM 提取的坡长,m;22.1 为 22.1 m 标准小区坡长;α 为坡度坡长指数,黄土高原取 0.5。

9.3.3.4 植被因子计算

参考 USLE 手册[15]和刘宝元、张岩等[18,27-29]对植被盖度 C 值的研究成果,赋予研究区不同土地利用类型的 C 值(见表 9-14)。

表 9-14 不同土地利用类型和不同植被盖度下的 C 值

植被盖度 (%)	不同土地利用类型 C 值				
	林地	草地	建设用地	耕地	水体
0 ~ 20	0.10	0.45			
20 ~ 40	0.08	0.24			
40 ~ 60	0.06	0.15			
60 ~ 80	0.02	0.19			
80 ~ 100	0.004	0.043	0.90	0.23	1.00

9.3.3.5 工程措施因子

黄土地区水土保持工程措施主要有淤地坝、梯田、拦泥坝、谷坊、涝池、水塘、水平阶(沟)、沟头防护等。受资料限制,按下式估算淤地坝、梯田、拦泥坝、谷坊的减沙效益[30]

$$E = \left(1 - \frac{F_t}{F}\alpha_t\right)\left(1 - \frac{F_d}{F}\beta_d\right)\left(1 - \frac{\lambda N_{d1} + \varepsilon N_{d2}}{\overline{M_e}F}\right) \tag{9-44}$$

式中:E 为工程措施因子;F_t 为梯田面积;F_d 为淤地坝控制面积,淤地坝控制面积根据黄委黄河上中游管理局编著的《淤地坝设计》中不同类型淤地坝控制面积标准计算[31];F 为土地总面积;α_t 和 β_d 分别为梯田和淤地坝的减沙系数,分别为 0.763 和 1;N_{d1}、N_{d2} 分别为拦泥坝、谷坊的数量,座;λ 和 ε 分别为拦泥坝和谷坊的拦泥定额,单位分别为 1 000 t/座和 100 t/座;$\overline{M_e}$ 为区域平均土壤侵蚀模数,t/(km² · a)。

9.3.3.6 耕作措施因子

由不同坡度条件下等高耕作减少的土壤流失量确定耕作措施因子(见表 9-15)[24]。

表 9-15 不同坡度下耕作措施因子值

坡度范围(°)	0	≤5	5 ~ 10	10 ~ 15	15 ~ 20	20 ~ 25	>25
耕作措施因子值	1	0.100	0.221	0.305	0.575	0.705	1

9.3.3.7 沟蚀因子

根据江忠善等的研究,在无植被覆盖的黄土陡坡条件下,浅沟发生的临界坡度为15°。因而,地面坡度大于15°的浅沟侵蚀影响因子 G 计算公式为[16]

$$G = 1 + \left(\frac{\theta - 15°}{15°}\right)\left[3.156\left(\sum pi_{30}\right)^{-1.67} - 1\right] \tag{9-45}$$

式中, i_{30} 为 30 min 降雨强度; p 为降雨量; θ 为坡度。

在没有降水资料的情况下,可采用简易公式计算年平均 G 值

$$G = 1 + 1.60\sin(\theta - 15°) \tag{9-46}$$

9.3.4 模型运行及其结果分析

9.3.4.1 侵蚀因子计算

(1)降雨侵蚀力计算:利用收集到的气候数据,计算孤山川流域的降雨侵蚀力,编制相应的专题图。为克服降雨侵蚀力在空间上的突变,收集了东胜、伊金霍洛旗、清水河、榆林等县(区、旗、市)的降水量数据,利用 Kriging 方法插值得到降雨侵蚀力图。

(2)土壤可蚀性因子计算:将陕西省府谷县和内蒙古自治区准格尔旗 1:10 万土壤侵蚀图数字化,计算每个图斑的土壤可蚀性因子值,用已有试验观测数据进行订正和补充,得到流域土壤可蚀性因子 K 值。

(3)地形因子计算:利用收集的数字地形图,在 ANUDEM 软件支持下插值生成水文地貌关系正确的 DEM。经过优化,该 DEM 的分辨率可为 10 m。利用文献[32]、[33]介绍的方法,基于 DEM,计算坡度、坡长因子值(见表 9-16)。经分析,地形因子的平均计算结果与汪邦稳等在陕西省延安地区计算的结果[34]相近,但是总体上 LS 值比较大。

表 9-16 坡度、坡长和 LS 因子的特征值

流域或地区	坡度(°)				坡长(m)				LS			
	最小	最大	平均	标准差	最小	最大	平均	标准差	最小	最大	平均	标准差
孤山川	0.00	61.06	5.34	8.34	5.0	698	40	42	2.0	73.64	5.8	6.1
延 安	0.01	61.2	28.1	11.2	2.4	925.7	38.4	44.5	0.0	80.1	12.9	11.4

(4)水土保持措施因子计算:利用 TM 影像,解译土地利用图,提取归一化植被指数 NDVI,根据表 9-14 计算植被盖度和生物措施因子。

(5)耕作措施因子计算:依据土地利用图和坡度图,计算流域耕作措施因子值。

(6)沟蚀因子计算:依据土地利用图、坡度图,计算各年度沟蚀因子。

9.3.4.2 流域产沙量预测

在 ARC/INFO Workstation 环境下计算完成流域面状侵蚀和沟蚀的强度综合评价,得到流域土壤侵蚀图(见图 9-20,图中红色区域表示土壤侵蚀强度比较大)。初步分析表明,各年的输出结果均可以表示出流域内每个单元上的土壤侵蚀强度,同时经过统计可得到流域平均产沙总量。

从 1975 年、1986 年、1997 年和 2006 年四个年度的侵蚀强度频率分布与统计特征值

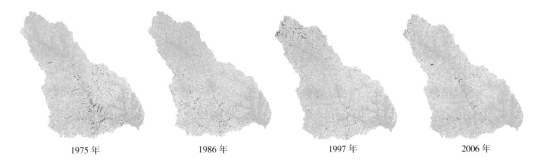

| | | | |
| 1975 年 | 1986 年 | 1997 年 | 2006 年 |

图 9-20 孤山川流域土壤侵蚀强度

(见图 9-21)的计算结果看,自 1986 年以来土壤侵蚀表现出降低的趋势。以频率 80% 为例,1986 年、1997 年和 2006 年的土壤侵蚀模数分别为 6 000 t/(km^2·a)、4 500 t/(km^2·a)和 2 000 t/(km^2·a),平均侵蚀模数分别为 3 534.254 t/(km^2·a)、2 677.114 t/(km^2·a)和 1 579.787 t/(km^2·a)。从空间上看,土壤侵蚀强度基本上由地形(坡度和坡长)条件和土地利用状况控制,而气候因素表现为宏观控制。

基于图 9-21 数据的统计分析,得到流域平均产沙量。与 1975 年、1986 年、1997 年和 2006 年水文观测结果对比分析发现,除 1997 年有较大差异(见表 9-17)外,其他年份精度是较高的,误差在 14% 以下。

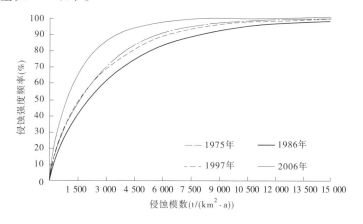

图 9-21 孤山川流域土壤侵蚀强度统计特征

表 9-17 孤山川流域产沙模数计算值与实测值对比

年份	计算值(t/km^2)	实测值(t/km^2)	相对误差(%)
1975	2 293	2 013	-13.9
1986	3 534	3 443	-2.6
1997	2 677	5 222	48.7
2006	1 580	1 547	-2.1

9.4 基于下垫面抗蚀力的评价方法研究

9.4.1 下垫面抗蚀力影响因素分析及评价思路

下垫面抗蚀力是下垫面抵抗风力、水力、重力和人类活动对其破坏、搬运的能力,是下垫面的固有属性。

影响侵蚀的因子可以用下式表述

$$W_e = f(R, K, T, SS, M) \tag{9-47}$$

式中:W_e 为侵蚀量;f 为某一函数形式;R 为气候因子;K 为土壤特性;T 为地形因子;SS 为土壤表面条件;M 为人类活动。

对于某一流域一定时期平均而言,可以认为气候因子变化不大,可不予讨论。土壤因素对下垫面抗蚀力的影响因子主要包括土壤有机质、土壤颗粒组成、土壤团聚体、土壤化学性质、土壤水分含量、植物有效根密度等;影响土壤侵蚀的地形地貌因素主要是坡度、坡长、坡向、沟壑密度、地形起伏度和地貌部位。

对于大中流域而言,下垫面抗蚀力的空间差异较大。因而,对其评价应采用分步式的技术思想。通过对人类活动、自然因子对下垫面的影响程度、影响方式的定量分析,建立分布式评价模型,动态评价下垫面抗蚀力的指标体系,计算每一个单元的抗蚀力情况,从而定量评估人类活动对下垫面抗蚀力影响程度(见图 9-22)。

9.4.2 下垫面抗蚀力评价指标体系

流域下垫面抗蚀力影响因素、因子的选择是评价流域下垫面抗蚀力的基础,为全面准确地反映流域下垫面抗蚀力的差异性,在选择因素、因子时主要考虑科学性、系统性、主导性、差异性、因地制宜和可操作性等原则。

9.4.2.1 流域下垫面抗蚀力影响因素、因子的确定

按照因素、因子选择的上述原则,根据研究区的实际情况,利用特尔斐专家咨询测定方法确定流域下垫面抗蚀力影响因素、因子体系。共选择 5 个因素,分别为土壤条件、地形地貌条件、地表植被条件、水土保持工程措施条件和土地利用状况,涉及 16 个因子(见图 9-23)。

9.4.2.2 流域下垫面抗蚀力影响因素权重的确定

利用特尔斐法确定流域下垫面抗蚀力影响因素权重。特尔斐法是在 20 世纪 40 年代由 O·赫尔姆和 N·达尔克首创的用于专家问卷调查的统计方法。特尔斐法依据系统的程序,采用匿名的、非公开的、背对背的方式,使每一位专家独立自主地作出自己的判断。收到专家问卷回执后,将专家意见分类统计、归纳,不带任何倾向性意见将结果反馈给各位专家,供他们作进一步的分析判断,给出新的估计。通过两三轮问卷调查,以及对调查结果的反复征询、归纳、修改,最后汇总成专家基本一致的看法,作为预测的结果。

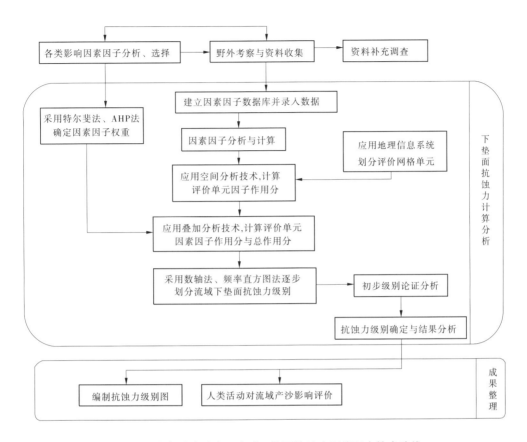

图 9-22　人类活动影响下流域下垫面抗蚀力评价研究技术路线

特尔斐法计算参评因素权重的数学模型为

$$E = \frac{1}{m} \sum_{i=1}^{m} a_i \tag{9-48}$$

$$\delta^2 = \frac{1}{m-1} \sum_{i=1}^{m} (a_i - E)^2 \tag{9-49}$$

式中：m 表示专家总人数；a_i 表示第 i 位专家的评分值；E 为所有专家评分的平均值；δ^2 为均方差。

按照所选专家权威性高、代表性广、人数适当等原则,选择黄委黄河水利科学研究院、河南大学、黄委黄河上中游管理局和黄委绥德水土保持科学试验站等单位对流域情况了解、懂业务、负责任的 20 位专家作为咨询对象。

表 9-18 为第二轮咨询的统计结果。第二轮咨询结果表明,咨询最小标准差为 1.25,最大标准差也只有 3.45,结果令人比较满意,由此确定流域下垫面抗蚀力影响因素、因子的权重值。

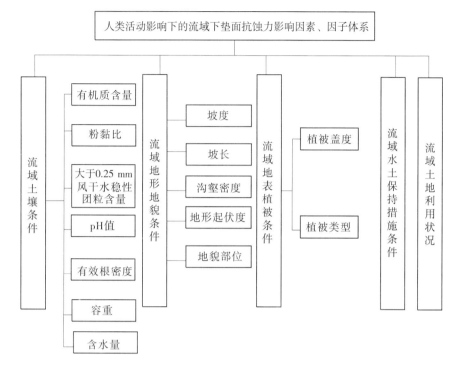

图 9-23   流域下垫面抗蚀力影响因素、因子体系

表 9-18   流域下垫面抗蚀力影响因素权重咨询表

因素	土壤	地形地貌	地表植被	水土保持措施	土地利用
均值	0.270 0	0.241 7	0.266 7	0.113 3	0.108 3
标准差	3.45	3.39	2.52	1.25	2.79

9.4.2.3   流域下垫面抗蚀力影响因子权重

主导因子的选择采取层次分析法，其步骤如下：

（1）建立层次结构模型。将有关的因子按照不同属性自上而下地分解成若干层次，同一层的诸因子从属于上一层的因子或对上层因子有影响，同时又支配下一层的因子或受到下一层因子的作用。

（2）构造成对比较矩阵。从层次结构模型的第 2 层开始，对于从属于（或影响）上一层因素的同一层诸因子，用成对比较法和 1~9 比较尺度构造成对比较矩阵，直到最下一层。

（3）计算权向量并做一致性检验。对每一成对比较矩阵计算最大特征根及对应特征向量，利用一致性指标、随机一致性指标和一致性比率做一致性检验。若检验通过，特征向量（归一化后）即为权向量；若不通过，需重新构造成对比较矩阵。

9.4.3　流域下垫面抗蚀力评价应用研究

9.4.3.1　应用对象概况

以岔巴沟流域为应用研究对象。

岔巴沟流域是无定河的二级支流,属黄土丘陵沟壑区第一副区,流域面积 205 km²,沟道长 26.2 km,河道平均比降 7.57‰。流域内现设有曹坪水文站,集水面积 187 km²,另外,设有 13 处雨量站。曹坪水文站观测的项目主要有水位、流量、悬移质含沙量、泥沙级配、降水等,因而岔巴沟流域观测资料相对较多,便于模型的率定和验证,而且其水土流失规律在多沙粗沙区具有一定的代表性,故取其作为建模对象。岔巴沟流域上游以梁地沟谷为主,下游以峁地沟谷为主,中游两者皆有。沟坡坡度一般大于 60°;峁梁坡、梁顶部坡度平缓,在 5°~10°以内;梁的两侧和峁腰上部较陡,下部较缓,变化范围在 15°~30°。根据水文观测资料统计,岔巴沟流域多年平均降水量约为 450 mm,实测最大雨强达到 3.5 mm/min;年径流深平均为 54.0 mm,最小为 29.9 mm,径流的年内分配极不均匀,有 62% 集中于每年的 7~9 月。流域水土流失极其严重,平均年侵蚀模数为 15 780 t/km²,子洲径流站 1959 年实测最大含沙量为 1 050 kg/m³,7~9 月输沙量占流域年输沙量的 90% 以上。

9.4.3.2　土壤因素分值计算

1. 土壤抗蚀力指数计算模型

结合上述土壤抗蚀力影响因素及主导因子分析结果认为,张爱国等[35,36]提出的土壤抗蚀性指数评价模型在抗侵蚀机理及抗蚀力参数设置方面与黄土高原情况比较相符,其统计模型为

$$K_S = 661 - 3.2X_1^2 + 0.4X_2 - 1.1X_3 - 2.8X_4 - 28.3X_5 - 105.5X_6 - 0.02X_7^2 + 4X_7$$

$$(9\text{-}50)$$

式中:K_S 为土壤抗蚀性指数,$t/(L \cdot a \cdot km^2)$;X_1 为有机质含量(%);X_2 为粉黏比;X_3 为大于 0.25 mm 风干水稳性团粒含量(%);X_4 为有效根密度,$mm/(1\ 000 \cdot cm^3)$;X_5 为 pH 值;X_6 为容重,g/cm^3;X_7 为含水量(%)。

2. 不同土种抗蚀力参数值分析

采用抗蚀性指数模型计算各土种的抗蚀性指数(见表 9-19)。K_S 值越大,抗蚀性越强。由表 9-19 计算结果知,所得数值较为正确地反映了各土种在水、气、质地、养分含量等各因子、因素相互作用下的抗蚀性。

9.4.3.3　地形地貌因素分值计算

1. 划分评价因子的侵蚀影响等级

坡度因子级别划分主要根据岔巴沟流域地形地貌的特点以及众多学者在相关研究中提出的分类方案,同时参考全国第二次土壤侵蚀遥感普查中坡度分级的标准,即分为 0°~5°、5°~8°、8°~15°、15°~25°、25°~35°、>35°共 6 个等级。

参考国内外学者对坡长分级的研究,把岔巴沟流域的坡长分为 0~15 m、15~30 m、30~45 m、45~60 m、60~75 m、>75 m 共 6 个等级。沟壑密度因子评价单元为 1 km×

1 km,提取的沟壑密度范围是 1 ~ 18 km/km²,共分 4 个级别,即 ≤11 km/km² 为微度侵蚀,11 ~ 13 km/km² 为轻度侵蚀,13 ~ 15 km/km² 为中度侵蚀,>15 km/km² 为强度侵蚀。

表 9-19 不同土种抗蚀性指数值

土种名称	抗蚀性 K_S 值	土种名称	抗蚀性 K_S 值
黄盖黑垆土	388	夹砾质黄绵土	352
草灌红黄土	385	梯绵沙土	351
黑垆土	383	黏底坝淤黄绵土	350
坡二色土	382	少砾质淤灰黄绵土	349
锈黑垆土	380	淤少砾质黄绵土	346
原地黄绵土	379	黏底坝淤黄绵土	345
多砾质淤灰黄绵土	378	夹黏坝淤黄绵土	344
夹腐泥黄绵土	377	黄绵潮土	342
涧地黄绵土	376	多砾质黄绵土	340
淤灰黄绵土	375	草灌绵沙土	337
台黄绵土	374	二色复盖料姜红胶土	335
台灰黄绵土	372	中盐化草甸土	333
梯黄绵土	371	多砾质绵沙土	332
坝淤黄绵土	369	沙壤质轻盐土	330
草灌黄绵土	368	沙坨土	329
梯红黄土	367	坡红沙土	327
台绵沙土	364	坡绵沙土	325
坡黄绵土	362	坝淤红黄土	324
侵蚀黑垆土	361	坡红黄土	320
坡硬黄土	360	料姜红黄土	319
绵沙潮土	359	淤锈黄绵土	318
淤黄绵土	358	坡料姜硬红土	317
草甸土	357	坡锈泥土	313
底砾质黄绵土	356	坡硬红土	312
淤油黄绵土	355	料姜红胶土	298

地形起伏度因子划分为 4 个级别,0 ~ 20 m 为第 1 级(微度侵蚀),20 ~ 40 m 为第 3 级(中度侵蚀),40 ~ 60 m 为第 4 级(强度侵蚀),大于 60 m 为第 5 级(极强度侵蚀)。

地貌部位因子分为三种类型,即梁峁坡、沟谷坡和沟槽。

通过分析,最终确定了所有地形地貌因子及其相应的分级标准(见表9-20)。

表 9-20 地形地貌评价因子及其分级

评价因子	不同等级的标准						分级依据
	1	2	3	4	5	6	
坡度(°)	≤5	5~8	8~15	15~25	25~35	>35	第二次土壤侵蚀遥感调查中坡度分级标准
坡长(m)	≤15	15~30	30~45	45~60	60~75	>75	专家咨询
沟壑密度(km/km²)	≤11	11~13	13~15	>15			专家咨询
地形起伏度(m)	≤20		20~40	40~60	>60		专家咨询
地貌部位		沟槽	梁峁坡	沟谷坡			专家咨询

2.地形地貌影响因子提取与分值计算

(1)在 ERSI 公司的 ArcGIS 软件中,可以直接调用空间分析模块或三维分析模块提取坡度。然后,调用空间分析模块或三维分析模块中的重分类功能,并按照坡度的分级标准,对坡度图进行重分类,进而得到坡度因子分值图。同理,得到坡长因子等级图。

(2)沟壑密度提取:对原始 DEM 数据提取水流方向,进行填洼计算、基于无洼地 DEM 的水流方向计算、栅格河网生成、栅格河网矢量化、伪沟谷删除,再分别统计计算流域内每一个评价单元的沟壑总长度。按照下式计算沟壑密度

$$D_s = \frac{\sum L}{F_c} \tag{9-51}$$

式中:D_s 为某一评价单元沟壑密度;L 为某一条沟的长度;F_c 为评价单元面积,取 1 km²。

(3)地形起伏度提取:地形起伏度是指特定的区域内,最高点海拔与最低点海拔的差值。先求出某一评价单元内海拔的最大值和最小值,然后对其求差值即可。

3.地形地貌因素分值计算

通过前面确定的地形地貌因素对下垫面抗蚀力影响的评价因子及其相应的权重,结合评价因子等级划分结果,对流域各评价单元的每一个评价因子进行等级划分,并赋以相应的等级分值。然后计算土壤侵蚀总分值

$$Y = \sum_{i=1}^{n} y_i w_i \tag{9-52}$$

式中:Y 是地形地貌因素对土壤侵蚀影响的定量评价综合指数;y 是某一评价因子侵蚀影响等级;w 是某一评价因子侵蚀影响权重;i 为评价因子序号。

由计算结果,根据流域土壤侵蚀综合指数值进行侵蚀等级划分(见表9-21)。

表 9-21 土壤侵蚀强度分级

侵蚀强度分级	微度侵蚀	轻度侵蚀	中度侵蚀	强度侵蚀	极强度侵蚀	剧烈侵蚀
综合指数值	≤1.5	1.5~2.5	2.5~3.5	3.5~4	4~4.5	>4.5

取侵蚀指数最小的抗蚀力分值为 100,取侵蚀指数最大的抗蚀力分值为 0,利用归一化处理公式 $y = \dfrac{x - \min x}{\max x - \min x}$ 进行处理,化为 0~100 之间的数值,即可得到地形地貌因素综合影响下的下垫面抗蚀力指标(见表 9-22)。

表 9-22 地形地貌因素综合影响下的下垫面抗蚀力分值

侵蚀强度分级	微度侵蚀	轻度侵蚀	中度侵蚀	强度侵蚀	极强度侵蚀	剧烈侵蚀
抗蚀力分级	极强	强	较强	较弱	弱	极弱
抗蚀力得分	100	80	70	50	30	0

9.4.3.4 植被因素分值计算

1. 植被因素分值量化方法

植被的作用可以通过对土壤抗蚀力的影响加以反映。植被因素选择植被盖度和植被类型两个因子。

关于植被的有效盖度,景可等认为应在 10%~70%。此取值范围适合黄土高原各种地域。有效范围外的不参加计算,对结论影响不大。

植被类型的理论选择大致分为森林(乔灌草结合)、人工林地、人工草地、天然草地和灌丛地。根据实际调研情况发现,岔巴沟流域基本上以人工林草为主,少有天然植被,且人工林、人工草及灌丛林混合种植或是草地单独出现,偶有灌丛地且量少。据此,将植被类型分为林草地(天然林与人工林及草地结合)、草地(天然草与人工草及少量灌丛结合)两大类。

为统一林草对土壤抗蚀力的影响效果,先确定林草对土壤抗蚀力的影响效果比值,采用层次分析法确定此参数。通过群决策—专家数据集结方法,由各专家判断矩阵加权几何平均得出数据(见表 9-23)。

表 9-23 不同用地类型对土壤抗蚀力权重

用地类型	荒地	水体	建筑用地	坡地	梯田	沟条地	坝地	乔木	灌木	人工草	天然草
权重	0.054 2	0.163 9	0.097 2	0.022 3	0.057 7	0.040 2	0.086 8	0.114 5	0.107 1	0.123 8	0.132 3

通过以上计算结果,得出林草地与草地对土壤抗蚀力的效果比值为 1.866 0。

根据景可等的研究,当植被盖度 <10% 时,其减蚀作用很小,而当植被盖度 >70% 时,地表的侵蚀量变化并不大。因此,将小于 10% 的植被覆盖用 1% 做定量计算,大于 70% 的植被覆盖用 90% 做定量计算。同时,结合美国 USLE 方程[15] 和管理因子值(见表 9-24)将植被盖度分为 5 个范围:0~10%,20%,40%,60%,70%~100%。

表 9-24　美国通用土壤流失方程作物和管理因子值

植被盖度（%）	不同措施因子值			
	草地	灌木	乔灌木	森林
0	0.45	0.40	0.39	0.10
20	0.24	0.22	0.20	0.08
40	0.15	0.14	0.11	0.06
60	0.09	0.085	0.06	0.02
80	0.043	0.04	0.027	0.004
100	0.011	0.011	0.007	0.001

通过对黄土丘陵沟壑区不同植被盖度径流小区 1992～1994 年 27 场次降雨资料进行回归与分析,当植被盖度依次为 20%、40%、60%和 80%时,径流深(相对于 5% 植被盖度比较)减少率依次为 20.34%、30.17%、46.45% 和 56.31%,侵蚀量减少率依次为 34.96%、51.97%、70.15%和 81.10%。即径流深减少率和侵蚀量减少率随着植被盖度的增大而增大,侵蚀量的减少幅度大于径流深的减少幅度。由此,确立植被盖度与平均侵蚀量的关系为[37]

$$W_e = 22.270\,7 - 4.443\,8 \ln C \qquad (9\text{-}53)$$

式中:W_e 为平均侵蚀量,t/km^2;C 为植被盖度(%)。

对表 9-24 进行归一化处理,得到归一值 S_i。为使后续林草地与草地抗蚀力影响效果比较能够统一,首先采用极差标准化法,得出草地抗蚀力的效果比值,其计算公式为

$$R_c = 1 - (S_i / \sum S_i) \qquad (9\text{-}54)$$

式中:R_c 为某植被盖度的抗蚀力极差标准化值;i 为植被盖度分级号。

而后采用加权核算法表示出草地抗蚀力分值(见表 9-25),其计算公式为

$$E_c = R_{ci} / \sum R_c \qquad (9\text{-}55)$$

式中:E_c 为某植被盖度的草地抗蚀力分值;i 为植被盖度分级号。

表 9-25　草地不同覆盖度下核算因子值

草地覆盖度(%)	侵蚀量(t/km^2)	植被归一值	植被极差值	植被核算值
0～10	22.27	1.000 0	0.376 8	0.094 2
20	8.96	0.334 3	0.791 7	0.197 9
40	5.88	0.180 2	0.887 7	0.221 9
60	4.08	0.090 1	0.943 8	0.236 0
70～100	2.27	0.000 0	1.000 0	0.250 0

罗伟祥等通过不同覆盖度的植被类型,得出黄土丘陵沟壑区径流量与覆盖度呈负对数关系[38]

$$W = 9\ 622.348 - 1\ 975.345\ln C \tag{9-56}$$

式中:W 为径流量;C 为植被盖度。相关系数 $R = -0.833$。

冲刷量与覆盖度呈倒数关系,计算公式为

$$W_s = -11.180 + 1\ 099.801\frac{1}{C} \tag{9-57}$$

式中:W_s 为冲刷量;C 为植被盖度。相关系数 $R = 0.948$。

由于林草效果是由不同计算公式估算而来的,因而利用前述所得到的林草地与草地对土壤抗蚀力的效果比值 1.866 0,统一林草地植被核算值(见表 9-26),计算公式为

$$C' = 1.866\ 0C_0 \tag{9-58}$$

式中:C' 为统一后的林草地植被核算值;C_0 为林草地植被核算值。

根据以上计算,合并表 9-25 和表 9-26,再通过加权核算法,得到植被因素的定量化指标体系(见表 9-27)。

表 9-26　不同覆盖度下林草地因子核算值

林草地覆盖度（%）	冲刷量（kg）	林草地植被归一值	林草地植被极差值	林草地植被核算值	林草地植被统一后核算值
0 ~ 10	1 087.58	1.000 0	0.055 7	0.013 8	0.025 8
20	42.77	0.039 3	0.962 9	0.240 7	0.449 1
40	15.28	0.014 0	0.956 7	0.246 7	0.460 3
60	6.11	0.005 6	0.994 7	0.248 7	0.464 1
70 ~ 100	0.00	0.000 0	1.000 0	0.250 0	0.466 5

表 9-27　不同覆盖度下的植被因素值

植被盖度（%）	植被归一值	植被极差值	植被核算值	植被统一后核算值
0 ~ 10	0.094 2	0.025 8	0.032 9	0.009 0
20	0.197 9	0.449 1	0.069 1	0.156 7
40	0.221 9	0.460 3	0.077 4	0.160 6
60	0.236 0	0.464 1	0.082 4	0.161 9
70 ~ 100	0.250 0	0.466 5	0.087 2	0.162 8

为表达植被对土壤抗蚀力的影响效果,在不同植被盖度下做出分值效果,进行归一化处理,得到 0 ~ 100 的分值体系(见表 9-28)。

表 9-28　不同植被盖度下的效果值

植被盖度(%)	0～10	20	40	60	70～100
草地归一化分值	15.539 7	39.076 7	44.473 3	47.724 3	50.845 3
林草地归一化分值	0.000 0	96.033 8	98.569 6	99.414 8	100.000 0

表 9-28 给出了不同植被盖度下的抗蚀力分值。但是由于植被盖度是一个连续的线性变化的范围值,结合使用经验公式的适用条件和专家咨询意见,将表 9-28 分值体系订正到相对应的整个植被覆盖范围(见表 9-29)。

表 9-29　不同植被盖度下的效果修定值

植被盖度(%)	0～10	10～30	30～50	50～70	70～100
草地植被抗蚀力分值	5	25	35	50	80
林草地植被抗蚀力分值	1	45	75	85	100

2. 基于 GIS 的植被因素抗蚀力计算

根据岔巴沟流域的实地调查以及对地形地貌和土地利用类型的研究成果,同时考虑 ETM 遥感数据的空间分辨率问题,最终确定栅格大小为 10 m×10 m。采用 2004 年 9 月 14 日法国 SPOT – 5 遥感底图提取植被信息。对其进行遥感影像预处理和融合后,进行遥感影像的解译。先在遥感图上选定训练区,其后执行监督分类,最终根据实地调查,将岔巴沟流域分成 11 种土地利用类型,从中选取林草地类型和草地类型。其中,将乔木和灌木区合并成林草地,将天然草和人工草区合并成草地,其他地类合并为无植被区。利用 ArcGIS 软件对监督分类后的遥感图进行编辑矢量化,制作 10 m×10 m 的矢量网格,对其进行单元处理,每个矢量网格里都有具体植被覆盖类型(林草地、草地)的面积,由此计算每种植被覆盖类型面积百分比。根据每种植被覆盖类型抗蚀力分值,即可得出每一网格的植被抗蚀力效果分值。在此基础上,将矢量图转换成 10 m×10 m 的栅格图。

9.4.3.5　水土保持措施因素分值计算

根据科学性和可操作性原则,结合岔巴沟流域实际,将水土保持措施因子筛选为梯田、淤地坝以及造林种草和封山育林育草,最终确定所有评价因素、因子及其相应的分类标准。

1. 影响因子权重的计算

基于层次分析法,分别确定了岔巴沟流域水土保持措施抗蚀力评价因素、因子及其相应的权重,由此构建了该流域土壤侵蚀定量评价的指标体系(见表 9-30)。

2. 水土保持措施信息提取

使用 2004 年 9 月 14 日岔巴沟流域 2.5 m 分辨率的 SPOT – 5 卫星遥感影像和该地区 1:1 万地形图提取水土保持措施信息,包括梯田、淤地坝和造林种草措施等。

表 9-30　水土保持措施对下垫面抗蚀力影响评价指标体系

因素层	因子层	权重
水土保持措施	淤地坝	0.262 9
	梯田	0.170 3
	造林种草	0.315 7
	封山育林育草	0.251 1

3. 因素分值计算

根据遥感影像提取的结果,三种措施分别对应三个图层:梯田图层、淤地坝图层和造林种草图层。分析发现,淤地坝控制区域里也有造林种草和梯田,这就需要对这些多措施的区域进行单独考虑。解决的办法是将多措施的区域里各项措施的权重相加定为该区域的权重。例如淤地坝控制区域里的造林种草措施的权重为淤地坝的权重加上造林种草的权重,即为 0.578 6。没有水土保持措施的区域的权重定为 0。根据这样的处理,得到一个新的权重表(见表 9-31)。

表 9-31　水土保持措施区域类型权重表

类型	无措施区域	淤地坝	梯田	造林种草	淤地坝 - 梯田	淤地坝 - 造林种草
权重	0	0.262 9	0.170 3	0.315 7	0.433 2	0.578 6

水土保持措施包含了 6 种不同类型的分区,每个类型分区的抗侵蚀能力是不相同的,这就需要对每种类型区的抗侵蚀能力予以定量计算。通过归一化方法将各类型区的相对抗蚀力归一化为 0 ~ 100(见表 9-32)。

表 9-32　水土保持措施类型区的相对抗蚀力分值

区域类型	权重	分值
无措施区域	0	0
淤地坝	0.262 9	45
梯田	0.170 3	29
造林种草	0.315 7	55
淤地坝 - 梯田	0.433 2	74
淤地坝 - 造林种草	0.578 6	100

利用表 9-32 中的分值,在空间数据的属性表里加上分值字段,并将各个值赋予相应的区域,得到各区域的分类。采用 ArcGIS 的栅格数据生成命令,即可得到水土保持措施因素抗蚀力分值图。

9.4.3.6　土地利用因素分值计算

土地利用类型选择的因子如图 9-24 所示。初选的土地利用类型参与抗蚀力评价的评价因子分为两个层次,共有 11 个指标。

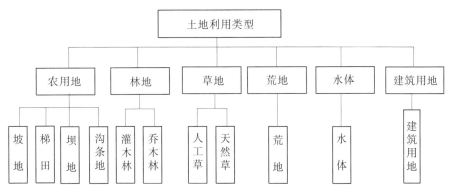

图 9-24　土壤抗侵蚀能力土地利用类型参评因子

运用层次分析法量化不同土地利用类型的抗蚀力比重。采用专家咨询和层次分析方法计算了不同土地利用类型对土壤抗蚀力的贡献权重(见表 9-33)。

表 9-33　不同土地利用类型抗蚀力权重值

类型	荒地	水体	建筑用地	坡地	梯田	沟条地	坝地	乔木林	灌木林	人工草	天然草
权重	0.089 5	0.270 6	0.160 4	0.009 2	0.023 8	0.016 6	0.035 8	0.094 5	0.088 4	0.102 1	0.109 1

由于在土地利用结构中,交叉归属少,属于不完全层次结构,因此还要考虑层次支配因素数目的影响,对权重值加以修正。

首先对要素层(即第一层)进行权重修正

$$w_1 = \frac{N_i w_i}{\sum N_i w_i} \tag{9-59}$$

式中:w_1 指第 i 种地类修正后的权重;N_i 指第 i 种地类下层包含的因子数目;w_i 指第 i 种地类修正前权重。

通过上式修正后,可以得到要素层(第一层)地类因子的权重值。按照下一层因子个数及比重,最终得到因子层各个因子的修正权重(见表 9-34)。

表 9-34　修正后各因子权重值

类型	荒地	水体	建筑用地	坡地	梯田	沟条地	坝地	乔木林	灌木林	人工草	天然草
权重	0.054 2	0.164 0	0.097 2	0.022 3	0.057 7	0.040 2	0.086 8	0.114 5	0.107 1	0.123 7	0.132 3

得到各地类的抗侵蚀能力权重后,可计算各地类抗侵蚀能力得分,其方法同前。土地利用类型抗侵蚀能力得分见表 9-35。

表 9-35　各因子抗侵蚀能力得分

类型	荒地	水体	建筑用地	坡地	梯田	沟条地	坝地	乔木林	灌木林	人工草	天然草
分值	22	100	53	0	25	13	46	65	60	72	78

根据土地利用类型,将计算的不同土地利用类型因子分值赋予相应图斑,再将土地利用图转换为栅格数据,然后将每一个地类的抗侵蚀能力得分赋予相应评价单元。

9.4.3.7　流域下垫面抗蚀力评价

根据上述各因素、因子的分析与计算结果,结合流域下垫面抗蚀力影响因素权重的专家咨询结果,采用如下公式计算流域下垫面抗蚀力

$$E_p = \sum_{i=1}^{5} y_i w_i \tag{9-60}$$

式中:E_p 是流域下垫面抗蚀力总分值;y_i 是某一评价因素抗蚀力作用分;w_i 是某一评价因素抗蚀力影响权重。

将土地利用、水土保持措施、土壤、地形地貌、植被等因子的权重分别进行叠加,最终生成流域下垫面抗蚀力分值图。

得到下垫面抗蚀力分值图后,可遵循如下原则对全流域下垫面抗蚀力进行分级:

第一,级别高低与下垫面抗蚀力相对大小的对应关系基本一致;

第二,级别之间渐变过渡,相邻单元之间级别差异不宜过大;

第三,尽量保持下一级子流域单元的完整性;

第四,级别边界尽量采用具有地域突变特征的自然界线。

划分下垫面抗蚀力级别的方法是:根据评价单元的总分值,采用总分数轴图法,确定各级别的分值区间,从而确定评价单元归属的抗蚀力级别。通过与实地情况的对比分析,确定流域下垫面抗蚀力评价单元级别以及级别分值区间(见表9-36)。

表9-36　岔巴沟流域下垫面抗蚀力级别总分值区间

一级	二级	三级	四级	五级
(56,100]	(46,56]	(38,46]	(29,38]	[0,29]

分级完成后,量算每一级别的面积。由于评价单元均为 100 m^2,因此只需借助于 ArcGIS 的统计功能,统计出每一级别评价单元的个数,即可完成级别面积的量算。表9-37是以2004年为例所得到的下垫面抗蚀力分级面积。抗蚀力分级按流域面积 187 km^2 范围统计。

表9-37　岔巴沟流域下垫面抗蚀力级别面积表(2004 年)

级别	面积(km^2)	所占比例(%)
一级	13.49	7.22
二级	42.52	22.74
三级	65.30	34.92
四级	53.06	28.37
五级	12.63	6.75

9.4.4　人类活动影响下流域下垫面变化对产沙影响的评价

基于流域下垫面抗蚀力评价方法,采用某一典型年数据,计算该典型年岔巴沟流域下垫面抗蚀力,然后选择另一对比典型年,并与计算的典型年岔巴沟流域下垫面抗蚀力对比,即可评价分析流域下垫面变化对产沙的影响。

选取 1990 年和 2004 年作为评价典型年。考虑到土壤特性的变化在短时间尺度内一般较小,下面主要从地形地貌、植被、水土保持措施、土地利用状况因素来进行对比。

9.4.4.1　流域下垫面地形地貌因素变化分析

基于岔巴沟流域 1990 年的地形数据,抗蚀力评价结果如图 9-25 所示。

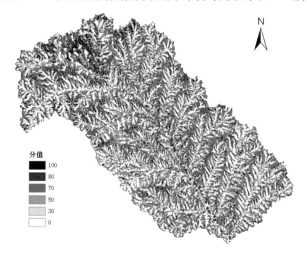

图 9-25　1990 年岔巴沟流域地形地貌因素抗蚀力分值图

在此基础上,统计不同抗蚀力得分的面积并进行比较(见表 9-38)。

表 9-38　岔巴沟流域地形地貌因素 1990 年与 2004 年抗蚀力分值对比

抗蚀力分值	1990 年		2004 年	
	面积(km²)	百分比(%)	面积(km²)	百分比(%)
100	3.08	1.65	0.04	0.02
80	21.66	11.58	4.36	2.33
70	59.09	31.60	60.28	32.23
50	40.66	21.74	54.09	28.93
30	38.46	20.57	43.14	23.07
0	24.05	12.86	25.09	13.42

可以看出,与 1990 年相比,2004 年岔巴沟流域下垫面抗蚀力的改变是比较明显的,主要表现在抗蚀力级别为强和极强的区域面积减少,而抗蚀力分值在 70 分以下的区域面积增加。由于 1990 年采用的数据为岔巴沟流域 20 世纪 70 年代测绘的地形图,2004 年采

用的数据为美国 2000 年测绘的 SRTM(航天飞机雷达地形测绘)数据,两个数据时间相隔较长,使得岔巴沟流域坡度的变化较为明显,坡度小于等于 5°的区域面积大幅下降,坡度大于 35°的区域面积也略有下降,除此之外,其他区域面积均有所增加。从总体上看,岔巴沟流域坡度有所增加,而地形地貌的其他因子多与坡度有关,由此造成了岔巴沟流域地形地貌因素抗蚀力变化的态势。当然,两个计算年的下垫面数据来源不同,对评价结果也可能会有一定影响。

9.4.4.2 流域下垫面植被因素变化分析

采用相同的因子分值计算与植被信息提取方法,对 LANDSET(陆地)卫星 1990 年 8 月 12 日 TM 遥感影像数据进行解译分析,提取植被信息,计算生成 1990 年的岔巴沟流域植被因素抗蚀力分值图,由此分别统计不同年份植被因素不同抗蚀力分值的区域面积(见表 9-39)。

表 9-39 岔巴沟流域 1990 年与 2004 年植被因素不同抗蚀力分值面积比较

抗蚀力分值	1990 年		2004 年	
	面积(km²)	百分比(%)	面积(km²)	百分比(%)
0	125.55	67.14	128.11	68.51
1	19.43	10.39	20.10	10.75
5	16.35	8.74	14.86	7.95
25	8.20	4.39	7.38	3.95
35	2.75	1.47	2.46	1.31
45	9.88	5.28	8.90	4.76
50	0.67	0.36	0.63	0.33
75	3.03	1.62	3.26	1.75
80	0.11	0.06	0.05	0.02
85	0.94	0.50	1.09	0.59
100	0.09	0.05	0.16	0.08

分析表明,不同年份岔巴沟流域植被对土壤抗侵蚀能力影响面积之间大致呈正相关关系,抗蚀力分值较高的面积有所上升,而分值较低的面积有所下降,主要是由于岔巴沟流域近年来退耕还林措施的实施,增大了流域的植被盖度。

9.4.4.3 流域下垫面水土保持措施因素变化分析

利用相同方法,得出岔巴沟流域水土保持措施的抗蚀力分级及其面积(见表 9-40)。通过两年数据的对比可以发现,淤地坝控制的面积有所减少,且减少比例较大。分析认为,这与 1993 年洪水冲毁了部分淤地坝有关,而且 20 世纪 90 年代以后所建淤地坝较少,加之一部分淤地坝已经淤满,所以其抗蚀力的作用减小。

表 9-40　岔巴沟流域 1990 年与 2004 年水土保持措施影响面积统计

区域类型	分值	1990 年		2004 年	
		影响面积(km²)	百分比(%)	影响面积(km²)	百分比(%)
无措施区域	0	24.15	12.91	23.16	12.39
淤地坝	45	101.90	54.49	67.00	35.83
梯田	29	0.26	0.14	1.41	0.75
造林种草	55	12.30	6.58	26.25	14.03
淤地坝 - 梯田	74	0.82	0.44	4.00	2.14
淤地坝 - 造林种草	100	47.57	25.44	65.18	34.86

9.4.4.4　流域土地利用因素变化分析

采用前述方法,统计 1990 年和 2004 年岔巴沟流域土地利用因素抗蚀力分值及其面积(见表9-41)。通过分析可以看出,流域 2004 年下垫面抗蚀力与 1990 年的相比,其差异并不明显。

表 9-41　岔巴沟流域 1990 年与 2004 年土地利用因素抗蚀力分值面积对比

抗蚀力分值	1990 年		2004 年	
	面积(km²)	百分比(%)	面积(km²)	百分比(%)
0	42.09	22.51	42.81	22.89
13	20.66	11.05	20.56	11.00
22	50.85	27.19	48.23	25.79
25	1.03	0.55	0.90	0.48
46	0.06	0.03	0.04	0.02
53	8.96	4.79	8.67	4.64
60	15.78	8.44	16.29	8.71
65	17.76	9.49	17.06	9.12
72	24.74	13.23	26.08	13.95
78	0.65	0.35	2.01	1.08
100	4.42	2.37	4.35	2.32

9.4.4.5　下垫面抗蚀力变化的评价分析

计算 1990 年的岔巴沟流域下垫面抗蚀力,并进行分级(见图9-26)。统计各级别面积,并与 2004 年计算结果进行比较知,岔巴沟流域下垫面抗蚀力分级中,2004 年与 1990 年相比,二级、三级面积分别增加了 10.83 km² 和 8.82 km²,四级、五级面积分别下降了

$10.14~\mathrm{km}^2$ 和 $6.23~\mathrm{km}^2$,一级面积下降了 $3.28~\mathrm{km}^2$。

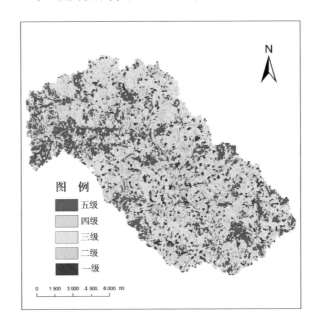

图 9-26 1990 年岔巴沟流域下垫面抗蚀力评价结果分级图

根据 2004 年评价结果,统计所有分值区间所占面积(见表 9-42)后可以看出,1990 年至 2004 年,岔巴沟流域下垫面抗蚀力同时存在着正向与反向的二元性变化。正向变化即为抗蚀力分值增加,其最大增幅达 48,面积为 $108.21~\mathrm{km}^2$,占总面积的比例为 57.87%,说明在这些区域,近年来实施的退耕还林和增建的水土保持措施,提高了下垫面的抗蚀力;而反向变化即抗蚀力下降,其最大降幅为 47,下降的分值主要集中在 -10 与 0 之间,面积为 $78.79~\mathrm{km}^2$,占总面积的比例为 42.14%,表明在这些区域由于人类活动及其他原因,水土流失加剧。

表 9-42 岔巴沟流域下垫面抗蚀力变化

分值变化区间	区间所占面积(km^2)	占总面积比例(%)
$[10,48]$	27.55	14.74
$[0,10)$	80.66	43.12
$[-5,0)$	44.25	23.66
$[-10,-5)$	19.31	10.33
$[-47,-10)$	15.23	8.15
合计	187.00	100.00

采用如下公式计算流域下垫面抗蚀力总体评价指数

$$\alpha_e = \frac{\sum\limits_{i=1}^{5} j_i f_i}{\sum\limits_{i=1}^{5} f_i} \qquad (9\text{-}61)$$

式中:α_e 为流域下垫面抗蚀力总体评价指数;j_i 为抗蚀力第 i 级别分值;f_i 为抗蚀力第 i 级别对应的面积。

计算表明,1990 年与 2004 年岔巴沟流域下垫面抗蚀力综合指数分别为 3.31 与 3.17,后者较前者稍有降低。总体上说,从下垫面的角度来看,岔巴沟流域抗蚀力变化不大。实际上,就这两年岔巴沟流域的产沙量而言,也相差不大,前者为 60.2 万 t,后者为 65.5 万 t,后者较前者大 9%,与综合指数变化趋势一致。由此初步说明,基于抗蚀力评价流域产沙趋势是可以探讨的,具有一定的可行性。

9.5 小 结

利用室内径流冲刷实体模型试验的方法,研究了坡面产生细沟、浅沟的径流临界剪切力,径流动能消耗途径,径流动能与剥蚀率的定量关系,以及坡面径流输沙能力;研究了独立同分布检验、MWP 方法在判别水沙系列突变点中的应用;探讨了基于下垫面抗蚀力的水沙变化评价方法,建立了分析流域水沙变化的水土流失评价预测数学模型。

(1)产生细沟和浅沟的临界剪切力随坡度增加而增加,坡度不同,所对应的地表形态发育状况不同,临界剪切力也有较大差异。在试验流量级范围内,10°坡面细沟产生在试验历时 2~7 min 时段内,剪切力临界值为 17 Pa 以下;20°坡面产生细沟一般在试验历时 2~11 min 时段,剪切力临界值为 10 Pa 左右,产生浅沟时的剪切力临界值介于 30~39 Pa;30°坡面细沟产生于 2~7 min 的试验时段,剪切力临界值为 13~24 Pa;在 28 min 之后浅沟产生,其临界剪切力为 25 Pa 左右。

坡面径流输沙率与坡面径流剪切力之间基本呈线性关系,径流剪切力越大,输沙率越大。在试验开始时径流动能消耗比较大,然后随着试验历时的增加而逐渐减小,这是由于随着坡面侵蚀沟的形成,坡面流汇聚成股流后边界阻力相对减小造成的。之后,随着坡面流的下切侵蚀,坡面流能耗呈现出波动稳定的变化趋势。在同一坡度下,坡面径流量越大,能耗也相对越大,但在同坡度级范围内,能耗率相对差值却是基本相同的。

试验条件下的坡面径流挟沙能力符合以下形式

$$S_* = (98.96Q + 1.36\theta + 318)\left(\frac{V^3}{gR}\right)$$

式中:S_* 为挟沙能力,g/L;Q 为流量,L/min;θ 为坡度(°);V 为流速,m/s;R 为水力半径,mm。

(2)探讨了利用独立同分布理论、MWP 检定法确定水沙系列突变点的方法,评价了降雨、径流、泥沙双累积曲线的优缺点。分析表明,双累积曲线法简单易用,但是存在着多变点和不确定性。无论利用独立同分布方法还是 MWP 法,黄河中游大部分支流的水沙系列突变点都不是 1970 年,多在 20 世纪 70 年代后期和 80 年代初期。

（3）基于下垫面抗蚀力的概念，利用 GIS 技术，建立了下垫面抗蚀力因子体系及抗蚀力评价的指标体系，并对抗蚀力进行了强度分级，建立了基于抗蚀力的人类活动对产沙影响的多因素综合评价方法。同时，研究了各因素、因子数据获取和数据处理的方法，探讨了评价因素、因子的量化方法。通过对 1990 年、2004 年岔巴沟流域下垫面抗蚀力评价的实例表明，岔巴沟流域下垫面抗蚀力存在有正向与反向的二元转化规律，基本反映了近年来岔巴沟流域下垫面变化的实际情况，利用抗蚀力指标体系评价流域产沙变化趋势是可行的。

同时，以孤山川流域为对象，初步建立了基于 GIS 的水土流失评价预测数学模型，模型参数包括降雨侵蚀力、土壤可蚀性、地形、植被、水利水保工程、耕作措施、沟蚀因子等。通过 1975 年、1986 年、1997 年和 2006 年实测资料的验证，取得了较满意的模拟精度。

参考文献

[1] 周佩华,豆葆璋,孙清芳,等. 降雨能量的试验研究初报[J]. 水土保持通报,1981(1):51-60.

[2] 江忠善,宋文经,李秀英,等. 黄土地区天然降雨雨滴特性研究[J]. 中国水土保持,1983(3):32-36.

[3] 李占斌,鲁克新,丁文峰. 黄土坡面土壤侵蚀动力过程试验研究[J]. 水土保持学报,2002,16(2):5-7.

[4] Wischmeier W H,Smith D D. Predicting Rainfall Erosion Losses. US Department of Agriculture,drainage basins,1. Theory,input and output[J]. Hyrological Processes,1996,10(8):1107-1117.

[5] 丁文峰,李占斌,崔灵周. 黄土坡面径流冲刷侵蚀试验研究[J]. 水土保持学报,2001,15(2):99-101.

[6] 李勉,姚文艺,陈江南,等. 草被覆盖下坡沟系统坡面流能量变化特征试验研究[J]. 水土保持学报,2005,19(5):13-17.

[7] 管新建,李占斌,王民,等. 坡面径流水蚀动力参数室内试验及模糊贴近度分析[J]. 农业工程学报,2007(6):1-6.

[8] 张胜利,李倬,赵文林,等. 黄河中游多沙粗沙区水沙变化原因及发展趋势[M]. 郑州:黄河水利出版社,1998.

[9] 汪岗,范昭. 黄河水沙变化研究(第一卷)[M]. 郑州:黄河水利出版社,2002.

[10] 汪岗,范昭. 黄河水沙变化研究(第二卷)[M]. 郑州:黄河水利出版社,2002.

[11] 张胜利,于一鸣,姚文艺. 水土保持减水减沙效益计算方法[M]. 北京:中国环境科学出版社,1994.

[12] Merriam C F. A Comprehensive Study of the Rainfall on the Susquehanna Valley [M]. Trans. Amer. Geophys. Union,1937:471-476.

[13] Kohler M A. On the Use of Double-Mass Analysis for Testing the Consistency of Meteorological Records and for Making Required Adjustments[J]. Bull. Ann. Meteol. Soc. 1949(30):188-189.

[14] Pettitt A N. A Non-Parametric Approach to the Change-Point Problem[J]. Applied Statistics,1979,28(2):126-135.

[15] 美国农业部科学与教育管理委员会. 降雨侵蚀土壤流失预报——水土保持规划指南(美国农业部农业手册第 537 号)[R]. 牟金泽,沈受百,孟庆枚,译. 黄河水利委员会水利科学研究所,1983.

[16] 江忠善,郑粉莉,武敏. 中国坡面水蚀预报模型研究[J]. 泥沙研究,2005(4):1-6.

[17] 江忠善,郑粉莉,武敏. 坡面水蚀预报模型研究[J]. 水土保持学报,2004,18(1):66-69.

[18] 江忠善,王志强,刘志. 黄土丘陵区小流域土壤侵蚀空间变化定量研究[J]. 土壤侵蚀与水土保持学报,1996,2(1):1-9.

[19] 章文波,谢云,刘宝元. 利用日雨量计算降雨侵蚀力的方法研究[J]. 地理科学,2002,22(6):705-711.

[20] 谢云,刘宝元,章文波. 侵蚀性降雨标准研究[J]. 水土保持学报,2000,14(4):6-11.

[21] Peel T C. The Relation of Certain Physical Characteristics to the Erodibility of soils[J]. Soil Science Society Proceedings,1937(2):79-84.

[22] 张科利,舒安平,徐先利. 中国水土流失预报中的土壤因子评价及应用[R]. 中国科学院,水利部水土保持研究所,2008.

[23] 张科利,彭文英,杨红丽. 中国土壤可蚀性值及其估算[J]. 土壤学报,2007,44(1):7-13.

[24] 刘宝元,等. 西北黄土高原区土壤侵蚀预报模型开发项目研究报告[R]. 2006.

[25] Liu B Y, Nearing M A, Shi P J, et al. Slope Length Effects on Soil Loss for Steep Slopes[J]. Soil Sci. Soc. Am. J. 2000(64):1759-1763.

[26] Liu B Y, Nearing M A, Risse L M. Slope Gradient Effectson Soil Loss for Steep Slopes[J]. 1994,6(Transactions of the ASAE)(37):1835-1840.

[27] Liu Baoyuan, Zhang Keli, Xie Yun. An empirical soil loss equation[C]. In process of soil erosion and its environment effect volume Ⅱ 12th ISCO. Beijing:Tsinghua press,2002:143-149.

[28] 张岩,刘宝元,史培军,等. 黄土高原土壤侵蚀作物覆盖因子计算[J]. 生态学报,2001,21(7):1050-1056.

[29] 侯喜禄,曹清玉. 陕北黄土丘陵沟壑区植被减沙效益研究[J]. 水土保持通报,1990,10(2):33-40.

[30] 谢红霞. 延河流域土壤侵蚀时空变化及水土保持环境效应评价研究[D]. 陕西师范大学,2008.

[31] 黄河上中游管理局. 淤地坝设计[M]. 北京:中国计划出版社,2004.

[32] 汪邦稳,杨勤科,刘志红,等. 基于 DEM 和 GIS 的修正通用土壤流失方程地形因子值的提取[J]. 中国水土保持科学,2007,5(2):18-23.

[33] Van Remortel R, Hamilton M, Amd H R. Estimating the LS Factor for RUSLE Through Iterative Slope Length Processing of Digital Elevation Data[J]. Cartography,2001,30(1):27-35.

[34] 汪邦稳,杨勤科,刘志红,等. 延河流域退耕前后土壤侵蚀强度的变化[J]. 中国水土保持科学,2007,5(4):27-33.

[35] 张爱国,张平仓,杨勤科. 区域水土流失土壤因子研究[M]. 北京:地质出版社,2003.

[36] 张爱国,李锐,杨勤科. 中国水土流失土壤因子数学模型[J]. 山地学报,2002,20(3):284-289.

[37] 董荣万,朱兴平,何增化,等. 定西黄土丘陵沟壑区土壤侵蚀规律研究[J]. 水土保持通报,1998,18(3):6-10.

[38] 罗伟祥,白立强,宋西德,等. 不同覆盖度林地和草地的径流量与冲刷量[J]. 水土保持学报,1990,4(1):30-35.

第 10 章

结　语

本项研究属于水土保持专业研究领域,涉及水土保持、水文、泥沙、地理及 GIS 技术等多个学科。

本项研究以分析评价近期(1997~2006 年)黄河水沙变化及其发展趋势为研究目标,由黄委黄河水利科学研究院、黄委水文局、黄委黄河上中游管理局、河南大学、北京师范大学、中国水利水电科学研究院、山西省水资源研究所、西北大学城市与环境学院等多单位组成强势研究团队,开展水沙变化评价模型、理论和应用方面的研究,了解了黄河水沙变化现状,分析了变化原因,预测了变化趋势,取得了丰富的研究成果。黄河流域水沙变化情势评价研究成果解决了当前黄河治理开发与管理中的重大科学技术难题,促进了治黄科技进步;主要成果已在黄河流域综合规划修编等工作中得到推广应用,具有显著的社会、经济效益和环境效益。

10.1　取得的主要研究成果

10.1.1　降雨径流及输沙变化特点

初步系统分析了黄河上中游降雨、径流、泥沙及降雨径流关系的变化特点。

(1)降雨。分析表明,1997~2006 年黄河上中游流域降雨普遍减少,且降雨强度降低。河源区、唐乃亥—兰州、兰州—河口镇、河口镇—龙门、龙门—三门峡区间年降雨量分别较 1970~1996 年平均降雨量减少 3%、4%、11%、5% 和 5%。近年来黄河河源区气温有所升高,蒸发量增大,降雨量有所偏少。如 20 世纪 50 年代、60 年代、70 年代、80 年代、90 年代平均气温分别为 -1.50 ℃、-1.23 ℃、-1.21 ℃、-0.85 ℃和 -0.80 ℃,呈逐年代上升的趋势,与 20 世纪 50 年代相比,60 年代、70 年代、80 年代和 90 年代平均气温分别升高 18%、19%、43% 和 47%,近年来的增温幅度明显增加。90 年代较 50 年代气温增加 0.70 ℃,上升速率为 0.18 ℃/10 a。气温升高,导致蒸发量增大,自 2000 年以来,年蒸发量较 20 世纪 90 年代增加 11.5%。1997~2006 年黄河河源区年均降水量为 472.5 mm,较 1956~2000 年年均降水量 485.9 mm 减少 13.4 mm。

同时,与 1970~1996 年相比,1997~2006 年黄河上中游流域降水量的年内分布发生改变,如河源区 6~9 月降雨量较多年同期均值偏少 3.6%,而比年均减幅多减近 1 个百分点,河口镇—龙门和龙门—三门峡区间主汛期降雨量减幅分别达 17% 和 10%,而秋汛期却分别增加 18% 和 7%。

黄河中游平均降雨强度降低。1997~2006 年黄河中游各典型支流的低强度降雨(窟野河、孤山川、渭河日降雨量小于 5 mm,皇甫川、秃尾河、泾河日降雨量小于 10 mm)的天数较 1970~1996 年有所增加,而中大降雨天数减少;同时,近期大部分支流最大 1 日降雨量和最大 3 日降雨量减小,说明黄河中游降雨强度降低。但是诸如皇甫川等部分支流的最大 1 日降雨量和最大 3 日降雨量以及秃尾河的最大 1 日降雨量是增大的,表明在支流的局部地区仍会发生强降雨过程。

(2)径流。与 1970~1996 年相比,1997~2006 黄河上中游径流量普遍减少,且径流量减幅基本上是沿干流由上至下增大,如由唐乃亥减少约 20% 增加到潼关减少 40% 左右,三门峡减少达到 47%。1997~2006 年黄河河源区实际来水量均值较 1956~1990 年平均值减少了 43.9 亿 m³,其中自然因素影响占 90.0%,人类活动因素占 10.0%。因自然因素减少的 40.5 亿 m³ 径流量中,降水量变化的影响占 51.6%,蒸发能力增加(气温升高)占 34.1%,生态环境变化作用占 14.3%。因而,黄河河源区径流减少的主要原因是自然因素。

在黄河中游,支流水量减幅大于干流,也就是说,干流水量变化对支流水量变化并非线性响应关系。来水很少的河龙区间支流和汾河等流域减幅最大,超过 60%,其中孤山川达到 71%;而来水较多的上游支流减幅相对较小,如湟水、大通河减幅分别为 16% 和 10%。

与 1970~1996 年相比,实测水量年内分配发生变化,但沿程有所不同。如河源区径流量年内分配没有发生大的变化,在 20 世纪 50 年代、60 年代,7~10 月来水一般占年径流量的 60% 左右,自 20 世纪 90 年代以来,7~10 月来水仍为 60% 左右。但是,自唐乃亥以下逐渐下降,在 1969 年以前多为 60% 左右,而在 1970~1996 年变为 50% 左右,近期仅剩 40% 左右。

分析表明,黄河上中游的降雨径流关系也有所变化,但是沿程变化程度不同。兰州以上年降雨径流关系和 6~9 月降雨径流关系均没有发生明显的变化,不过年径流系数和汛期径流系数均有所减少,如 2000~2007 年的年径流系数为 0.270,较 1956~2000 年平均值 0.343 减少了 21%;河口镇—龙门、龙门—三门峡区间降雨径流关系变化特别明显,同样降雨量条件下径流深减少 20%~57%。但是,降水径流函数形式并未发生明显改变,是否表明其产流机制并未改变,还有待进一步研究。

(3)输沙。黄河上中游干流及大部分支流实测沙量减少,且输沙量的空间变化呈现出其减幅沿程不断增大的趋势。除河源区外,干流主要站输沙量减幅在 27% 以上,其中头道拐以下沙量减幅较大,如潼关最小也达到 57%,府谷最大达到 86.5%。主汛期(7、8 月)输沙量减幅大于洪量的减幅,如主要控制站洪量减幅为 8%~46%,而主汛期干流输沙量减幅为 57%~64%,支流汾河和渭河减幅分别为 96.7% 和 46.6%。总体来说,黄河中游支流输沙量减少幅度远大于干流。另外,尽管径流量减幅小于输沙量减幅,但径流输沙关系没有改变。

干支流来沙系数的变化趋势是相反的,干流来沙系数都有较大幅度的增加,而支流来沙系数除秃尾河、无定河为增加以外,其他均是减小的,减小幅度在11%~81%。

沙量年内分配发生变化,但干支流的则不同。例如,除三门峡断面外,干流汛期实测沙量占年实测沙量的比例均有减小,而支流则变化不大。具体而言,1997~2006年与1970~1996年相比,黄河主要支流的汛期输沙量占全年输沙量的比例变化不大,而干流兰州以下的则有明显减少,减幅为4~20个百分点。

在流域来沙量普遍大幅度减少的同时,泥沙组成也发生相应变化。干支流站分为三类变化形式:第一类为中、粗颗粒的泥沙减幅大于细颗粒泥沙,泥沙细化,中值粒径d_{50}减小,包括兰州、下河沿、头道拐、府谷、吴堡、龙门及河龙区间的主要支流,此类较多;第二类为泥沙组成变化不大,如石嘴山和三门峡,此类较少;第三类为细、中颗粒泥沙的减少幅度大于粗颗粒泥沙,泥沙组成变粗,d_{50}有所增大,此类只有潼关和支流渭河。总的来说,黄河上中游来沙组成有所细化。

从泥沙组成规律上来看,大部分水文站分组沙量与全沙沙量的关系没有变化,仍具有来沙量大时泥沙组成偏粗、来沙量小时泥沙组成偏细的规律。

10.1.2 黄河中游水沙变化及其成因

(1)黄河中游:1997~2006年与1970年前相比,实测年均总减水量约为112.12亿m³。根据"水文法"计算,水利水保综合治理等人类活动年均减水量85.78亿m³,占年均总减水量112.12亿m³的76.5%,降雨减少造成的年均减水量约26.34亿m³,占年均总减水量的23.5%,人类活动作用:降雨影响约为7.5:2.5。

1997~2006年与1970年前相比,黄河中游实测年均总减沙量约为11.80亿t,其中水利水保综合治理等人类活动年均减沙约5.87亿t,占年均总减沙量11.80亿t的49.7%,降雨减少引起的年均减沙量为5.93亿t,占年均总减沙量的50.3%,人类活动作用:降雨影响基本为5:5。

"水保法"计算结果表明,1997~2006年黄河中游水利水保综合治理等人类活动年均减水87.12亿m³,年均减沙5.24亿t。其中水土保持措施(包括梯田、林地、草地、坝地及封禁治理)年均减水38.38亿m³,年均减沙4.19亿t,分别占1997~2006年黄河中游地区年均总减水量112.12亿m³的34.2%、年均减沙量11.80亿t的35.5%;水利措施年均减水量48.74亿m³,占1997~2006年黄河中游地区年均总减水量112.12亿m³的43.5%。

(2)河龙区间:1997~2006年与1970年前相比,河龙区间(含未控区)实测年均总减水量43.60亿m³。"水文法"计算结果表明,其中水利水保综合治理等人类活动年均减水量29.90亿m³,占河龙区间年均总减水量43.60亿m³的68.6%;因降雨减少10.2%引起的年均减水量为13.70亿m³,占河龙区间年均总减水量的31.4%,人类活动作用:降雨影响约为7:3。

1997~2006年与1970年前相比,实测年均总减沙量7.77亿t,其中水利水保综合治理等人类活动年均减沙3.50亿t,占年均总减沙量7.77亿t的45.0%;因降雨减少10.2%引起的年均减沙量为4.27亿t,占年均总减沙量的55.0%,人类活动作用:降雨影响为4.5:5.5,降雨影响比人类活动作用的影响大10%。

"水保法"计算结果表明,1997～2006 年河龙区间(含未控区)水利水保综合治理等人类活动年均减水 26.80 亿 m³,年均减沙 3.51 亿 t,分别占黄河中游地区近期"水保法"年均减水减沙量 87.12 亿 m³ 和 5.24 亿 t 的 30.8% 和 67.0%。其中,水土保持措施(包括封禁治理)年均减水 18.78 亿 m³,年均减沙 2.91 亿 t,分别占 1997～2006 年河龙区间(含未控区)年均总减水量 43.60 亿 m³ 和年均总减沙量 7.77 亿 t 的 43.1% 和 37.5%。由此说明,黄河中游地区的减沙主体仍在河龙区间。

河龙区间洪水也发生了很大变化。例如,1997～2006 年河龙区间(含未控区)水利水保综合治理等人类活动年均减少洪水 15.3 亿 m³。黄河上中游干支流洪水发生场次普遍减少,如干流各站洪水发生场次减少了 15%～66%,在兰州以上未出现过大于 3 000 m³/s 的洪水,龙门仅发生过一次大于 7 000 m³/s 的洪水。同时,干支流主要控制站洪峰流量减幅为 35%～69%。但是府谷站在 2003 年出现 13 000 m³/s 洪水,洪峰流量有所增大,表明在枯水期局部仍会发生大洪水。近年来,三湖河口—龙门河段凌汛洪峰流量已超过汛期洪峰流量,且大多成为全年的最大流量。

根据对河龙区间典型支流的分析,不同时段的暴雨—洪水、泥沙函数关系及洪水—泥沙函数关系形式并未发生明显变化,表明产流机制可能没有变化。

1970～2006 年河龙区间场次洪水的洪峰流量、次洪量、次洪沙量的平均削减程度分别为 33.6%～39.7%、41.3%～43.9% 和 38.0%～51.5%。作为主要产水产沙区的皇甫川、孤山川、窟野河、秃尾河和佳芦河等 5 条支流,其洪峰流量、次洪量、次洪沙量的削减程度分别为 23.7%～39.3%、41.7%～46.0% 和 30.3%～58.0%。

(3)泾、洛、渭、汾(泾河、北洛河、渭河、汾河)流域:1997～2006 年与 1970 年前相比,泾、洛、渭、汾实测年均总减水量为 68.52 亿 m³。"水文法"计算结果表明,其中水利水保综合治理等人类活动年均减水 55.88 亿 m³,占年均总减水量 68.52 亿 m³ 的 81.6%;因降雨减少 15.2% 而引起的年均减水量为 12.64 亿 m³,占年均总减水量的 18.4%。人类活动:降雨影响近于 8:2。与黄河中游地区相比,泾、洛、渭、汾减水量占前者减水总量的 65.1%,说明黄河中游水量减少的区间主要在泾、洛、渭、汾 4 条支流。

1997～2006 年与 1970 年前相比,泾、洛、渭、汾实测年均总减沙量为 4.03 亿 t。"水文法"计算结果表明,其中水利水保综合治理等人类活动年均减沙 2.37 亿 t,占年均总减沙量 4.03 亿 t 的 58.8%;因降雨减少 15.2% 而引起的年均减沙量为 1.66 亿 t,占年均总减沙量的 41.2%。人类活动:降雨影响近于 6:4。与黄河中游地区相比,泾、洛、渭、汾人类活动减沙量占前者减沙量的 40.4%。

与河龙区间相比,泾、洛、渭、汾近期人类活动对减水减沙的影响更大。

"水保法"计算结果表明,1997～2006 年泾、洛、渭、汾水利水保综合治理等人类活动年均减水 60.32 亿 m³,年均减沙 1.73 亿 t,分别占黄河中游地区近期"水保法"计算减水减沙总量的 69.2% 和 33.0%。同样表明,泾、洛、渭、汾的减水量占黄河中游减水总量的 65% 以上。

1997～2006 年黄河中游水沙变化的原因是人类活动和降雨变化共同引起的,其中人类活动起主要作用。1997～2006 年黄河中游水利水保措施等人类活动对年径流量的削减程度基本在 70% 以上,对年输沙量的削减程度基本在 50% 左右。但还必须注意到,这样的影响是在近年来河龙区间降水连续偏枯的情况下产生的,因而,对水利水保措施的减水减沙形势进行评估时,应当充分注意到这一点。

(4)黄河中游减沙的主体为河龙区间,而减水的主体为泾、洛、渭、汾4条支流,减水减沙有异源性。在黄河中游地区,人类活动减水作用大,降雨影响作用小;人类活动减沙作用与降雨影响减沙作用基本相当,其中水土保持措施减沙作用约占1/3。

在河龙区间,人类活动减水作用约占70%,降雨影响约占30%;人类活动减沙作用约占45%,而降雨影响占55%,其中水土保持措施减沙作用约占河龙区间减沙总量的40%。同时,人为因素影响的减沙效益沿干流由上游至下游不断增加,且减水减沙效益之间具有较好的对应关系。

值得说明的是,多沙粗沙区"两川两河"及其他支流人为因素影响的减沙效益相对其他区域的支流较低,而降雨影响的减沙作用则较高。

10.1.3 典型人类活动对径流泥沙变化的影响

(1)以龙羊峡、刘家峡水库为例,分析了干流水库调节对下游径流泥沙的影响。

刘家峡水库于1968年运用,1986年龙羊峡、刘家峡水库(简称龙刘水库)联合运用。将1986~2006年与1952~1967年对比,两座水库联合运用后,6~10月年均实测径流量比年均天然径流量243.9亿 m^3 减少了106.1亿 m^3,这是自然因素与水库运用综合作用的结果。进一步分析表明,由于降雨蒸发和产汇流等自然因素的影响,水量减少45.4亿 m^3,占总减水量106.1亿 m^3 的42.8%;人类活动影响量60.7亿 m^3,其中一部分是水库蓄水量8.1亿 m^3、灌溉耗水量10.5亿 m^3,这两部分占总减水量的17.5%,另一部分是龙刘水库从6~10月调到11月至次年5月的调节量,为42.2亿 m^3,占总减水量的39.8%。大体上说,贵德—兰州河段6~10月减少的106.1亿 m^3 水量中,自然因素约占42.7%,干流水库调节等人类活动因素占57.3%。

水库拦沙对兰州站输沙量的减少有较大作用。1968~1985年刘家峡水库单库运用时年均淤积量为7 891万 t;1986~2006年龙刘水库联合运用后,两座水库年均淤积5 493万 t,占兰州站输沙量减少值的80.3%。

(2)宁蒙灌区引水对河道径流影响作用明显,各河段影响程度存在差异。

在1997~2006年引水期,宁夏引黄灌区(下石区间)减引比为0.47~0.52,即每引1亿 m^3 水,石嘴山断面径流量将相应减少0.47亿~0.52亿 m^3;内蒙古河套灌区(石三区间)减引比为0.82~0.84,即每引1亿 m^3 水,三湖河口断面径流量将相应减少0.82亿~0.84亿 m^3;宁蒙河套灌区(下三区间)减引比为0.62~0.66,即引1亿 m^3 水,三湖河口断面径流量减少0.62亿~0.66亿 m^3;宁蒙引黄灌区(下头区间)减引比为0.64~0.70,相当于每引1亿 m^3 水,头道拐断面径流量将相应减少0.64亿~0.70亿 m^3。

宁蒙灌区引水对河道泥沙变化也有较大的影响作用。1997~2006年宁夏引黄灌区(下石区间)每引1亿 m^3 水,石嘴山断面输沙量将相应减少28.6万~42.5万 t;宁蒙河套灌区(下三区间)每引1亿 m^3 水,三湖河口断面输沙量将相应减少33.3万~44.6万 t;宁蒙引黄灌区(下头区间)每引1亿 m^3 水,头道拐断面输沙量将相应减少39.8万~47.8万 t。

无论宁夏引黄灌区还是内蒙古引黄灌区,近年来的退引比均有所减少,其中前者2006 年的退引比较 1997 年减少 17%,后者基本上在 0.12～0.16 波动,说明近年来宁蒙灌区的退水量有所减少。

关中灌区引水使渭河径流量及入黄径流量有较大程度减少。1997～2006 年林家村—咸阳区间年引用水量每增大 1 亿 m³,咸阳断面径流量就减小约 0.91 亿 m³;咸阳—华县区间泾惠渠和交口抽渭灌区年引用水量每增大 1 亿 m³,将造成华县断面径流量减小约0.79 亿 m³;关中灌区年引用水量每增大 1 亿 m³,渭河年入黄水量就减小约 0.90 亿 m³。1997 年以来,关中灌区引水造成入黄水量年均减少 11.9 亿 m³,是同期渭河入黄水量的27%,占近 10 a 渭河入黄径流减少量 34.26 亿 m³ 的 35%。

(3)煤矿开采等人类活动对水文地质条件有一定影响,可以引起地表及地下水资源循环过程发生变化,直接表现为河川径流量减少,地下水存蓄量遭到破坏。以窟野河流域和沁河流域为例,1997～2006 年窟野河流域煤炭资源开采量为 5 500 万 t/a,减少水资源量为 2.80 亿 m³/a;沁河流域煤矿开采量为 5 720 万 t/a,减少地表水资源量平均为 2.86亿 m³/a 左右,其中,1999 年沁河流域地下水资源损失量约为 2.02 亿 m³。根据窟野河、沁河流域的调查分析,就平均情况来看,开采 1 t 煤减少水资源量在 5 m³ 左右。

10.1.4　水沙变化趋势预测评价

(1)自 1986 年开始的枯水段至 2007 年已持续 22 a,接近于枯水段平均持续时间26.7 a,但与历史上几个持续时间较长的枯水段(如持续 66 a、52 a 和 40 a)相比,目前枯水段只是处于居中水平,因此很难说是否会很快转入丰水段。

(2)黄河上中游地区未来天然年径流量变化呈波动变化趋势,并且总体上呈前期偏少、后期相对偏多的特点,2020 年属于枯水年,2030 年属于平偏枯,2040 年属于偏丰年,2050 年属于平偏枯。

(3)未来 2020～2050 年来水来沙量具有较为明显的阶段性特点,其中 2020 年、2030 年、2050 年的年来水量和年输沙量分别为 229 亿～236 亿 m³、9.96 亿～10.88 亿 t,236 亿～244亿 m³、8.61 亿～9.56 亿 t 和 234 亿～241 亿 m³、7.94 亿～8.66 亿 t。

应当说明的是,根据 SWAT 模型法和"水保法"估算获得的黄河上中游地区未来年来水量和年来沙量结果,不能完全排除期间会出现特丰(多)或者特枯(少)的年份。

10.1.5　评价预测资料的核查与分析

通过典型调查,结合卫星遥感影像解译和统计分析等方法,对 1997～2006 年黄河中游水利水保措施资料进行了系统的核查。收集的资料主要有陕西、山西、甘肃、内蒙古、宁夏等省(区)1997～2006 年的水土保持统计年报资料;黄委 2000～2006 年的"水土保持联系制度表"资料;黄委黄河上中游管理局编印的《黄河流域水土保持基本资料》(2001 年12 月);黄河中游 459 条小流域综合治理资料,包括每条小流域统计上报资料、竣工验收资料等;皇甫川流域 2006 年水土保持措施和土地利用航片解译资料;孤山川流域 2002 年水土保持措施和土地利用卫星影像解译资料;调查了 23 个开发建设项目。提出了核查系数,对河龙区间 21 条入黄支流水利水保措施进行了核查。

10.1.6　水沙变化评价预测的理论与方法

探讨了利用流域下垫面抗蚀力评价模型、水土流失评价预测数学模型等手段评价人类活动对产流产沙影响的理论与方法。

（1）通过坡面径流冲刷实体模型试验，研究了产生细沟、浅沟的径流临界剪切力，坡面流能耗与沟蚀剥蚀率的关系，以及坡面径流侵蚀输沙关系等。

（2）基于下垫面抗蚀力的概念，利用 GIS 技术，建立了下垫面抗蚀力因子体系及抗蚀力评价的指标体系，并对抗蚀力进行了强度分级，建立了基于抗蚀力的人类活动对产沙影响的多因素综合评价方法。同时，研究了各因素、因子数据获取、数据处理的方法，探讨了评价因素、因子的量化方法。通过对 1990 年、2004 年岔巴沟流域下垫面抗蚀力评价的实例表明，岔巴沟流域下垫面抗蚀力存在有正向与反向的二元转化规律，基本反映了近年来岔巴沟流域下垫面变化的实际情况，利用抗蚀力指标体系评价流域产沙变化趋势是可行的。

（3）以孤山川流域为对象，初步建立了基于 GIS 的水土流失评价预测数学模型。模型参数包括降雨侵蚀力、土壤可蚀性、地形、植被、水利水保工程、耕作措施、沟蚀因子等。通过 1975 年、1986 年、1997 年和 2006 年实测资料的验证，取得了较满意的模拟精度。

（4）探讨了利用独立同分布理论、MWP 检定法确定水沙系列突变点的方法，评价了降雨、径流、泥沙双累积曲线的优缺点。分析表明，双累积曲线法简单易用，但是存在着多变点和不确定性。无论利用独立同分布方法还是 MWP 方法，黄河中游大部分支流的水沙系列突变点都不是 1970 年，多在 20 世纪 70 年代后期和 80 年代初期。

10.2　应用前景展望与建议

10.2.1　应用前景展望

本项研究紧密结合黄河治理开发与管理的重大需求，分析 1997～2006 年黄河流域水沙变化及其原因，预测黄河流域水沙变化情势，研究成果直接为黄河治理开发的工程规划、设计提供水沙变化参数，为黄河水沙调控体系建设和水库运行管理、黄河下游河床演变预测及河道整治、黄河流域水土保持生态建设提供科学依据，具有很大的应用价值。

本研究成果是对历时多年的黄河水沙变化研究内容的进一步丰富。分析评价的黄河水沙变化指标，如近期黄河中游地区水土保持措施年均减沙约 4 亿 t 等关键参数，已为黄河流域综合规划的修编工作所参考；提出的人类活动对流域产流产沙影响的评价方法，为分析评价水沙变化探索了新的途径；改进的 SWAT 模型和建立的水土流失数学模型，除可应用于黄河多沙粗沙区流域综合治理规划、水土保持措施效益评价和流域水土保持管理决策等方面外，其中研究的土壤流失环境因子的自动提取方法，也为信息提取技术的进展作出了贡献；关于水库运用对下游河道水沙过程的影响分析成果，可用于优化、完善水库调控运用方案，同时对黄河水沙调控体系的建设规模、建设时序和布局这一重大战略性问题的决策也有很大参考价值；黄河主要灌区引水对黄河干流水沙变化及对支流径流的影响等分析评价结果,对于黄河水资源调度管理及灌区管理都提供了重要的科技支撑;试验研究取得的坡面径流水力学特性、径流剪切力与产沙的关系等基础研究成果,不仅直接为建立水土流失数学模型提供了理论支撑,而且丰富了水土流失规律研究内容;结合天然径流量序列重建和周期叠加法、"水保法"建立的气候、产流产沙耦合模型,据此提出的黄河流域水沙变化情势的预测结果,不仅可以为制定治黄方略提供基础数据,而且也为水沙变化情势预测提供了一种综合技术方法。总之,研究成果具有很大的应用前景。

10.2.2 建议

黄河问题非常复杂,黄河水沙变化是流域产流产沙及输沙过程对气候、降雨、下垫面和人类活动干预等多种因素综合作用的非线性高阶响应,分析评价难度很大。就目前的基础理论、分析手段和方法而言,还很难取得较高精度的评估结果。只有正确认识黄河水沙变化的规律和原因,才能保证治黄决策的科学性,也才能科学地对黄土高原进行综合治理,从而实现黄河健康修复的目标。因此,建议对如下一些重大的关键科学问题作进一步深入研究。

(1)水土保持生态建设对流域产流机制的影响。水土保持生态建设可以改变流域下垫面状况,包括被覆度、土壤结构、土壤含水量、地下水循环等,大区域的生态建设还可能对局地气候产生影响。那么,下垫面的变化是否会对产流机制产生影响,有什么影响,目前对这一问题还缺乏深入认识。这是分析水沙变化原因的重要基础理论问题,很有必要搞清楚。

(2)水沙变化分析评价方法研究。目前,大多利用"水文法"、"水保法"作为分析水沙变化及其原因的手段,这些方法概念明确且计算简单,在水沙变化分析中得到广泛应用。但是,这些方法在理论上均有一定的缺陷。例如,"水保法"的理论前提条件是各项水利水保措施的作用具有线性关系,即流域水沙变化的结果等于各类措施作用的线性叠加。显然,这是不合理的。再如,"水文法"的理论基础是降雨径流关系具有不变性,也就是评价期的降雨径流关系与基准期的相同。这样的理论假设,往往会使连续枯水期的径流泥沙量估算偏大,从而降低了水沙变化的评价精度。因此,需要对评价方法及其理论开展研究。

(3)人类活动对水沙变化的影响作用分析。目前,黄河流域人类活动对流域产流产沙的影响作用日益增强,其是影响水沙变化的主导因子。但是,对诸如人类活动增沙作用的估算,基本上仍属于调查评估、经验判断和以点推面的统计方法,还缺乏更为科学的评估技术,需要利用 GIS、遥感影像等先进技术,探讨有效的分析评价方法。

(4)水土保持措施作用机理研究。认识水土保持措施对产流产沙的影响机理,是正确确定各类水土保持措施减水减沙指标的基础理论,需要根据水文学、生物学、土壤学、泥沙运动学及流体力学等理论和方法,结合试验观测的方法,研究不同水土保持措施对径流、泥沙作用的力学关系,找出作用机理,为建立减水减沙指标体系提供依据。

(5)暴雨洪水泥沙关系变化规律及机制研究。近年来,黄河流域一些区域的暴雨洪水泥沙关系有所变化,而且其变化具有空间分异性,即上游、中游的变化规律和变化趋势是有所不同的。因而,需要通过产流机制、降雨径流关系及水循环过程的分析,搞清楚上

中游地区的暴雨洪水有什么变化,为什么产生变化,变化的机制是什么等问题,为分析水沙变化原因、预测水沙变化趋势提供理论支撑。

(6)黄河河道水沙关系变化是对流域下垫面变化、气候变化、水利工程运用(如水库运用、灌区引退水)和河床冲淤调整的综合响应,而各因子驱使干流水沙关系变化的机理是什么,水沙关系变化与这些驱动因子的关系如何等,都需要进行研究,进一步从理论上揭示水沙条件变化对驱动因子作用的响应机制。

黄河水沙变化研究是一个重大的,也是一个需要长期研究的课题,需要不断探讨解决一系列的应用基础、技术和方法等各层面的科学问题,力求对黄河水沙变化及其趋势得到更为科学的认识,为黄河大型水利枢纽的科学运行和黄河治理开发与管理的决策提供有力的科技支撑。最近 4 a(2007~2010 年)来,黄河中游水沙又发生了新的重大变化。黄河水沙变化情势评价研究任重道远,继续开展深入研究必要而迫切。